普通高等教育“十一五”国家级规划教材

遥感技术基础

（第二版）

芮　杰　金　飞
王　番　张占睦　编著

科学出版社
北　京

内 容 简 介

本书全面系统地介绍了遥感技术的基本理论、技术体系、原理方法、分析处理和解译应用，同时对学科的最新研究成果和发展动态有所反映，力求达到结构合理、体系完整、内容丰富。全书共9章，主要内容包括：遥感的基本概念，电磁辐射与物体的波谱特性，彩色成像基本原理，遥感平台及卫星轨道，遥感器及其成像原理，遥感图像的辐射和几何特性，遥感图像校正的原理和方法，遥感图像处理与信息提取，遥感在测绘、军事、灾害监测、农林牧等领域的应用。

本书既可作为普通高校遥感相关专业本科生教材，也可作为遥感专业研究生和从事遥感教学、科研和生产的技术人员的参考资料。

图书在版编目（CIP）数据

遥感技术基础 / 芮杰等编著. —2版. —北京：科学出版社，2017

普通高等教育“十一五”国家级规划教材

ISBN 978-7-03-051949-8

Ⅰ. ①遥…　Ⅱ. ①芮…　Ⅲ. ①遥感技术-高等学校-教材　Ⅳ. ①TP7

中国版本图书馆CIP数据核字（2017）第040396号

责任编辑：杨　红　程雷星/责任校对：何艳萍

责任印制：吴兆东/封面设计：迷底书装

科 学 出 版 社 出版

北京东黄城根北街16号

邮政编码：100717

http://www.sciencep.com

北京九州迅驰传媒文化有限公司印刷

科学出版社发行　各地新华书店经销

*

2007年7月第　一　版　开本：787×1092　1/16

2017年6月第　二　版　印张：19 1/2

2024年7月第十六次印刷　字数：447 000

定价：59.00元

（如有印装质量问题，我社负责调换）

序

遥感是20世纪60年代以来，在现代物理学（包括光学技术、红外技术、微波技术、激光技术和全息技术等）、空间科学技术、电子计算机技术、数学方法和地球科学理论的基础上建立和发展起来的一门新兴的综合科学技术学科。经过五十多年的发展，当今的遥感已经产生了质的飞跃。航空航天遥感朝着“三多”（多传感器、多平台、多角度）和“四高”（高空间分辨率、高光谱分辨率、高时相分辨率、高辐射分辨率）方向发展，对地观测系统逐步小型化，卫星组网和全天时全天候观测成为主要发展方向。光谱范围也已大大超越人眼的可见光感受限制，在广泛吸收激光、光纤、全息、天文、地学等领域成果的基础上，可快速动态监测各种自然现象。

遥感、信息技术和各种实时观测、分析技术的发展，使地球科学进入了覆盖全球、穿越圈层，即地球系统科学的新阶段，从局部现象的描述，推进到行星范围的推理探索，获得了全球性、系统性的信息。遥感不仅仅是科学，也是一门先进的、实用的探测技术。先进性表现在它涉及当代多项先进技术和尖端领域。实用性表现在它几乎可应用于一切对地球表层环境（包括资源）进行调查的学科和部门。目前众多业务化运行系统相继建立起来，使得遥感信息成为很多业务部门和各级政府部门决策过程不可或缺的重要部分。遥感已越来越广泛地应用在测绘、水文、农林、地质、海洋、气象、资源、军事等多个领域。作为现代信息社会的一种先进技术，遥感技术正在向更高的科学含量、更全面的智能化程度、更广的覆盖范围、更强的实用效果方向发展，并不断形成和完善自身的理论和技术体系，为全面构建数字中国和孕育智慧中国做出越来越大的贡献。

该书结构合理科学、体系完整、内容丰富，以遥感应用应掌握的基本知识为主线，主要在遥感的基本概念、遥感平台的基本知识、遥感成像原理与过程、遥感图像特性、遥感图像的校正方法、遥感图像处理与信息提取以及遥感图像的应用等方面为初学者提供必要的理论知识。该书在具体内容的安排上注意了知识学习的系统性，使学习者对遥感的基本问题有一个相对完整的认识。在这十余年间作者与时俱进，第二版不仅丰富了基础理论部分，而且补充了当今的最新技术；既保留了摄影测量和目视解译的知识，又增添了遥感图像智能化处理技术，对第一版做了很多有益的补充和修改，使之能够反映当代遥感发展的真实水平。

最后，祝愿该书在我国高校相关专业的学科建设、教学以及人才培养等方面能够发挥自己应有的作用。

中国工程院院士 刘先林

2017.4.19

第二版前言

本书系普通高等教育“十一五”国家级规划教材，自 2007 年出版以来，被国内多所高校采用作为专业教材或专业参考书。随着遥感技术的发展，新的技术手段和设备不断涌现，出现了高分辨率卫星和数字航空相机等先进设备，信息获取技术也逐渐向智能化的方向发展。因此，对原有教材进行修订势在必行。

本次修订的内容包括：增补一些较新的技术和方法，主要涉及近 10 年航天航空遥感发展状况和趋势、全球导航卫星系统（北斗导航系统）、临近空间遥感及其平台、无人机、国内外有影响力的遥感新卫星、数字航空相机（线阵/面阵/倾斜）、机载和星载成像光谱仪、干涉合成孔径雷达、遥感图像数据格式及产品级别，遥感图像校正几何模型，遥感图像特征和智能化信息提取技术，以及常用的遥感图像处理软件介绍等内容。考虑教学内容的完整性和关联性，扩充了地物热红外辐射特性、地物发射率的影响因素、空间分辨率等内容，并对部分章节和内容作了调整。同时，每章增加了思考题，便于学生学习和理解所学内容及重点；限于篇幅，本次修订还删去了部分相关程度较低或过时的内容。

在修订本书过程中，参考了许多国内外有关文献，在此向原书作者表示感谢。同时，本书得到了作者所在学校的关心和帮助，特别是教学组的张鹏强副教授、张艳副教授、曹闻副教授等，不仅提供了很多资料，还对书稿做了大量的校对工作，教研室的其他同事也提出了很多中肯意见和建议，在此一并表示衷心的感谢。

总之，本书面向未来遥感发展，力求做到既保持它的基础性，又增加近年来的新手段、新方法和新技术。由于编者科学视野和水平所限，本书不妥之处仍不可避免，欢迎广大读者和有关专家提出宝贵意见。

编　者

2017 年 3 月

第一版前言

遥感这个概念最早是20世纪60年代初美国的地理学家提出并开始使用的。但当今的遥感已不单纯是一门信息获取、分析技术手段，它与地理信息系统、全球定位系统、各种地面观测技术、信息分析技术等结合起来，正在形成一门崭新的地球信息科学，正在改变我们的观念，增强我们的能力，为促进人类新的决策、管理、发展模式而起着积极推动作用。

航天技术的发展使遥感的高度延伸到了太空，从万米的高度延伸到了三万五千多公里的高度，使人类能在一个前所未有的高度，以各种时间、空间分辨率观测地球。光电技术、电子技术的发展使人类开始利用紫外、红外及微波波段，拓展和丰富了人类的感知能力。遥感从单纯的摄影方式发展到了可探测感知近、中、热红外波段的光电探测方式和微波辐射计、雷达等各种方式共存。计算机技术的发展使遥感数据的分析处理技术进入了半自动化和智能化，改变了过去仅依靠人和光学设备进行目视解译的状况。遥感应用领域的拓展，从传统的军事侦察和测绘发展到林业、地质、农业和土地利用、气象、环境和工程选址等各种行业。

20世纪60年代至80年代，国际遥感技术高速发展，逐步从科学研究进入实用阶段，美国、苏联在这个领域处于领先水平。进入80年代末，法国、日本、欧空局、中国和印度均发射了自己的遥感卫星，而且许多国家都制定了遥感卫星计划。进入21世纪，随着高光谱遥感、微波遥感、高分辨率影像和多源信息融合、遥感图像自动识别与分类，以及3S集成技术由试验研究进入实际应用阶段，遥感技术得到更加深入、全面地应用和发展。

自20世纪80年代以来，随着遥感技术的发展，我国各高等院校都相继开设了遥感课程，供地理以及地质、农学、航测与制图、海洋、水文、数学、计算机、物理和电子学等各类专业的学生学习，培养了一大批遥感方面的科研和教学人才，充实了我国遥感队伍。如今，遥感已经成为地学和测绘类本科学生的重点课程之一，在信息类以及其他专业不同层次，也已成为学生的必修或选修课程。在遥感教育的发展过程中，及时更新大学遥感教材，以便跟上新技术新水平，是我们教育工作者义不容辞的责任。我们编写此教材，就是为了适应新形势下遥感教育的需要，希望在21世纪遥感发展的水平上，从基本概念和理论上指导学生掌握遥感的基本技能，为学生将来参加遥感工作或进一步的专业深造打下坚实的基础。

本书的特点是面向遥感的初学者，通过学习使学生掌握遥感的基础知识，所以在内容上着重于遥感基本原理和方法的介绍，而不是侧重介绍具体的遥感技术系统。本书既系统全面地介绍遥感技术的基本理论、技术体系、原理方法、分析处理和解译应用，又将学科的最新研究成果和发展动态有所反映，力求达到结构合理，体系完整，内容丰富，特别是在遥感技术在测绘方面的应用，论述的较为系统和全面。全书共分9章，主要内容包括：遥感的基本概念，电磁辐射与物体的波谱特性，彩色基本原理；遥感平台及卫星轨道；遥感器的成像原理与方法，遥感图像的辐射和几何特性；遥感图像的校正；遥感图像的判读与处理；遥感在测绘、军事、灾害监测、农林牧等领域的应用技术与方法。因为遥感应用面非常广泛，本书不可能面面俱到，在列举部分应用的基础上，讲解遥感的主要应用方面，讲课时教师可根据自己的工作和科研经验给以补充。

本教材面向未来遥感发展，力求做到既保持它的基础性，又增加近年来的新手段、新方法和新技术。本书可用作遥感及相关专业本科教材和攻读硕士研究生的专业参考教材，还可以作为从事遥感教学、科研和生产的指导书。本书在撰写过程中，参考和吸收了许多国内外有关文献的一些内容，这些文献均在书后逐一列出，在此向各位原书作者表示感谢。由于遥感技术的迅速发展和编者水平的限制，书中尚有不能反映当前遥感的最新成就，内容和体系尚存缺点、错误和不完善之处，欢迎读者提出宝贵意见。

编　者

2007 年 3 月

目　　录

序
第二版前言
第一版前言
第 1 章　遥感概述……1
1.1　遥感基本概念……1
1.2　遥感技术系统……3
1.3　遥感过程及特点……8
1.4　遥感技术的发展简史与发展趋势……10
1.5　遥感、地理信息系统、全球导航卫星系统的结合……20
思考题……25
第 2 章　电磁波与地物电磁波特性……26
2.1　电磁波与电磁波谱……26
2.2　地物的电磁波辐射……31
2.3　地物的电磁波反射特性……38
2.4　地球大气对电磁波传输的影响……44
思考题……51
第 3 章　遥感光学基础……53
3.1　颜色性质和颜色立体……53
3.2　加色法与减色法……56
3.3　黑白影像与彩色影像……60
思考题……66
第 4 章　遥感平台……67
4.1　遥感平台的种类……67
4.2　遥感卫星的轨道参数……71
4.3　遥感卫星的轨道类型……75
4.4　遥感卫星简介……78
思考题……89
第 5 章　遥感器及其成像……90
5.1　遥感器……90
5.2　光学摄影成像遥感器……94
5.3　扫描成像遥感器……98
5.4　雷达成像遥感器……114
思考题……133

第 6 章 遥感图像的特性……135
6.1 摄影像片的特性……135
6.2 扫描图像的特性……145
6.3 雷达图像的特性……152
思考题……162
第 7 章 遥感图像校正……163
7.1 遥感数字图像……163
7.2 遥感图像的辐射量校正……169
7.3 遥感图像的几何变形……173
7.4 遥感图像的几何校正……183
思考题……192
第 8 章 遥感图像处理与信息提取……194
8.1 彩色合成与彩色密度分割……194
8.2 多光谱图像处理……195
8.3 遥感图像信息融合……206
8.4 遥感图像目视判读……211
8.5 遥感图像计算机分类……229
8.6 遥感图像智能化提取……246
8.7 遥感图像处理软件……256
思考题……259
第 9 章 遥感技术的应用……261
9.1 遥感技术在测绘中的应用……261
9.2 遥感技术在军事上的应用……271
9.3 遥感技术在农林牧方面的应用……280
9.4 遥感技术在水体信息提取中的应用……286
9.5 遥感技术在灾害监测方面的应用……288
思考题……300
主要参考文献……301

第1章　遥 感 概 述

遥感（remote sensing）技术是20世纪60年代兴起并迅速发展起来的一门综合性的空间信息科学，在全面、准确地认识人类赖以生存的家园——地球中，该技术扮演着越来越重要的角色。特别是在资源勘察、环境监测、全球变化及各类动态变化监测等方面显示了无与伦比的优越性。随着计算机技术和空间技术、信息技术的迅猛发展，人类获取地理空间信息的能力得到了极大提高。信息高速公路的架设、地球空间信息学的产生、数字地球概念的提出，为遥感学科的发展提供了坚实的基础，指明了方向。

遥感技术的迅速发展，促使摄影测量技术产生革命性的变化，从以飞机为主要运载工具的航空遥感，发展到以航天飞机、人造地球卫星等为运载平台的航天遥感，极大地拓展了人们的观测领域，形成了对地球资源和环境进行探测和监测的立体观测体系。同时，它在测绘、城市规划、环境保护、地质勘探、农业和林业及军事等领域得到广泛应用，产生了十分可观的经济效益和显著的社会效益。

1.1　遥感基本概念

1.1.1　遥感的定义

遥感是20世纪60年代美国创造的技术用语，随着1972年第一颗地球观测卫星Landsat的发射成功而迅速得到普及。遥感，早期称“观察”（vision）或远程观察（television），从第二次世界大战到20世纪60年代，“观察”改为“远程探测”（teledetection）。从字面上理解，其意思为“遥远的感知”，通常认为是在不接触物体的情况下，对物体进行探测，来感知它的属性情况，包括它的几何属性和物理属性。也有这样一种理解，“遥”是空间概念，“感”是信息系统，遥感技术是指一种非接触的测量和识别技术，所以，人眼看到远处的物体，就是一种生物遥感，伽利略用自制的望远镜观测星空、人们用普通照相机照相，都属于遥感的范畴。但自从美国1962年密歇根大学环境科学讨论会后，“遥感”主要是指利用航空航天技术宏观地研究地球、综合评价地球环境、进行资源调查与开发及管理的一种特定技术。

目前，对遥感较为简明的定义是：从不同高度的平台上，使用遥感器收集物体的电磁波信息，再将这些信息传输到地面并进行加工处理，从而对物体进行识别和监测的全过程。

从遥感的定义来看，构成遥感技术的四个必不可少的要素是遥感对象、遥感器、信息传播媒介和遥感平台。

遥感对象：被感测的事物。

遥感器：也称传感器，能感测事物并能将感测的结果传递给使用者的仪器，如摄影机、雷达等。

信息传播媒介：在对象和遥感器之间起信息传播作用的媒介，如电磁波、声波、重力场、磁力场、电力场、地震波等。

遥感平台：装载遥感器并使之能有效工作的装置，如飞机、人造地球卫星、航天飞机等能够运动的平台，也可叫做运载工具。

1.1.2 遥感的分类

按照遥感的早期定义，它的范围非常广泛，如摄影测量、大地重力测量、卫星轨道遥测、物体光谱测量、超声波鱼群定位等。遥感的分类方式多种多样，目前还没有一个完全统一的分类标准。按上述的遥感定义，较为常见的分类方式有如下几种。

1. 按遥感对象分类

宇宙遥感：遥感的对象是宇宙中的天体和其他物质。

地球遥感：是对地球和地球上的事物的遥感。

以地球表层环境（包括大气圈、陆海表面和陆海表面下的浅层）为对象的遥感，叫做环境遥感，它属于地球遥感。在环境遥感中，以地球表层资源为对象的遥感，叫做资源遥感。资源遥感是以地球资源作为调查研究对象的遥感方法和实践，调查自然资源状况和监测再生资源的动态变化，是遥感技术应用的主要领域之一。

2. 按遥感平台分类

地面遥感：是指平台距地球表面 100m 以下进行的遥感。常用平台为汽车、舰船、三脚架、塔台等，地面遥感是遥感的基础。

航空遥感：又称机载遥感，是指在飞机（飞艇或热气球）飞行高度上对地球表面进行的遥感。它的特点是灵活性大，影像清晰，分辨率高，并且历史悠久，已经形成了较完整的理论和应用体系。它还可进行各种遥感试验与校正工作。

航天遥感：又称星载遥感，是从人造卫星轨道高度上对地球表面进行的遥感，主要平台有卫星、航天飞机、宇宙飞船、航天空间站等。它的特点是成像高度高，宏观性好，可重复观测，影像获取速度快，不受沙漠、冰雪、高山、海洋和国界等自然因素和条件的限制。

临近空间遥感：是指在 20～100km 的空域高度上对地球表面进行的遥感，介于传统的航空遥感和航天遥感之间。平台包括平流层飞艇、浮空气球和高空长航时无人机等。临近空间遥感不仅弥补了航空和航天遥感之间的观测漏洞，还兼备航空和航天平台的诸多优势。临近空间平台高度一般只有低轨卫星的 1/10～1/20，与航天平台相比，容易实现高分辨率对地观测，同时具有部署速度快、机动能力强、易于更新和维护、可重复使用等优点。与传统航空平台相比，临近空间平台又具有持续工作时间长、覆盖范围广、造价低、寿命长的优势。但临近空间属各国领空范围，受领空限制。

3. 按遥感媒介分类

电磁波遥感：以电磁波为信息传播媒介的遥感。

声波遥感：以声波为信息传播媒介的遥感。

力场遥感：以重力场、磁力场、电力场等为媒介的遥感。

地震波遥感：以地震波为媒介的遥感。

4. 按遥感成像波段分类

紫外遥感：是指利用紫外波段进行地物探测的遥感。探测波段为 0.05～0.38μm。

可见光遥感：是指利用可见光波段进行地物探测的遥感。探测波段为 0.38～0.76μm。

红外遥感：是指利用红外波段进行地物探测的遥感。探测波段为 0.76～1000μm。

微波遥感：是指利用微波波段进行地物探测的遥感。探测波段为 1mm～1m。

5. 按波段宽度及波谱的连续性分类

高光谱遥感：它是使用成像光谱仪遥感器将电磁波谱的紫外、可见光、近红外和中红外区域分解为数十至数百个狭窄的电磁波波段（波段宽度通常小于 10nm），并产生光谱连续的图像数据的遥感。

多光谱遥感：是指利用多通道遥感器（如多光谱相机、多光谱扫描仪等），将较宽波段的电磁波分成几个较窄的波段，通过不同波段的同步摄影或扫描，分别取得几张同一地面景物同一时间的不同波段影像，从而获得地面信息的遥感技术。

常规遥感：又称宽波段遥感，波段宽一般大于 100nm，且波段在波谱上不连续。

6. 按遥感器接收信号的来源和方式分类

主动遥感：也称有源遥感，是指从遥感平台上的人工辐射源向目标发射一定形式的电磁波，再由遥感器接收和记录其反射波的遥感系统。

被动遥感：也称无源遥感，是指用遥感器从远距离接收和记录物体自身发射或反射太阳辐射的电磁波信息的遥感系统。

7. 按应用空间尺度分类

全球遥感：全面系统地研究全球性资源与环境问题的遥感的统称。

区域遥感：以区域资源开发和环境保护为目的的遥感信息工程，它通常按行政区划（国家、省区等）和自然区划（如流域）或经济区进行。

城市遥感：以城市环境、生态作为主要调查研究对象的遥感。

8. 按不同应用领域分类

根据不同的应用目的可分为环境遥感、城市遥感、农业遥感、林业遥感、海洋遥感、地质遥感、气象遥感、军事遥感等。

1.2 遥感技术系统

将遥感技术和方法应用到某个专业领域便构成了一个遥感技术系统。一个完整的遥感技术系统通常由三部分组成：空基系统、地基系统和研究技术支持系统。空基系统主要包括遥感平台、各种遥感器、监视控制系统和遥感数据传输系统等，主要完成遥感数据的采集和传输工作。地基系统主要完成遥感数据的接收、处理存档、分发和应用开发工作。研究技术支持系统主要完成定标、地面试验、光谱数据测量等基础性工作及与遥感发展和应用密切相关的高技术研究和开发任务。遥感技术的三个组成部分既有分工，又紧密联系，共同完成遥感技术系统对地面目标的探测，进而实现目标定位、定性或定量描述的目的。遥感技术系统的运行流程如图 1.1 所示。

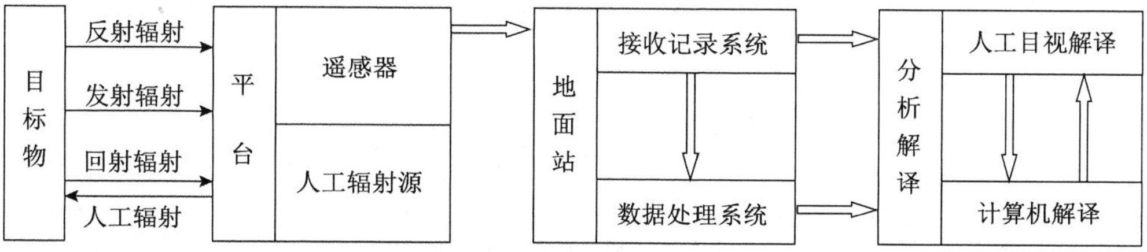

图 1.1 遥感过程与技术系统

1.2.1 遥感平台

搭载这些遥感器的载体称为遥感平台（remote sensing platform），如地面三脚架、遥感车、气球、飞艇、飞机、人造地球卫星等。遥感平台按其飞行高度的不同可分为地面平台、航空平台、航天平台和临近空间平台。这几种平台各有不同的特点和用途，根据需要可单独使用，也可配合使用，组成多层次立体观测系统。

1.2.2 遥感器

收集、探测和记录地物电磁波辐射信息的装置叫做遥感器（remote sensor）。目前应用的遥感器主要有摄影机、摄像仪、扫描仪、雷达、成像光谱仪、光谱辐射计等。针对不同的应用波段范围，人们已经研究出多种类型的遥感器，用以接收和探测物体在可见光、红外线和微波范围内的电磁辐射。根据遥感器的基本结构原理划分，目前常见的成像遥感器有摄影成像、扫描成像和雷达成像三种类型，还有一些遥感器并不成像，如微波散射计等。

1.2.3 遥感数据接收与处理系统

遥感平台与遥感器是遥感技术系统的重要组成部分，但它们仅是一个子系统，要使整个遥感系统运转起来，还必须有控制中心、地面遥测数据收集站、跟踪站、遥感数据接收站、数据中继卫星、数据处理中心、基础研究中心和试验场等子系统。控制中心是整个系统的核心，负责监测遥感的工作状况，并及时向平台与遥感器发送各种指令，以指挥它们工作。地面遥测数据收集站很多是无人工作站，分布在高山、荒漠和边远地区，自动收集各种环境数据，并将这些数据发送给卫星。跟踪站负责监测卫星的运行。遥感数据接收站是各种遥感数据和信息的接收中心。数据中继卫星负责保证全球数据的实时传输。数据处理中心将来自数据接收站的数据进行加工处理并提供给各方面的用户。基础研究中心和试验场主要进行地物波谱和遥感器工作波段的研究、新型遥感器的研制试验、遥感数据辐射校正及综合光谱信息研究等。下面简要介绍遥感卫星地面接收站有关数据接收与处理的基本情况。

1. 数据的传送和接收

接收站主要负责完成捕获跟踪卫星、传送接收卫星数据的任务。从遥感卫星上向地面传输的数据中，除了图像数据外还包括遥感平台上搭载仪器的温度、电压、电流等遥测数据。这些数据通常用数字信号传送，具有抗噪声性强、功率低等特点。通常卫星发射国在本土的接收站除了接收遥感图像信息外，还发送控制中心的指令，以指挥星体的运行和星上设备的工作，同时接收卫星发回的有关星上设备工作状态的遥测数据和地面遥测数据收集站发给卫星的数据。而本土以外的遥感卫星地面接收站通常仅仅接收遥感图像信息。每个地面站都有一个跟踪卫星的大型天线，天线的旋转形成了跟踪卫星的一个张角，这个张角确定了接收遥感卫星所发送信息的范围。对于卫星经过接收站时能覆盖到的区域，通常采用在卫星观测的同时直接接收实时传送数据；对于覆盖不到的区域采用数据记录器（mission data recorder，MDR）和跟踪数据中继卫星（tracking and data relay satellite，TDRS）两种方式。MDR 是将观测数据先记录在数据记录器上，当卫星飞到能接收的区域时，再把数据回放出来进行接收；TDRS 是通过数据中继卫星进行间接实时传送的方法。例如，美国国家航空航天局（National Aeronautics and Space Administration，NASA）在 41° W 及 171° W 的赤道上空发射了两颗跟踪数据中继卫星，陆地卫星在美国本土以外的地域可以通过其中的一颗中继卫星将图像数据传送给设在新墨西哥州的白沙（White Sands）接收站，这个接收站又将数据通过国内通信卫星（Domestic Communications Satellite，DOMSAT）转送到戈达德太空飞行中心（Goddard Space Flight Center，CSFC）进行处理，由此实现对全球数据的实时传送。图 1.2 为陆地卫星

4 号图像信息的传递线路示意图。

目前接收美国陆地卫星信息的地面接收站的分布情况见表 1.1。

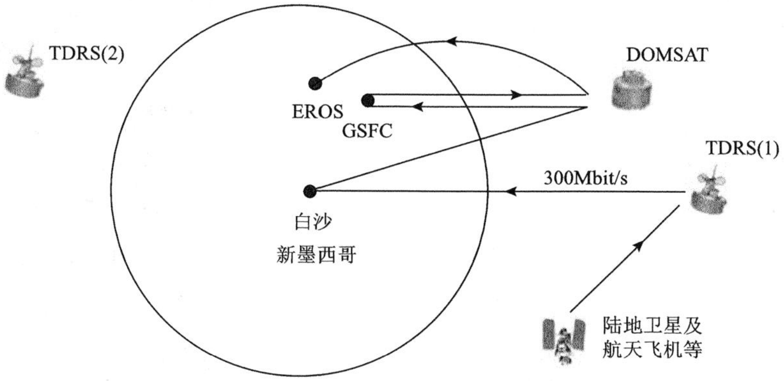

图 1.2　陆地卫星 4 号图像信息的传递线路

表 1.1　陆地卫星地面接收站分布

国别	经营单位	地面站位置	使用年份
美国(U.S.A)	美国国家航空航天局(NASA)	费尔班克斯(Fairbanks) 戈尔德斯通(Goldstone) 格林贝尔特(Greenbelt)	1972 1972 1972
加拿大(Canada)	国家遥感中心(CCRS)①	艾伯特王子城(Prince Albert) 舒科夫(Shoe Cove)	1972 1976
巴西(Brazil)	空间研究所	库亚巴(Cuiaba)	1974
阿根廷(Argentina)	空间研究委员会	奇基塔(Mar Chiguita)	1980
瑞典(Sweden)	空间公司	基律纳(Kiruna)	1978
意大利(Italy)	空间电信公司	福奇内(Fucino)	1975
西班牙(Spain)	—	马斯帕洛马斯(Maspalomas)	—
法国(France)	国家空间研究中心(CNES)②	图卢兹(Toulouse)	1983
扎伊尔(Zaire)	—	金沙萨(Kinshasa)	—
南非(South Africa)	—	比勒陀利亚(Pretoria)	—
布基纳法索(Burkina Faso)	—	瓦加杜古(Ouagadougou)	—
日本(Japan)	国家空间发展局(NASDA)③	东京(Tokyo)	1979
印度(India)	国家遥感局(NRSA)④	海德拉巴(Hyderabad)	1979
泰国(Thailand)	国家科学研究委员会	曼谷(Bangkok)	1982
中国(China)	国家遥感中心(NRSC)⑤	北京(Beijing)	1986

续表

国别	经营单位	地面站位置	使用年份
孟加拉(Bangladesh)	空间研究和遥感组织	达卡(Dacca)	—
巴基斯坦(Pakistan)	—	伊斯兰堡(Islamabad)	—
伊朗(Iran)	—	德黑兰(Teheran)	1978
沙特阿拉伯(Saudi Arabia)	—	利雅得(Riyad)	—
智利(Chile)	智利大学	圣地亚哥(Santiago)	1980
澳大利亚(Australia)	科学环境部	艾利斯·斯普林斯(Alice Springs)	1980
印度尼西亚(Indonesia)	—	雅加达(Jakarta)	—

注：①CCRS 全称为 Canada Centre for Remote Sensing；②CNES 全称为 Centre National d'Etudes Spatiales；③NASDA 全称为 National Space Development Agency；④NRSA 全称为 National Remote Sensing Agency；⑤NRSC 全称为 National Remote Sensing Center。

2. 数据加工与处理

通常理想情况下，遥感数据的质量只依赖于进入遥感器的辐射强度，而实际上，大气层的存在及遥感器内部检测器性能的差异，使得反映在图像上的信息量发生变化，引起图像失真、对比度下降等。此外，由于卫星飞行姿态、地球形状及地表形态等影响，图像中地物目标的几何位置也可能发生畸变。因此，原始遥感数据被地面站接收后，要经过数据处理中心做一系列复杂的辐射校正及几何校正（geometric correction）处理，消除畸变，恢复图像，再提供给用户使用。

对卫星数据进行加工处理需要经历许多步骤。原始数据一般记录在高密度磁带上，首先需回放读出，然后输入计算机提取卫星姿态与星历轨道数据，提供校正遥感图像所需的参数，最后才能对图像数据进行辐射校正与几何校正，并提供注记信息。光学处理中心配备有黑白与彩色胶片和相片冲洗设备、光学彩色合成设备、放大与复制设备及各种质量控制与检验设备等，可以生产适用于不同用途的各种比例尺的图像产品。图 1.3 为卫星遥感系统示意图。

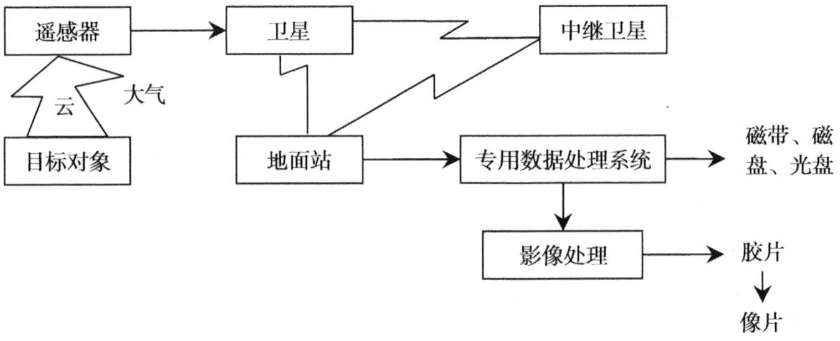

图 1.3　卫星遥感系统示意图

3. 中国遥感卫星地面站

根据中美《科学技术合作协定》，我国从美国引进陆地卫星地面接收系统，由中国科学院于 1986 年建立了中国遥感卫星地面站（China Remote Sensing Satellite Ground Station）。

地面站主要任务是：接收、处理、存档、分发各类对地观测卫星数据，为全国服务，同时开展卫星遥感影像数据接收与处理及相关技术的研究。遥感卫星地面站的建立填补了我国资源卫星数据源的空白，促进了遥感应用从科学试验向实用化、产业化的发展。

经过 30 余年的不断发展，地面站已形成了完整的卫星数据接收、传输、存档、处理、分发体系，即以北京总部的运行管理与数据处理中心、密云站、喀什站、三亚站为数据接收网的运行格局。北京地面站接收系统安装于北京密云境内，站址四周山丘环抱，是一个理想的“电磁寂静区”。它可以接收我国陆地面积 80%～95%的遥感卫星数据，是我国主要的民用资源卫星遥感信息源。接收站内配备大型接收天线 2 部、中小型接收天线 2 部及相关的卫星数据接收、记录设施多套，接收范围覆盖我国东、中部、东北地区及相邻境外地区。喀什卫星数据接收站于 2008 年 1 月投入运行，建有两套 12m 天线数据接收系统，接收范围覆盖我国西部及西部邻国等区域，填补了我国长期以来在西部地区卫星遥感数据接收方面的空白。三亚卫星数据接收站于 2010 年投入试运行，目前建有两套 12m 天线数据接收系统，它的建成使我国陆地观测卫星数据直接接收范围覆盖到我国南海及南部邻国等区域。

地面站是国际资源卫星地面站网成员，是世界上接收与处理卫星数量最多的地面站之一，曾与美国、欧洲航天局、加拿大、法国、印度、泰国等国家和组织的卫星管理机构签订了卫星数据接收协议。从建成时只能够接收处理 1 颗光学遥感卫星发展到现在能接收处理 10 多颗卫星，真正实现了一站多星，具备全天候、全天时、近实时、多种分辨率卫星数据接收处理能力。目前，地面站主要接收法国 SPOT-5/6、加拿大 Radarsat-2、美国 Landsat-8、泰国 THEOS 卫星和我国的环境与灾害监测预报小卫星星座 A/B/C（HJ-1A/1B/1C）、“资源一号”02C、“资源三号”、“实践九号”A/B（SJ-9A/9B）、“高分一号”（GF-1）等 13 颗卫星数据，实现了全天候、全天时的对地观测，数据接收范围覆盖全国及 70%的亚洲疆土。地面站已拥有国内外用户 600 余家，广泛应用于土地、林业、农业、水利等资源调查、环境监测、地质勘探、测绘、城市规划、水火虫灾害监测评估等众多领域。

目前，地面站保存的对地观测卫星数据资料达 330 余万景，是我国最大的多种对地观测卫星数据档案库，积累和保存了极其珍贵的空间对地观测数据资料。数据种类涵盖多光谱与合成孔径雷达，空间分辨率为 2.5～100m。这些来自空间的遥感数据显示了人类改造自然的巨大潜力，使人们从宇宙空间的高度上，对地球进行系统的、多时相的观测和研究，把视域从可见光扩展到红外、远红外乃至微波，大大丰富和提高了人们对地球的认识。

1.2.4 遥感数据分析与应用系统

遥感影像经卫星地面站接收和处理后，用户可以得到遥感影像及其辅助数据。得到的遥感影像是经过数据处理中心一系列复杂的辐射校正及几何校正处理，消除了一定的辐射噪声与几何变形的恢复图像。由于不同用户的应用目的不同，对影像辐射量测精度和几何量测精度的要求也不尽相同，为了满足应用要求，经常使用一些遥感影像处理软件对遥感影像做进一步的处理并制作相应产品。比较常用的遥感图像处理软件有美国 Erdas 公司开发的 Erdas Imagine，美国 ESRI 公司开发的 ENVI（the Environment for Visualizing Images），加拿大 PCI 公司开发的 PCI，澳大利亚 Earth Resource Mapping 公司研制的 ER-Mapper 及美国克拉克大学制图技术与地学分析实验室研制的 IDRISI。此外，还有一类遥感图像处理软件，它们更侧重于目标的精确定位和三维量测，如美国 Intergraph 公司的 Image Station 数字摄影测量系统、瑞士 Helave 公司的数字摄影测量系统（digital photogrammetric workstation，DPW）、法国地球信息（Infoterra）公司的像素工厂（pixel factory，PF）等。这些系统的软件功能主要包括：数字空中三角测量、数字地面模型（digital terrain mode，DTM）的自动生成和编辑、正射影像图制作、地物要素采集、三维景观图生成、栅格数据与矢量数据的综合成图等。我国具有自主知识产权的数字摄影测量系统主要有 VirtuoZo、JX4 DPW 和 DPGrid。

通常情况下，用户在利用遥感影像获取所感兴趣的有关信息时，需要（辅以一定的参考资料）对遥感影像进行分析、研究、判断、解释等一系列的影像判读工作，以生成人们所需要的文字资料或图件。遥感影像“判读”也称“解译”。目前，遥感影像判读已经形成一些规范的技术线路和方法，常用的方法有目视判读（解译）和计算机自动识别两种。

1）目视判读

目视判读（解译）是指判读人员利用放大镜或立体镜等工具对遥感影像进行分析，凭借判读人员的经验，来识别目标的性质和变化规律的方法。判读的工作在野外和室内均可进行。该方法既能获得一定的效果，又可验证仪器或其他方法的准确程度，它是一种最基本的判读方法。但是，目视判读既受判读人员的专业水平和经验的影响，也受眼睛视觉功能的限制，判读速度较慢。

2）计算机自动识别

计算机自动识别技术是 20 世纪发展起来的一种影像解译方法，它利用计算机对遥感影像进行数据分析、处理，提取有用信息，进而对待识别的影像目标进行自动识别和分类。该技术识别速度快，一般可直接得到识别结果，是遥感影像分析识别的发展方向。但遥感影像自动识别技术的稳健性、适应性与实用性的研究还需要进一步深入。

1.3 遥感过程及特点

1.3.1 遥感基本过程

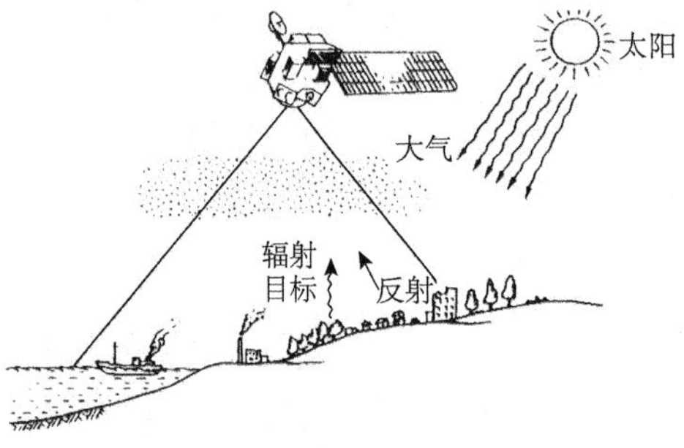

图 1.4 遥感数据采集示意图

遥感过程是指遥感信息的获取、传输、处理及其判读分析和应用的全过程。利用遥感器进行目标电磁波辐射信息的采集过程如图 1.4 所示。地面目标辐射的电磁波包括：目标反射的太阳辐射、目标反射的遥感器主动发射的电磁波及目标自身发射的电磁波，这些电磁波经过大气到达遥感器被收集、探测和记录。

在遥感过程中，电磁波辐射能量的辐射一般源自三个方面：太阳辐射、目标自身热辐射和遥感器的电磁波发射。由于目标性质的不同，不同目标在不同波段的电磁波反射和发射特性也不相同。目标电磁波反射或发射的能量经过大气层到达遥感器被探测和记录，在此过程中，它会受到一些因素，如太阳位置、大气状态、季节、地表状态、遥感器性能和位置等因素的影响，进而在遥感数据采集时影像和有关数据产生辐射误差和几何误差。遥感数据经过专业遥感影像应用软件的相关处理，可以消除辐射与几何误差，同时还可根据不同目的提取相应信息并进行分析，以达到应用目的。有关过程的一般流程如图 1.5 所示。

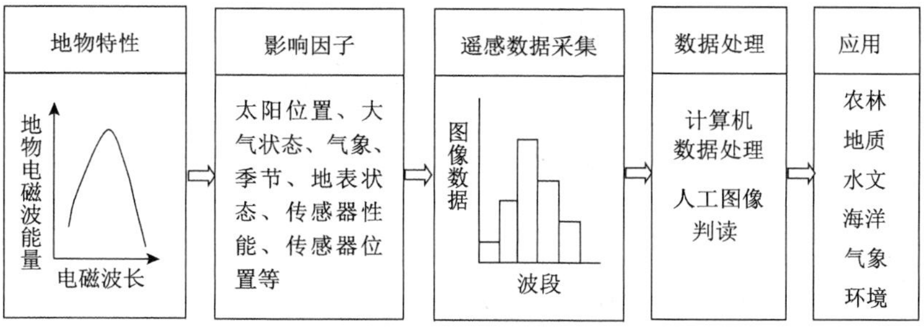

图 1.5　遥感数据流程图

例如，森林火灾发生的时候，一个载有热红外波段遥感器的卫星经过林火上空，遥感器会拍摄到火灾周围上万平方千米的影像。因为着火树木比没有着火的树木温度高，它们在电磁波的热红外波段会辐射出比没有着火的树木更多的能量，所以在影像上表现为着火树木的色调更亮。经过影像辐射校正、相关影像信息增强、影像几何定位等处理后，专业人员可快速进行成图处理，消防指挥员可根据经加工处理的遥感影像图，清晰地看到受灾位置、程度、范围并计算火势蔓延速度，依据火势、火速、火向调遣灭火队员赴不同地点采取不同方法参加灭火，以节省人力和物力。

1.3.2　遥感探测的特点

1. 宏观观测，大范围获取数据资料

采用航空或航天遥感平台获取的航空像片或卫星影像（感测距离远，范围大），比在地面上获取的观测视域范围大得多，因而遥感具有宏观性和直观性。例如，一张比例尺为 1∶35000 的 23cm×23cm 的航空像片，可反映出 $60km^2$ 的地面景观实况；一幅陆地卫星 TM 图像，其覆盖面积可达 $34225km^2$。可见，遥感技术可以实现大范围的对地宏观监测，为地球资源与环境的研究提供重要的数据源。

2. 动态监测，快速更新监控范围数据

航天平台具有运行快，周期短，又能获得多时相、准同步的影像和数字资料的特点，所以，遥感获取资料的速度快，周期短，而且能反映动态变化。对地观测卫星可以快速且周期性地实现对同一地点的连续观测，即通过不同时相对同一地区的遥感数据进行变化信息的提取，从而达到动态监测的目的。例如，Landsat-7/8 的运行周期是 16d，即每 16d 可对全球陆地表面成像一遍；SPOT-6/7 卫星对同一地区的观测时间最短间隔为 1～5d；NOAA 气象卫星每天能接收到两次覆盖全球的图像，而传统的人工实地调查往往需要几年甚至几十年时间才能完成地球大范围动态监测的任务。遥感的这种获取信息快、更新周期短的特点，有利于及时发现病虫害、洪水及林火等自然灾害，为抗灾、减灾工作提供可靠的科学依据。

3. 利用目标的电磁波辐射特性进行目标探测

现在，已用于目标遥感探测的电磁波段有 γ 射线、X 射线、紫外线、可见光、红外线、微波等，并且遥感记录的目标电磁波波段信息的间隔越来越小。由于记录的波段不同，目标在各波段电磁波辐射特性之间的差异在遥感数据中被记录，可以利用遥感数据记录的目标电磁波特性探测目标性质。高光谱遥感可以获取许多波段狭窄且光谱连续的图像数据，它使本来在宽波段遥感中不可探测的物质得以被探测，因此遥感数据在各类资源探测、环境监测、目标识别等方面有重要的应用价值。

4. 遥感影像种类多样，可获取海量信息

遥感技术可提供丰富的影像种类，如摄影影像、扫描影像、雷达影像、多光谱及高光谱影像等，可实现连续的、全天时、全天候的对地观测。遥感技术获取的数据非常庞大，如Landsat-5卫星每天获取67GB的观测数据，资源三号卫星每天的数据获取量可以达到10TB，远远超过了用传统方法所获取的信息量。

5. 对地观测不受地面条件限制

特别是在航天对地观测成像时，遥感探测可用于自然条件恶劣、地面工作困难的地区——高山峻岭、密林、沙漠、沼泽、冰川、两极、海洋等，或因国界限制而不易到达的地区。

6. 较之传统方法，经济效益好

遥感已广泛应用于城市规划、农业估产、资源清查、地质探矿、环境保护等诸多领域。随着遥感图像的空间、时间和光谱分辨率的提高，以及与地理信息系统和全球定位系统的结合，它的应用领域会更加广泛，对地观测技术也会随之步入一个更高的发展阶段。此外，与传统方法相比，遥感技术的开发和利用大大节省了人力、物力和财力，同时在很大程度上缩短了时间的耗费。例如，在20世纪70年代，美国陆地卫星一号及其地面设备，平均每年花费2000万～5000万美元，而收益为14亿美元。

7. 遥感技术应用范围越来越广泛

遥感技术已广泛应用于农、林、牧、渔、水文、地质、地理、气象、测绘、环保、考古、城市规划、土地资源管理和军事侦察等多个领域。

8. 遥感技术发展迅速

遥感是在航空摄影的基础上发展起来的。近 50 年来，随着空间科学技术、电子技术、电子计算机技术及其他新技术的发展，新型遥感器的种类越来越多，遥感应用发展迅速，日新月异。它已成为一门新兴的、先进的、在国民经济和国防事业中不可缺少的、影响深远的空间探测技术。

1.4 遥感技术的发展简史与发展趋势

1.4.1 遥感的发展概况

遥感作为一门综合性的技术是20世纪60年代提出来的。1960年美国学者E.L.Pruitt为了比较全面地概括探测目标的技术和方法，把以摄影方式和非摄影方式获得被探测目标的图像或数据的技术称为“遥感”，这个名词在1962年美国密歇根大学等单位举行的环境科学讨论会上被正式采用。

1. 遥感成像初期阶段

遥感成像始于摄影技术的发明。1839 年达吉赫（Daguerre）和尼普斯（Niepce）发明摄影技术并获取了第一张照片，开辟了人类获取影像的先河。1840年，巴黎天文台台长阿尔戈（Argo）主张利用摄影技术进行地形勘测。1858 年法国摄影师图纳乔（Tournachon）用气球搭载相机获取了巴黎附近的一个小村庄比弗雷（Bievre）的鸟瞰像片，这是人类第一张空中获取的地面像片。此后，1860年布莱克（Black）从气球上拍摄了波士顿市的像片。1882年，英国气象学家阿奇博尔德（Archibald）将风筝用于航空摄影。尤其令人关注的是，1903年莱特兄弟（Willbur Wright and Orvilke Wright）发明了飞机，为航空摄影创造了更有利的条件。1906年4月18日，劳伦斯（Lawrence）在600m空中摄取了旧金山大地震及由此引发的火灾余波下的旧金山。1909 年 W.莱特在意大利第一次航拍了圣托西利地区的像片；1913 年对利比亚的本格森油田进行航摄，用航片制成了油田地质图，这标志着航空摄影测量的开始。在第一次世界大战期间，航空摄影成了军事侦察的重要手段，获取了大量的军事情报。

这一阶段遥感的特点是：完善了地面到空中取得像片的手段，开始了航空遥感时代；基本了解了影像的物理特性，但还没有进行深入的研究；对影像的几何特性还没有深刻的认识。

2. 航空遥感阶段

由于人的眼睛对黑白影像色调分辨能力的限制，以及现实彩色世界与黑白影像的差异，黑白影像识别地物的效率已达不到人们的期望，1924 年迈纳斯（Mannes）发明了彩色胶片，并于 1937 年成功进行了彩色航空摄影。第二次世界大战期间，人们发现彩色航空摄影用于军事侦察的效率高于黑白航空摄影，但是，对于一些伪装后的军事目标难以达到侦察的效果。为满足军事侦察的需要，1940 年人们成功地将红外摄影技术用于军事目标侦察。同时，微波雷达也应用于军事目标侦察，但直到 1957 年美国密歇根大学才研制成功可以实际应用的侧视雷达成像遥感器。第二次世界大战以后，1946～1950 年，美国曾将小型摄像机搭载在 V-2 火箭上用来高空成像。在此期间，人们实现了多光谱摄影。据统计，第二次世界大战时期，80%的地面和空中情报源于空中摄影和雷达侦察。自 20 世纪 30 年代起，航空摄影除用于军事侦察外，还广泛用于地学领域，以帮助人们认识地理环境和测制地形图及各类专题地图。1930 年美国开始进行全国航测，测制中小比例尺地形图和服务于农业的大比例尺专题图。其后，西欧、苏联也开始了航测，相应的航空摄影测量理论与技术得到了迅速发展。1941 年厄德莱（Eardey）的《航空像片：应用与判读》、巴格莱（Bagley）的《航空摄影与航空测量》等著作出版。与此同时，美国在大学中开设了航空摄影与像片判读的课程。国际地理学会于 1949 年设立了航空像片应用专业委员会。1945 年美国创刊了《摄影测量工程》杂志（1975 年改为《摄影测量工程与遥感》，现已成为国际著名的遥感专业刊物之一）。

这一时期遥感的特点是：多光谱、彩色摄影、机载侧视雷达成像技术成熟；使用的成像平台多样化（飞机、气球、火箭等）；出现了判读仪器，对像片的几何、物理特性有了较深刻的认识；航空影像成功用于军事侦察和地形测图，航空摄影测量的手段、方法、原理已经成熟。

3. 航天遥感阶段

1957 年第一颗人造卫星的升空标志着人类进入了太空时代，随后美国阿波罗宇宙飞行器发送回了第一张地球影像，从此人类开始以全新的视角来认识自己赖以生存的地球。

20 世纪 60 年代，美国和苏联发射了多颗各种用途的遥感卫星，包括气象、资源及登月项目。1972 年美国发射了第一颗地球资源技术卫星 ERTS-1，后更名为陆地卫星 1 号（Landsat-1），专门用于收集地表资源信息，标志着遥感技术新时代的开始。随后，美国又发射了 Landsat-2 和 Landsat-3，其携带的遥感器为多光谱扫描仪（multi-spectral scaner，MSS），有 4 个波段，分辨率为 79m。

20 世纪 80 年代初，美国又发射了第二代试验型地球资源卫星：Landsat-4 和 Landsat-5。卫星在技术上有了较大改进，平台采用新设计的多任务模块，投入使用的专题制图仪 TM 有 7 个波段，其空间分辨率为 30m，第 6 波段（热红外）为 120m。1984 年发射了 Landsat-5，运行了近 30 年，直到 2013 年才退役。1986～1998 年，法国相继发射了 SPOT 系列卫星（SPOT-1～4），其中 SPOT-1、SPOT-2、SPOT-3 上均装有两台高分辨率可见光（high resolution

visible，HRV）相机，可获取 10m 分辨率的全色波段遥感图像及 20m 分辨率的三波段遥感图像；SPOT-4 增加了新的中红外波段，还装载了一个植被仪，增强了对植物的识别能力。Landsat 和 SPOT 卫星项目开始在全球中等分辨率地球观测数据市场方面取得成功。

另外，20 世纪 80 年代遥感技术的最大成就之一是高光谱遥感技术的兴起。1983 年，美国国家航空航天局喷气推进实验室（Jet Propulsion Laboratory，JPL）研制成功世界第一台成像光谱仪（AIS-1），标志着高光谱遥感时代的来临，但直到 JPL 在 1987 年研制成功航空可见光/红外成像光谱仪（airborne visible infrared imaging spectrometer，AVIRIS），高光谱遥感成像技术才真正成熟。AVIRIS 的光谱覆盖范围包括了全部可见光波段和部分近红外波段，以 10nm 左右的光谱分辨率将 0.4～2.5μm 的地物辐射光谱细分成了 224 个波段。

20 世纪 90 年代以来，欧洲航天局、日本相继发射了 ERS 和 JERS 系列卫星，印度、俄罗斯也相继发射了 IRS 和 RESURS 系列卫星。1995 年加拿大发射了 Radarsat-1 雷达卫星，标志着卫星微波遥感技术的重大进展，为建立一个能生存的国际遥感数据市场做出了重要贡献。它的地面分辨率、成像行宽和波束入射角都有较宽的选择范围，除用于监测陆地及海洋外，Radarsat 对南极大陆提供了第一个完全的高分辨率卫星覆盖，在监测全球气候变化研究中起着重要作用。我国在 1998 年的长江抗洪抢险中，采用了该卫星提供的图像进行水情分析。1999 年美国国家航空航天局与地质调查局合作发射了 Landsat-7，其搭载的传感器为增强型专题制图仪（ETM+），该设备增加了一个空间分辨率为 15m 的全色波段，热红外通道的空间分辨率也提高了 1 倍，达到 60m。其目标是保持全球变化的长期连续监测，建立和定期更新绝大部分无云的、太阳照射的陆地图像的全球档案，其尺度能清晰地观测人类活动的迹象。2000 年，美国“奋进号”航天飞机利用雷达测绘了迄今最为精确的地球三维地形图。

1994 年，美国政府颁布 PDD-23 号令，取消了对 10～1m 级分辨率卫星遥感影像数据的商业销售禁令，从而揭开了高分辨率商业卫星发展的序幕。2000 年，美国光谱成像公司成功发射了高分辨率商用小卫星 IKONOS，星上装有柯达公司制造的数字相机，可采集 1m 分辨率的黑白影像和 4m 分辨率的多光谱（红、绿、蓝、近红外）影像。美国数字地球（Digital Globe）公司 2001 年 10 月发射了全色影像分辨率 0.61m、多光谱影像分辨率 2.44m 的 QuickBird 卫星。2000 年 12 月，美国商务部批准了太空成像公司和数字全球公司经营 0.5m 分辨率商业成像卫星的许可证申请，开展了第二代高分辨率卫星的研制。数字地球公司于 2007 年和 2009 年相继发射了全色分辨率 0.5m 的 WorldView-1 卫星和全色分辨率 0.46m、多光谱分辨率 1.84m 的 WorldView-2 卫星。地球眼（GeoEye）公司 2008 年 9 月 6 日成功发射了全色分辨率 0.41m、多光谱分辨率 1.65m 的 GeoEye-1 卫星。法国 2011 年 12 月 17 日成功发射了全色分辨率 0.5m、多光谱分辨率 2m 的 Pleiades-1 卫星。2014 年 6 月，美国政府最终决定放宽商业销售图像分辨率限制，允许商业公司销售最高 0.25m 分辨率的天基对地观测图像。同年 8 月 13 日，数字地球公司发射了全色分辨率 0.31m、多光谱分辨率 1.24m 的 WorldView-3 卫星。

根据国际卫星对地观测委员会（Committee on Earth Observation Satellites，CEOS）的全球卫星任务统计数据，1962 年至今，全球共发射 300 多颗对地观测卫星，涵盖对大气、海洋、陆地等地球系统的全面观测。可以说，电子技术、空间技术、计算机技术、仪器、胶片制造技术的发展促进了航天技术的发展，而航天技术的发展又是遥感发展飞跃的标志。

这一时期遥感的特点是：光机扫描、CCD（charge coupled device，电荷耦合器件）扫描仪成像技术、星载 SAR（synthetic aperture radar，合成孔径雷达）技术、高光谱技术发展成熟；成像幅面大、覆盖广，基本全球成像；影像获取速度快；易于重复观测；用于资源勘察、军事侦察、地形测图等领域；成像波段宽、空间和光谱分辨率高。

1.4.2 中国遥感技术的发展状况

20 世纪 30 年代，我国在浙江浦阳进行了航空摄影，此时期仅仅处于在个别城市进行小规模的航空摄影阶段。直到 20 世纪 50 年代初我国才开始进行大面积航空摄影，主要应用于地形图的测绘，同时在铁路、地质、林业等领域逐步得到应用。

20 世纪 70 年代以来，我国的遥感事业有了长足的进步。航空摄影测量进入生产实用阶段，全国范围内的地形图测绘工作普遍采用航空摄影测量的技术手段。在此基础上，开展了不同应用目的的航空专题遥感试验与应用研究，特别是在利用航空平台进行各种新型遥感器试验和系统集成试验方面取得了成效，如 70 年代末由中国科学院组织的云南腾冲遥感试验。我国成功研制了机载地物光谱仪、多光谱扫描仪、红外扫描相机、成像光谱仪、真实孔径侧视雷达、合成孔径侧视雷达、微波辐射计、激光高度计等不同类型的遥感器。在遥感器研制的同时，还将几种类型的遥感器组合为集成探测系统。把航空摄影机、扫描仪、成像光谱仪、合成孔径侧视雷达分别与激光高度计、全球定位系统（global positioning system，GPS）集成，可以同时获取可见光波段、近红外波段或微波波段图像，以及地面的三维空间信息。20 世纪 90 年代末把合成孔径侧视雷达与 GPS 集成为高空机载遥感系统和洪水监测遥感系统，用于水灾灾情实时动态监测，在抗洪救灾中发挥了重要作用。

我国自 1972 年 4 月 24 日发射“东方红 1 号”人造地球卫星以后，相继发射了数十颗不同类型的人造地球卫星。我国的航天技术已完成了四次突破：走向太空、返回地面、发射同步通信卫星、载人航天，从而成为继美、苏之后第三个掌握了卫星返回技术的国家和第四个掌握了“一箭多星”技术的国家。自 1975 年 11 月 26 日我国发射第一颗返回式遥感卫星和试验卫星至今，已成功发射几十颗科学探测卫星与技术试验卫星，使我国在开展宇宙探测、通信、科学实验、气象观测等研究方面有了自己的信息源。1999 年 10 月 14 日中国-巴西地球资源遥感卫星 CBERS-1 的成功发射，使我国拥有了自己的资源卫星，随后发射的 CBERS-02、CBERS-2B、ZY-3 卫星的空间分辨率和图像质量得到进一步提升。2010 年，我国正式启动实施高分辨率对地观测系统重大科技专项。“高分一号”和“高分二号”相继于 2013 年和 2014 年发射成功，“高分二号”卫星的空间分辨率优于 1m，标志着中国遥感卫星进入亚米级“高分时代”。2008 年携带有多光谱可见光相机和超光谱成像仪的 HJ-1A 卫星发射成功，此后形成的“环境与灾害监测预报小卫星星座”具备中分辨率、宽覆盖、高重访的灾害监测能力。在气象卫星方面，我国从 1988 年开始发射“风云”气象系列卫星，目前已形成静止轨道和极轨气象卫星观测体系。2002 年我国发射了第一颗海洋卫星（HY-1A），星上载有 1 台 10 波段的海洋水色扫描仪和 1 台 4 波段的 CCD 成像仪，后续发射的 HY-1B 和 HY-2 卫星在成像幅宽和重访周期等性能上进一步提升。在微小卫星方面，我国成功发射了“实践五号”“航天清华一号”“纳星一号”“北京一号”等卫星，完善并丰富了我国的卫星观测体系。“北斗”定位导航卫星目前已发射 21 颗，标志着我国具备了自主的定位导航能力。载人航天计划中的神舟系列飞船的成功发射和回收，标志着我国的地球观测技术进入了世界先进水平的行列。

1980 年我国成立了国家遥感中心，1986 年建成了遥感卫星地面接收站，逐步具备了接收美国 Landsat、法国 SPOT、加拿大 Radarsat 和中国-巴西 CBERS(China-Brazil Earth Resources

Satellite，中巴地球资源卫星）等遥感卫星数据的能力。数十个分布于全国各地的气象卫星接收站，可以接收地球同步和太阳同步轨道的气象卫星数据。目前，遥感卫星图像数据在我国农业生产条件研究、农作物估产、国土资源调查、土地利用与土地覆盖、水土保持、森林资源调查与灾害监测、矿产资源调查、草场资源调查与保护、渔业资源调查、环境评价与监测、城市动态变化监测、水灾与火灾监测、气象监测及工程建设（如各类交通设施、港口、电站建设）等方面得到了广泛的应用。

1.4.3　遥感技术的发展趋势

遥感技术正在进入一个能够快速准确地提供多种对地观测海量数据及应用研究的新阶段，它在近 20 年内得到了飞速发展，目前又将达到一个新的高潮。这种发展主要表现在以下几个方面。

1. 遥感图像的分辨率越来越高

在人类生活、科学研究和军事需要等多种需求的推动下，遥感对地观测的能力日益增强。随着遥感器技术的发展，获取影像的空间、光谱、时间和辐射分辨率在不断提高。民用遥感图像的空间分辨率已达到亚米级，分辨率由早期的 80m 提高到 0.31m，并拥有全色 0.31～15m、多光谱 1.24～30m 的多种空间分辨率。军用侦察卫星的空间分辨率已达到厘米级（如美国的 KH-11 空间分辨率为 0.11m）。光谱分辨率达到纳米级，波段数已增加到数十甚至数百个。辐射分辨率也由早期的 8 位逐步发展至 14 位甚至 16 位以上。卫星的重访周期达到几天甚至十几个小时，对同一地区观测的时间间隔最短不到 1d。总之，不断提高遥感器的性能指标，研制新型遥感器，开拓新的工作波段，从而获取更高质量和精度的遥感数据是今后遥感发展的一个必然趋势。表 1.2 列出了主要的高空间分辨率光学卫星。

表 1.2　高空间分辨率光学卫星

卫星名称	国家（地区）	发射时间	分辨率/m	幅宽/km	轨道高度/km	倾角/（°）	设计寿命/a
WorldView-1	美国	2007.09.18	0.45	17.6	496	97.87	7.25
WorldView-2	美国	2009.10.08	0.46	16.4	770	98.4	7.25
WorldView-3	美国	2014.08.13	0.31	13.1	617	97.97	7.25
GeoEye-1	美国	2008.09.06	0.41	15.2	681	98.13	7
QuickBird	美国	2001.10.18	0.61	16.8	450	97.2	5
IKONOS	美国	1999.09.24	0.82	11.3	681	98.1	7
OrbView-3	美国	2003.06.26	1.0	8	470	97.25	5
SPOT-6	法国	2012.09.09	1.5	60	695	98.2	5
SPOT-7	法国	2014.06.30	1.5	60	695	98.2	5
Pleiades 1A	法国	2011.12.17	0.5	20	695	98.2	5
Pleiades 1B	法国	2012.12.02	0.5	20	695	98.2	5
EROS-A	以色列	2000.12.05	1.9	14	530	97.6	6
EROS-B	以色列	2006.04.25	0.7	7	520	97.45	10
Cartosat-2	印度	2007.01.10	0.8	9.6	630	97.9	5
Cartosat-2A	印度	2008.04.28	0.8	9.6	630	97.9	5

续表

卫星名称	国家（地区）	发射时间	分辨率/m	幅宽/km	轨道高度/km	倾角/（°）	设计寿命/a
Cartosat-2B	印度	2010.07.12	0.8	9.6	630	97.9	5
Resurs-DK1	俄罗斯	2006.06.15	0.9	28	570	69.94	3
Resurs-P	俄罗斯	2013.06.25	0.7	38	475	97.28	7
Deimos 2	西班牙	2014.06.19	0.75	12/24	630	97.9	7
KOMPSAT-2	韩国	2006.07.28	1.0	15	685	98.2	3
KOMPSAT-3	韩国	2012.05.17	0.7	16	685	98.2	4
ZY-3	中国	2012.01.09	2.0	51	506	97.42	5
GF-1	中国	2013.04.26	2.0	60	645	98	5
GF-2	中国	2014.08.19	1.0	45	631	98	5
TripleSat	中国	2015.07.10	0.8	23.8	651	98.1	7
Formosat-2	中国(台湾)	2004.05.19	2.0	24	888	99.1	5

2. 高光谱遥感迅速发展

高光谱遥感的出现和发展是遥感技术的一场革命。同传统遥感技术相比，其所获取的图像包含了丰富的空间、辐射和光谱三重信息。它使本来在宽波段遥感中不可探测的物质，在高光谱遥感中能被探测。从第一代航空成像光谱仪算起，高光谱遥感的发展已有 30 多年的历史，并受到世界各国遥感科学家的普遍关注。但长期以来，高光谱遥感一直处在以航空为基础的研究发展阶段，且主要集中在一些技术发达国家，对其数据的研究和应用还十分有限。

近十几年来情况出现了转机，高光谱遥感由以航空为主进入到航空与航天相结合的阶段。由 JPL 研制的中分辨率成像光谱仪(moderate resolution imaging spectroradiometer，MODIS）应用于对地观测计划，随 Terra 卫星发射升空，自 2000 年开始传回数据，成为首台星载成像光谱仪。2000 年发射的称为“千年第一星”的地球观测者-1（EO-1）卫星上也搭载了 Hyperion 成像光谱仪，可在可见光到近红外范围内获取 220 个波段，地面分辨率 30m 的高光谱影像。同年，美国空军发射了搭载有傅里叶高光谱成像仪（fourier transform hyperspectral imager，FTHSI）的强力星-2（Mightysat-2），获取数据的光谱为 0.35～1.05 μm，共有 256 个波段，地面分辨率为 15m。2002 年，美国海军发射了携带有海岸海洋成像光谱仪（coastal ocean imaging spectrometer，COIS）的海军测绘观测（naval earthmap observer，NEMO）卫星，为了适应全球范围内的海岸环境探测任务对海量数据实时处理的要求，该卫星还具备光学实时自适应光谱识别系统（optical real-time adaptive signature identification system，ORASIS），具有自适应性信号识别能力。2009 年，先进及时响应型战术有效军事成像光谱仪（advanced responsive tactically effective military imaging spectrometer，ARTEMIS）随美国空军的 TacSat-3 卫星升空，可用于目标探测、识别，提供战场准备和战斗损失的信息，以满足军方对及时响应、灵活、经济适用的航天器在作战中的需求。目前，许多国家正在积极研制自己的星载成像光谱仪，包括日本的高光谱相机（HSC-3）、南非的多传感器小卫星成像仪（multi sensor micro-satellite imager，MSMI）、美国的高光谱红外成像仪（HyspIRI）、德国的环境监测与分析计划的 EnMAP、意大利高光谱预报与应用任务的 PRISMA。

随着成像光谱仪的小型化、低能耗化，部署灵活、使用成本低的无人机正成为重要的高光谱遥感平台，成为有人飞机的有力补充。美国海军研究实验室（Naval Research Laboratory，NRL）实施的高光谱空中广域侦察与实时监测实验，将成像光谱仪搭载到了捕食者无人机上。

高光谱遥感在地物目标精细识别和定量分析方面具有巨大应用潜力，可广泛应用于军用地形图和专题图的测制与更新、军事目标侦察、伪装与反伪装、毁伤效果分析及环境监测与灾害评估、海洋监测、大气探测等领域。

3. 微波遥感发展完善

合成孔径雷达（SAR）是 20 世纪 50 年代提出的一个概念，也是微波遥感设备中发展最迅速和最有成效的遥感器之一。微波具有穿透性强、不受天气影响的特性，可全天时、全天候工作，还可以透过浅层地表和植被获取地表下的信息。这些特点使它在农业、林业、地质、环境、水文、海洋、灾害、测绘与军事领域的应用具有独特的优势。因此，SAR 系统的研制得到各国政府的高度重视与支持。在短短的 50 年间，从构思—实验室—机载—星载，各方面技术不断发展与完善，特别是近 20 年的发展相当迅速。表 1.3 列出了已发射的主要民用 SAR 卫星。

表 1.3　已发射的主要民用 SAR 卫星

国家（组织）	星载 SAR	发射时间	分辨率/m
美国	Seasat	1978	25
	SIR-A	1981(航天飞机)	40
	SIR-B	1984(航天飞机)	17/25①
	SIR-C	1994(航天飞机)	25/30
	LightSAR	2002	1.6～30②
欧洲航天局	ERS-1	1991	26.3/30
	ERS-2	1995	26.3/30
	Envisat-1	2002	10～1000
	Sentinel-1A	2014	5～40
俄罗斯	KOSMOS-1870	1987	25～30③
	Almaz-1	1991	10～15
	Almaz-1B	1998	5～60
	Arkon-2	1999	50
	Kondor-E	2008	1～3
意大利	Cosmo-Skymed	2006	1～100
德国	TerraSAR-X	2007	1～15
	TanDEM-X	2009	—
加拿大	Radarsat-1	1995	9～100
	Radarsat-2	2007	3～100
日本	JERS-1	1992	18
	ALOS	2006	7～100
以色列	tecSAR	2007	1～8
印度	RISAT	2007	3～50
阿根廷	SAOCOM-1	2008	7～100
韩国	Kompsat-5	2013	1～20
中国	HJ-1C	2012	5

注：①17/25 表示距离向/方位向分辨率不同；②1.6～30 表示多种遥感器或不同成像模式达到的最高至最低分辨率；③25～30 表示分辨率区间。

微波遥感采用多极化、多波段及多工作模式，形成多级分辨率影像序列，以提供从粗到细的对地观测数据源。Radarsat-1 卫星具有 7 种模式、25 种波束，不同入射角，因而具有多种分辨率、不同幅宽和多种信息特征。Cosmo-Skymed 卫星工作在 X 波段（9.6 GHz），具有多极化、多入射角的特性，具备 3 种工作方式和 5 种分辨率的成像模式：ScanSAR（100 m 和 30 m）、Strip-Map（3 m 和 1.5 m）、SPOTLight（1 m）。Cosmo-Skymed 星座共包括 4 颗 SAR 卫星，该星座与法国 Pleiade 光学卫星星座可以配套使用，两者均采用太阳同步轨道。作为全球第一个分辨率高达 1 m 的雷达成像卫星星座，Cosmo-Skymed 系统将以全天候、全天时对地观测的能力、卫星星座特有的高重访周期和 1 m 高分辨率的成像为环境资源监测、灾害监测、海事管理及军事领域等应用开辟更为广阔的道路。

除了成像以外，微波干涉技术同样也在不断发展。美国实施的航天飞机雷达地形测绘任务即采用雷达干涉测量技术，在一架航天飞机上安装了两个雷达天线，对同一地区一次获取两幅图像，然后通过影像精匹配、相位差解算、高程计算等步骤得到被观测地区的高程数据。

4. 多层次全方位遥感

除了传统的地面、航空和航天平台，近年来遥感平台又向临近空间延伸，开发了包括飞艇、无人机在内的飞行器。临近空间平台是一个新兴的研究领域，在对地遥感应用中主要是以飞艇等可以长时间停留的，慢动悬空平台为主。无人机遥感（unmanned aerial vehicle RS，UAVRS）可实现高分辨率影像的采集，具有续航时间长、影像实时传输、高危地区探测、成本低、机动灵活等优点，是卫星遥感与有人机航空遥感的有力补充，在国内外已得到广泛应用。特别是在灾害检测和监测方面，可以很好地弥补传统应急方法的缺陷。

常用的遥感器有框幅式、缝隙式和全景相机，光机扫描仪，光电扫描仪，CCD 线阵、面阵扫描仪，倾斜相机，微波散射计，雷达测高仪，激光雷达和合成孔径雷达等，它们几乎覆盖了可透过大气窗口的所有电磁波段。

有些遥感平台还可以多角度成像，例如 IKONOS 卫星可通过任意方向旋转获得同轨和异轨的高分辨率立体影像，三线阵 CCD 可以同时得到 3 个角度的扫描成像；EOS Terra 卫星上的 MISR 可同时从 9 个角度对地成像，PROBA 卫星上搭载的 CHRIS 传感器可以在沿轨方向进行 5 个角度的观测，ADEOS 卫星搭载的 POLDER 单个轨道期间最多能够在 16 个不同的视角下观测同一目标。多角度观测可以获取遥感立体影像，而遥感立体影像是准确获取位置信息的重要条件；同时，有可能避免传统遥感面临的“异物同谱、同物异谱”的困难，从而提高地面目标识别精度。Radarsat-1 卫星具有 7 种成像模式、25 种不同的波束，这些不同的波束模式具有不同的入射角，因而具有多种分辨率、不同幅宽和多种信息特征，可满足不同应用需求。

多平台配合使用，构建一个从地面到高空的多维、多层次的立体化观测系统，实现对地面的多重覆盖。多遥感器可以实现对地面目标全部波谱信息的观测，而多角度观测可以实现对目标全方位的观测。遥感对地观测技术正在形成一个多层次、多角度、全方位的全球立体对地观测网，具有准实时、全天候获取各种空间数据的能力，并逐步形成集高空间、高光谱、高时间分辨率和宽地面覆盖于一体的卫星（群）对地观测系统，同时提供定位、通信和观测的功能。

5. 遥感的综合应用不断深化

目前，遥感技术正经历着一场质的变化，综合应用的深度和广度不断扩展，表现为从单一信息源分析向包含非遥感数据的多源信息的复合分析方向发展；从定性判读向信息系统应用模型及专家系统支持下的定量分析发展；从静态研究向多时相的动态研究发展。地理信息系统为遥感提供了各种有用的辅助信息和分析手段，提高了遥感信息的识别精度。另外，通过遥感的定量分析，从区域专题研究向全球综合研究发展，实现了从室内的近景摄影测量到大范围的陆地、海洋信息的采集乃至全球范围内的环境变化监测。多时相遥感的动态监测，可获取当前城市化过程、耕地面积减少和生态环境变化的基本资料。与此同时，国际上相继推出了一批高水平的遥感图像处理商业软件包，用以实现遥感的上述综合应用。其主要功能包括影像几何纠正与辐射校正、影像处理与分析、遥感制图、地理信息分析、可视化空间建模等。

6. 卫星向商业化、小型化方向发展

随着卫星遥感的兴起，计算机与通信技术的进步及冷战时期军事情报部门的需要，数字成像技术有了极大的提高。世界各主要航天大国相继研制出各种以对地观测为目的的遥感卫星，并逐步向商用化转移。因此，国际上商业遥感卫星系统得到了迅速发展，产业界特别是私营企业直接参与或独立进行遥感卫星的研制、发射和运行，甚至提供端对端的服务，也是目前遥感发展的一大趋势。

联合国制定的有关政策，在一定程度上鼓励了卫星公司制造商用高分辨率地球观测卫星的计划，这类卫星多为私营公司拥有，其地面分辨率为 1～5m，如美国的 IKONOS、QuickBird、GeoEye、WorldView 系列和以色列的 EROS 系列等。商业卫星遥感系统以应用为导向，强调采用实用技术系统和市场运行机制，注重配套服务和经济效益，成为非常重要的遥感信息的补充。

此外，遥感卫星小型化成为新的技术发展方向。小卫星单星成本低，星座部署经济也可承受，随着探测器、敏捷型小卫星平台的发展，小卫星逐步拥有传统大卫星才有的亚米高分辨率与快速姿态机动能力，正在成为新兴航天企业发展的热点。同时，小卫星星座部署结合互联网技术、大数据和云计算等新技术为遥感卫星市场注入了新的活力。2010 年，美国国家海洋和大气管理局（National Oceanic and Atmospheric Administration，NOAA）开始向商业化遥感小卫星经营企业颁发商业遥感卫星运营许可证。截至 2014 年年初，美国国家海洋和大气管理局已经向 9 家美国公司（高校）发放了 14 个商业遥感卫星运营许可证，其中 13 个许可证都是高分辨率成像卫星。这些公司将发射新的卫星，在增强美国和全球商业数据竞争力的同时，极大地降低卫星应用门槛。卫星小型化不仅是技术导向的趋势，还是广泛的社会需求与应用推动的结果。目前，遥感小卫星已经开始从科研走向商业化。美国新型商业遥感“天空盒子”（Skybox）成像公司计划构建的“天空卫星”（Skysat）星座由 24 颗小卫星构成，目前已完成前两颗业务星部署。Skysat 具有 0.9m 分辨率成像和每秒 30 帧 1.1m 分辨率 1080P 高清视频拍摄能力，既是传统意义上的高分辨率光学成像卫星，又是新型的视频对地观测卫星。使卫星拍摄静态图像向拍摄高清视频发展，使遥感卫星应用领域得到极大地扩展，静态目标变化分析和动目标监测与跟踪将使遥感卫星应用产生重大变革。

7. 大数据

在遥感和对地观测领域，随着对地观测技术的发展，人类对地球的综合观测能力达到空前水平。不同成像方式、不同波段和分辨率的数据并存，遥感数据日益多元化；遥感影像数据量显著增加，呈指数级增长；数据获取的速度加快，更新周期缩短，时效性越来越强。遥感数据呈现出明显的大数据特征。大数据的价值不在其“大”而在其“全”，在其对数据后隐藏的规律或知识的全面反映。同样，遥感大数据的价值不在其海量，而在其对地表的多粒度、多时相、多方位和多层次的全面反映，在于隐藏在遥感大数据背后的各种知识（地学知识、社会知识、人文知识等）。

大数据正在改变人类的生活及理解世界的方式，它将带来科研方法论的创新和科学发现的新引擎。各国政府也把注意力转向了这个日益增长的挑战，通过转变政府的能力促使在科学发现、环境和生物医学研究、教育和国家安全等方面使用大数据。美国 1993 年宣布建立国家信息基础设施（national information infrastructure），2010 年发布国家宽带计划（national broadband plan），2012 年 3 月美国奥巴马政府宣布投资 2 亿美元启动“大数据研究和发展计划”，这一重大科技发展部署，堪比 20 世纪的信息高速公路计划。在大数据计划中，与空间数据关系最为密切的是联邦地质调查局（US Geological Survey，USGS）和国家航空航天局。USGS 通过约翰·威斯利·鲍威尔分析和整合中心为科学家们提供了深入分析的场所和时间、最先进的计算能力和感知大数据集的协作工具，促进了地球系统科学的创新思维发展。NASA 用先进信息系统技术寻求成熟的大数据能力，以支持未来的地球观测任务，使得地球信息能为 NASA 气候中心的体系结构所识别，减少地球科学部的空基和陆基信息系统的风险、成本、规模和开发时间，提高科学数据的可访问性和实用性。英国也将大数据研究列为战略性技术，对大数据研发给予优先资金支持。2013 年英国政府向航天等领域的大数据研究注资约 1.9 亿英镑（1 英镑≈8.48 人民币）。我国也已将大数据科学的研究提上日程，2013 国家自然科学基金委员会开设了“大数据”研究重点项目群。

1.4.4　遥感研究有待解决的问题

尽管遥感无论在理论研究还是应用领域都得到了迅猛发展，但遥感仍处在由定性向定量的过渡阶段，其精度还不能完全满足不同用户的需求。遥感数据越来越多，用户正在逐渐被图像和数字的资料所淹没，许多资料从一开始就被束之高阁，有效地存储、管理和使用它们，已成为世界各国科技工作者急需解决的问题之一；遥感数据的融合与压缩、遥感影像的精确定位、遥感信息的自动识别、影像理解和应用、全球导航卫星系统（global navigation satellite system，GNSS）与 RS 及地理信息系统（geographic information system，GIS）三者的结合仍然是未来遥感面临的重要问题；定量遥感、新型数据处理、相关技术的结合等方面，与生产应用尚有差距。另外，遥感的国际间合作问题有待进一步探索，高分辨率影像为维护世界安全、保护环境和提高全人类的生活水平带来了机遇，但同时也应防范它可能带来的负面影响。

随着相关科学技术的迅猛发展，现代社会已经进入数字化、信息化时代，航空、航天遥感每天提供海量影像数据，这为遥感学科的发展提供了不可多得的机遇，但也面临着更大的挑战。与遥感数据获取能力形成鲜明对比的是遥感信息处理能力十分低下。现有的遥感影像处理和分析技术，主要针对单一传感器设计，没有考虑多源异构遥感数据的协同处理要求。遥感信息处理技术和数据获取能力之间出现了严重的失衡，遥感信息处理仍然停留在从“数据到数据”的阶段，在实现从数据到知识转化上明显不足，对遥感大数据的利用率低。遥感大数据利用的终极目标在于对遥感大数据中隐藏知识的挖掘。因此，有必要研究适用于遥感大数据的自动处理和数据挖掘方法，通过对数据的智能化和自动分析从遥感大数据中挖掘地球上的相关信息，实现从遥感数据到知识的转变，突破这种“大数据，小知识”的遥感数据应用瓶颈。

高分辨率（高空间、高光谱、高时间分辨率）遥感器、专业型小卫星群、遥感定量化和商业化是未来遥感发展的必然趋势。未来的卫星遥感计划将尽可能地集多种遥感器、多级分辨率、多波段和多时相于一身，从而以更快的速度、更高的精度和更大的信息量来提供对地观测数据。

1.5　遥感、地理信息系统、全球导航卫星系统的结合

自 20 世纪 50 年代以来，一场信息革命席卷全世界。在以第一台电子计算机问世为标志的第一次信息革命和以微电子技术、空间技术及信息技术相结合为特征的第二次信息革命中，遥感（RS）、地理信息系统（GIS）、全球导航卫星系统（GNSS）与现代通信技术有机地结合起来，它们在空间信息管理中各具特色。其中，利用 RS 可以获得源源不断的对地观测数据；而 GIS 的空间数据库则通过信息高速公路实现全国乃至全球的数据交换与共享；卫星导航依靠远程通信而实现高精度的定位和导航。让地理信息在信息高速公路上川流不息，这就在技术上给人们提出了一个新的挑战，那就是要建立一个自动化、智能化的对地观测数据处理系统，实现 RS、GIS 和 GNSS 的整体结合，使之成为快速实时的空间信息分析和决策支持工具。

1.5.1　地理信息系统简介

1. GIS 的基本概念及特征

GIS 是 20 世纪 60 年代开始迅速发展起来的一门新兴学科，它是反映现实世界中的各类空间数据，在计算机软件和硬件支持下以一定的格式输入、存储、检索、运算、显示、更新和综合分析的跨学科综合技术系统。

GIS 具有以下三个方面的特征：①具有采集、管理、分析和输出多种地理信息（空间信息）的能力。②以地理研究和规划决策为目的，以模型方法为手段，具有空间分析、多要素综合分析和动态预测的能力。③由计算机系统支持进行空间数据管理，并由计算机程序模拟常规的或专门的分析方法。

此外，GIS 的发展还体现出多学科交叉的特点，这些交叉的学科包括地理学、地图学、摄影测量学、遥感技术、数学和计算机科学，以及一切与处理和分析空间数据有关的学科。GIS 正是在这些相关学科与地理学相结合的基础上发展起来的。

2. GIS 的类型

一般情况下，地理信息系统按内容分为以下三类。

（1）专题地理信息系统（thematic GIS），即具有有限目标和明确专业特点的地理信息系统，系统设计及操作功能为某一特定专业任务服务，如森林资源管理信息系统、农作物估产信息系统等。

（2）区域地理信息系统（regional GIS），指以区域（如行政区、自然分区或流域）为单位进行系统研究、规划管理的信息系统，如我国黄河流域信息系统等。许多实际的地理信息系统是介于上述两者之间的区域性专题信息系统，如湖北省土地评价信息系统。

（3）地理信息系统工具（GIS-tools），或称面向管理的地理信息系统（management-oriented GIS），这类系统一般没有具体的应用目标，仅提供 GIS 的基本功能和开发平台，供其他系统调用或进行二次开发。国内外已相继研制了一批优秀的地理信息系统工具，代表性的如美国环境系统研究所研制的 ArcGIS 及武汉中地信息工程有限公司的 MapGIS 等。在通用的地理信息系统工具支持下建立区域或专题地理信息系统，不仅可以节省软件开发的费用，缩短系统建成周期，还使地理信息系统技术易于推广，从而开展高层次的应用模型开发。

3. 空间数据结构

1）空间数据的基本特点

地理空间数据有三个基本特征：空间性、属性和时间性。

空间性反映现象的空间位置及空间位置的关系，通常以坐标数据的形式来表达空间位置，用空间拓扑信息来表达空间位置的关系。

属性用以描述现象的特征，如空间实体的类别等，像土壤类型可以包括草甸土、沼泽土、石质土等。属性数据本身属于非空间数据，但它与空间数据结合，用来表达空间实体的全貌。

时间性是指空间数据的空间特征和属性特征随时间而变化，它们可以同时随时间变化，也可以分别独立随时间变化。例如气压图，某点的气压随时间而变化，因而气压图也随时间而改变。

2）GIS 数据结构

在地理信息系统中，地理空间数据常用的数据结构有两种：栅格（raster）数据结构和矢量（vector）数据结构。例如，一幅具有森林、河流和住房的地图可以分别用这两种不同的数据结构来描述。在栅格结构中，空间被有规则地分割成一个个小正方形，地理实体用它们所占据的栅格的行、列号来定义，栅格可以同时附有属性值；在矢量结构中，地理实体用点、线、面来表达，其位置由二维平面直角坐标来表达。

栅格结构有利于空间分析，但数据冗余量大；矢量结构存储量小，且能输出精美的地图，但不便于进行空间分析；它们有各自不同的特点与适用范围。例如，对于需要与遥感相结合的地理信息系统来说，栅格结构是必不可少的；而对于地图数字化、拓扑关系的检测等应用，矢量结构又是不可缺少的。目前，栅格与矢量相结合的混合数据结构正在研究之中，究竟采用何种数据结构，取决于地理现象本身的特性及表达数据的目的。

1.5.2 全球导航卫星系统简介

1. 概述

全球导航卫星系统（GNSS）泛指所有的卫星导航系统，包括全球的、区域的和增强的导航系统。全球的导航系统主要有美国的 GPS、俄罗斯的格洛纳斯（GLONASS）、欧洲的伽利略（GALILEO）和中国的北斗；区域的导航系统有日本的准天顶卫星系统（quasi-zenith satellite system，QZSS）和印度的区域导航卫星系统（Indian regional navigation satellite system，IRNSS）；相关的增强导航系统有美国的广域增强系统（wide area augmentation system，WAAS）、欧洲的静地导航重叠系统（European geostationary navigation overlay service，EGNOS）、法国的星载多普勒无线电定轨定位系统（Doppler orbitographg and radio positioning intergrated by satellite，DORIS）及日本的多功能运输卫星增强系统（multi-functional satellite augmentation system，MSAS）等。GNSS 是个多系统、多层面、多模式的复杂组合系统，多个系统同时并存又相互竞争。目前的 GNSS 接收机可以同时接收多个系统的信号，以提高定位速度和精度。GNSS 能够全天候、全天时连续提供高精度的三维位置、速度和精密时间信息。导航定位技术已经步入社会的各个部门，如同互联网一样成为全球信息公用资源。

2. GPS

美国 GPS 的全球应用最为普遍，它具有全球连续覆盖，导航定位精度高、速度快、抗干扰性强等优点。美国的 GPS 提供两种服务，即标准定位服务（standard positioning service，SPS）和精确定位服务（precise positioning service，PPS）；前者用于民用事业，后者为美国军方服务。美国政府为限制非军事用户和其他国家使用 GPS，分别在 1991 年和 1994 年实施了有选择可用性（selective availability，SA）技术和反电子欺骗（anti-spoofing，AS）技术，使 SPS 服务水平定位精度降低到 100m，而在密码保护下的 PPS 服务精度提高到 lm。为克服 GPS 采取 SA 措施带来的精度影响，人们着力研究并发展了差分 GPS（difference global positioning system，DGPS）、局域 DGPS 增强系统（local area augmentation system，LAAS）和广域 DGPS 增强系统（WAAS）技术，并开发自适应调零天线、GPS/GLONASS 兼容机，发展 GPS/INS 组合技术，以使导航定位服务的精度更高、完善性和可靠性更好、抗干扰能力更强。目前采用差分技术可使定位精度达到 1cm，用它可监视地球和冰川的微小运动。1997 年 4 月美国政府宣布向国内开放 GPS，并于 2000 年 5 月取消了 SA 政策。

1）GPS 的组成

GPS 由空间星座、地面控制系统、用户系统三部分组成。

（1）空间星座。GPS 由 21 颗工作卫星和 3 颗备用卫星组成，均匀分布在 6 个轨道平面内。每个轨道平面配置 3 颗卫星，每隔一条轨道平面配备 1 颗备用卫星，卫星离地面高度约 20200km，绕地球运行一周的时间为 11 小时 58 分，即一天绕地球两周。空间星座布满卫星以后，可在全天任何时间为全球任何地方提供 4～8 颗仰角在 15° 以上的同时可观测卫星。如果将遮蔽角降到 10°，有时则最多可观测到 10 颗卫星。若将遮蔽角降到 5°，最多可同时观测到 12 颗卫星。此外，GPS 卫星信号的传播和接收不受天气影响，具有高精度、全天候及全球性的实时定位能力，保证在任何地方、任意时刻都能够观测到地面或地面上空点位的三维坐标。

（2）地面控制系统。地面控制系统由 5 个监测站、3 个地面控制站和 1 个主控站组成。监测站分别设在夏威夷、科罗拉多斯普林斯、阿森松岛（南大西洋）、迪戈加西亚岛（印度洋）和夸贾林环礁（北太平洋马绍尔）群岛，监测站是数据自动采集中心，主要为主控站提供各种观测数据。主控站位于美国科罗拉多，是系统管理和数据处理中心，其主要任务是用监控站和本站提供的观测数据计算卫星星历，提供全球定位系统时间基准，并将这些数据传到注入站，用于调整卫星运行轨道，启动备用卫星等。地面控制站分别位于阿森松岛、迪戈加西亚岛和夸贾林环礁群岛，地面控制站与卫星之间有通信链路，主要由地面天线组成，将主控站传来的卫星星历、时钟参数和导航电文等控制指令注入相应卫星的存储系统，并监测注入信息的正确性。

（3）用户系统。用户系统包括接收机、天线、计算设备和相关软件。其中核心设备是接收机，用于捕获 GPS 卫星发射的信号，并根据信号到达接收机的时间，确定接收机与卫星间的距离。

2）GPS 的基本原理

通常，如果接收机能够获得 4 颗 GPS 卫星的信号，就可以进行定位；当接收到信号的卫星数目多于 4 颗时，可以择优选取其中的 4 颗计算位置。虽然 1 颗卫星信号传播到接收机的时间可以确定该卫星与接收机间的距离，但并不能确定接收机相对于卫星的方向。在三维空间中，分别以 3 颗卫星的瞬时坐标为球心，卫星至观测站之间的距离为半径，作出三个球面，三个球面的交点就是接收机在空间中的位置坐标。实际上，GPS 接收机的可能位置构成一个球面，当测到两颗卫星间的距离时，接收机的可能位置被确定于两个球面相交构成的圆上，当得到第三颗卫星的距离后，球面与圆相交得到两个可能的点，第四颗卫星用于确定接收机的准确位置。

3. 北斗

北斗卫星系统是我国正在实施的自主发展、独立运行的导航定位系统。北斗卫星系统空间星座由 35 颗卫星组成，包括 27 颗中轨道（middle earth orbit，MEO）卫星、3 颗倾斜同步轨道（inclined geosynchronous satellite orbit，IGSO）卫星和 5 颗地球静止轨道（geostationary earth orbiter，GEO）卫星。

GPS 星座采用 6 个轨道面，每个面 4 颗星，共 24 颗卫星。北斗星座采用 3 个轨道面（与 GLONASS 和 GALILEO 设计相同），轨道面之间相隔 120°，每个面 9 颗星，共 27 颗卫星。为了在北斗系统建设初期实现区域定位（满足境内定位需求）及加强亚太地区的定位服务，增加了 3 颗倾斜同步轨道卫星和 5 颗地球静止轨道卫星。截至目前，北斗已发射其中的 23 颗卫星，已经具备区域导航、定位和授时能力，定位精度为 10m，测速精度为 0.2m/s，授时精度为 10ns。

北斗卫星系统的设计主要是考虑“三步走”的发展战略。

第一步，建设“北斗一号”系统（也称北斗卫星导航试验系统）。1994 年，启动“北斗一号”系统工程建设；2000 年，发射两颗地球静止轨道卫星，建成系统并投入使用，采用有源定位体制，为中国用户提供定位、授时、广域差分和短报文通信服务；2003 年，发射第三颗地球静止轨道卫星，进一步增强系统性能。

第二步，建设“北斗二号”系统。2004 年，启动“北斗二号”系统工程建设；2012 年年底，完成 14 颗卫星（5 颗地球静止轨道卫星、5 颗倾斜地球同步轨道卫星和 4 颗中圆地球轨道卫星）发射组网。“北斗二号”系统在兼容“北斗一号”技术体制的基础上，增加了无源定位体制，为亚太地区用户提供定位、测速、授时、广域差分和短报文通信服务。

第三步，建设北斗全球系统。2009 年，启动北斗全球系统建设，继承北斗有源服务和无源服务两种技术体制；计划 2018 年，为“一带一路”沿线及周边国家提供基本服务；2020 年前后，完成 35 颗卫星发射组网，为全球用户提供服务。

北斗系统具有以下特点：一是北斗系统空间段采用三种轨道卫星组成的混合星座，与其他卫星导航系统相比高轨卫星更多，抗遮挡能力强，尤其低纬度地区性能特点更为明显；二是北斗系统提供多个频点的导航信号，能够通过多频信号组合使用等方式提高服务精度；三是北斗系统创新融合了导航与通信能力，具有实时导航、快速定位、精确授时、位置报告和短报文通信服务五大功能。

1.5.3　RS、GIS 和 GNSS 的结合

1. RS 与 GIS 的结合

RS 与 GIS 是独立发展起来的，但又逐渐走向综合的支撑现代地学的空间技术。其中，RS 是空间数据采集和分类的有效工具，GIS 是管理与分析空间数据的有效手段，工作基础与应用目的的相近性，使二者必然地联系在一起。

一方面，RS 作为一种获取和更新空间数据库的强有力手段，为 GIS 源源不断地提供及时、客观、准确的大范围的可用于动态监测的各种资源环境数据，使得 GIS 处理信息的时间有可能压缩到自然灾害形成过程之内，赢得了预测预报时间。因此，遥感信息是地理信息系统十分重要的信息源。

另一方面，RS 获取的丰富信息资源有赖于 GIS 加以科学管理和有效利用。GIS 能接受大量的不同来源的空间数据，并能根据用户的不同需求对这些数据进行有效地存储、检索、分析和显示，为 RS 数据的充分利用提供一个良好的环境。此外，RS 的影像识别也往往需要在 GIS 支持下改善其精度。

由此，RS 与 GIS 的结合不仅有助于提高 RS 数据自动分类的精度和信息复合的能力，加速 RS 应用的发展进程，还使 GIS 的应用进入了一个新阶段。随着它们应用领域的开拓和深入发展，二者的结合已成为空间信息科学发展的热点之一。

2. RS 与 GNSS 的结合

从 GIS 的角度看，RS 和 GNSS 都可看作数据源获取系统，但它们既分别具有独立的功能，又可以相互补充完善，成为 RS 和 GNSS 结合的基础。

GNSS 的出现对遥感影像的使用有着很大影响，高度轻便的 GNSS 接收机根据影像上预先确定的位置，可获得精确的位置坐标，并且自动提供几何校正时所需的成像控制信息。另外，GNSS 的快速定位也为 RS 数据实时、快速地进入 GIS 提供了可能，保证了 RS 数据与地面同步监测数据的动态配准，从而成为 3S（RS、GIS、GNSS）集成系统中的重要组成部分。

利用 GIS 中的电子地图和 GNSS 接收机的实时差分定位技术，可以组成 GIS+GNSS 的各种电子导航系统，用于交通管理、公安侦破等领域，也可以直接用 GNSS 方法对 GIS 作实时更新。此外，RS 与 GNSS 结合的新技术在短期天气预报中发挥着重大作用。例如，GNSS 气象遥感技术利用 GNSS 卫星和接收机之间无线电信号在大气电离层和对流层中的延迟时间，记录电离层中电子浓度和对流层中温度湿度，以获得大气参数及其变化信息。目前，全球许多建成和正在建立的 GNSS 观测网将成为提供大气参数的一个重要的新数据源。

3. RS、GIS 和 GNSS 的结合

RS 与 G1S 的综合系统所处理的对象是空间数据，把 GNSS 的成果运用到综合系统之中，必然会进一步改进 RS 对地观测的质量，扩大 GIS 数据分析和管理的能力。GIS 充当人的大脑，对所得信息加以管理和分析；RS 和 GNSS 相当于人的两只眼睛，负责获取浩瀚信息及其空间定位。RS、GIS 和 GNSS 三者的有机结合，构成了整体上的实时动态对地观测、分析和应用的运行系统，为科学研究、政府管理、社会生产提供了新一代的观测手段、描述语言和思维工具。

3S 集成的方式可以在不同的技术水平上实现。低级阶段表现为相互调用一些功能来实现系统之间的联系；高级阶段表现为三者之间不只是相互调用功能，而是直接共同作用，形成

有机的一体化系统，对数据进行动态更新，快速准确地获取定位信息，实现实时的现场查询和分析判断。目前，开发 3S 集成系统软件的技术方案一般采用栅格数据处理方式实现与 RS 的集成，使用动态矢量图层方式实现与 GIS 的集成。随着信息技术的飞速发展，3S 集成系统逐步从低级到高级发展和完善。

思 考 题

1. 阐述遥感的基本概念。
2. 试说明遥感的一般过程。
3. 简述遥感技术系统的构成和功能。
4. 与传统对地观测手段相比，遥感有什么特点？
5. 试述遥感的发展阶段及各阶段的特点。
6. 试述当前遥感的发展状况和趋势。
7. 遥感研究还有哪些有待解决的问题？
8. 什么是遥感、地理信息系统、导航卫星系统？简要回答三者之间的相互关系与作用。

第 2 章　电磁波与地物电磁波特性

不同类型的地物具有反射或辐射不同波长电磁波的特性，遥感技术是利用地物反射和辐射电磁波的固有特性来探测地面目标的。因此，电磁波辐射的基本原理就成为遥感技术的理论基础。本章仅从“遥感”的角度简述一些有关问题。

2.1　电磁波与电磁波谱

2.1.1　电磁波的概念

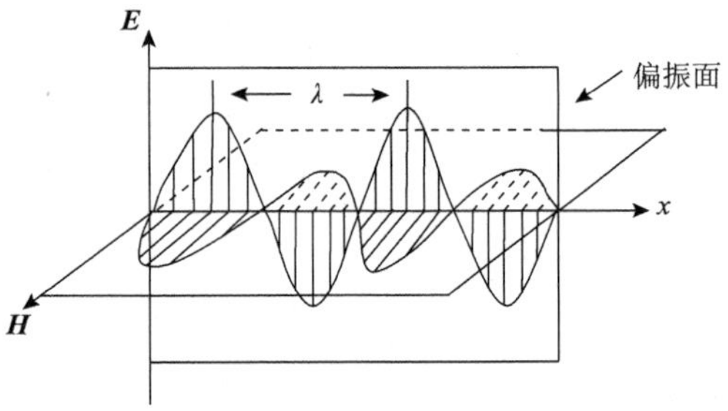

图 2.1　电磁波

在真空或介质中通过传播电磁场的振动而传输电磁能量的波叫做电磁波，如光波、热辐射、微波、无线电波等。电磁波是通过电场和磁场之间相互联系和转化传播的，是物质运动能量传递的一种特殊形式，即空间任一处只要存在着电磁场，就存在着能量，任何变化的电场都将在它的周围产生变化的磁场，而变化的磁场又会在它周围感应出变化的电场。在电磁波里，电场强度矢量 $\boldsymbol{E}$ 和磁场强度矢量 $\boldsymbol{H}$ 相互垂直，并且都垂直于电磁波的传播方向 x，所以电磁波是一种横波，如图 2.1 所示。

根据麦克斯的电磁场理论，可写出下列方程组：

$$\frac{\mu}{C}\frac{\partial \boldsymbol{H}}{\partial t}=-\frac{\partial \boldsymbol{E}}{\partial x},\quad \frac{\varepsilon}{C}\frac{\partial \boldsymbol{E}}{\partial t}=-\frac{\partial \boldsymbol{H}}{\partial x} \tag{2.1}$$

式中，ε 为介质的相对介电常数；μ 为相对磁导率；C 为光速；t、x 分别为时、空变量。将式（2.1）中的第一式对 x 微分，第二式对 t 微分，消去 $\boldsymbol{H}$ 项得

$$\frac{\partial^2 \boldsymbol{E}}{\partial t^2}=\frac{C^2}{\varepsilon\mu}\frac{\partial^2 \boldsymbol{E}}{\partial x^2} \tag{2.2}$$

这就是电磁波的波动方程，与物理学中波动方程相比，电磁波的电场强度在媒介中沿 x 方向的传播速度 v 为

$$v=\frac{C}{\sqrt{\varepsilon\cdot\mu}} \tag{2.3}$$

电磁波的波长 λ 与频率 ν 和速度 v 之间有以下关系：

$$\lambda=\frac{v}{\nu} \tag{2.4}$$

真空中，$\varepsilon=\mu=1$，所以电场强度在真空中传播的速度与光速一致。可以证明，磁场强度 $\boldsymbol{H}$ 也具有与 $\boldsymbol{E}$ 相同的波动特性，由于目前遥感中所记录的主要是电磁波的电场强度，此处就不再对 $\boldsymbol{H}$ 作进一步讨论。

2.1.2　电磁波的产生

一切物质都会反射、吸收、透射和辐射电磁波，不同性质、结构的物质会产生不同波长的电磁波，尤其与物质的原子能级、分子能级和固体能级有直接关系。

1. 原子光谱

原子由原子核及核外电子组成。原子核外电子的分布遵循最低能量原理，即电子按其具有的能量大小顺序排列在不同的轨道上。一般电子处于最低能级，称为基态。如果外界供应能量，电子会跃迁到高能级位置，处于激发态。但激发态极不稳定，大约只有 10^{-8} 秒就要跳回基态。从激发态跃迁至基态就会放出光子而发光。例如，氢原子由 1 个原子核和 1 个电子组成，如图 2.2 所示。氢原子的电子处在低能级 (E_1) 状态，如果此时该电子被外来电磁波照射，它就会吸收部分能量而造成能级提高使之处于高能级 (E_2) 状态，同时使电子向上一级轨道移动。这时电子所吸收的能量为 $\Delta E=E_2-E_1$，根据电磁波频率、波长、速度之间的关系及能量公式有

$$\Delta E=E_2-E_1=\frac{hC}{\lambda} \tag{2.5}$$

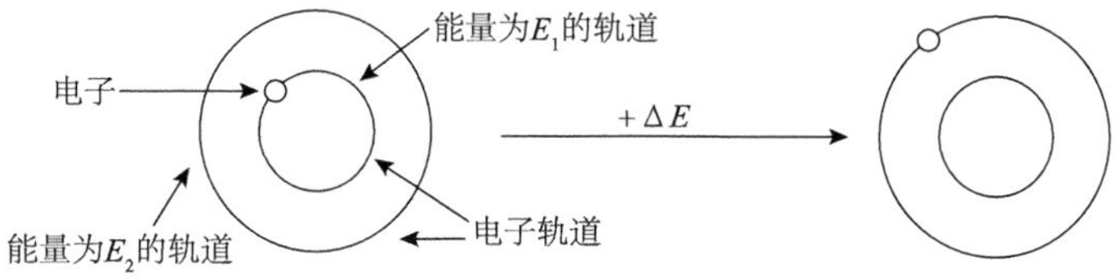

图 2.2　吸收电磁波后氢原子的电子状态的变化

处于激发态的电子在瞬间又会释放 ΔE 的能量而返回至基态，同时辐射出光子，该光子的波长 λ_H 为

$$\lambda_H=\frac{hC}{\Delta E}\approx\frac{1.9}{\Delta E}\ (\mu\text{m}) \tag{2.6}$$

也就是说，氢原子内部状态的变化是吸收了固定波长 λ_H 的电磁波而产生的。相反，当能级从 E_2 向 E_1 变化时，就会从氢原子中辐射出波长为 λ_H 的电磁波，并且由式（2.6）就可以算出各能级间电子跃迁放出的光子的波长。

一般来说，电子绕核运动处于一个确定的能量运动状态之中时，原子不发光；当原子中的电子能级变化时可能发光。当它从较高能级跃迁到较低能级时形成发射光谱；当它从较低能级跃迁到较高能级时，形成吸收光谱。原子光谱主要指由于外层电子的跃迁而产生的紫外线、可见光和近红外线。一般因电子能级跃迁而产生的原子光谱范围为 0.062～1.24 μm。

2. 分子光谱

分子是由一个以上的原子组成的稳定的最小实体。在分子中原子与原子之间靠化学键联结在一起。因此，分子内部的电子运动比原子内部的电子运动要复杂得多。除了电子跃迁外，还有分子内的原子振动和整个分子的转动。不同的振动方式产生不同波长的光子。分子同原

子一样具有能量 E，它由三部分组成：电子能级的能量 E_e；振动能级的能量 E_v；转动能级的能量 E_r，即

$$E = E_e + E_v + E_r \tag{2.7}$$

由于分子的能量包含三种类型的能量，分子光谱也就包括了相应的电子光谱、振动光谱和转动光谱。分子光谱的范围为：电子光谱，0.062～1.24 μm，紫外、可见光、近红外；振动光谱，1.24～24.8 μm，中红外、热红外；转动光谱，24.8 μm～1.24 cm，远红外、微波。

3. 晶体光谱

晶体中原子按一定的规则集聚在一起，在三维空间中形成各种晶格，晶格在三维空间中周期性重复排列，形成晶体。晶体的种类有 14 种。晶体中的吸收与发射光谱的机理远比原子和分子复杂。产生光子辐射的因素主要是电子能级的跃迁和晶格的振动。晶体的吸收与发射光谱是一个连续光谱，其范围在红外区 3～30μm 处。

2.1.3　电磁波的性质

电磁波既表现出波动性，又表现出粒子性，即波粒二象性。连续的波动性和不连续的粒子性是相互排斥、相互对立的；但两者又是相互联系的，在一定条件下可以相互转化。

1. 波动性

电磁波（单色）的波动性可用波函数来描述，波函数是一个时空的周期性函数，其解析表达式如下：

$$\psi = A \cdot \sin\left[(\omega t - kx) + \varphi_0\right] \tag{2.8}$$

式中，ψ 为波函数；A 为振幅；ω 为角频率；t 为时间变量；k 为圆波数（$k = 2\pi/\lambda$）；x 为空间变量；φ_0 为初相位。其波长 λ、频率 ν、传播速度 C 有如下关系：

$$C = \frac{\lambda}{T} = \lambda \cdot \nu \tag{2.9}$$

由式（2.8）可知：波函数是由振幅和相位两部分组成的，对电磁波来讲，振幅表示电场振动的强度，振幅的平方与电磁波具有的能量大小成正比。一般成像时只记录振幅，只有全息成像时才同时记录振幅和相位信息。正是因为记录了振幅与相位全部信息，所以这种成像方法被称作“全息”成像。电磁波的波动性体现在它具有干涉和衍射现象。干涉是两列或两列以上频率相同的波在空间相遇时相互叠加，在某些区域始终加强，在另一些区域则始终削弱，形成稳定的强弱分布的现象。衍射是指光线偏离直线路程的现象。

电磁波是横波，由相互垂直的电场矢量 $\boldsymbol{E}$ 和磁场强度矢量 $\boldsymbol{H}$ 来表征，并且电场矢量 $\boldsymbol{E}$ 和磁场强度矢量 $\boldsymbol{H}$ 都与电磁波的传播方向 x 垂直。如果电场矢量 $\boldsymbol{E}$ 在一个固定的平面内沿一个固定方向振动，则称该电磁波是偏振的，包含电场矢量 $\boldsymbol{E}$ 的平面称为偏振面。对于自然光，由于光源中由大量的分子或原子所发出的光以极快的不规则的次序在所有可能的方向进行振动，不可能保持某些方向上的优势，在所有可能的方向上 $\boldsymbol{E}$ 的振幅可以看做是相等的，所以自然光（如太阳光）是非偏振的。介于自然光和偏振光之间的称为部分偏振光。偏振在微波遥感中又称为“极化”。

2. 粒子性

粒子性的基本特点是能量分布的量子化。一个原子不能连续地吸收或发射能量，只能不连续地一份一份地吸收或发射能量。光能有一最小单位，叫做光量子或光子，电磁波的这种特性叫做能量的量子化。光子不仅具有一定的能量，还有一定的动量。能量与动量都是粒子的属性，因此光子也是一种基本粒子。实验证明，光子的能量 E 与其频率 ν 成正比，即

$$E=h\cdot\nu \tag{2.10}$$

光子的动量与其波长 λ 成反比，即

$$P=\frac{h}{\lambda} \tag{2.11}$$

式中，$h=6.6256\times10^{-34}$ J · s（焦耳 · 秒），称为普朗克（Planck）常量。

2.1.4　电磁波谱

电磁波产生的方式是多种多样的，如电磁振荡，晶格或分子的热运动，晶体、分子或原子的电子能级跃迁，原子核的振动与转动，内层电子的能级跃迁，原子核内的能级跃迁等，其波长变化范围很大，主要应用部分约跨 18 个数量级：从 10^{-11} 到 10^{6}cm。尽管电磁波的波长不同，但它们在真空中的传播速度都是相等的。依据 $C=\lambda\cdot\nu$ 和 $E=h\cdot\nu$ 可知，波长越短，频率越高，能量越大。无线电波、微波、红外线、可见光、紫外线、X 射线、γ 射线等都是电磁波。按电磁波在真空中波长或频率依顺序划分成波段，排列成谱即为电磁波谱，如图 2.3 及表 2.1 所示。

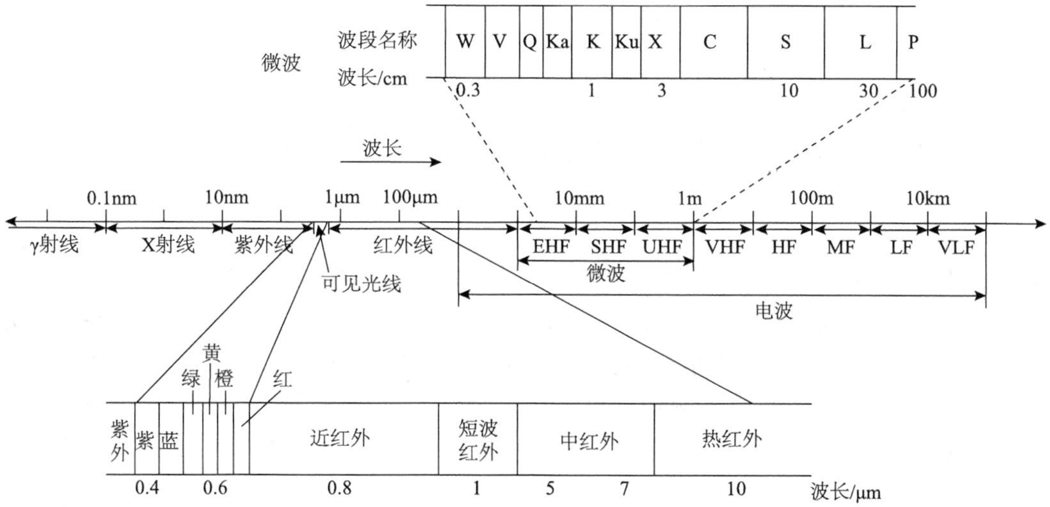

图 2.3　电磁波谱

表 2.1　电磁波的分类及其名称

名称	波长范围	频率范围
紫外线	10nm～0.4μm	750～3000THz
可见光	0.4～0.7μm	430～750THz

续表

名称			波长范围	频率范围
红外线	近红外		0.7～1.3μm	230～430THz
	短波红外		1.3～3μm	100～230THz
	中红外		3～8μm	38～100THz
	热红外		8～14μm	22～38THz
	远红外		14μm～1mm	0.3～22THz
电波	亚毫米波		0.1～10mm	0.3～3THz
	微波	毫米波(EHF)	1～10mm	30～300GHz
		厘米波(SHF)	1～10cm	3～30GHz
		分米波(UHF)	0.1～1m	0.3～3GHz
	超短波(VHF)		1～10m	30～300MHz
	短波(HF)		10～100m	3～30MHz
	中波(MF)		0.1～1km	0.3～3MHz
	长波(LF)		1～10km	30～300KHz
	超长波(VLF)		10～100km	3～30KHz

目前遥感应用的各波段及特性如下。

1. 紫外线

紫外线的波长在 0.01～0.4μm，主要源于太阳辐射。由于太阳辐射通过大气层时的被吸收现象，只有 0.3～0.4μm 的紫外线能部分地穿过大气层，但散射严重。因大多数地物在该波段的反射较小，仅部分地物如萤石和石油在此波段可以表现出来，除在石油普查勘探中紫外遥感可发挥一定作用外，在其他遥感应用领域较少使用。另外，由于大气层中臭氧对紫外线的强烈吸收与散射作用，紫外遥感通常在 2000m 高度以下范围进行。

2. 可见光

可见光波长在 0.4～0.7μm，主要源于太阳辐射。尽管大气对它也有一定的吸收和散射作用，但它仍是遥感成像所使用的主要波段之一。利用可见光成像的手段有摄影和扫描两种方式。在此波段大部分地物都具有良好的亮度反差特性，不同地物在此波段的图像易于区分。为进一步探测地物间的细微差别，可将此波段分为红（0.6～0.7μm）、绿（0.5～0.6μm）、蓝（0.4～0.5μm），或者仅由几纳米差的上百个波段分别对地物进行探测，这种分波段成像的方法一般称为多光谱遥感或高光谱遥感。航空、航天遥感成像中均用到可见光波段。

3. 红外线

红外线波长在 0.7μm～1mm，近红外和短波红外主要源于太阳辐射，中红外和热红外主要源于太阳辐射及地物热辐射，而远红外主要源于地物热辐射。红外线波段较宽，在此波段地物间不同的反射特性和发射特性都可以较好地表现出来，因此该波段在遥感成像中有重要的应用。由于摄影胶片感光范围的限制，除近红外波段可用于摄影成像外，其他波段不能用于摄影成像，而整个红外线波段均可用于扫描成像。在整个红外线波段内进行的遥感称为红外遥感，按其内部波段的详细划分又可分为近红外遥感、热红外遥感等。红外线波段均可用于航空和航天遥感。

4. 微波

使用微波的遥感称为微波遥感。微波波长在 0.001～1m，因为其波长比可见光、红外线要长，受大气层中云、雾的散射干扰要小，所以能全天候进行遥感。地物在微波波段的辐射能量较小，为了能够利用微波的优势进行遥感，一般由遥感器主动向地面目标发射微波，然后记录地物反射回来的电磁波能量，这种遥感又称为主动遥感。微波遥感是采用主动方式进行的，不受光照等条件的限制，白天、晚上均可进行地物的微波特性成像，因此微波遥感是一种全天时的遥感技术。微波波段在航空、航天遥感中均能应用。

2.2 地物的电磁波辐射

2.2.1 黑体辐射

温度大于绝对温度 0K（–273.15℃）的任何物体都具有发射电磁波的能力。地球上的所有物体的温度都大于 0K，因此地球上的所有物体都具有发射电磁波的能力。地物的电磁波发射能力主要与它的温度有关。为了衡量地物发射电磁波能力的大小，常以黑体辐射作为度量的标准。

1. 黑体辐射定律

黑体也称绝对黑体，是指能全部吸收外来电磁波辐射而毫无反射和透射能力的理想物体。1860 年，基尔霍夫（Kirchhoff）得出了好的吸收体也是好的辐射体的定律。黑体不但能全部吸收外来电磁波辐射，而且在发射电磁波的能力方面，比同温度下的其他物体都要强。黑体辐射中存在各种波长的电磁波，辐射的电磁波波长和能量大小与它自身温度有关。1900 年普朗克用量子论的概念推导出了黑体的热辐射定律，该定律表明了黑体辐射通量密度与其温度和辐射波长有如下关系：

$$M_\lambda = \frac{2\pi hc^2}{\lambda^5} \cdot \frac{1}{e^{ch/\lambda kT} - 1} \tag{2.12}$$

式中，M_λ 为分谱辐射通量密度[W/（m² ·μm）]；h 为普朗克常量（6.6256×10^{-34} J · s）；k 为玻耳兹曼常量（1.38×10^{-23} J/K）；λ 为波长（μm）；c 为光速（3×10^8 m/s）；T 为黑体的热力学温度（K）。从式（2.12）可以看出，M_λ 与 T 和辐射能量的波长 λ λ 有关。以 T 为第一变量、λ 为第二变量可在直角平面坐标系中绘出 M_λ 与 T 、λ 的关系曲线（图 2.4），该曲线也叫做黑体的波谱辐射曲线。

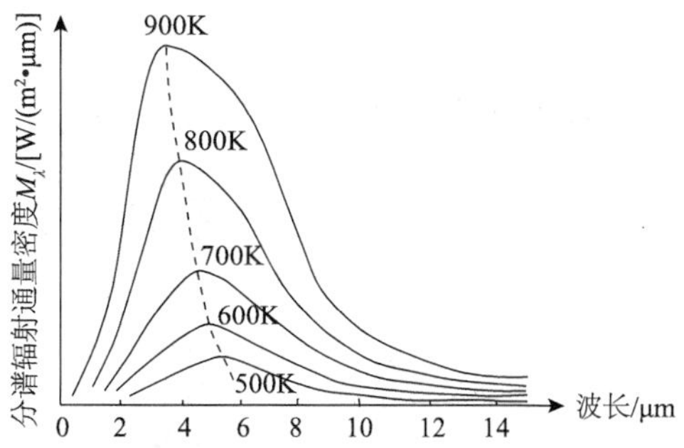

图 2.4 不同温度黑体波谱辐射曲线

2. 黑体辐射特性

图 2.4 为几种温度下用普朗克公式绘制的黑体波谱辐射曲线，从图中可以直观地看出黑体辐射的三个特性。

（1）与曲线下的面积成正比的总辐射通量密度 M 随温度 T 的增加而迅速增加。总辐射通量密度 M 可在从零到无穷大的波长范围内对普朗克公式进行积分求得，即

$$M=\int_0^{+\infty}\frac{2\pi hc^2}{\lambda^5}\cdot\frac{1}{e^{ch/\lambda Tk}-1}d\lambda \tag{2.13}$$

于是得到单位面积上黑体辐射到半球空间中的总辐射通量为

$$M=\sigma T^4 \tag{2.14}$$

式中，$\sigma=\frac{2\pi^5k^4}{15c^2h^3}=5.6697\times10^{-8}$ W/（$m^2\cdot K^4$），称为斯蒂芬-玻耳兹曼常量，该式也称为斯蒂芬-玻耳兹曼定律（Stefan-Boltzmann's law）。式（2.14）表明，黑体总辐射通量密度与其绝对温度的四次方成正比，即温度越高，黑体辐射的能量越大，被遥感器记录的能量也越大；反之亦然。这说明不同温度的物体具有不同的辐射能量，记录下它们之间的辐射能量差别就为区别它们提供了基础。这也是在遥感图像上识别不同物体的基础。

（2）分谱辐射通量密度的峰值波长 λ_{max} 随温度的增加而向短波方向移动。对普朗克公式微分并求极值：

$$\frac{\partial M_\lambda}{\partial\lambda}=\frac{-2\pi hc^2\left[5\lambda^4\left(e^{\frac{hc}{\lambda kT}}-1\right)-\lambda^5e^{\frac{hc}{\lambda kT}}\cdot\frac{hc}{\lambda^2kT}\right]}{\lambda^{10}\left[e^{\frac{hc}{\lambda kT}}-1\right]^2}=0 \tag{2.15}$$

可得

$$\lambda_{max}T=2897.8\quad(\mu m\cdot K) \tag{2.16}$$

式（2.16）也称为维恩位移定律（Wien's displacement law）。它表明辐射的峰值波长 λ_{max} 与黑体的温度成反比，即温度越高，λ_{max} 越小。由图 2.4 也可看出，黑（物）体间辐射通量密度区别最明显处就在其 λ_{max} 附近，所以通过记录某物体 λ_{max} 处的辐射特性来识别之最为便利。维恩位移定律为识别特定物体而设计遥感器的响应波段提供了理论基础。

（3）因为每根曲线彼此不相交，所以温度越高，所有波长上的 M_λ 也越大，即 M_λ 随 T 的增大而增大。该特性表明，不同温度的黑（物）体，在任何波段处的辐射通量密度 M_λ 是不同的；由于不同温度的黑体间的 M_λ 不同，在分波段记录的遥感图像上它们是可区别的。

2.2.2　太阳的波谱辐射特性

被动遥感过程中，遥感器接收地物反射的电磁波主要来源于太阳的电磁波辐射。地物的电磁波辐射特性也与太阳的照射有密切关系。当把太阳辐射近似地看做是黑体辐射时，它的表面温度约为 5900K，它送到地球的能量约为 1.72×10^{16}J/s，它所辐射的峰值波长 λ_{max} 在 0.47～0.50μm 变动。不受大气影响，在距离太阳一个天文单位（日地平均距离）内，垂直于太阳辐射方向上单位面积、单位时间内所接受的太阳辐射能量称为太阳常数，太阳常数为 1360W/m^2。太阳常数可以认为是在地球大气上界接收的太阳辐射，所以没有大气的影响。太阳常数值基本稳定，即使有变化也不会超过 1%，所以计算中把太阳常数看作是一个常数。

由于大气中大气成分对电磁波传输的影响，通过大气层到达地面的有效辐射通量密度为 903W/m^2，只占太阳直接辐射于大气上界的 64.5%。

图 2.5 给出了日地平均距离上太阳辐照度分布曲线。事实上，因地球绕太阳沿椭圆轨道运行，近日点时日地距离为 1.47×10^{11}m，远日点时日地距离为 1.54×10^{11}m，日地距离是随四季变化的。同样，太阳辐射通量密度在近日点和远日点分别约为 1438W/m^2 和 1345W/m^2。由此可见，由日地距离引起的太阳辐射通量密度的年内变化可达 7%。

太阳的辐射光谱从 X 射线一直延伸到无线电波，但绝大部分辐射能量集中在 0.2～3.0μm，在其他波段的辐射能量已经非常微弱。若把太阳对地面的有效辐射通量密度视为 903W/m^2 左右时，地面接受到的太阳辐射通量密度按波段分布大致如表 2.2 所示。

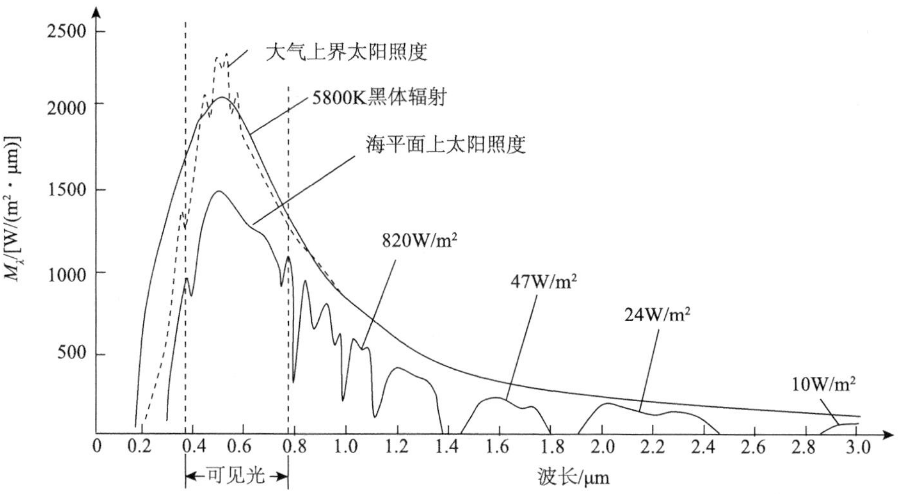

图 2.5　太阳光谱辐射照度曲线

表 2.2　太阳辐射通量密度分布

波段/μm	太阳辐射通量密度/（W/m^2）	所占比例/%
0.2～1.4	820	90.8
1.4～1.8	47	5.2
1.8～2.5	24	2.6
3.0～4.2	10	1.1
4.5～5.5	1.6	0.18
7.5～14	1.0	0.11

2.2.3　地球的电磁辐射

地球表面的平均温度是 300K，它的电磁波辐射近似于该温度下的黑体辐射，如图 2.6 所示。地球辐射的能量分布在近红外到微波这一很宽的范围内，但大部分能量集中在 4～30μm。各波段所占的能量比例大约是：0～3μm 波段占 0.2%，3～5μm 波段占 0.6%，5～8μm 波段占 10%，8～14μm 波段占 50%，14～30μm 波段占 30%，30～1000μm 波段占 9%，1mm 以上微波波段占 0.2%。地球辐射也被大气强烈吸收。

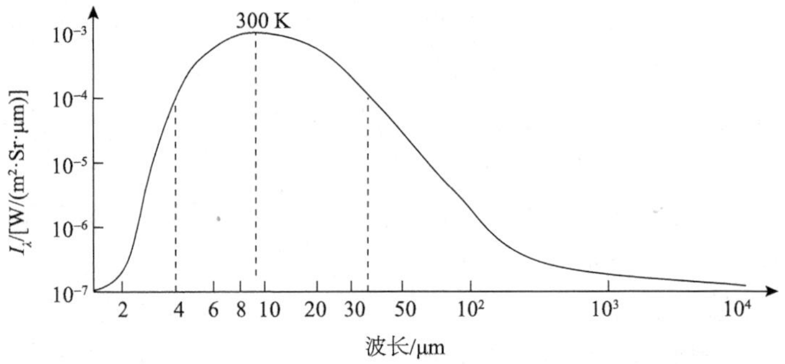

图 2.6　地球的电磁辐射

当太阳辐射入射到地球表面后，一部分被吸收（68%），一部分被地面反射回空间（32%）。反射回去的太阳辐射，属于近紫外、可见光和近红外。太阳辐射被吸收的部分通过能量转换，一部分变成热能，使地面物体具有温度，能发射电磁波。温度不同，说明该物体所具有的热能量不同，因而所辐射的电磁波波长会有所差异。

2.2.4　地物的波谱发射特性

地物除了自身有一定温度之外，还有因吸收太阳光等外来能量而受热增温的现象。一般地物的温度都高于绝对零度，都会发射电磁波。1860 年基尔霍夫得出：在给定温度下，物体对任一波长电磁波的反射本领和它的吸收本领成正比，比值与物体的性质无关，只是波长和温度的函数。在相同温度下，地物的电磁波发射能力较同温度下黑体的辐射能要低。地物的发射能力常用波谱发射率来表示。

1. 波谱发射率

单位面积上地物发射的某一波长的辐射通量密度 M'_λ 与同温度下黑体在同一波长上的辐射通量密度 M_λ 之比，称为地物波谱发射率，记为 ε_λ，即

$$\varepsilon_\lambda = \frac{M'_\lambda}{M_\lambda} \tag{2.17}$$

自然界中的物体都不是黑体，其发射率均小于 1。一般情况下，不同地物有不同的 ε_λ，同一地物在不同波段的波谱发射率也不相同。不同地物间的波谱发射率的差异也代表了地物间发射能力的不同，发射率大的地物，其发射电磁波的能力强。表 2.3 列出了常温下部分地物的发射率；表 2.4 列出了岩石在不同温度时 ε_λ 的变化情况。

表 2.3　常温（20℃）下部分地物的 ε_λ（8～14μm）

地物名称	ε_λ	地物名称	ε_λ
人体皮肤	0.99	大理石	0.95
水	0.92～0.98	玄武岩	0.91
柏油路	0.93	灌木	0.98
土路	0.83	麦地	0.93
干沙	0.95	稻田	0.89
混凝土	0.71～0.90	黑土	0.87
橡木板	0.90	黄黏土	0.85

续表

地物名称	ε_λ	地物名称	ε_λ
粗钢板	0.82	草地	0.84
铝（光面）	0.04	密冠植被	0.98

表 2.4　岩石的 ε_λ （8～14μm）随温度变化情况

温度/℃	石英岩	花岗岩
–20	0.694	0.787
0	0.682	0.783
20	0.621	0.780
40	0.664	0.777

2. 地物波谱发射特性曲线

地物波谱发射率随波长变化而改变的特性称为地物波谱发射特性。以波长 λ 为横轴，以 ε_λ 为纵轴，将 ε_λ 与 λ 的对应关系在平面直角坐标系中绘制成曲线，该曲线称为地物的波谱发射特性曲线，如图 2.7 所示。

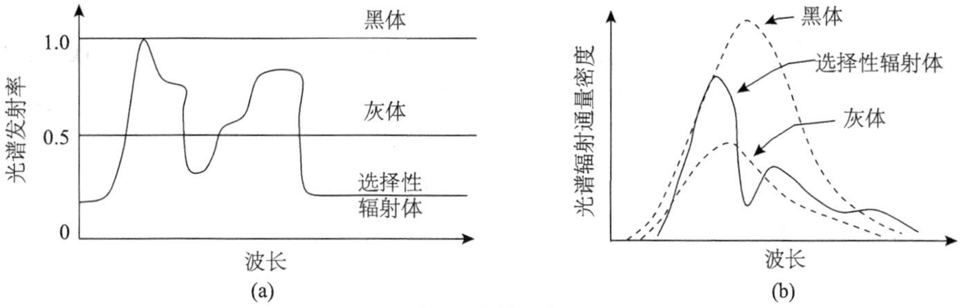

图 2.7　地物的波谱发射特性曲线

由图 2.7 可以看出，实际地物的发射分两种情况：一种地物的发射率在各波长处不同，即 $\varepsilon_\lambda = f(\lambda)$；另一种地物的发射率在各波长处基本不变，即 $\varepsilon_\lambda = \varepsilon$。按 ε_λ 的变化情况把地物分为以下几种类型：①绝对黑体，$\varepsilon_\lambda = 1$；②灰体，$\varepsilon_\lambda = \varepsilon$，但 $0 < \varepsilon < 1$；③选择性辐射体，$\varepsilon_\lambda = f(\lambda)$；④理想反射体（绝对白体），$\varepsilon_\lambda = 0$。

3. 地物的热红外辐射特性

地物发射电磁波是由它自身的温度引起的，地物的电磁波辐射也叫做地物热辐射。地物热辐射也基本上具备黑体辐射的三个特性，常温下地物热辐射的电磁波主要集中在热红外波段。

1）红外遥感的原理

物质分子颗粒随机运动产生的能量称为运动（kinetic）热，也称为内热或真热。这些颗粒在相互碰撞时，其能态会发生改变而发射出电磁辐射，或者转换为热能。物体的真实运动热可以用温度表以直接接触的方式进行测量。物体的真实运动热可以转换为辐射能，从而使遥感技术的应用成为可能。对于大多数客观世界的物体而言，其真实运动温度（T_{kin}）与辐射温度（T_{rad}）存在一种很高的正相关关系，这就为利用辐射计远距离测量或遥感物体的辐射温度奠定了理论基础。遗憾的是，遥感的物体辐射温度总是要比其真实的运动温度低，两者之间的关系并不是那么理想。太阳热核聚变产生的等离子体辐射通量，主要由短波长的可见光组成。到达地球后，部分短波辐射能量通过大气，为地面物质所吸收，然后以长波方式发射出来。部分长波辐射再次通过大气，为红外探测器记录下来，可提供地表很有价值的温度特征信息。

2）基尔霍夫定律

入射到物体表面的电磁波与物体之间产生三种作用：反射（reflection）、吸收（absorption）和透射（transmission）。设入射到物体表面的电磁波能量为 E，被物体反射的能量为 E_ρ，被物体吸收的能量为 E_α，透过物体的电磁波能量为 E_τ，根据能量守恒定理有

$$E = E_\rho + E_\alpha + E_\tau \tag{2.18}$$

式（2.18）两边同时除以 E 得

$$1 = \frac{E_\rho}{E} + \frac{E_\alpha}{E} + \frac{E_\tau}{E} = \rho + \alpha + \tau \tag{2.19}$$

式中，ρ 为反射率；α 为吸收率；τ 为透射率。

物理学家基尔霍夫发现，在波谱的红外部分，物体的波谱发射率与其波谱吸收率相等，即 $\varepsilon=\alpha$。换句话说，就是好的吸收体也是好的发射体。它说明了凡是吸收热辐射能力强的物体，它们的热发射能力也强；凡是吸收热能力差的物体，它们的热发射能力也就弱。对于大多数不透射电磁波的地物而言，它们的透射率 $\tau=0$，则根据式（2.19）有

$$\varepsilon = 1-\rho \tag{2.20}$$

式（2.20）说明了在红外波谱区，不透射电磁波物体的发射率与反射率之间的关系。反射率大的物体，发射率小；反之亦然。例如，水体在热光谱区吸收几乎所有的入射能量，反射很少，其发射率接近于 1。相反，像金属薄片这类物质，其热能量反射率相当高，发射率就远远小于 1。这是对热红外图像进行判读的重要依据。

如果知道物体的发射率，物体的总辐射通量为

$$M' = \varepsilon\sigma T_{\text{kin}} \tag{2.21}$$

一般而言，热红外遥感系统记录的是地物的辐射温度（T_{rad}）而不是真实运动温度（T_{kin}）。它们之间可用下列关系式表示：

$$\sigma T_{\text{rad}}^4 = \varepsilon\sigma T_{\text{kin}}^4 \tag{2.22}$$

则

$$T_{\text{rad}} = \varepsilon^{1/4} T_{\text{kin}} \tag{2.23}$$

式（2.23）反映了遥感器记录的物体的辐射温度总是低于该物体的真实温度。在分析热遥感数据时，必须考虑发射率的影响。如果用温度表测量物体的真实温度，用辐射计测量它的辐射温度，其发射率可以用上述关系式计算得到。

3）热惯性

地物热辐射能量的强度和波谱分布是由物质类型和温度决定的。由于地物热学性质的差异，其对太阳辐射的吸收能力不一样；各地物在相同条件下温度不同，其随太阳周期变化的幅度也不一样，衡量此变化情况的术语是地物热惯性。热惯性，又称“热接触系数”，是指两种不同介质交界面上热传递速率的量，或简单讲，它表示地物吸收热量后保持温度的能力，保温能力大，热惯性也大。图 2.8 给出了沙地、草地、湖泊、树林一天内的温度变化情况。由于温度的不同，它们的热辐射能力会随温度的变化而变化。掌握地物这种热特性的昼夜变化及其相互之间的对比关系，有利于热红外遥感图像的判读。

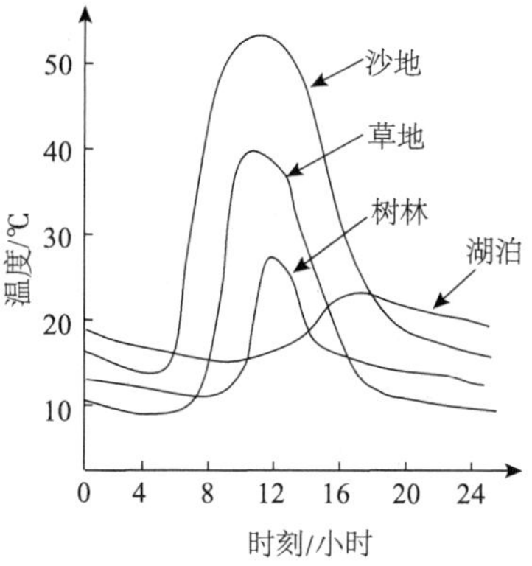

图 2.8　一天内地物温度的变化

4. 地物发射率的影响因素

地面上两个相邻的物体可能有相同的运动温度，但是用热辐射计可以测量出不同的辐射温度，这是由它们的发射率不同所致。物体的发射率受到以下因素的影响。

（1）颜色。较暗颜色的物体是好的吸收体和发射体，有较高的发射率；较浅颜色的物体会反射更多的入射能量。

（2）表面粗糙度。相对于入射波长而言，物体越粗糙、面积越大，吸收和再发射能量的潜力也越大。

（3）水分含量。水分含量越多的物体，其吸收能量的能力越大，会成为一个好的发射体。湿土壤颗粒就具有类似水体的发射率。

（4）致密程度。土壤的致密程度影响其发射率。

（5）视场。利用高分辨率的热辐射计测量单张叶子的发射率，将有别于利用较粗分辨率的辐射计测量整个树冠的发射率。

（6）波长。一般而言，物体的发射率随波长而变化。

（7）视角。同一物体的发射率随遥感器的视角不同而改变。

2.2.5　红外波段中的太阳辐射与地物辐射

整个红外光谱区由太阳辐射和地物辐射两部分组成。

1. 近红外及短波红外

近红外及短波红外的光谱区为 0.7～3.0μm，能量主要来自太阳辐射，其 M_λ 约为 10^2W/m^2 数量级；而地物辐射在近红外波段能量很小，其 M_λ 约只为 10^{-1}W/m^2 数量级。太阳辐射通量密度与地物的辐射通量之比约为 1000∶1。因此，此波段只反映地物对太阳辐射的反射，而基本上不反映地物本身热辐射的高低。离开了太阳辐射就不能进行近红外遥感，因此，近红外遥感只能在白昼成像。

2. 中红外

遥感所使用的中红外波段是 3～8μm，这个波段既有太阳辐射，又有地物辐射。3～8μm 恰好在太阳辐射峰值（0.5μm）与常温地物发射峰值（10μm）之间。此波段范围内太阳的辐射能量很小，M_λ 只为 10W/m^2 数量级；而地物发射更小，M_λ 只有 1W/m^2，二者之比为 10∶1，所以地物对太阳辐射能量的反射是主要的遥感信息。因为夜间没有太阳辐射，夜间的遥感信息只能靠地物本身的热辐射，所以中红外遥感对高温物体效果较好。此波段昼夜均可成像，但白天成像的影像解译很困难。

3. 热红外

遥感使用的热红外波段是 8～14μm。此波段内太阳辐射能量很小，M_λ 约为 1W/m^2 数量级；而地物辐射的 M_λ 随温度不同而变化，在 10～10^{6}W/m^2 数量级之间；当地表温度为 40℃时，M_λ 的数量级为 10^{2}W/m^2。因此，此波段内遥感响应的主要是地物本身的热辐射，地物反射出来的太阳辐射能量可以忽略不计。

4. 远红外

远红外即 14～1000μm 波段。此波段的热辐射能量相对较大，其 M_λ 的数量级约为 10W/m^2，而太阳辐射在此波段相对很小。因为远红外波段的大气透过率不高，所以远红外波段不能用于远距离遥感。

2.3　地物的电磁波反射特性

入射到物体表面的电磁波与物体之间发生三种作用：反射、吸收和透射。地物对电磁波反射、透射、吸收的能力常用反射率、透射率、吸收率来表示。不同地物的反射、透射和吸收能力是不同的。目前，遥感中遥感器记录的主要是地物本身发射的电磁波信息和地物反射太阳光中的电磁波信息。本节主要讨论地物对电磁波的反射特性。

2.3.1　物体反射电磁波的三种形式

1. 镜面反射

镜面反射的电磁波具有严格的方向性，即反射角等于入射角，反射能量集中在反射线方向上，如图 2.9（a）所示。对于不透明的地物，其反射的能量等于入射总能量减去地物吸收的能量。经地物反射后电磁波的偏振情况会发生变化，若入射光为自然光，则反射光成为部分偏振光。

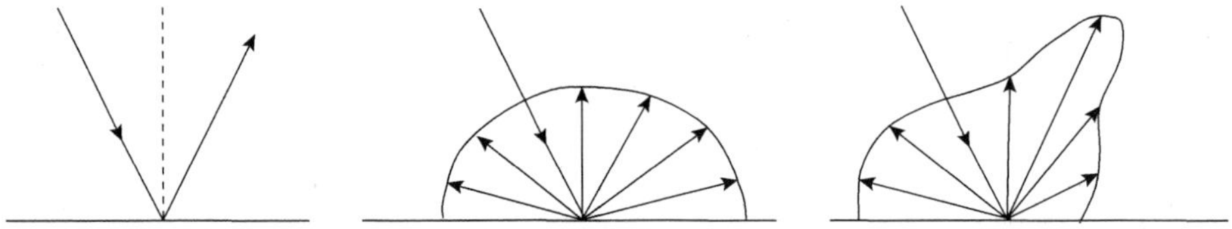

(a) 镜面反射　　(b) 漫反射　　(c) 方向反射

图 2.9　地物的几种反射形式

2. 漫反射

物体表面的各个方向上都有反射能量的分布，这种反射称为漫反射，如图 2.9（b）所示。对于全漫反射体，单位面积、单位立体角内的反射功率和测量方向与表面法线的夹角的余弦成正比，这种表面称为朗伯面。由朗伯面和亮度的定义可知：无论从哪个方向观测朗伯面，看到的朗伯面的亮度是一样的，即

$$L=\frac{\mathrm{d}I}{\mathrm{d}A\cdot\cos\theta}=\frac{\mathrm{d}\varphi}{\mathrm{d}A\cdot\mathrm{d}\omega\cdot\cos\theta}=\text{常数} \tag{2.24}$$

式中，L 为辐射亮度；$\mathrm{d}\varphi$ 为朗伯面的辐射通量（单位时间内的辐射能量）；$\mathrm{d}A$ 为朗伯面的

面积；dI 为朗伯面的辐射强度；$d\omega$ 为辐射立体角；θ 为测量方向与表面法线的夹角。

由于亮度 L 是常数，朗伯面的每单位面积在每单位立体角内的辐射通量正比于发射角 θ 的方向余弦，即

$$\frac{d\varphi}{dA \cdot d\omega} = L \cdot \cos\theta \tag{2.25}$$

如图 2.10 所示，位于 O 点的朗伯面的 $\dfrac{d\varphi}{dA \cdot d\omega}$ 值的大小可用切于 O 点的直径为 L 的球来表示。

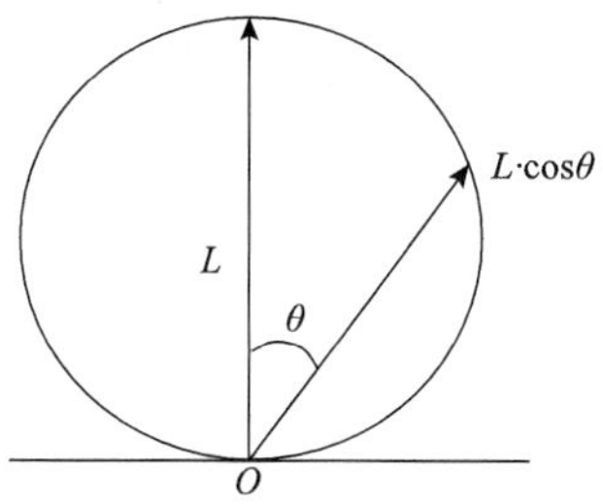

图 2.10　朗伯散射体

3. 方向反射

由于地形起伏和地面结构的复杂性，入射的电磁波往往在某些方向上被反射最强烈，这种现象称为方向反射，如图 2.9（c）所示。发生方向反射时，不同的观测方向看到地物的亮度是不一样的，所接收到的反射能量也是不一样的。朗伯反射光和方向反射光也是部分偏振光。

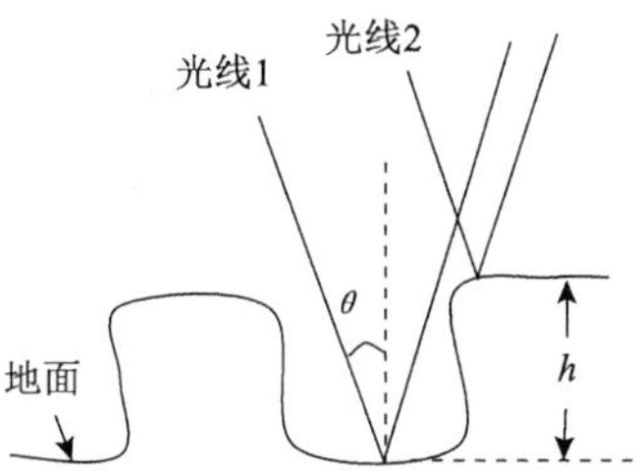

图 2.11　瑞利准则的推导

地物表面之所以产生这三种反射形式，主要与地物表面的光滑程度有关。通过实验，通常把地物表面分成光滑和粗糙两大类。瑞利准则指出：如果两条光线入射到某地物的表面上，其反射光线的相位差小于 π/2 弧度，则该表面被认为是光滑的。如图 2.11 所示，光线 1 和光线 2 同时入射到地面高差为 h 的两个点上，其反射光线的程差 $\Delta r = 2h \cdot \cos\theta$，相位差为 $\Delta\varphi = \dfrac{2\pi}{\lambda}\Delta r = \dfrac{4\pi h}{\lambda}\cos\theta$，则地物表面光滑的条件等价于

$$h < \frac{\lambda}{8 \cdot \cos\theta}$$

按照瑞利准则只能把地表分为光滑和粗糙两大类，而不能区分不同粗糙程度的表面。1971 年 Peake 和 Oliver 通过理论推导进一步修改了瑞利准则，其判断粗糙程度的条件是：

如果 $h < \dfrac{\lambda}{25\cos\theta}$，则地物表面是光滑的；如果 $h > \dfrac{\lambda}{4.4\cos\theta}$，则地物表面是粗糙的；如果 $\dfrac{\lambda}{25\cos\theta} < h < \dfrac{\lambda}{4.4\cos\theta}$，则地物表面是中等粗糙的。

由上述准则可知：地物表面的粗糙程度与入射电磁波的波长 λ 和入射角 θ 有关。地物表面的光滑与粗糙是相对于入射电磁波的波长 λ 和入射角 θ 而言的。当地物表面光滑时，入射到其表面的电磁波产生镜面反射，否则会产生漫反射或方向反射。

2.3.2　地物的波谱反射特性

1. 波谱反射率

通常反射率定义为物体的反射通量与入射通量之比，即 $\rho = E_\rho / E$。这是在理想的漫反射情况下的定义，是指整个电磁波波长范围的平均反射率。实际上由于物体的固有结构特点，对不同波长的电磁波是有选择性反射的。例如，绿色植物的叶子由上表皮、叶绿素颗粒组成

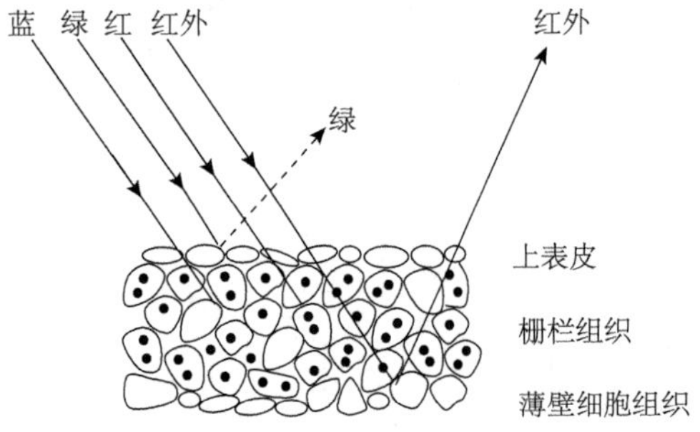

图 2.12 叶子的结构及其反射

的栅栏组织和多孔薄壁细胞组成（图 2.12）。入射到叶子上的太阳辐射透过上表皮，蓝、红光波段的光辐射被叶绿素全部吸收而进行光合作用；绿光大部分也被吸收，但仍有一部分被反射，所以叶子呈绿色；而近红外波段可以穿透叶绿素，被多孔薄壁细胞组织所反射。因此，在近红外波段上形成强反射，所以对绿色植被来讲，它们在可见光的蓝、绿、红及近红外波段处的反射率是不同的。对类似这种性质的地物仅用上述的定义来反映它们的反射率是不客观的。因此，定义波谱反射率 ρ_λ 为地物在某波段的反射通量与该波段的入射通量之比，即

$$\rho_\lambda = \frac{E_{\rho_\lambda}}{E_\lambda} \tag{2.27}$$

2. 地物反射波谱特性

地物波谱反射率随波长变化而改变的特性称为地物反射波谱特性。将地物的波谱反射率与波长的关系在直角坐标系中描绘出的曲线称为地物反射特性曲线，图 2.13 绘出了几种主要地物的反射光谱曲线。从图 2.13 中可以得出以下基本观点：不同地物有不同的波谱反射率，同一地物在不同波段有不同的波谱反射率。因此，同一幅图像上不同的地物会有不同的色调（色彩）；同一地物在不同波段的图像上也会有不同的色调（色彩）。同时，依据反射特性曲线的形状可把地物大致分为两类：波谱反射率基本不随波长变化而变化的地物——灰体（非选择性反射体），如灰白色大理石、湿黏土等；波谱反射率随波长变化而变化的地物——选择性反射体，如针叶树、红砂岩等。

由图 2.13 可知，几种主要地物有不同的反射特性：

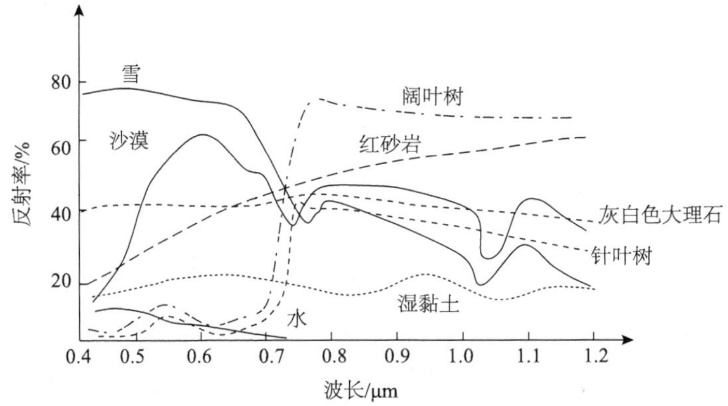

图 2.13 几种主要地物的反射光谱曲线

（1）雪在可见光波段基本上是非选择性低吸收体，即高反射体（80%），呈耀眼白色，但在近红外波段吸收很强，变成选择性吸收体。

（2）水在蓝光波段反射率稍高，约为 10%，到 0.75μm 以后的近红外波段，变成了全吸收体。

（3）阔叶树在绿光波段有一个反射小峰，峰值约 15%，所以看上去它呈绿色；在近红外波段反射率很大，可达 60%～70%。

（4）针叶树与阔叶树反射光谱相似，只是小峰峰值不到 10%，近红外强反射只有 30%左右。

（5）沙漠在绿光、红光波段内可近似看成是非选择性高反射体，反射率接近 60%，而在近红外波段，虽然有两个吸收谷，但也可以近似地看成是 $\rho=40\%$ 的非选择性反射体。总的看来，在 0.4～1.1μm 光波段中，可把沙漠近似地看成 $\rho=50\%$ 的非选择性高反射体。

（6）湿黏土反射率低，近似于非选择性反射体。

（7）灰白色大理石是反射率接近于 40%的非选择性反射体。

（8）红砂岩是反射率随波长增加而增大的选择性反射体。

3. 地物反射率的影响因素

由式（2.27）可知，地物的波谱反射率与入射电磁波在各波段处的辐射通量及相应的反射通量有关，也就是与入射通量和地物本身性质有关。而很多因素会引起入射通量及地物性质的变化，如太阳位置、遥感器位置、地理位置、地形、季节、气候变化、地面湿度变化、地物本身的变异、大气形状等。

太阳位置主要指太阳高度角和方位角。太阳高度角不同，太阳辐射经大气层到达地物所经过的路径也不同，而传递过程中的能量损失与路径有关。太阳方位角不同，太阳光线在地物表面的入射角不同，也会引起地物反射能量的变化。入射与反射能量的变化，则会引起反射率的变化。为了尽量减小太阳高度角和方位角引起的反射率变化的影响，遥感卫星轨道大多设计成在每天的同一地方时间通过同一地方上空，但季节变化和地理纬度的差异造成太阳高度角和方位角的变化是不可避免的。

遥感器位置指遥感器的观测角和方位角，分别用 θ' 和 φ' 来表示，若太阳高度角和方位角分别用 θ 和 φ 表示，则方向反射率与这四个角度有如下关系：

$$\rho(\theta,\varphi,\theta',\varphi')=\frac{\mathrm{d}L(\theta',\varphi')}{\mathrm{d}E(\theta,\varphi)} \tag{2.28}$$

式中，$\mathrm{d}L(\theta',\varphi')$ 为反射辐射亮度；$\mathrm{d}E(\theta,\varphi)$ 为入射照度。

图 2.14 描绘了表面反射作用的几何关系。一般空间遥感用的遥感器大部分设计成垂直指向地面，这样反射率的影响会较小。由于卫星姿态不稳定会引起遥感器的指向偏离垂直方向，因此反射率变化的影响不容忽视。

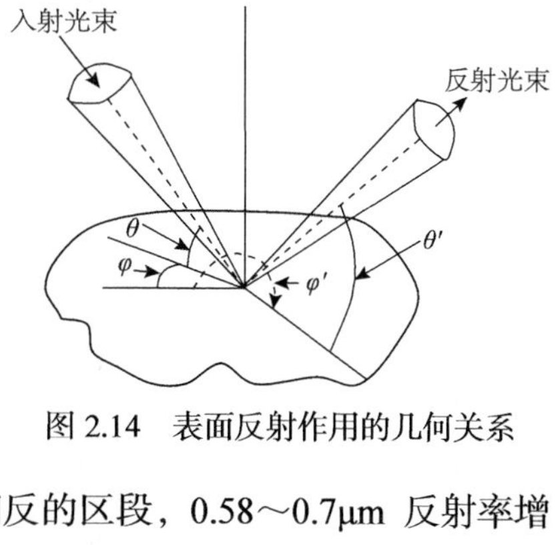

图 2.14　表面反射作用的几何关系

不同的地理位置，太阳高度角和方位角不同，地貌景观不同，都会导致反射率的差异。此外，海拔高度、大气透明度等因素也会造成反射率的变化。

地物本身的变异会使其反射率有很大的变化。例如，植物的病虫害会使反射率发生较大的变化，图 2.15 反映了健康松树和有不同程度的病虫害松树之间的反射率差异。随着病虫害的加剧，波谱反射率变化有两个相反的区段，0.58～0.7μm 反射率增加，而在 0.7μm 以上的近红外区反射率减小。

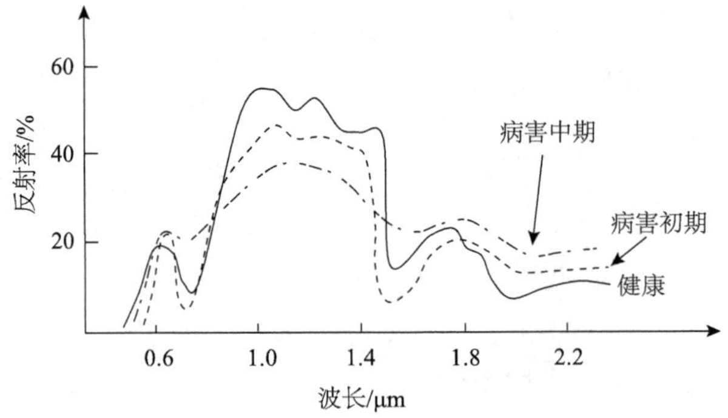

图 2.15　不同健康状况松树的反射特性曲线

土壤的含水量也直接影响着土壤的波谱反射率，图 2.16 绘出了同一种沙土在三种不同含水量情况下的光谱反射特性曲线。从图 2.16 可以看出，含水量越高、反射率越低，特别是在红外区更为明显。

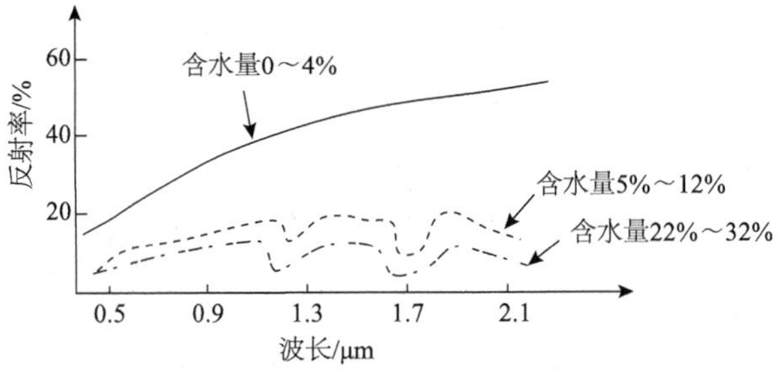

图 2.16　不同含水量的沙土的反射特性曲线

同样，水中含有的泥沙和浮游生物也会影响水体的波谱反射率，如图 2.17 所示。沙粒的米氏散射，使水的反射率在各波段都有所提高，尤其是在黄、红波段，反射率随含沙量的增加而增高。水中的浮游生物因为含有叶绿素，所以在红外波段有较高的反射率。洁净的水对蓝绿光波段有一些反射，对其余波段的大部分太阳辐射都表现为吸收；蓝绿光也能穿透一定深度的水层，其穿透深度与水质有关，一般可穿透海水 2～20m。

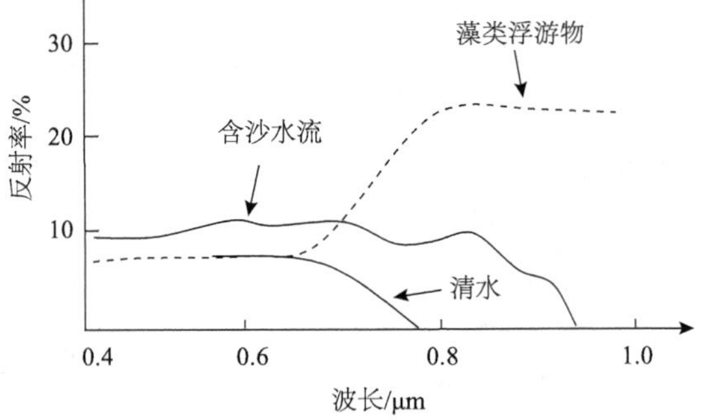

图 2.17　水的反射特性曲线

时间的推移也会使同一种地物的光谱反射特性产生变化。图 2.18 绘出了新雪和两天后陈雪的光谱反射特性曲线。从图 2.18 可以看出，在 0.8μm 以下差别不大，但在 0.8μm 以上的红外区变化很大，新雪的反射率明显比陈雪高。同样，随着时间的变化，植物在不同的生长期反射率也有很大差异，如小麦，在生长期和成熟期它的反射特性曲线有明显的不同。

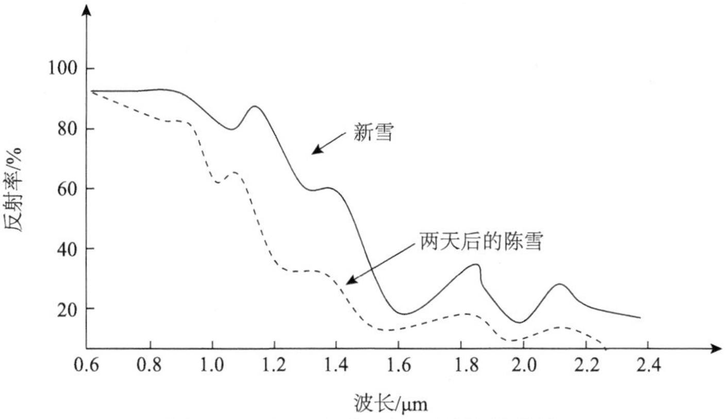

图 2.18　新雪和陈雪的反射特性曲线

2.3.3　地物反射波谱特性的测量

测量地物反射波谱特性的目的主要有三个：①为选择遥感器的最佳波段（通道）提供依据。这就要求在飞行前或卫星发射前，系统地测量地面各种地物的波谱特性。②为遥感数据大气校正提供参考标准，因此地面测量最好与空中遥感同步进行。③建立地物的标准波谱数据，为计算机图像自动分类和识别提供光谱数据，为遥感图像的解译提供依据。

地物反射波谱特性测量分为实验室测量和野外测量两类。野外测量又分为地面测量和航空测量，测量有垂直测量和非垂直测量两种方法。实验室测量是在限定的条件下进行的，精度较高，但不是在自然状态下进行的，所以与实际状况有一定的差别，所测数据一般仅作参考。野外测量是在实际的自然条件下进行的，因此能反映出测量瞬间实际地物的反射特性。

测定地物反射波谱特性的仪器有分光光度计、光谱仪、摄谱仪等。这类仪器一般由收集器、分光器、探测器和显示记录器组成。其中，收集器的作用是收集来自物体或标准板的反射能量，一般由物镜、光栏组成；分光器的作用是将收集器传递过来的复色光进行分光，一般由棱镜、光栅或滤光片来实现；探测器的类型有光电管、硅光二极管、摄影负片等；显示记录器是将探测器上的输出信号显示出来或记录下来，或驱动绘图仪直接绘制成曲线。

图 2.19 为一种典型的野外用分光光度计——长春光学仪器厂的 302 型野外分光光度计的结构原理图。地物或标准板的反射光能量经反射镜和入射狭缝进入分光棱镜产生色散，由分光棱镜旋转螺旋和出射狭缝控制逐一单色进入光电管，最后在微电流计中经放大后在电表上显示光谱反射能量的测量值。其测量原理是：先测量地物的反射辐射通量密度，在分光光度计的视场中收集到的地物反射辐射通量密度为

$$\varphi_\lambda = \frac{1}{\pi}\rho_\lambda \cdot E_\lambda \cdot \tau_\lambda \cdot \beta \cdot G \cdot \Delta\lambda \qquad (2.29)$$

式中，φ_λ 为物体的反射辐射通量密度；ρ_λ 为物体的波谱反射率；E_λ 为太阳入射到地面上的照度；τ_λ 为大气透过率；β 为光度计视场角；G 为光度计有效接收面积；$\Delta\lambda$ 为单色波长范围。

φ_λ 经光电转换变为电流强度，在电表上指示读数为 I_λ，它与 φ_λ 的关系为

$$I_\lambda = K_\lambda \cdot \varphi_\lambda \qquad (2.30)$$

式中，K_λ 为仪器的光谱辐射响应灵敏度。

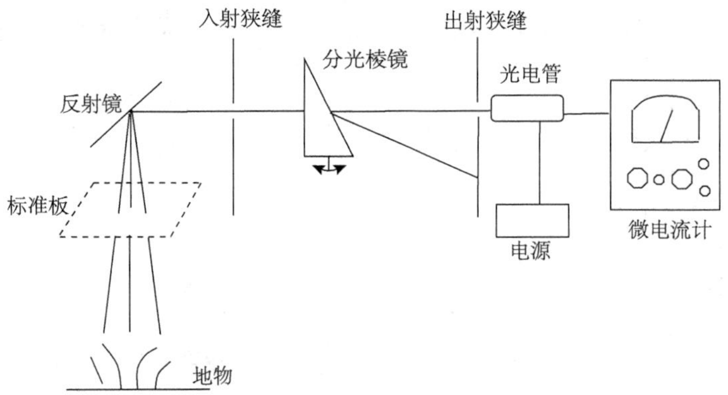

图 2.19　302 型野外分光光度计结构原理

然后是测量标准板的反射辐射通量密度。标准板为一种理想的反射体，它一般由硫酸钡或石膏等物质制成，最理想的标准板的反射率为 1，称为绝对白体。但一般只能做出近似的标准板，它的反射率 ρ'_λ 预先经严格测定并经国家计量局鉴定。当仪器观察标准板时，得到的光谱辐射通量密度为

$$\varphi'_\lambda = \frac{1}{\pi}\rho'_\lambda \cdot E_\lambda \cdot \tau_\lambda \cdot \beta \cdot G \cdot \Delta\lambda \tag{2.31}$$

同理，电表读数为

$$I'_\lambda = K_\lambda \cdot \varphi'_\lambda \tag{2.32}$$

将地物的电流强度与标准板的电流强度相比，并将式（2.29）和式（2.31）代入比式有

$$\rho_\lambda = \frac{I_\lambda}{I'_\lambda}\rho'_\lambda \tag{2.33}$$

最后以波长为横轴、反射率为纵轴，在直角坐标系中就可绘出地物的反射波谱特性曲线。

2.4　地球大气对电磁波传输的影响

遥感过程中对地面物体辐射的探测、收集是在大气中进行的，地物辐射在到达遥感器之前都要穿过厚度不同的大气层。例如，对可见光遥感来说，电磁波从太阳照射到地面，再从地面到达遥感器，此间需要两次经过大气层。所以，大气对电磁波传输过程的影响是遥感需要考虑的问题之一。本节主要讨论大气的组成和大气层的结构、大气对电磁波传输过程的影响、大气窗口和大气的透过率及辐射传输方程等问题。

2.4.1　大气的组成和大气层的结构

大气成分主要有氮、氧、氩、二氧化碳、氦、甲烷、氧化氮、氢（这些物质在 80km 以下的相对比例保持不变，称不变成分）、臭氧、水蒸气、液态和固态水（雨、雾、雪、冰等）、盐粒、尘烟（这些物质的含量随高度、湿度、位置的变化而变化，称为可变成分）等。

地球的大气层从垂直方向上按温度可分为五层：对流层、平流层、中间层、热（暖）层和逃（散）逸层。大气层的区间划分和各种航空、空间飞行器在大气层中的垂直位置如图 2.20 所示。

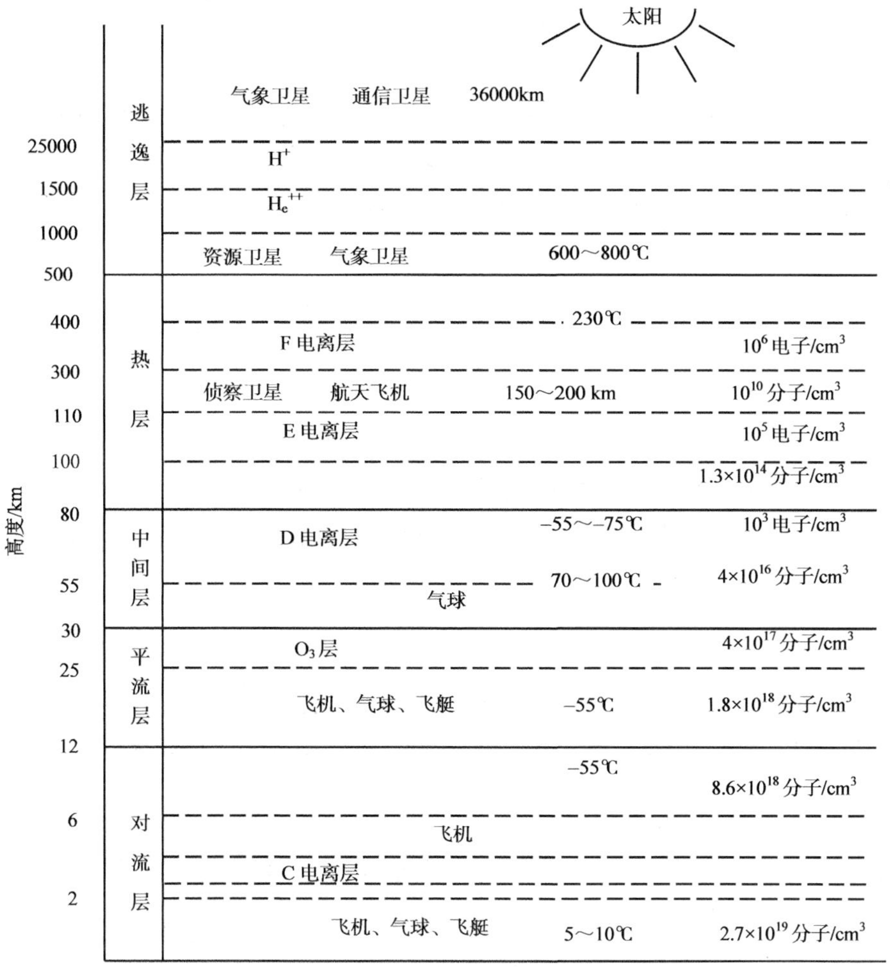

图 2.20　大气垂直分层与遥感平台的高度情况

1. 对流层

对流层处于从地表到平均高度 12km 的范围内。据观测，低纬度地区其上界为 17～18km，中纬度地区为 10～12km，高纬度地区仅为 8～9km。相对于整个大气层来说对流层是个薄层。对流层主要有以下一些特点。

（1）气温随高度上升而下降，每增高 1km 约下降 6℃。若地面温度为 5～10℃，则 12km 的对流层顶的温度约降至−55℃。

（2）对流层的空气密度最大，空气密度和气压随高度升高而减小。地面空气密度为 1.3×10^{-3}g/cm³，气压为 1000mbar（毫巴，1mbar=100Pa），对流层顶部空气密度减小到 0.4×10^{-3}g/cm³，气压降低到 260mbar 左右。

（3）空气中不变成分的相对含量：氮占 78.09%，氧占 20.95%，氩等其余气体共占不到 1%。可变成分中，臭氧含量较少，水蒸气含量不固定。在海平面潮湿的大气中，水蒸气含量可高达 2%。液态和固态水含量也随气象发生变化，1.2～3.0km 是最容易形成云团的区域。近海面或盐湖上空含有盐粒，城市上空和干旱无植被覆盖的地区上空有尘烟微粒。

由于对流层空气密度大，而且有大量的云团、尘烟存在，电磁波在该层内被吸收和散射而引起衰减。因此，电磁波的传输特性主要在对流层内研究。

2. 平流层

平流层位于对流层顶向上到 30km 高空附近。该层是地球大气中臭氧集中的地方，尤其是在其下部，即在 15～25km 高度上臭氧浓度最大，因而这一层又称臭氧层。因为臭氧层能大量吸收太阳辐射热而使空气温度大大升高，所以这一层的最大特点是温度随高度的升高而升高，到顶部温度增大到最大值。

3. 中间层

从平流层顶向上到 80～100km 的高空为中间层。该层大气密度急剧下降，温度在 45km 以下先是上升，然后急剧下降。

4. 热（暖）层

从中间层顶层向上到 500km 左右的范围为热（暖）层。之所以称为热层，是因为这层中的空气分子和离子直接吸收太阳紫外辐射能量，因而运动速度很快，与高温气体一样。尽管热层顶的气温可达 1000（太阳比较宁静时）～2000℃（太阳活动剧烈时），但这里空气极其稀薄，实际上根本不会感到热。

5. 逃（散）逸层

500km 以上为逃逸层，又称为外大气层，该层的层顶就是地球大气层的顶。在这里地球的引力很小，再加上空气特别稀薄，气体分子相互碰撞的机会很小，因此空气分子就像一颗颗微小的导弹一样高速地飞来飞去，一旦向上飞去，就会进入碰撞机会极小的区域，最后它将告别地球进入星际空间，所以大气外层被称为逃逸层。

除了按温度分层外，根据大气的电磁特性，还可以将大气划分为中性层、电离层和磁层。中性层是指地面到 60km 的高度，这里大气各成分多处于中性，即非电离状态；60～500km 的大气层称为电离层；500km 以上称为磁层。

2.4.2　大气对电磁波传输过程的影响

大气对电磁波传输过程的影响包括六个方面：反射（reflection）、散射（scattering）、吸收（absorption）、折射（refraction）、扰动（turbulence）和偏振（polarization）。而对于遥感数据来说，主要的影响因素是散射和吸收。太阳辐射的电磁波在大气层中传输时经过大气的吸收、散射、反射后，剩下的部分穿过大气层到达地面。地物反射或本身辐射的电磁波在大气层中传输时一部分被吸收，一部分被散射，剩下的部分穿过大气层到达遥感器的接收系统。散射和吸收会引起光线强度的衰减，进而影响遥感器成像的质量。下面主要讨论大气对电磁波的几种作用形式。

1. 折射

电磁波穿过大气层时，会产生传播方向的改变，也就是会发生折射现象。大气密度越大，折射率越大；离地面高度越大，空气越稀薄，折射率也越小。电磁波传播过程中折射率的变化，使电磁波在大气中传播的轨迹是一条曲线，到达地面后，地面接收的电磁波方向与实际太阳辐射的方向相比偏离了一个角度，称为折射值 $\tau = \tau_0 - \beta$（图 2.21）。有时早晨看到的太阳圆面比中午时看到的太阳圆面大，是因为当太阳在地平线上时，折射值最大。有时太阳还没升至地平线上，地面上已可以看到它，就是大气折射的结果。

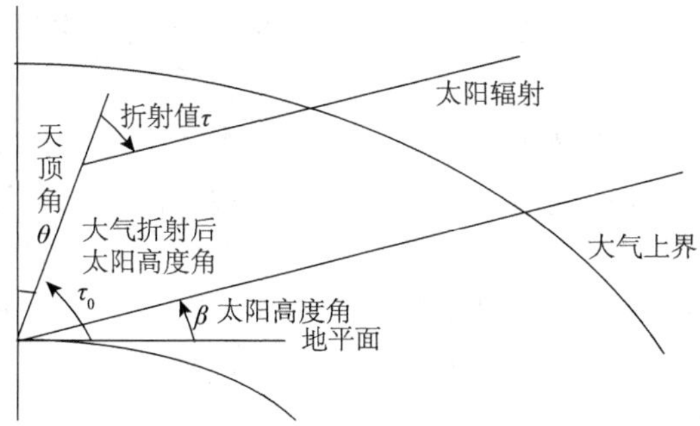

图 2.21　大气的折射

2. 反射

电磁波传播过程中的反射现象主要发生在云层顶部，取决于云量和云雾，而且波段不同其影响不同，削弱了电磁波强度。因此，如果不是专门研究云层，应尽量选择无云的天气接收遥感信号，使大气的反射影响最小。

3. 散射

大气散射的性质与强度取决于大气中分子或微粒的半径 a 和被散射光的波长 λ。研究表明：若雾滴半径为 a，散射面积比为 k（$k = A/\pi a^2$，A 为散射面积），每立方厘米中雾滴数为 n，则散射系数 γ 为

$$\gamma = \pi \cdot n \cdot k \cdot a^2 \tag{2.34}$$

因为每立方厘米中雾滴的个数 n、雾滴半径 a 及其散射面积在实际中很难测定，所以大气的散射能力难以用稳健的数学模型来表达。实际中往往用定性的方法来描述散射能力的大小。实验表明，随着波长 λ 和雾滴半径 a 之间关系的变化，散射形式主要有三种：瑞利散射（Rayleigh scattering）、米氏散射（Mie scattering）和无选择性散射（nonselective scattering）。

1）瑞利散射

由半径 a 小丁波长 λ 丨分之一以下的微粒引起的散射叫做端利散射。其散射能力与波长有如下关系：

$$\gamma \propto \lambda^{-4} \tag{2.35}$$

由于大气分子的半径是 10^{-4}μm 量级，可见光波长为 10^{-1}μm 量级，符合 $a << \lambda$ 的瑞利散射条件，因此，大气分子对可见光的散射为瑞利散射，并且波长越短，散射能力越强。晴天天空呈蓝色就是这个原因。由此可见，瑞利散射对不同波长的电磁波有不同的散射能力，属于选择性散射。但是大气分子的密度、大小随着季节、纬度、气候条件而变动，不同地区上空大气的瑞利散射能力也是变化的。

2）米氏散射

由半径 a 长短与波长 λ 基本相当的微粒引起的散射叫做米氏散射。米氏散射的强度受气候影响较大，其散射能力与波长的二次方成反比，即

$$\gamma \propto \lambda^{-2} \tag{2.36}$$

米氏散射有两个特点：一是散射强度受气候影响大，主要的散射对象是与云、雾、气溶

胶等半径大小相近的红外波段（0.76～15μm）；二是具有较强的向前散射能力。

3）无选择性散射

无选择性散射发生在大气中粒子的直径比波长大得多时。这种散射的特点是：散射强度与波长无关，也就是说在无选择性散射的波段，任何波长的散射强度相同。直径的对比是相对的，具体问题要具体分析。因为引起无选择性散射的大气粒子是海盐、黄沙等从海上、陆地漂浮到大气中的浮游粒子等形成的气溶胶，以及城市灰尘、工厂排烟、火山活动引起的浮游粒子。气溶胶的数量随时间、场合而变化，其大小也与相对湿度、温度有关。例如，云、雾中水滴粒子直径虽然与红外线波长接近，但比可见光波长就大很多，因而对可见光中各个波长的光呈无选择散射，散射强度相同，所以才使人们无论从上还是从下看云雾都呈白色。

综上所述，散射强度遵循的规律与波长密切相关。因此，在大气状况相同时，会出现各种类型的散射。大气分子、原子引起的瑞利散射主要发生在可见光和近红外波段。波长超过1μm后，瑞利散射的影响大大减弱。而米氏散射的影响逐渐超过瑞利散射。大气中的云层、小雨滴等，由于直径较长，对不同波长产生不同的散射作用。对于可见光而言，只有无选择性散射发生，云层越厚无选择散射越强。对于微波而言，粒子的直径比微波波长小很多，则属于瑞利散射的类型，散射强度与波长四次方成反比，波长越长，散射强度越小。在这一条件下，微波探测便可以发挥优越性，有最小散射、最大透射，从而具有“穿云透雾”的能力。

大气分子的散射，使太阳辐射中的一部分转化为天空辐射（光），它与太阳辐射一起产生了对地面的照度。随着太阳高度角的变化，天空辐射照度与太阳辐射照度占总辐射照度的比例也随之变化，如图 2.22 所示。太阳高度角小，太阳辐射所经过的大气路程长，散射机会多，因而天空辐射照度就大。随着太阳高度角增加至 30º 以上，太阳辐射照度与天空辐射照度的比例基本稳定在 80%∶20%左右。天空辐射的存在，使遥感中记录的地面辐射信息中也含天空辐射，这往往使遥感图像出现偏色、反差降低等现象。同时，有些摄影像片上有时也能得到阴影下的地物影像。遥感成像中，应尽量消除天空辐射的影响，如航空摄影时常用加滤光片的方法来消除天空光对成像的不良影响。

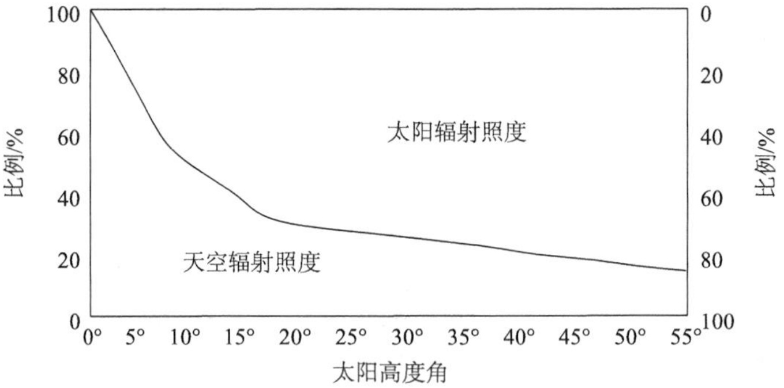

图 2.22　太阳辐射照度与天空辐射照度的比例关系

4. 吸收

大气吸收是将辐射能量转换成大气组成分子的过程。大气中对太阳辐射的主要吸收体是水蒸气、二氧化碳和臭氧。大气对电磁波的吸收作用严重地影响遥感器对电磁辐射的探测。当太阳辐射穿过大气层时，大气分子的吸收导致这些波段的太阳辐射强度衰减。吸收作用越强的波段，辐射强度衰减越大，甚至某些波段的电磁波完全不能通过大气（图 2.23）。因此，在太阳辐射到达地面时，形成了电磁波的某些吸收带。根据实验测定主要的吸收带为：臭氧吸收带。主要在 0.3μm 以下的紫外区的电磁波段，在 0.6μm 附近有一个弱吸收带，另外 0.96μm 处强吸收，在 4.75μm 和 14μm 处的吸收更弱，已不明显。二氧化碳吸收带。二氧化碳吸收带有若干个，它们分别是：2.60～2.80μm，其中吸收峰值为 2.70μm 处；4.10～4.45μm，吸收峰值在 4.3μm 处；9.10～10.9μm，吸收峰值在 10.0μm 处；12.9～17.1μm，吸收峰值在 14.4μm 处。二氧化碳的吸收带全在红外区。水蒸气吸收带。分别是：0.7～1.95μm，吸收峰值在 1.38μm 和 1.87μm 处；2.5～3.0μm，在 2.70μm 处为最强；4.9～8.7μm，在 6.3μm 处为最强；15μm～1mm 的超远红外区；微波中的 0.164cm 和 1.348cm 处吸收最强。

此外，氧气对微波中 0.253cm、0.55cm 波长的电磁波也有吸收能力。甲烷、氮氧化物、一氧化碳、氨气、硫化氢、氧化硫等也具有吸收电磁波的作用，但吸收率很低，可以忽略不计。

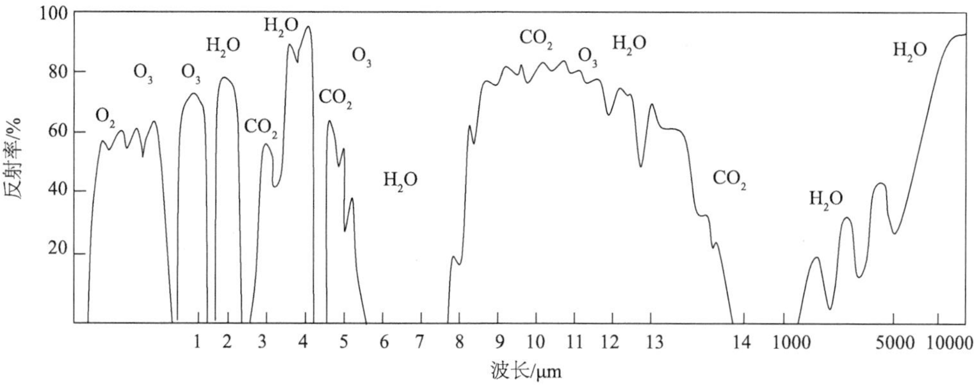

图 2.23　大气吸收带

2.4.3　大气窗口

由于大气对电磁波散射和吸收等的影响，使一部分波段的太阳辐射在大气中的透过率很小或根本无法通过。电磁波辐射在大气传输中透过率较高的波段称为大气窗口。为了利用地面目标反射或辐射的电磁波信息成像，遥感中对地物特性进行探测的电磁波“通道”应选择在大气窗口内。目前遥感中使用的一些大气窗口如下。

（1）0.3～1.155μm：包括部分紫外光、全部可见光和部分近红光，即紫外、可见光、近红外波段。这一波段是摄影成像的最佳波段，也是许多卫星遥感器扫描成像的常用波段，如 Landsat 卫星的 TM 1～4 波段、SPOT 卫星的 HRV 波段等。其中，0.3～0.4μm，透过率约为 70%。0.4～0.7μm，透过率大于 95%。0.7～1.1μm，透过率约为 80%。

（2）1.4～1.9μm：近红外窗口，透过率在 60%～95%，其中 1.55～1.75μm 透过率较高。白天日照条件好的时候扫描成像常用这些波段，如 TM 的 5、7 波段等用以探测植物含水量及云、雪或用于地质制图等。

（3）2.0～2.5μm：近红外窗口，透过率为 80%。

（4）3.5～5.0μm：中红外窗口，透过率为 60%～70%。该波段物体的热辐射较强。这一区间除了地面物体反射光谱反射太阳辐射外，地面物体自身也能发射能量。例如，NOAA 卫星的 AVHRR 遥感器用 3.55～3.93μm 探测海面温度，获得昼夜云图。

（5）8.0～14.0μm：热红外窗口，透过率为 80%。主要来自物体热辐射的能量，适于夜间成像，测量探测目标的地物温度。

（6）1.0～1.8mm：微波窗口，透过率为35%～40%。

（7）2.0～5.0mm：微波窗口，透过率为50%～70%。

（8）8.0～1000.0mm：微波窗口，透过率为100%。由于微波具有穿云透雾的能力，这一区间可以全天候工作，而且由其他窗口区间的被动遥感工作方式过渡到主动遥感的工作方式，如侧视雷达影像、Radarsat的卫星雷达影像等。其常用的波段为0.8cm、3cm、5cm、10cm，有时也可将该窗口扩展为0.05～300cm波段。

2.4.4 大气的透过率及辐射传输方程

1. 大气的透过率

由于大气分子和大气中的气溶胶粒子的影响，光线在透过大气的同时被吸收和散射，由此引起的电磁波衰减称作消光（extinction）。消光程度和电磁波的透过率直接有关。

表示消光程度的系数叫做消光系数。若入射光亮度为I_λ，在吸收和散射物质密度为p的介质中通过光路长ds后，光亮度减弱了dI_λ，则消光系数表示为

$$K_\lambda = -\frac{\mathrm{d}I_\lambda}{p \cdot I_\lambda \cdot \mathrm{d}s} \tag{2.37}$$

当光线通过高度Z_1到高度Z_2的大气区段时，该区段大气的光学厚度$T(Z_1, Z_2)$可由消光系数来定义：

$$T(Z_1, Z_2) = \int_{Z_1}^{Z_2} K_\lambda(Z)\, p\, \mathrm{d}Z \tag{2.38}$$

当太阳天顶角为θ角时，光线通过的路径会产生变化，这时其透过率$\tau(Z_1, Z_2, \theta)$可表达为

$$\tau(Z_1, Z_2, \theta) = \mathrm{e}^{-T(Z_1, Z_2)\cdot\sec\theta} \tag{2.39}$$

若入射光线的辐射照度为E_0，当通过高度Z_1到高度Z_2的大气层后，辐射照度为E_τ，则它们与透过率的关系为

$$E_\tau = E_0 \cdot \mathrm{e}^{-T(Z_1, Z_2)\cdot\sec\theta} \tag{2.40}$$

有时将$\delta = T(Z_1, Z_2)\cdot\sec\theta$叫做衰减系数。它包含大气散射系数和吸收系数，因此又可写为

$$\delta = \gamma + \alpha \tag{2.41}$$

式中，γ为散射系数，它取决于大气中气体分子、液态和固态杂质对电磁波的散射；α为吸收系数，它取决于大气中气体分子对电磁波的吸收。γ和α随波长不同而变化。可见光辐射的衰减以大气散射为主；紫外辐射与红外辐射的衰减以大气分子的选择性吸收为主。

2. 辐射传输方程

辐射传输方程是指从辐射源经大气层到达遥感器的过程中电磁波能量变化的数学模型。依据电磁波经过的路径，其能量变化的过程分为以下几个部分。

（1）太阳辐射经由大气到达地面的辐射照度

$$E_\tau = E_0 \cdot \mathrm{e}^{-T(Z_1, Z_2)\cdot \sec\theta} \tag{2.42}$$

式中，Z_1 到 Z_2 为整个地球大气的厚度；θ 为太阳天顶角；E_0 为太阳辐射照度。

（2）地物辐射（反射、发射）后到达遥感器的辐射照度（在垂直遥感时）：

$$E'_\tau = \left[\rho_\lambda \cdot E_0(\lambda)\mathrm{e}^{-T(Z_1, Z_2)\cdot \sec\theta} + \varepsilon_\lambda \cdot M_\mathrm{e}(\lambda)\right]\mathrm{e}^{-T(0, H)} \tag{2.43}$$

式中，ρ_λ 为地物的波谱反射系数；ε_λ 为地物的波谱发射率系数；H 为平台高度；$M_\mathrm{e}(\lambda)$ 为与地物同温度黑体的发射通量密度。

（3）大气散射和辐射的照度。若遥感器的光谱响应系数为 L_λ，大气散射和由大气辐射所形成的天空辐射通量密度为 b_λ，则辐射传输方程可写为

$$E_\lambda = L_\lambda \cdot \left\{\left[\rho_\lambda \cdot E_0(\lambda)\mathrm{e}^{-T(Z_1, Z_2)\cdot \sec\theta} + \varepsilon_\lambda \cdot M_\mathrm{e}(\lambda)\right]\mathrm{e}^{-T(0, H)} + b_\lambda\right\} \tag{2.44}$$

2.4.5　大气透射分析

太阳的电磁辐射穿过大气时，经过大气的各种衰减作用，到达地面后比例很小。一种说法是：就可见光和近红外而言，被云层或其他粒子反射回去的部分约占 30%；其次为散射作用，约占 22%；占第三位的是吸收，约占 17%。这样透过大气到达地面的能量仅占入射总能量的 31%，这仅是一般的对透过率（透过大气的辐射照度与入射大气前的辐射照度之比）的粗略估计。图 2.24 是另一种估计，到达地面时约剩下总能量的 45%，如果选择使用无云天气情况下的数据资料，反射的影响就可以降到最小。严格来说，各部分能量损失的比例值和最后的透过率应根据具体情况进行分析才是最科学的。

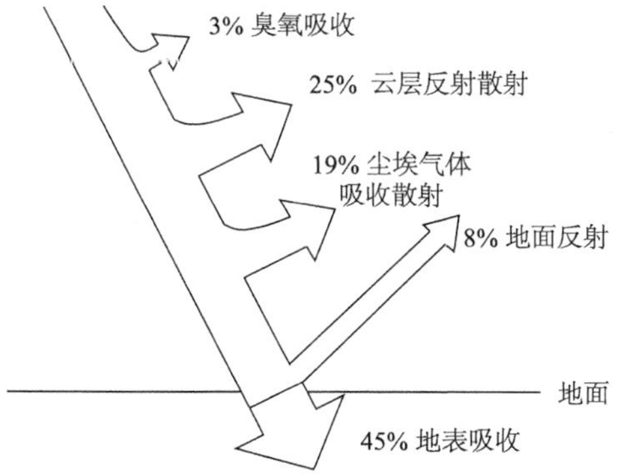

图 2.24　太阳辐射在大气中的能量传输

思　考　题

1. 说明遥感识别地物的原理。
2. 黑体辐射的三个特性是什么？它们在遥感应用中有何意义？
3. 遥感成像波段选择时应考虑哪些因素？目前遥感成像常用哪些波段？它们各有什么特点？
4. 水面上的油膜、肥皂泡等在白光照射下为什么会出现灿烂的彩色？

5. 结合健康的绿色植被的反射特性曲线，说明在进行森林普查时为什么要选择近红外遥感图像？

6. 试绘出一些常见的地物（雪地、阔叶树、针叶树、水体）在可见光和近红外波段的反射波谱特性曲线，说明它们在全色图像上色调的差异。

7. 分析热红外像片上地物色调与 ε、λ、T 的关系。

8. 说明大气对电磁波的作用形式及对成像的危害和消除方法。

9. 为什么晴朗的天空呈蓝色？

10. 为什么早晚的太阳是红色的？

11. 大气的散射现象有哪几种类型？根据不同散射类型的特点分析可见光遥感与微波遥感的区别，说明为什么微波能穿云透雾而可见光不能？

12. 地面物体接受的辐射有哪几个来源？到达传感器的电磁波辐射又包含哪几部分？并以此推导辐射传输方程。

第 3 章　遥感光学基础

现代遥感技术获取的不同类型的遥感信息都是以影像形式提供给用户的。影像上的不同物体是以不同的色调或色彩形式来表达的，人眼又是如何感觉这些色调或色彩，以及这些色彩的光有哪些特性？为此，本章介绍一些色彩的基本知识。

3.1　颜色性质和颜色立体

3.1.1　可见光和颜色

电磁辐射中引起人们视觉感应的一定波长范围的波段称为可见光谱，简称光，其波长一般为 0.38～0.76μm。来自外界的可见辐射刺激人的视觉器官，在大脑产生光、颜色、形状等视觉现象，从而获得对外界的认识。人眼所能识别的颜色都可以和电磁波的波长相对应。例如，0.7μm 是红色，0.58μm 是黄色，0.51μm 是绿色，0.47μm 是蓝色等，人眼感觉到的七种色光的波长范围如表 3.1 所示。比紫色波长还短的紫外和比红光波长还长的红外部分，人眼就不能看见颜色、形状等。但一般情况下，人也可以感觉到紫外和红外光的存在，如紫外线使眼睛产生疼痛感，红外线产生灼热感。

表 3.1　各国可见光谱划分标准

国别		标准
中国	颜色	紫　蓝—青　绿　黄　橙　红
	波长/μm	0.38～0.455～0.492～0.577～0.597～0.622～0.78
英美	颜色	紫　蓝　蓝绿　绿　黄　黄红　浅红　红　深红
	波长/μm	0.38～0.41～0.48～0.52～0.55～0.58～0.62～0.66～0.72～0.78
俄罗斯	颜色	紫　蓝　青　绿　黄　橙　红
	波长/μm	0.40～0.43～0.47～0.49～0.55～0.59～0.64～0.72

人是靠眼睛对光进行感应的，当眼睛注视外界物体时，物体发出的光线通过眼球形成物像聚焦在眼球后部视网膜的中央凹部位。视网膜的感光细胞分为锥体细胞和杆体细胞，前者是明视觉器官，在光亮条件下分辨颜色和细节；后者是暗视觉器官，只在较暗的条件下起作用，不能分辨颜色和细节。所以在光亮条件下，人眼能分辨各种颜色，当光谱亮度降低到一定程度后，人眼的感觉便是无彩色的，光谱变成不同明暗的灰带。人眼对不同波长的光感觉是不同的，在光亮条件下，人眼对 0.555μm 波长的光感觉最灵敏，波长变大或变小，灵敏度都会降低。不同人对亮度或颜色的评价都会有一定差异。

人眼在观察景物时，常对观察对象的亮暗程度有一评价。这一评价实际是一个相对概念，是相对于背景而言的，就是亮度对比或称为景物亮度对比度。亮度对比度是视场中对象与背景的亮度差和背景亮度之比。在观察图像时，物体影像较亮，而影像的背景也较亮时，通常感觉物体影像就不太亮。若物体影像亮度不变，而背景变暗时，就会感觉物体影像的亮度提高了，就是亮度对比的效果，有时就说亮度对比度提高了。例如，有一张灰色纸片，在白色背景下看起来发暗，而在黑色背景上看起来发亮，这实质上是亮度对比度在起作用。在遥感图像中，亮度对比度常影响单色黑白影像的视觉效果，但是遥感影像上所有都是人们观察的对象，很难说明哪个是背景，哪个是对象。这时亮度对比度就变成两个或多个对象之间的对比，即亮度对比度可表达为

$$C = \Delta L_{\text{对象}} / L_{\text{对象}} \tag{3.1}$$

颜色对比不像亮度对比那么简单。首先，观察颜色要利用眼球视网膜的中央区，也就是视场要小一些。因为当视场过大眼球侧视时，先是红、绿感觉消失，只能看到黄蓝色；再往外侧视，黄蓝色感觉也会消失成为全色盲区，这时对颜色的判断会发生错误。再者，人眼对颜色的判断与波长的关系不完全固定，要受光强度的影响。当光强度增加时，颜色会向红色或蓝色方向变化，所以观察颜色时尽量选择周围光强度基本不变的环境。

在视场中，相邻区域的不同颜色的相互影响叫做颜色对比，颜色的对比受视觉影响很大。例如，在一块品红的背景上放一小块白纸或灰纸，用眼睛注视白纸中心几分钟，白纸会表现出绿色。如果背景是黄色，白纸会出现蓝色。这便是颜色对比的效果。在色度学中，当两种颜色混合产生白色或灰色时，这两种颜色称为互补色，如黄和蓝、红和青、绿和品红均为互补色。假如做一个圆盘，左边是黄色，右边是蓝色，让圆盘快速旋转，使两种颜色混合，人眼就能看出是白色或灰色。进行颜色对比时，在两种颜色的边界，对比现象会更为明显。就识别颜色而言，只要波长改变了 0.001～0.002μm，人眼就应该能观察出差别。对于不同波长的光，人眼的区别能力是不同的，此外人眼的区别能力还要受颜色对比及其他因素的影响。一般在整个光谱中，正常人的眼睛能分辨出几百种不同颜色。相比而言，人对颜色的分辨力比黑白灰度的分辨力强很多，正常人的眼睛能分辨出十几种不同的黑白灰度。正因为如此，彩色图像能表现出更为丰富的信息量。

3.1.2　颜色的特性

彩色的描述对于遥感图像非常重要，彩色变换也是遥感图像处理的重要方法。在物理学中，颜色的性质由明度、色度、饱和度来描述。

明度是指颜色的明暗程度。它取决于发光体的辐射强度和物体表面对光反射率的高低。明度与人眼这一感官有关，所以受人的视觉感受性和经验影响。一般来说，物体反射率越高，明度就越高。所以，白色一定比灰色明度高。因黄色光在太阳辐射中的辐射强度大，所以黄色光看起来明度较高。对光源而言，亮度越大，明度越高，如白炽灯等白光光源，若亮度很高时看到的是白色，若亮度很低时看到的光就发暗，若无亮度则看到黑色。对于不发光的物体而言，当物体对可见光波段所有波长的光都进行无选择地反射，反射率在 80%以上时，物体为白色且显得明亮；当反射率均在 4%以下时，物体呈黑色；反射率居中则表现为灰色，介于白和黑之间，见图 3.1（a）。在观察黑白图像时，人们也常把明度称为灰度，或量化后称为灰度级。

色度是指色彩的类别，是彩色彼此相互区分的特性。当可见光谱段不同波长的光刺激人眼时，会产生红、橙、黄、绿、青、蓝、紫等彩色的感觉。图 3.1（b）是一个颜色环，它表示颜色色调的理想示意。圆环上把光谱色按顺序标出，从红到紫是可见光谱上存在的颜色，

每种颜色对应一个波长值，是光谱色。有时刺激人眼的光波不是单一波长，而是一些不同波长光的组合，它们也可以构成一些颜色，但找不到对应的波长值，因而不称之为光谱色。图 3.1（b）中圆环上部就加上了不同颜色组合的品红色，与其他光谱色一起构成一个圆环。每种颜色都在圆环上或圆环内占一个位置，白色位于中心。

不透明物体的颜色是怎么来的呢?是物体对照射在物体上的光产生选择性反射，如对 0.6μm 以上的波长反射率很高，则物体看起来是红色，如果物体反射 0.5μm 左右的辐射，这一物体看起来就是绿色。不透明物体的颜色都是对某段波长有选择地反射而对其他波长吸收的结果。

饱和度是彩色纯洁的程度。它表示一种彩色的浓淡程度，也就是光谱中波谱段的宽窄程度。若光源发出的光是单色光，它就是最饱和的彩色，如激光及各种光谱色都是饱和色。对于不透明物体颜色，它对光谱反射有很高的选择性，即只反射较窄的波段，但其反射光的颜色饱和度较高。如果光源或物体反射光在某种波长中混有许多其他波长的光或混有白光，则其颜色饱和度就较低。当白光成分过大时，彩色就会消失而成为白光。在图 3.1（b）的颜色环中，环上最外围的一圈是饱和度最高的颜色，位置越靠近中心，颜色越不饱和。

在物理上黑白色只用明度描述，不用色度、饱和度描述。但在遥感图像解译时，把明度（灰度）和色彩的差异统称为色调差异，这与物理学的概念有一定区别。

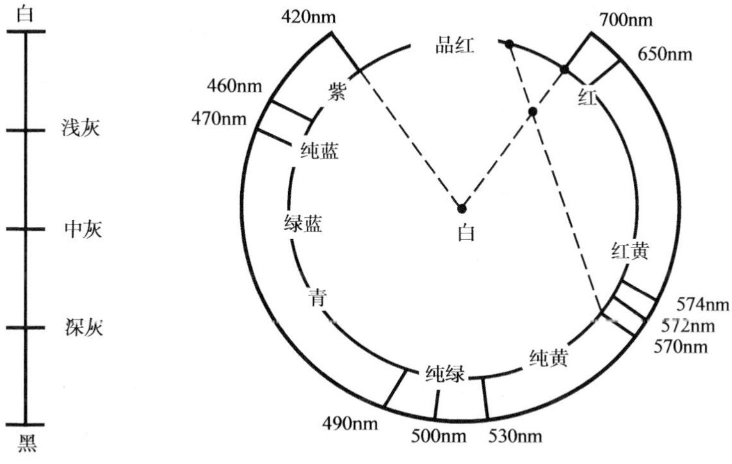

（a）明度轴　（b）颜色环

图 3.1　明度轴和颜色环

3.1.3　颜色立体

为了形象地描述颜色特性之间的关系，通常用颜色立体来表现一种理想化的示意关系。

如图 3.2（a）所示，中间垂直轴代表明度，从底端到顶端，由黑到灰再到白明度逐渐递增。中间水平面的圆周代表色度，相当于颜色环，顺时针方向由红、黄、绿、青、蓝向品红逐步过渡。圆周上的半径大小代表饱和度，半径最大时饱和度最大，沿半径向圆心移动时饱和度逐渐降低，到了中心便成了中灰色。如果离开水平圆周向上下白或黑的方向移动也说明饱和度降低。

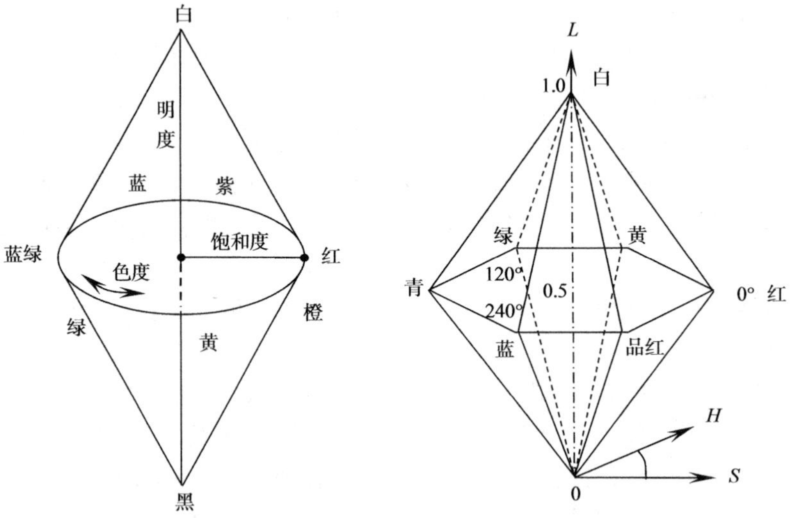

(a) 理想颜色立体　　(b) HLS 彩色模式

图 3.2　颜色立体

为了定量地描述每种颜色的三个物理量，以便在彩色变换中计算。定义明度值（L）为 0～1.0，当其值为 0 时为黑，值为 1.0 为白，所以明度轴的中间位置是 0.5。色度（H）的表示用色度圆环的角度值表示，如红色为 0°、绿色为 120°、蓝色为 240° 等，右旋或左旋自行选定。饱和度（S）值也定义为 0～1.0，饱和度最大时为 1.0，饱和度最小时为 0，如图 3.2（b）所示。实际上，从视觉角度看，饱和度最大时，不同色度的明度并不都是 0.5，如黄色一定明度高，而蓝色明度低，颜色立体只是一种理想的描述方式。

3.2　加色法与减色法

3.2.1　三原色与加色法

颜色的光学合成是建立在三原色原理之上的。根据色觉理论，光谱相同的光引起相同的色觉，而光谱不同的光也能引起相同的色觉。光和色有单一的对应关系，反之，色和光没有相应的对应关系。实验证明，只存在三种独立的色，其他色都可以由它们生成，这三种色被称为三原色或三基色。反过来说，任何一种颜色都可以分解为三原色或三基色。

可以做一个实验，如图 3.3 所示。用三个可调亮度的光源，分别经过红、绿、蓝三个滤光片，再经过透镜形成平行光束，在暗室中照射到白屏幕上，构成红、绿、蓝三原色。调节三原色灯光的强度比例可以在白屏幕三束光重叠的部位看到白光。同时，另外有一束白光直接打到白屏幕上，两束光中间用黑色挡屏隔开，便于观察者比较。实验表明，在只有红光和绿光重叠的部位产生黄光，在只有绿光和蓝光重叠的部位产生青色光，在只有蓝光和红光重叠的部分产生品红色光。不断地调节各灯的强度，白屏幕上还会出现各种中间颜色。仔细观察，就会发现自然界各种颜色都可以由红、绿、蓝这三原色产生。实验表明，红、绿、蓝三种颜色是最优的三原色。

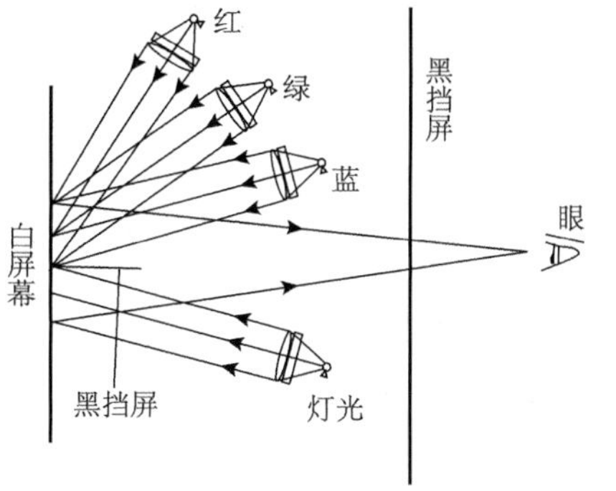

图 3.3 三原色混合实验

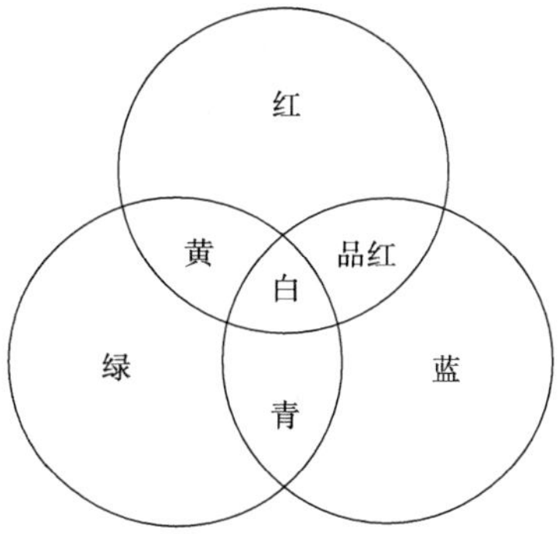

图 3.4 加色法示意图

这个实验可以简单地画成加色法示意图（图 3.4）。大圆的颜色代表色光的三原色。两圆相交的部分是两种色光等量相加的混合色，显然，它们一定是第三种颜色的补色光，分别是黄色光、品红色光和青色光。三个圆相交的部分是三种颜色等量相加的结果，一定是白（消）色光。也可以用公式表达颜色的相加。

原色光相加：两种原色光相加得另一原色光的补色光，三原色光等量相加得白（消）色光：

$$R+G=Y \qquad G+B=C \qquad R+B=M \qquad R+G+B=W \tag{3.2}$$

式中，R、G、B、W 分别为红色、绿色、蓝色和白（消）色光；Y、M、C 分别为黄色、品红色和青色光，它们也称间色光。

间色光相加：两个间色光相加得另一间色光的补色光。

$$Y+M=R \qquad Y+C=G \qquad C+M=B \qquad Y+M+C=W \tag{3.3}$$

互补色光相加：互补色光相加得白（消）色光。

$$B+Y=W \qquad G+M=W \qquad R+C=W \tag{3.4}$$

以上各式仅在等量混合情况下成立，如果不是等量混合，则会产生其他颜色。

3.2.2 色度图

颜色相加原理可以进一步用色度图来表现，比加色法示意图更接近实际情况。因为每一种波长光的颜色都可以用红、绿、蓝三原色相加产生。研究表明，所有光谱色混合时，可以形成光谱中的白光，而且白光是由相同数量的红、绿、蓝三原色组成的。设光的总量比例为 1，则白光由各 1/3 的三原色产生，根据这一原则设计的色度如图 3.5 所示，图中 x 色度坐标相当于红色光的比例，y 色度坐标相当于绿色光的比例，图中没有设置蓝色光的色度坐标，是因为可由 $x+y+z=1$ 推导出 z。图 3.5 中的弧形曲线代表光谱，曲线上每一点代表一种波长和光谱颜色，波长单位是纳米（nm），曲线包围的部分及直线部分代表非光谱色。该图中心 C 点是白光点 $x=y=z=0.33$，相当于正午时的太阳光。

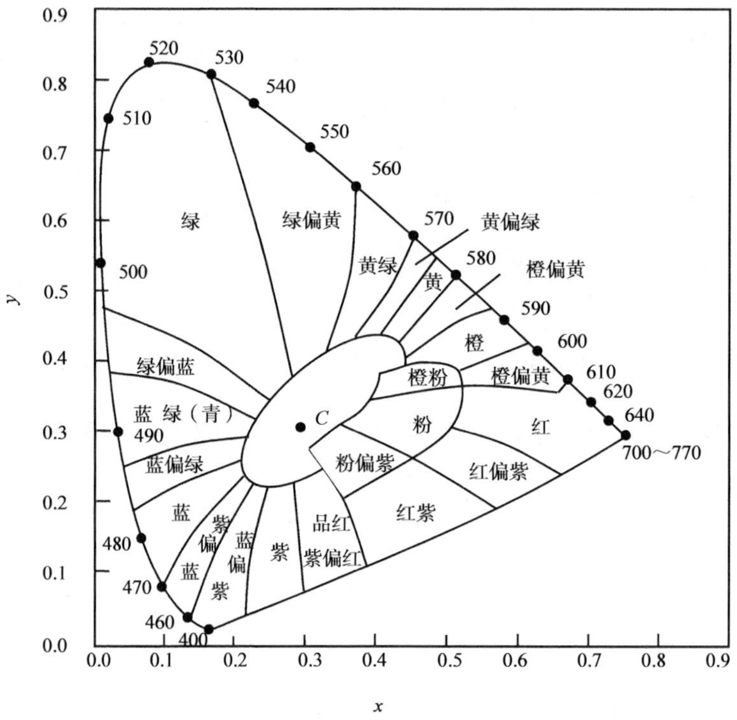

图 3.5　色度图上的彩色分布（单位：nm）

色度图与颜色环的理想表现不同，它具有真实的意义，但其分析方法类似。色度图表现人眼对颜色视觉的基本规律如下（图 3.6）。

色度、明度和饱和度的表示。从 *A* 点（0.4μm）到 *B* 点（0.77μm）光谱曲线的轨迹及连接 *AB* 两点直线形成的马蹄形内所包含的各点，都是在物理上可以由真实光线产生的颜色。任何颜色在色度图中都有确定的位置，即马蹄形的周边表示出色调的差异，因此颜色的特性也可以得到说明。其他中间各点与中心 *C* 的连线表示饱和度。如图 3.6 中的 *M* 点，连接中心 *C* 和 *M* 点并延长与光谱轨迹相交，交点的波长 0.525μm（525nm）的颜色即为 *M* 点的色度。该点越接近光谱线则饱和度越高，越接近 *C* 点饱和度越低，混有白光越多。

色光混合的计算。色度图可以粗略推算两种颜色相混合得到的中间色。例如，*M* 与 *N* 两种颜色按一定比例合成，一定得到 *MN* 连线上的中间色（如 *R*）。连接 *CR* 并延长至光谱线，可知 *R* 的光谱颜色（0.54μm）和饱和度（离 *C* 的远近）。但如果 *CR* 延长线与 *AB* 相交，虽有对应颜色但没有对应的光谱波长，因为 *AB* 线段上各种颜色不是原有光谱色，而是光谱上没有的品红、红、紫等颜色。

互补色表示。过 *C* 点作一条直线与边缘交于两个点，则这两点对应光谱的颜色一定是互补色，它们混合可以产生白光。但如果有一个点落在 *AB* 线段上，则白光上能由两种以上的光线产生，因为 *AB* 线上的点本身是由两种光线混合而产生的。

色度图显示了颜色光相加的规律。

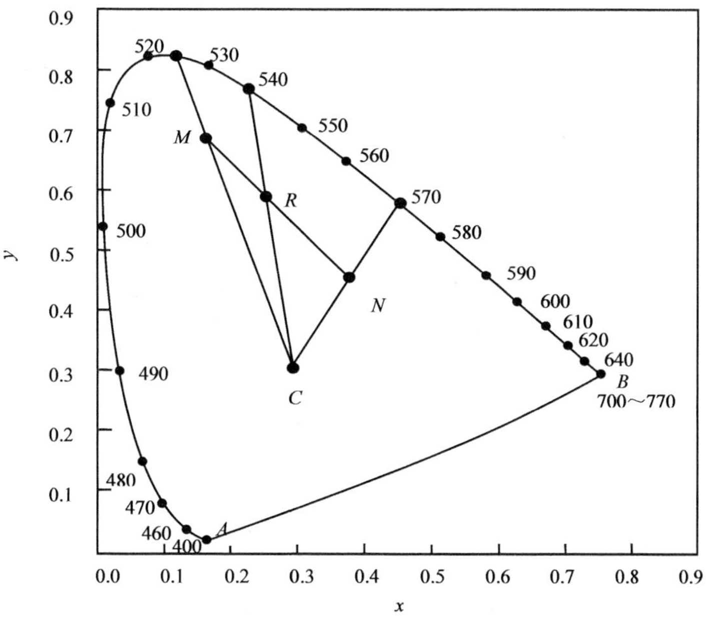

图 3.6　色度图上彩色和波长的关系（单位：nm）

3.2.3　减色法

颜色的相减是指两种或三种颜色的物质重叠后产生的反射光谱作用于人眼后所产生的色觉效果。其本质是每种颜色的物质从白光中吸收一种色光；几种物质混合，从白光中则减去几种光，剩余的色光被反射出来，形成混合后的颜色。

减色法的三原色采用加色法三原色的补色，即青色、品红、黄色。三者的理想光谱透射或反射曲线如图 3.7 所示。

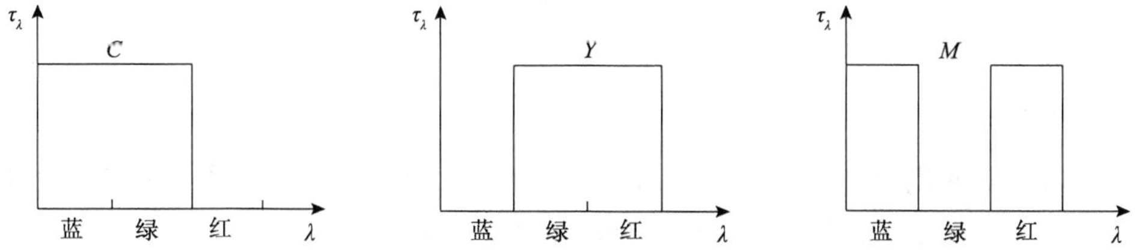

图 3.7　减色法三原色的理想光谱透射率曲线

青色称“减红”原色，吸收红色光谱；黄色称“减蓝”原色，吸收蓝色光谱；品红色称“减绿”原色，吸收绿色光谱。这三种减色原材料的密度分别控制透过或反射红、绿、蓝光的量，当材料的密度大时，将分别吸收更多的红、绿、蓝色光成分；当材料的密度小时，则透过或反射更多的红、绿、蓝色光成分。

色光相减可以通过滤光片来实现。因为某一颜色的滤光片只透过与其本身颜色相同的光，而吸收其他色光。因此，一种原色滤光片只透过该原色而吸收其他两种原色光；一种间色滤光片只透过组成该间色的两原色光而吸收另一原色光。例如，红色滤光片只透过红色光，吸收蓝色光和绿色光；黄色滤光片只透过绿色光和红色光，吸收蓝色光。利用滤光片进行色光相减的原理可用图 3.8 表示。

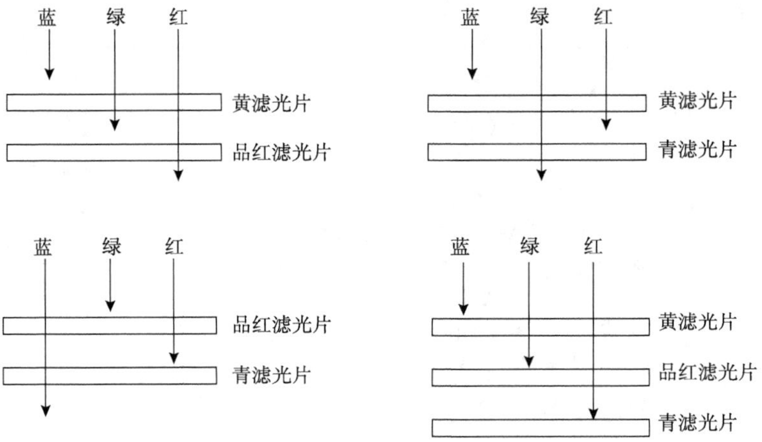

图 3.8　色光的相减原理

相减混色规律：因为相减混色的三原色存在 $Y=W-B$ ，$M=W-G$ ，$C=W-R$ 。所以

$$Y+M=W-B-G=R \qquad Y+C=W-B-R=G$$

$$C+M=W-G-R=B \qquad Y+M+C=W-R-G-B=\text{BL} \tag{3.5}$$

$$Y+M+C=W-R_{少}-G_{少}-B_{少}=H$$

式中，BL 为黑色；H 为灰色；其他符号代表的颜色同式（3.2）。

3.3　黑白影像与彩色影像

遥感影像常常用照片来表现，单波段或全色波段表现为黑白影像，全色黑白影像记录的波段是 0.4～0.7μm。红、绿、蓝三波段组合表现为彩色影像。无论是对影像进行光学处理还是计算机处理，处理结果有时以底片（负片）或照片（正片）形式来表达，一些回收式卫星其影像数据也以胶片形式记录。因此，简要介绍一些有关黑白影像和彩色影像的基本知识。

3.3.1　黑白片成像原理

卤族元素和银的化合物能在光的照射下分离出银（Ag）原子。照相乳胶由大量卤化银晶粒和明胶组成，把照相乳胶均匀涂敷在玻璃或赛璐珞基片上就制成了照相胶片。

1. 黑白摄影成像的基本过程

照相的第一步是感（曝）光，当光照射在底片上时，卤化银在光子作用下，使带正电的银离子移动，形成潜影中心。第二步是显影，使感光底片在暗室中浸入显影液，显影液中的显影物质会把曝过光的卤化银还原成金属银，这时潜影就变成可见影像，受光照射越强，形成的金属银密度越大。第三步为定影，将显影后的底片浸入定影液中，定影液可以把显影后残留在乳胶层中的卤化银去掉，只保留已还原的金属银形成负片，这样光强之处银颗粒层厚而发黑，透过率低，光弱处银颗粒层薄而发白，透过率高，刚好与自然景物的黑白程度相反，所以叫做负片。

洗印像片时使光透过负片照在像纸上，经过同样的曝光、显影、定影过程形成正片。负片黑处透过光弱，在正片上发白，负片白处透过光强，在正片上发黑。因此，正片反映的黑白程度与自然景物相比，经过两次相反变换变成一致。

2. 感光片的基本特性

1）感光特性曲线

表示感光片获得的曝光量（H）和其显影后的光学密度（D）之间函数关系的曲线，叫做感光片的特性曲线。摄影成像中影响影像信息质量的因素除摄影机本身的精度外，主要是感光片的性能，而这些性能关系及其对负片的制约作用集中反映在感光特性曲线上。特性曲线如图 3.9 所示，其横坐标表示曝光量 H 的对数值，纵坐标表示密度 D，它是在感光仪标准光源下测定绘制的。

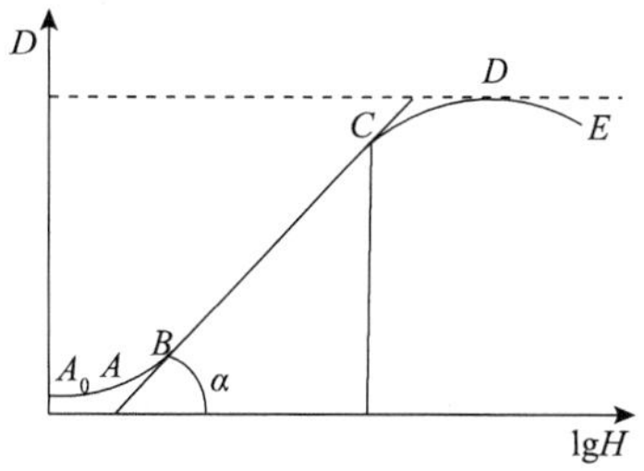

图 3.9　底片（负片）特性曲线

（1）曝光量 H。曝光量是感光胶片上所接收的照度 E（勒克斯）和曝光时间 t（秒）的乘积。$H = E \times t$，单位为勒克斯·秒（lux·s），若用对数表示，则称为曝光量对数。

$$\lg H = \lg E + \lg t \tag{3.6}$$

（2）光学密度 D。光学密度简称密度，它是感光片显影之后由 Ag 原子形成的深浅不同的变黑程度，以阻光率 O 的对数表示，即

$$D = \lg O \tag{3.7}$$

式中，阻光率 $O = 1/\tau$，是透射率 τ 的倒数。三者的数值关系如表 3.2 所示。

表 3.2　透射率、阻光率与密度之间的关系

透射率/τ	1	1/2	1/4	1/8	1/10	1/16	1/32	1/64	1/100	1/128	1/256	1/512	1/1000
阻光率/O	1	2	4	8	10	16	32	64	100	128	256	512	1000
光学密/D	0	0.3	0.6	0.9	1.0	1.2	1.5	1.8	2.0	2.1	2.4	2.7	3.0

（3）特性曲线的分段。特性曲线由五部分组成，如图 3.9 所示。

灰雾部分 A_0A：平行于横轴，此密度不经曝光而产生，所以称灰雾密度 D_0。一般负片的 $D_0 = 0.1 \sim 0.2$，正片 $D_0 < 0.1$。灰雾密度 D_0 主要是制造过程、保存期间或冲洗过程中暗室露光而引起银盐的自发还原和片基对光的吸收所形成的。

曝光不足部分 AB：也称趾部，在这部分随着曝光量对数值的增加，胶片产生的密度增加缓慢。摄影时如果曝光不足使景物的曝光量落在曲线的这一区间，则所得影像的黑白层次必然受到较大的不成比例的压缩，与原景物亮度的明暗对比将不成比例，致使影像失真。

直线部分 BC：也称正常曝光部分，这部分密度随着曝光量对数值的增加而呈线性增加，是曲线的主要部分。摄影时，利用特性曲线的这一部分可将原景物的亮度对比较为真实地记录下来。

曝光过度部分 CD：也称肩部，这时增加曝光量的对数值，只能稍微增加影像密度。相当于这一部分的影像密度在黑白层次上遭到很大的损失。

反转部分 DE：这部分影像密度随着曝光量对数值的增加反而逐渐减少，影像密度不能反映景物亮度。

2）感光特性

a. 反差及反差系数

（1）反差。反差是指景物的明亮部分和阴暗部分亮度的差别程度，黑白分明即明暗差别大的，称为反差大或反差强；反之，称为反差小或反差弱。反差分为以下几种。

景物反差。景物中具有最大亮度部分的亮度 L_{max} 与最小亮度部分的亮度 L_{min} 的对数差值叫做景物反差，用公式表示为

$$\Delta \lg L = \lg L_{max} - \lg L_{min} \tag{3.8}$$

光学影像反差。成像时由于镜头中透镜的散射、折射而形成眩光使反差降低。若用影像照度的对数差来表示光学影像的反差，则

$$\Delta \lg E = \beta \Delta \lg L \tag{3.9}$$

式中，β 为眩光系数，$\beta < 1$。

胶片或照片的影像反差。胶片或照片上的最大密度 D_{max} 和最小密度 D_{min} 之差称为影像反差，即

$$\Delta D = D_{max} - D_{min} \tag{3.10}$$

（2）反差系数 γ。反差系数是指成像后影像的明暗程度与原景物明暗程度的比值，它用来度量感光材料对景物反差的表达能力，以特性曲线的直线部分的密度差与相应两点曝光量对数差的比值来表示，即

$$\gamma = \frac{\Delta D}{\Delta \lg H} = \frac{D_2 - D_1}{\lg H_2 - \lg H_1} = \tan\alpha \tag{3.11}$$

由式（3.11）可见，反差系数就是特性曲线直线部分的斜率。

根据式（3.6）和式（3.9），式（3.11）可写成

$$\gamma = \kappa \cdot \frac{\Delta D}{\Delta \lg L} \tag{3.12}$$

式（3.12）表明，反差系数的物理意义确实是影像反差和景物反差的比值，κ 为 β、t 的函数。

在特性曲线上，当其直线倾角 $\alpha = 45°$时，$\gamma = 1$，景物不同亮度都能得到正确表达，影像层次清楚。

当 $\alpha < 45°$时，$\gamma < 1$，景物反差将被缩小。若被缩的很小，会产生黑白不分的模糊感和亮部分透明的情况。

当 $\alpha > 45°$时，$\gamma > 1$，表示 D 的递增大于 $\lg H$ 的递增，影像反差被夸大。虽然亮部层次好，但缺少中间色调的层次。

b. 宽容度

宽容度也称曝光宽容度，是指胶片复现被摄景物亮度范围的能力。特性曲线中只有直线部分才能按比例以不同程度、不同密度来表达景物的亮度范围，因此用直线部分的最大曝光

量与最小曝光量之差来表示宽容度 M，即

$$M = \lg H_c - \lg H_b \tag{3.13}$$

由此可见，宽容度大的胶片能用来复现亮度范围较大的景物，摄影时曝光时间许可的伸缩范围要大些，即曝光时间稍不准确，也能较真实地反映被摄景物的明暗程度差别。因此，宽容度与反差系数有很大关系：

$$D_c - D_b = \gamma M \tag{3.14}$$

当胶片的最大密度一定时，反差系数大的胶片宽容度小；反差系数小的胶片宽容度大。

c. 感光度

感光度即感光速度，是胶片感光快慢程度的指标，反映胶片对光线作用的灵敏程度，它是确定曝光时间的重要依据。一般感光度越高，则摄影所需的曝光量越少，曝光时间越短。反之，需要的曝光时间越长。由于各国的感光度测定系统不同，所以感光度数值也不同，各国感光度计量如表 3.3 所示。我国与德国对感光度的计量分级一致，度数间隔每差 3°，感光度相差 1 倍，而美国和俄罗斯均为度数相差 1 倍，感光度相差 1 倍。

一般认为，感光度低的胶片，适合强光下和静物摄影；感光度高的胶片，适于弱光下与运动物体的摄影。感光度低的胶片，灰雾和保藏性要稳定，银粒比高感光度的细，因而分辨率较高，适用于高倍率的放大。现代感光材料在向颗粒度小、感光度高的方向发展。

表 3.3　各国感光度比较表

中国	德国	美国	俄罗斯	中国	德国	美国	俄罗斯
4°	4°	2.0	1.4	20°	20°	80	65
5°	5°	2.4	2.0	21°	21°	100	80
6°	6°	3.2	2.4	22°	22°	120	100
7°	7°	4.0	3.2	23°	23°	160	120
8°	8°	5.0	4.0	24°	24°	200	160
9°	9°	6.0	5.0	25°	25°	250	200
10°	10°	8	6.0	26°	26°	320	250
11°	11°	10	8	27°	27°	400	320
12°	12°	12	10	28°	28°	500	400
13°	13°	16	12	29°	29°	640	500
14°	14°	20	16	30°	30°	800	640
15°	15°	24	20	31°	31°	1000	800
16°	16°	32	24	32°	32°	1300	1000
17°	17°	40	32	33°	33°	1600	1300
18°	18°	50	40	34°	34°	2000	1600
19°	19°	64	50	—	—	—	—

3.3.2 彩色片成像原理

1. 真彩色摄影片生成原理

彩色摄影可以生成自然彩色航空摄影像片。其处理方法主要是利用多层天然彩色胶片进行彩色处理，然后以减色法为基本原理生成彩色透明片或影像像片，与黑白影像生成过程相似，也需要曝光、显影、定影一系列处理过程。

彩色胶片最上面有一层保护层，防止感光乳剂受破坏，下面两层包围着片基，片基是大约 0.1mm 的透明片。片基之上是底层，结合药膜和片基；片基之下是防光晕层，主要是提高透明片的观察效果。在保护层和底层之间主要是三层感光乳剂层。最上层乳剂叫盲色乳剂，对 0.34～0.50μm 感光，即只对蓝色光段感光，同时乳剂中含有黄色染料成色剂，它是一种不扩散的无色物质，显影时与彩色乳剂中的氧化物发生作用，才生成染料颜色；中层乳剂叫正色乳剂，对 0.34～0.59μm 感光，即只对蓝光和绿光段感光，同时乳剂中含有品红色染料成色剂；下层乳剂叫全色乳剂，对 0.34～0.68μm 感光，应该是对蓝、绿、红光都感光，但在 0.52μm 附近感光度较小，因此对绿光不敏感，这一层乳剂中含有青色染料成色剂。在上中层乳剂之间还有一层黄色滤光层（在冲洗过程中可溶解掉），其作用是只透过黄光，黄和蓝是补色，滤光片将蓝光吸收，这样上层对蓝光感光后，剩余蓝光不可能进入中层和下层，中层就只对绿光感光，下层就只对红光感光了。因此，上、中、下层又分别称为感蓝层、感绿层和感红层。图 3.10 是彩色胶片结构的简单示意图。

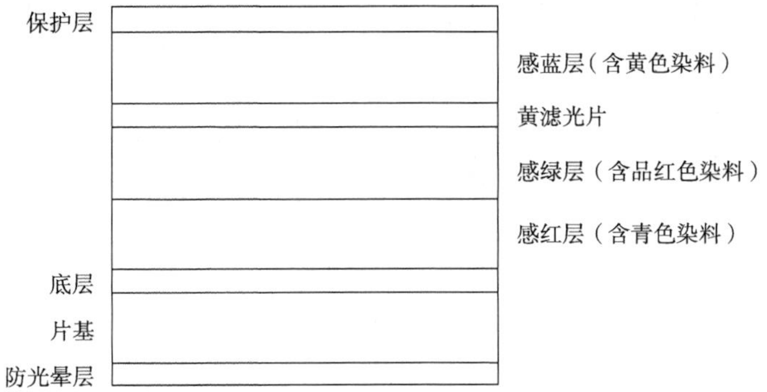

图 3.10 彩色胶片结构

天然彩色胶片可以生成透明片，对自然景物感光形成负片，或对负片感光形成正片。平时冲印像片使用的彩色像纸，与天然彩色胶片基本相同，区别仅在于片基是不透明的纸基，这样经过曝光、显影、定影等过程便成为平时常用的彩色照片，彩色照片一般都是正片。

无论什么片基，彩色片中彩色的生成过程都类似。若把自然界物体的颜色简单划分为蓝、青、绿、黄、红、品红六个色彩段，再加上全黑和全白共八色，基本上可以说明各种色彩生成的过程。第一步是曝光，曝光是在各层乳剂上形成潜像中心，因为青光是蓝、绿光的相加合成，黄光是红、绿光相加，品红光是红、蓝光相加，因而感光时可以分层感光；含有蓝光的成分在感蓝层感光，含有绿光成分的在感绿层感光，含有红光成分的在感红层感光。白光因为由红、绿、蓝光组成，所以每一层都被感光。第二步是显影过程，显影时金属银析出，而且凡感光的乳剂都出现其所含成色剂的颜色，未感光的部分不显示颜色。显影时形成的染料浓度与卤化银还原成金属银的密度成正比，即与感光的强弱成正比。第三步便是定影，把残留的卤化银和还原出的金属银溶解掉，只留下染料部分。这样形成的三层染料就构成了负片。

观察负片时，看到的颜色遵从减色法原理，相当于三个滤色片的叠合。品红和青形成蓝色，黄、青形成绿色，黄、品红形成红色，黄、品、青全部通过时形成黑色。

进行彩色像片晒印时，使用负片在暗室中同样经过曝光、显影、定影生成正片等过程，除胶片中感光乳剂分层次序不同外，其原理与负片的生成完全相同。负片中生成了原天然物体颜色的补色，而正片又将补色再生成其补色，最后形成了与天然景物完全相同的色彩。正片如果是胶片，可以做幻灯片，也可以做投影用的透明片，如果是彩色像纸就是彩色照片了。

2. 彩红外摄影像片生成原理

航空摄影中，常常使用近红外彩色航摄像片，这种彩色胶片感光时将记录的波谱从0.4μm 延伸到 0.9μm，包含了以反射为主的近红外波段，受大气的影响较小，可以得到更为丰富的信息和更鲜艳的色彩。图 3.11 表现了三层乳胶结构。

图 3.11　彩红外胶片的乳胶结构

彩色红外胶片的结构与天然彩色胶片结构类似，根本的区别在于三层感光乳剂的不同。最上层乳剂是感近红外层，对 0.7～0.9μm 部分较为敏感，对红、绿部分不敏感，这一层含有青色染料成色剂；中层乳剂是感绿层，对 0.5～0.6μm 部分敏感，对绿光感光，并含有黄色染料成色剂；下层是感红层，对 0.6～0.7μm 红光敏感，而对绿光不敏感，这一层含有品红色染料成色剂。

由图 3.11 发现，虽然三层乳剂分别对近红外段、绿光、红光段感光度高，但在蓝光波段，即 0.4～0.5μm 区段，感光度都不低。为了阻断蓝光对其他光谱段的干扰，必须在照相机前安装黄色滤光片，或以其他办法阻断蓝光射入胶片，以保证三层乳胶分别只对近红外、绿、红三个波段感光。

近红外光本来是不可见的，但由于在感光胶片上加入了成色剂，使其成为在胶片上可见的彩色，便成为假彩色片而不是自然真实色彩的表现。红外彩色胶片成像时，以蓝、绿、红和近红外作为自然景物反射光的代表再加上白和黑，白色的日光可以认为由蓝、绿、红和近红外全部波段组成，当黄色滤光片吸收蓝色光段后，余下部分分别通过三层乳剂感光，并在显影定影后呈现成色剂的颜色。最后根据减色法原理在负片上出现新的颜色。

由于成色剂不再是感光颜色段的补色，负片不再是原景物的补色，而是黑色和蓝色光均为白色（透明），绿、红、近红外段依次呈现黄、品、青色。

将彩红外片的负片冲洗成正片时，使用普通彩色胶片，在正片中出现的色调刚好是负片色调的补色。因此，最终结果是绿色光段赋予蓝色，红色光段赋予绿色，近红外光段赋予红色，而蓝光段被吸收成为黑色。

分析彩红外像片的生成过程可以发现，彩红外片与卫星标准假彩色片对应波段赋予的颜色类似。航空摄影时经常使用彩红外航片，这种航片在解译时与卫星标准假彩色片的解译标志也十分相似。

思 考 题

1. 物理学中颜色的特性有哪些？
2. 颜色立体是如何描述颜色特性之间的关系的？
3. 说明加色法与减色法的原理及它们的区别。
4. 用色度图说明颜色光相加的规律。
5. 介绍滤光片及其采用目的，并举例说明。
6. 说明黑白片成像的原理。
7. 说明真彩色摄影片的生成原理。
8. 彩红外像片的优点有哪些？

第4章　遥　感　平　台

4.1　遥感平台的种类

遥感中搭载遥感器的载体统称为遥感平台。遥感平台的种类很多，按平台距地面的高度大体上可分为四类：地面平台、航空平台、航天平台和临近空间平台。表 4.1 汇总了可利用的平台的高度及其使用目的。在这些遥感平台中，高度最高的是气象卫星（Geostationary Meteorological Satellite，GMS）所代表的静止卫星，它位于赤道上空 36000km 的高度上；其次是高度为 700～900km 的 Landsat、SPOT、MOS 等地球观测卫星，它们大多使用在同一个地方时进行观测的太阳同步轨道；然后是航天飞机（space shuttle）、探空仪、高高度喷气飞机、中低高度飞机等；再次是无线电遥控飞机等；最低的是地面测量车。

表 4.1　可应用的遥感平台

遥感平台	高度	目的和用途	其他
静止卫星	36000km	定点地球观测	气象卫星（GMS 等）
地球观测卫星	500～1000km	定期地球观测	Landsat、SPOT、MOS 等
航天飞机	240～350km	不定期地球观测、空间实验	—
返回式卫星	200～250km	侦察与摄影测量	—
无线探空仪	100m～100km	各种调查（气象等）	—
平流层飞艇	25000m 左右	预警探测、各种调查	—
高空无人飞机	7000～20000m	空中侦察、大范围调查	
高高度喷气机	10000～12000m	侦察、大范围调查	—
中低高度飞机	500～8000m	航空摄影测量、各种调查	—
对流层飞艇	500～3000m	空中侦察、各种调查	—
直升机	100～2000m	摄影测量、各种调查	—
低空无人飞机	1000m 以下	侦察与摄影测量、各种调查	固定翼、旋翼
牵引飞机	50～500m	摄影测量、各种调查	牵引滑翔机
系留气球	800m 以下	各种调查	—
索道	10～40m	遗址调查	—
吊车	5～50m	近距离摄影测量	—
地面测量车	0～30m	地面实况调查	车载升降台

4.1.1　地面平台

地面遥感平台是置于地面和水上的装载遥感器的固定的或移动的装置，包括三脚架、遥感塔、遥感车等，高度在 100m 以下。通常三脚架的放置高度在 0.75～2.0m，在三脚架上放置地物波谱仪、辐射计、分光光度计等地物光谱测试仪器，用以测定各类地物的野外波谱曲线。遥感车、遥感塔上的悬臂常安置在 6～10m 甚至更高的高度上，在这样的高度上对各类地物进行波谱测试，可测出地物的综合波谱特性。为了便于研究波谱特性与遥感影像之间的关系，也可将成像遥感器置于同高度的平台上，在测定地物波谱特性的同时获取地物的影像。

4.1.2　航空平台

航空平台主要是指高度在 30km 以内的遥感平台，它包括飞机和气球两种。航空平台具有飞行高度低、获取影像空间分辨率高、机动灵活、不受地面条件限制、调查周期短、资料回收方便等优点。

1. 气球

早在 1858 年，法国人就开始用气球进行航空摄影了。气球是一种廉价的、操作简单的航空平台。气球上可携带摄影机、摄像机、红外辐射计等简单遥感器。气球按其在空中的高度分为低空气球和高空气球两类。凡是发送到对流层（12km 以下）中的气球都叫做低空气球，其中大多数可用人工控制在空中固定位置上进行遥感。用绳子拴在地面上的气球叫做系留气球，最高可升至地面上空 5km 处。凡是发送到平流层中的气球均称为高空气球，它们大多是自由漂移的，可升至 12～40km 高空。

2. 飞机

飞机是最常用的遥感平台。飞机的高度和速度可以人工控制，根据需要在指定的时间和地区飞行，能够携带多种遥感器，信息回收方便，仪器可以及时维修。按照飞机不同的飞行高度，遥感平台又可分为低空平台、中空平台和高空平台。

低空平台的飞机是在离地面 2000m 以内的对流层下面飞行的。获得中等比例尺、大比例尺航空遥感图像时，飞机飞行高度一般在此范围内。直升机可以进行离地 10m 以上的遥感；侦察飞机可以进行 300～500m 的低空大速度遥感；通常遥感试验在 1000～1500m 的高度内进行。

中空平台的飞机是在离地面 2000～6000m 的对流层中层飞行的。通常使用这类平台取得中小比例尺的航空遥感图像。

高空平台的飞机是在离地面 12000m 左右的对流层顶层和平流层下层中飞行的。部分用于航空遥感的有人驾驶飞机（如美国的呼唤Ⅱ）的飞行高度在 12000m 左右，用于航空遥感的飞机达不到这个高度，军用高空侦察飞机一般在此高度上飞行。

传统的航空遥感对飞机性能和飞行过程有特殊的要求，如航速不宜过快且航速均匀；稳定性能要好，飞行平直；续航能力强，有较大的实用升限；有足够宽敞的机舱容积；具备在简易机场起飞的能力及先进的导航设备等。

无人机具有机动灵活、成本低的技术优势，是航空遥感平台有力的补充，正逐渐成为空间数据获取的重要工具之一。不同类型的无人机可以满足航空平台各种高度的飞行任务，同时，可以快速、及时地获取地面图像，很好地弥补传统遥感技术手段的缺陷，在灾害监测、地理信息获取及军事等方面起着越来越重要的作用。

4.1.3 航天平台

航天平台是指高度在150km以上的遥感平台。目前对地观测中使用的航天平台主要是遥感卫星。航天平台上进行的遥感称为航天遥感，航天遥感可以对地球进行宏观的、综合的、动态的和快速的观察。航天平台主要有高空探测火箭、人造地球卫星、宇宙飞船、空间站和航天飞机五种。

1. 高空探测火箭

高空探测火箭飞行高度一般可达 300～400km，介于飞机和人造地球卫星之间。火箭可在短时间内发射并回收，可以根据天气情况进行快速遥感，不受轨道限制，应用灵活，可对小范围地区进行遥感。但由于火箭上升时冲击强烈，易损坏仪器，而且付出的代价大，取得的资料不多，所以火箭不是理想的遥感平台。

2. 人造地球卫星

人造地球卫星目前在大气资源调查和环境监测中起着重要作用，是航天遥感中应用最广泛的遥感平台。按照人造地球卫星的轨道运行高度和寿命，可分为三种类型。

（1）低高度、短寿命卫星。轨道高度为 150～350km，寿命（运行时间）只有几天至几十天。可获取较高空间分辨率的影像，多用于军事侦察，但最近发展的高空间分辨率的遥感小卫星大多采用此类。

（2）中高度、长寿命卫星。轨道高度为 350～1800km，寿命在 1a 以上，一般为 3～5a。大部分遥感对地观测卫星都采用此高度的轨道，包括陆地卫星、海洋卫星、气象卫星等。

（3）高高度、长寿命卫星，也称为地球同步卫星或静止卫星，高度约为 36000km，寿命更长。这类卫星基本上都用作通信卫星、气象卫星；也用于地面动态监测，如火山、地震、森林火灾监测、洪水预报等。

这三种卫星各有特点。其中，高高度卫星的突出特点是：对地面的同一地区重复观测的时间周期短，便于大范围的动态监测。中高度卫星的特点是：用于陆地和海洋的资源调查和环境监测的优势明显。低高度卫星的特点是：获取影像的空间分辨率较高，在资源详查及军事侦察方面有重要应用价值。

3. 宇宙飞船和空间站

载人宇宙飞船有“双子星座”飞船系列、“阿波罗”飞船系列、天空实验室、“礼炮”号轨道站及“和平”号空间站等。它们较卫星的优越之处是：有较大负载容量；可带多种仪器；可及时维修；在飞行中可进行多种试验；资料回收方便。缺点是：一般飞船飞行时间短（7～30d）；飞越同一地区上空的重复率小。但空间站可在太空运行数年甚至更长时间。

4. 航天飞机

它是一种新式大型空间运载工具，是由三部分组成的三级火箭。航天飞机主体可以回收，两个助推器也可回收，重复使用，这是它的优点之一。航天飞机有两种类型：一种不带遥感器，仅作为宇宙交通工具，将卫星或飞船带到一定高度的轨道上，在轨道上对卫星、飞船检修和补给，在轨道上回收卫星或飞船等；另一种携带遥感仪器进行遥感。航天飞机是火箭、载人飞船和航空技术综合发展的产物。它像火箭那样垂直向上发射，像卫星和飞船那样在空间轨道上运行，还像飞机那样滑翔降落到地面，具有三者的优点。它是一种灵活、经济的航天平台。自 1981 年 4 月以来，美国已经发射过“哥伦比亚”号、“发现”号、“挑战者”号、“亚特兰蒂斯”号和“奋进”号等航天飞机。1981 年和 1984 年美国分别利用“哥伦比亚”号和“挑战者”号航天飞机发射了 SIR-A、SIR-B 成像雷达。2000 年美国利用“奋进”号航天飞机成功完成了“航天飞机雷达地形测绘飞行任务”（the shuttle radar topography mission，SRTM）。同时期，苏联也曾成功地进行了无人驾驶航天飞机的飞行试验。

在航天对地观测成像时，不同类型的航天遥感平台对获取的遥感影像的特性有一定的影响。例如，它将影响获取影像的比例尺（空间地面分辨率）、立体影像的基高比、成像覆盖范围、重复获取影像的周期、连续获取地面影像时间的长短及获取影像时的光照条件等。

4.1.4　临近空间平台

临近空间平台是指高度在 20～100km 空域的遥感平台。临近空间下面的空域（20km 以下）是传统航空平台的主要活动空间，上面的空域（100km 以上）是航天平台的运行空间。临近空间平台是介于普通航空平台和航天平台之间的遥感平台。临近空间区域包括大气平流层的大部分区域，中间层和部分电离层区域。临近空间的显著特点包括：空气相对稀薄；环境压力低；环境温度变化复杂；臭氧和太阳辐射强；20～40km 区域平均风速最小。

临近空间平台在应用上不同于一般的航空和航天平台，具有一些显著的特点，主要表现在以下几个方面：①与传统航空平台相比，临近空间平台持续工作时间长。传统飞机的留空时间以小时为单位，临近空间飞行器的留空时间则以天为单位，目前正在研制的临近空间平台预定留空时间长达 6 个月，规划中的后续平台预定留空时间可达 1a 以上，易于长期、不间断地获得地面影像和数据。②覆盖范围广。临近空间平台的高度在传统飞机之上，其探测覆盖范围比传统飞机要广得多。③分辨率高。平台距目标的距离一般只是低轨卫星的 1/10～1/20，容易实现高分辨率对地观测。临近空间平台的地面分辨率与成像灵敏度要明显比航天平台高出数倍。在局部区域的时间分辨率方面，也是飞机和卫星不可比拟的。④载荷能力强，效费比高。飞行平台的载荷能力大，飞行器可返回，可重复使用，载荷可维修，可更换。与卫星相比，临近空间平台具有效费比高、机动性好、有效载荷技术难度小、易于更新和维护等特点。但临近空间属各国领空范围，受领空限制。

目前，世界各国提出了多种临近空间平台发展方案，研究的热点集中在平流层飞艇、浮空气球和高空长航时无人机。

（1）平流层飞艇。采用航空飞行器设计思想，具有较大的气囊，充满轻质气体（如氦气），可依靠空气浮力来平衡飞行器重力，一般靠太阳能提供动力，靠螺旋桨推力来克服阻力，可定点悬停，能低速水平飞行，机动性能较好。

（2）浮空气球。具有较大气囊，可充灌轻质气体，无推进动力装置，依靠空气浮力进入临近空间。特点是制作简单、成本低，但易受风力影响，定点和机动性能差。

（3）高空长航时无人机。可采用太阳能、氢燃料电池等新型能源，依靠空气动力达到临近空间。特点是可快速机动，可替代低轨道侦察卫星，执行高空持久监视、情报搜集和通信中继等任务。

（4）高超声速巡航飞行器，是一种可从常规跑道上起飞、可重复使用的无人高超声速巡航飞行器，又称高超声速轰炸机。其飞行高度可以遍及临近空间 30km 以上的大部分空域，且飞行速度快，可用于全球快速打击。

（5）亚轨道飞行器，是指在高度上抵达临近空间顶层，但速度尚不足以完成绕地球轨道运转的飞行器，其速度一般在 M5～15，任务完成后可返回地球，能够重复使用。

4.2 遥感卫星的轨道参数

遥感卫星也称对地观测卫星，是遥感中使用的重要遥感平台。不同类型的遥感卫星有其不同的运行轨道及轨道参数，轨道参数对成像有着重要影响。因此，本节简要介绍遥感卫星轨道的参数及其对成像的影响。

4.2.1 开普勒定律

人造地球卫星围绕地球运转也属于天体运动，因此卫星绕地球的运转也服从开普勒三大定律。

1. 第一定律

所有行星轨道均为一椭圆，太阳位于椭圆两焦点之一，即人造地球卫星绕地球运转的轨道为一椭圆轨道，地球位于该椭圆的一个焦点上。这说明卫星距地球的距离（卫星轨道高度）是随着卫星在轨道的不同位置而变化的，因而椭圆轨道的遥感卫星影像的比例尺或空间分辨率是随卫星的位置而变化的。卫星距地球最近点（也称近地点）A 和最远点（也称远地点）B 的距离分别为

$$H_A = a(1+e) - R$$

$$H_B = a(1-e) - R \qquad (4.1)$$

式中，R 为地球半径；a 为椭圆长半径；e 为偏心率。

2. 第二定律

行星在椭圆轨道上运动时，向径（行星至太阳的连线）在相等的时间内扫过相等的面积。

由此可以看出，卫星运行的速度是非均匀的，它在近地点附近运行速度快，而在远地点附近运行速度慢。因此，椭圆轨道对遥感对地观测成像时的摄影曝光时间及曝光时间间隔、扫描速度及扫描摆动周期的要求会更高，所以一般遥感对地观测成像卫星常采用圆形或近圆形的轨道。

3. 第三定律

行星公转周期的平方与它的椭圆轨道的长半径的立方成正比。

同样，对卫星和地球而言，卫星轨道和卫星轨道运行周期也满足开普勒第三定律：

$$\frac{T^2}{a^3} = C \qquad (4.2)$$

式中，$C = 2.7516 \times 10^{-8}\ \mathrm{min}^2/\mathrm{km}^3$，称为开普勒常数；$a$ 为椭圆轨道的长半径；T 为周期（min）。

卫星运行的轨道高度与卫星轨道运行周期是相关联的，卫星轨道高度越高，其运行周期越长。

4.2.2　遥感卫星轨道参数

遥感卫星是在绕地球的轨道上运行的，因此卫星在空间中的位置可以用椭圆轨道的空间形状、位置和某一时刻卫星在轨道中的位置来确定，而轨道的空间形状、位置和某一时刻卫星在轨道中位置可用下列六个参数来描述（图 4.1）。

1. 轨道长半径（*a*）

卫星轨道远地点到椭圆中心的距离为轨道长半径 a，它确定了卫星距地面的高度。按照高度的不同可分为低轨道（<2000km）、中轨道（2000～20000km）、高轨道（20000～35786km）和地球同步轨道（35786km）。

2. 轨道偏心率（*e*）

$$e=\frac{\sqrt{a^2-b^2}}{a} \tag{4.3}$$

式中，b 为卫星轨道的短半径。对于大部分对地观测卫星，其轨道的 e 接近于零，即为近圆形轨道。在近圆形轨道上，卫星近似于匀速运行，并且距地面的高度变化不大，有利于曝光时间和扫描时间的控制及在全球范围内获取比例尺或空间分辨率基本一致的影像。a 和 e 共同确定了轨道的形状。

3. 轨道面倾角（*i*）

轨道面倾角是指卫星轨道面与地球赤道面之间的夹角，如图 4.1 所示。它决定了轨道面与赤道面或与地轴的关系。当 i=0° 时，轨道面与赤道面重合，这种卫星称为赤轨卫星；当 $0°<i<90°$ 时，卫星运行方向与地球自转方向一致，这种卫星称为顺轨卫星；当 $i=90°$ 时轨道面与地轴重合，这种卫星称为极轨卫星；当 $90°<i<180°$ 时卫星运行方向地球自转方向相反，这种卫星称为逆轨卫星。轨道面倾角 i 确定了卫星对地观测的范围。例如，当 $i<90°$ 时，卫星对地观测范围为北纬 i 至南纬 i 之间的地区。由此可见，只有极轨卫星才能达到对全球观测的要求。另外，轨道面倾角 i 对星下点之间的距离也有影响。

4. 升交点赤经（*Ω*）

升交点赤经是指卫星轨道的升交点向径与春分点向径之间的夹角。升交点是卫星由南向北运行时，与地球赤道面的交点。反之，轨道面与赤道面的另一个交点称为降交点。

升交点赤经确定了轨道面与太阳光线之间的夹角，即决定了星下点在成像时刻的太阳高度角。一般情况下，星下点是指卫星在轨道上成像时，卫星与地心的连线在地表上的交点。星下点连线为星下点轨迹。如图 4.2 所示，β_0 为春分时太阳光照角，β_1 为夏至时的太阳光照角。地球一年（365d）绕太阳一周，光照角一年变化 360°，则每天变化 0.98565°。为了在成像时保持相应地面的光照度基本不变，即太阳光照角不变，必经对卫星轨道加以修正。平均每天对升交点赤经修正量为 0.98565°，若卫星每天运行 n 圈，则每圈的修正量 $\Delta\Omega=\dfrac{0.98565}{n}$。这就实现了卫星轨道与太阳同步，即卫星轨道面与太阳地球连线之间的夹角不随地球绕太阳公转而变化，这种轨道称为太阳同步轨道。

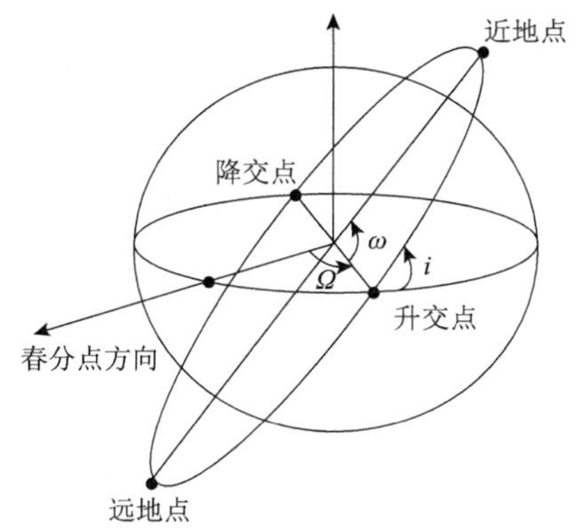

图 4.1 卫星空间轨道

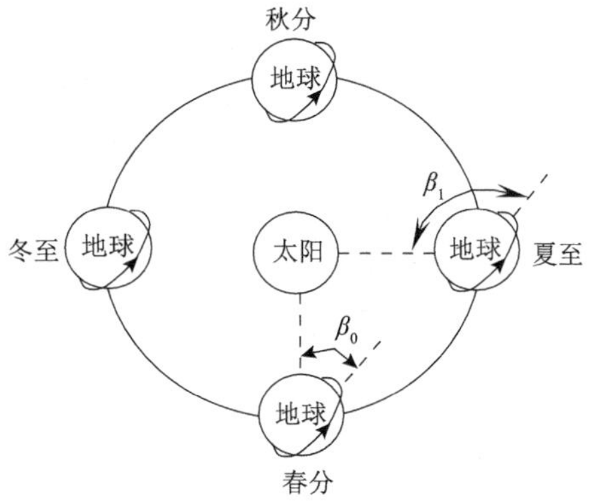

图 4.2 地球公转与光照角

一般情况下，光学遥感中为了实现对地面物体的变化监测和环境变化监测，正确反映地物变化时波谱特性的差异，需要每次在同一地区成像时保持相同的地面光照条件。因此，在成像时要保持地面太阳高度角不变，才可以较好地达到监测变化的目的。在众多类型的卫星轨道中，对地观测卫星常选择太阳同步轨道。

实际上，除每天夹角β变化外，由于地球形状不规则，质量密度不均匀，大气、光照等条件变化的影响，卫星轨道面会绕地轴旋转及轨道形状变化，升交点赤经Ω每天都会发生变化，变化率为

$$\dot{\Omega} = -9.96486\frac{1}{\left(1-e^2\right)}\left(\frac{R}{a}\right)^{\frac{7}{2}}\cos i \tag{4.4}$$

当i<90°时，$\dot{\Omega}$为负，升交点西退；i>90°时，$\dot{\Omega}$为正，升交点东进；i=90°时，$\dot{\Omega}$为零。

因而，在轨道设计时，应考虑轨道面每天的进动量$\dot{\Omega}$，以便使卫星轨道面与太阳地球连线之间的夹角不变。

5. 近地点角距（ω）

升交点向径与近地点向径之间的夹角称为近地点角距。i、Ω、ω确定了轨道面与地球之间的相关位置。

6. 卫星过近地点时刻（t）和运行周期（T）

卫星过近地点的时间称为过近地点时刻。当卫星轨道形状和空间位置确定以后，在某一时间τ卫星所在位置与过近地点时刻t满足开普勒方程：

$$M = \omega_0\left(\tau - t\right) \qquad \omega_0 = 2\pi / T \text{（卫星运转的平均角速度）}$$

$$M = E - e\sin E$$

$$E - e\sin E = \omega_0\left(\tau - t\right) \tag{4.5}$$

式中，E为卫星所在位置的偏近点角；e为轨道偏心率；ω_0为卫星运转的平均角速度。

如图4.3所示，卫星在轨道上某一位置S，O'为椭圆中心，O为地心，A为近地点。E为偏近点角，偏近点角是指在卫星轨道平面内，从椭圆中心O'至S'的连线与$O'A$所构成的角度。

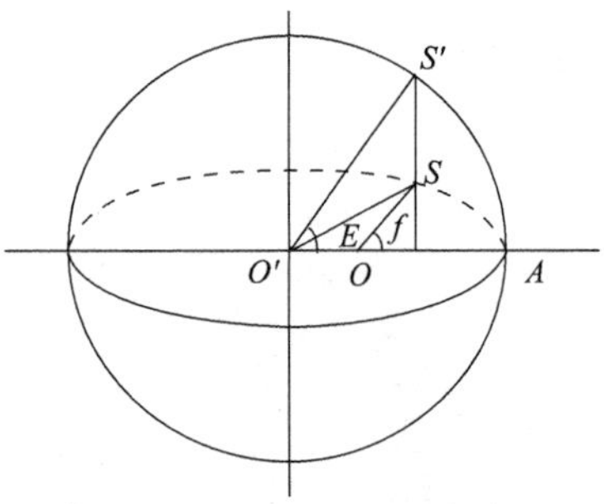

图 4.3　卫星的偏近点角与真近点角

f 为真近点角，真近点角是指在卫星轨道平面内，自近地点 A 起沿卫星运动方向量至卫星 S 的地心角 f，即地心至近地点连线与卫星向径的夹角。

卫星从升交点（或降交点）通过时刻到下一个升交点（或降交点）通过时刻之间的平均时间称为卫星运行周期 T。运行周期 T 与其他轨道参数的关系应满足开普勒第三定律。

在上述 6 个轨道参数中，a、e 确定轨道的形状和大小，i、Ω 确定轨道面的方向，ω 确定轨道面中长轴的方向，T 确定任意时刻卫星在轨道中的位置。

卫星的位置数据在遥感影像几何校正等处理中是非常有用的，因此卫星位置的测量是航天遥感中的一项重要内容。卫星位置的测量方法主要有两种：一是通过测量卫星到测站的距离和距离的变化率来确定；二是利用来自 GPS 卫星的信号确定。例如，在 Landsat-4 星体上设有 GPS 接收机/处理器，通过与 GPS 导航卫星的通信，获取卫星的星历数据。利用上述方法得到的卫星位置数据是离散的，为了得到任意时刻卫星的位置，可以这些测量值为基础，按照“二体问题”的数学模型进行数值计算而得到。

4.2.3　遥感卫星的姿态

遥感卫星在太空中飞行时受各种因素的影响，其姿态是不断变化的，这使得它所搭载的遥感器在获取地表数据时不能始终保持设定的理想状态，因而对所获取的数据质量有很大的影响。为了修正这些影响，在获取地表数据的同时，必须测量、记录遥感卫星的姿态数据。

1. 遥感卫星的姿态

一般来说，遥感卫星的姿态变化可从下述两方面来描述。

1）三轴倾斜

三轴倾斜是指遥感卫星在飞行的过程中发生的滚动、俯仰与偏航现象。滚动是一种横向摇摆；俯仰是一种纵向摇摆；偏航则是指遥感卫星在飞行过程中偏移运行轨道。

2）振动

振动是指遥感卫星运行过程中除滚动、俯仰与偏航以外的非系统性的不稳振动。振动对卫星的姿态有很大影响，但振动对卫星姿态的影响是随机的，很难在遥感影像定位处理时对它准确地消除。

2. 卫星姿态的测定

遥感卫星运行中的姿态变化对其所获取的数据及其应用有很大影响。例如，因为扫描成图所获取的数据随时间序列而变化，所以卫星的位置和倾斜的时间性变化会干扰扫描影像质量。因此，必须在获取数据的同时测量、记录卫星的姿态参数。确定卫星姿态的常用方法有两种：一是利用姿态测量传感器进行测量；二是利用星相机测定姿态角。

用于空间姿态测量的仪器有红外姿态测量仪、星相仪、陀螺姿态仪等。美国的 Landsat 卫星使用的姿态测量传感器（attitude measurement sensor，AMS）就属于红外姿态测量仪。红外姿态测量仪的基本原理是利用地球与太空温差达 287K 这一特点，以一定的角频率、周期对太空和地球作圆锥扫描，根据热辐射能的相应变化来测定姿态角。一台这样的仪器只能测定一个姿态角，对于俯仰和滚动两个姿态角必须用两台仪器测定，航偏姿态角可用陀螺姿态仪测定。AMS 测定姿态角的精度为±0.07°。美国 IKONOS 卫星上使用恒星跟踪仪和激光陀螺对卫星成像时的姿态进行测量，恒星跟踪仪的姿态测量精度较高，但采样频率低；激光陀螺则可以高频地测量成像期间的卫星姿态变化，短期内有很高的测量精度。二者通过卡尔曼滤波能提供成像期间较精确的卫星姿态信息。

使用星相机测定姿态角的方法是将星相机与地相机组装在一起，两者的光轴交角在 90°～150°，在对地成像的同时，星相机对恒星摄影，并精确记录卫星运行时刻，再根据星历表、相机标准光轴指向等数据解算姿态角。但要求每次至少要摄取 3～5 颗以上的恒星。

4.3　遥感卫星的轨道类型

不同类型的遥感卫星轨道有不同的轨道参数，在航天遥感对地观测成像时，它们对成像的影响也是不同的。本节主要从卫星轨道对遥感成像相关影响的角度讨论航天遥感对地观测成像经常使用的卫星轨道类型及其对轨道的要求。

4.3.1　卫星轨道类型

对于地球观察卫星，由于应用目的不同，根据卫星轨道的高度、周期、形状等因素现已应用的各种轨道可以分为以下几种类型（图 4.4）。

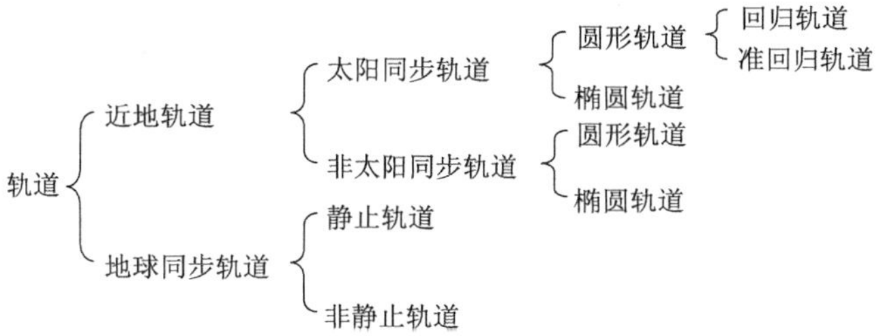

图 4.4　轨道类型

近地轨道（又称低轨道）没有公认的严格定义，一般高度在 2000km 以下的轨道都可以称为近地轨道。绝大多数对地观测卫星、测地卫星、空间站及一些新的通信卫星系统都采用近地轨道。

若轨道周期 T=24h，由开普勒定律，卫星轨道高度为 35786km，称为地球同步轨道（即卫星轨道周期与地球自转周期相同）。若卫星的轨道面倾角 $i=0°$，则称为静止的地球同步轨道，如通信、广播、气象卫星经常使用此类轨道；若 $i\neq0°$，则称为非静止的地球同步轨道。

4.3.2　太阳同步轨道

太阳同步轨道是遥感卫星经常使用的卫星轨道，其在航天遥感成像中的优点已在 4.2.2 节做了介绍，下面介绍太阳同步轨道的两种类型：回归的太阳同步轨道和准回归的太阳同步轨道。

1. 回归轨道

设地球自转的角速度为 ω，若 $\omega=\dfrac{360°}{0.997269}$（恒星日），为保持某星下点在每次成像时的太阳高度角一致，即每次成像的时间（刻）一致，即轨道面要进动 $\dot{\Omega}$，若轨道周期为 T，卫星运行每圈后地球自转了（$\omega-\dot{\Omega}$）T 度，则卫星每天应运行的圈数为 $\dfrac{360^{\circ}}{(\omega-\Omega')\cdot T}$，若 $\dfrac{360^{\circ}}{(\omega-\Omega')\cdot T}$ 等于整数 N，即卫星每天运行 N 圈。每天同一时刻经过同一星下点，则称这类轨道为回归轨道。当 $N=1$ 时的回归轨道就是地球同步轨道。回归轨道星下轨迹以等间隔经过赤道，赤道上相邻轨道之间平均间隔为

$$D=\frac{2\pi R}{N} \tag{4.6}$$

由于地球大气的影响，卫星高度一般不能低于约 160km，因此卫星运行周期不能小于 88min，从而使回归数 N 不能大于 17，通常取 N 为 13、14、15，则赤道上相邻轨迹之间平均间隔分别为 3078km、2859 km 和 2668 km。这个距离对大多数的成像遥感器来说地面覆盖范围太大了，难以对地面的观测范围进行全部的影像覆盖。因此，回归的太阳同步轨道在航天遥感中无法使用，一般都是使用准回归的太阳同步轨道。

2. 准回归轨道

为了说明准回归轨道可以进行卫星观测范围的影像覆盖，引用等分圆定理来说明这一问题。

等分圆定理：把一个圆周等分成每份 L 度的 N 份后，还多（或少）kd 度，k 为正整数，如果 L 能被 d 整除，即 $L/d=m$ 为正整数，且 k/m 为不可约分数，则 d 可等分圆，L 可等分 $m\cdot 360^{\circ}$ 的圆。据此可列出下列等式：

$$\frac{360^{\circ}}{L}=N\pm\frac{kd}{L} \tag{4.7}$$

因为 $m=L/d$，有 $\dfrac{360^{\circ}}{L}=N\pm\dfrac{k}{M}$，则

$$\frac{360\cdot M}{L}=N\cdot M\pm k \tag{4.8}$$

这说明，若遥感卫星上的遥感器在地球赤道上成像覆盖宽度为 d°（d° 可由轨道参数 a、i、e 及 ω、T 决定），卫星运行 m 天的圈数 $Nm\pm k$ 乘以卫星轨道周期 T 和地球相对于卫星轨道面的相对角速度，正好等于地球自转量 $360^{\circ}\cdot m$，即卫星运行 m 天后的星下轨迹与原来的星下轨迹重合，这种轨道称为准回归的太阳同步轨道。m 称为回归周期或覆盖周期，kd 为一天的轨道回归差。准回归轨道在地球赤道上相邻星下点轨迹之间的距离为

$$D=\frac{2\pi R}{N\cdot m\pm k} \tag{4.9}$$

当升交点东进，$i>90^{\circ}$，$\dot{\Omega}$ 为正时，式中取“+”号；当升交点西退，$i<90^{\circ}$，$\dot{\Omega}$ 为负时，式中取“−”号。例如，SPOT 卫星的回归周期为 26 d，26 d 共运行 369 圈，每天轨道的回归差是 5 根轨道。表 4.2 列出了部分卫星的轨道参数。

表 4.2　部分卫星轨道参数表

卫星	轨道类型	高度/km	倾角/（°）	降交点时	轨道周期/min	覆盖周期/d	姿控	刈幅/km
Landsat-4,5/7	太阳同步	705	98.2	9:30/10:30 a.m	90	16	3 轴（0.01°精度）	185
SPOT-1～4	太阳同步	822	98.7	10:30 a.m	101.4	26	3 轴	60
IRS-1A		905	98.8	10:30 a.m	103	22		
IRS-1B		904	99.1	10:30 a.m	103.1	24		
IRS-1C	太阳同步	817	98.7	10:30 a.m	101.4	24	3 轴	70
IRS-1D		736/825	98.7	10:45 a.m	101	22/5		
IRS-P2		904	98.7	10:15 a.m	102.3	24		
CBERS	太阳同步	778	98.5	10:30 a.m	100.26	26	3 轴	113

4.3.3　航天遥感成像对卫星轨道的要求

很多领域，如农、林、地质、地理、水文、海洋、环境、测绘等都使用遥感图像，而轨道参数对图像比例尺、分辨率、覆盖范围、立体重叠等都有影响。

1. 对轨道类型的要求

常采用圆形或近圆形，准回归太阳同步轨道。

圆形或近圆形轨道可以使获取影像的比例尺或空间分辨率在不同地区差异不大，同时，卫星在圆形或近圆形轨道上的运转速度均匀，便于曝光或扫描成像时间的控制。

太阳同步轨道使卫星在同一地方时飞过成像地区上空，在每次成像时地面有相同的光照条件（因天气及季节而变化除外）；特别是在多光谱成像时，地物在同波段影像不因环境条件而改变色调，只因本身的变化而使在不同时间的影像上产生色调差异，因而便于监测地物的变化情况。另外，可获得较准确的日照条件，简化太阳帆板的设计，提高卫星上能源使用效果，也有利于温度控制系统的设计。对于太阳同步轨道来讲，还应注意卫星发射时刻的选取，因为发射时刻与升交点赤经有关，而升交点赤经确定了星下点的光照条件。

准回归轨道使得相邻轨道在地面上的间隔较小，有利于获得卫星观测范围内的全部覆盖影像。

2. 轨道高度应使轨道稳定且有足够的寿命

轨道高度是影响卫星寿命的重要因素。卫星受大气阻力及地球的影响，会使轨道高度不断衰减，由椭圆轨道衰减为近圆轨道，然后坠入稠密的大气层。轨道高度越高，卫星轨道越稳定，寿命越长，但成像的比例尺会越小或空间分辨率越低；轨道高度越低，卫星轨道越不稳定，寿命越短，但成像的比例尺会越大或空间分辨率越高，影像较为清晰。目前，对地观测卫星常采用中高度轨道，主要是受地球引力变化的影响小，寿命相对长。当然，在设计轨道高度时，要考虑以下因素：运载工具的能力；成像比例尺或空间分辨率的要求；卫星的工作寿命。

3. 满足地面跟踪的要求

卫星在运行时，要进行定轨跟踪，因而要测定一定长度的弧段。在地面跟踪设备位置及仰角一定的情况下，测轨弧段越长，则测轨精度越高。因而卫星轨道越高，测轨精度越高。

4. 轨道周期与遥感器的视场角应匹配

轨道周期决定了星下点轨迹之间的间隔，为了获取卫星所经过整个区域的地面覆盖影像，遥感器视场角对应的地面宽度要大于或等于相邻星下点轨迹之间的距离，在覆盖的同时也使图像具有一定的旁向重叠率，以提高目标的定位精度。

5. 选择尽可能达到全球覆盖的轨道面倾角

影响卫星全球覆盖能力的一个主要因素是其轨道面倾角，近极地轨道可以获取包括南、北极在内的全球遥感图像。

6. 升交点赤经的选取应满足良好的光照条件

升交点赤经决定了太阳光线与卫星轨道面的夹角，也决定了星下点（成像地区）的太阳高度角，它保证了成像光照条件的一致性。

7. 对返回式摄影卫星应注意近地点角距和返回航程确定

近地点角距确定了近地点相对地面的距离，大部分返回式摄影卫星的摄影成像范围是特定地区，因而摄影区域应在近地点附近。同时，卫星轨道越低，返程越短，易于准确降落至返回地点。

4.4 遥感卫星简介

遥感卫星发展至今，已进入多元化应用阶段，各类卫星层出不穷，种类繁多。遥感卫星按观测领域分为陆地卫星、海洋卫星和气象卫星；按遥感器类型分为光学卫星和雷达卫星，光学卫星按遥感器性能又可分为低（空间）分辨率卫星、中（空间）分辨率卫星、高（空间）分辨率卫星和高光谱卫星。现有的低（空间）分辨率卫星，如 Terra、Aqua 和 Aura，大多是高光谱卫星。空间分辨率的划分没有严格的标准，一般来说，低分辨率为 100～1000m，中分辨率为 10～100m，高分辨率小于 10m。当然，高分辨率是一个特定的、历史的、相对的概念，不同时期对高分辨率的定义不同，目前也有资料把米级卫星才划分为高分辨率卫星类别。

随着遥感应用的逐渐深入，用户对图像数据信息提取的要求越来越高，需要分辨率更高的图像质量和更快、更灵活的图像生成模式。高空间分辨率遥感卫星技术，尤其是空间分辨率小于 1m 遥感卫星的出现和普及具有划时代的意义。1999 年，美国太空成像公司第一颗商业高分辨率遥感卫星 IKONOS 发射成功，开创了商业高空间分辨率遥感卫星的新时代。在军事领域，以美国“锁眼”（KH）系列卫星为代表，其空间分辨率已经优于 0.1m。在民用和商用领域，2014 年 8 月发射的 WorldView-3 卫星的分辨率已达到 0.31m。目前主要的高空间分辨率卫星有 IKONOS 、QuickBird、WorldView-1/2/3、GeoEye-1、SPO-T6/7、Pleiades 1A/1B、EROS、Cartosat-2/2A/2B、Resurs-DK1、KOMPSAT-2/3、ZY-3 及 GF-1/2 等。

与传统光学遥感和高光谱遥感相比，SAR 具备全天候、全天时的成像能力，还有一定的穿透性，获得的图像能够反映目标微波散射特性，是人类获取地物信息的一种重要技术手段。SAR 已被广泛应用于军事和民生领域，是实现空间军事侦察、自然资源普查、自然灾害监测等的重要技术手段。由于星载 SAR 具有全球高分辨率成像的能力，因此从 1978 年美国发射第一颗合成孔径雷达卫星 SEASAT 开始，很多国家都陆续开展了星载 SAR 技术研究。截至目前，全球约有 20 个星载 SAR 系统在轨，应用较多的卫星有 Radarsat 系列、ERS、ENVISAT、COSMO-Skymed、TerraSAR-X、TanDEM-X、JERS-1、ALOS 和“高分三号”。星载 SAR 正从低分辨率、单极化、单一工作模式向高分辨率、多极化、多种工作模式发展，从 2D 向 3D 发展。未来 10 年，美国计划发展约 10 个星载 SAR 系统，欧洲航天局计划发展约 16 个星载 SAR 系统，德国计划发展约 6 个星载 SAR 系统，加拿大计划发展约 3 个星载 SAR 系统，日本计划发展 3～5 个星载 SAR 系统。

4.4.1 Landsat 卫星系列

美国国家航空航天局（NASA）在 1967 年制订了一个地球资源技术卫星计划（earth resources technology satellite，ERTS 计划），预定发射 6 颗地球资源技术卫星，并分别命名为 ERTS-1、ERTS-2、ERTS-3 等。1972 年 7 月 NASA 成功地发射了第一颗地球资源技术卫星 ERTS-1。1975 年，在发射 ERTS-2 之前，NASA 将这一计划改名为陆地卫星计划（Landsat 计划），将 6 颗卫星（不论是否发射）都改名为“陆地卫星”（Landsat-1、Landsat-2 等）。70 年代共发射 3 颗陆地卫星。这 3 颗卫星上装有返束光导摄像机和多光谱扫描仪 MSS，分别有 3 个和 4 个谱段，分辨率为 79m。80 年代，美国分别发射了第二代试验型地球资源卫星（Landsat-4、Landsat-5）。这两颗卫星在技术上有了较大改进，平台采用新设计的多任务模块，增加了新型的专题绘图仪（thematic mapper，TM），可通过中继卫星传送数据。TM 的波谱范围比 MSS 大，波谱分辨率比 MSS 图像高，地面分辨率为 30m。90 年代，美国又分别发射了第三代资源卫星（Landsat-6、Landsat-7）。1993 年发射了 Landsat-6 卫星，以替代 Landsat-4、5 的工作，由于卫星上天后发生故障而陨落，实际上 Landsat-6 没有成功。1999 年发射了 Landsat-7 卫星，以保持地球图像、全球变化的长期连续监测。该卫星装备了一台增强型专题绘图仪 ETM+，该设备增加了一个 15m 分辨率的全色波段，热红外信道的空间分辨率也提高了 1 倍，达到 60m。陆地卫星每景影像对应的实际地面面积均为 185km × 185km，16d 可覆盖全球一次。2013 年 2 月 11 号，NASA 成功发射了 Landsat-8 卫星，为走过了 40 年辉煌岁月的 Landsat 计划重新注入新鲜血液。表 4.3 列出了它们的发射时间和运行状况。

表 4.3 Landsat 系列卫星

卫星名称	发射时间	运行状况
Landsat-1	1972.07.23	1978.01.06 退役
Landsat-2	1975.01.22	1982.02.25 退役
Landsat-3	1978.03.05	1983.03.31 退役
Landsat-4	1982.07.16	1993.11.14 退役
Landsat-5	1984.03.01	2013.06.05 退役
Landsat-6	1993.10.05	发射失败
Landsat-7	1999.04.15	2003.05.31 出现故障
Landsat-8	2013.02.11	正常运行

1. 轨道特征

陆地卫星为太阳同步准回归轨道，重复周期为 18d（1、2、3 号）或 16d（4、5、7、8 号）。时间分辨率的高低与回归周期呈负相关，即回归周期越长，时间分辨率越低；回归周期越短，时间分辨率越高。表 4.4 列出了陆地卫星的轨道参数。

表 4.4 Landsat 卫星轨道参数

卫星编号	1	2	3	4、5	7	8
卫星高度/km	915	915	915	705	705	705
轨道面倾角/（°）	99.906	99.210	99.117	98.22	98.22	98.11
轨道周期/min	103.143	103.155	103.150	98.9	98.9	98.9

续表

卫星编号	1	2	3	4、5	7	8
日绕圈数	13.94	13.94	13.94	14.5	14.5	14.5
回归周期/d	18	18	18	16	16	16
覆盖全球圈数	251	251	251	233	233	233
降交点时刻	9:42am	9:42am	9:42am	9:45/9:30am	10:00am	10:00am
扫描带宽度/km	185	185	185	185	185	185
降交点西退/km	2857	2857	2857	2752	2752	2752
相邻降交点距离/km	159.38	159.38	159.38	172	172	172

从表 4.4 可以看出，陆地卫星的轨道面倾角都大于 90°。因此，在向阳面，卫星从北向南运行，此时卫星处于白天；在背阳面，卫星从南向北运行，此时卫星处于夜晚。当卫星在白天从北向南运行时星下点轨迹与赤道的交点叫做降交点；当卫星在夜晚从南向北运行时星下点轨迹与赤道的交点叫做升交点。卫星绕地球一圈的时间称轨道周期；每日绕地球的圈数称日绕圈数；卫星从某地上空开始运行直到又回到该地上空所经历的天数称回归周期或覆盖周期；卫星通过降交点时的地方太阳时的平均值称降交点时刻。此时刻一般在上午 9～10 时或稍前稍后一些。扫描带宽度指的是当卫星沿一条轨道运行时其遥感器所感测的地面带的横向宽度，图 4.5 为其运行示意图。

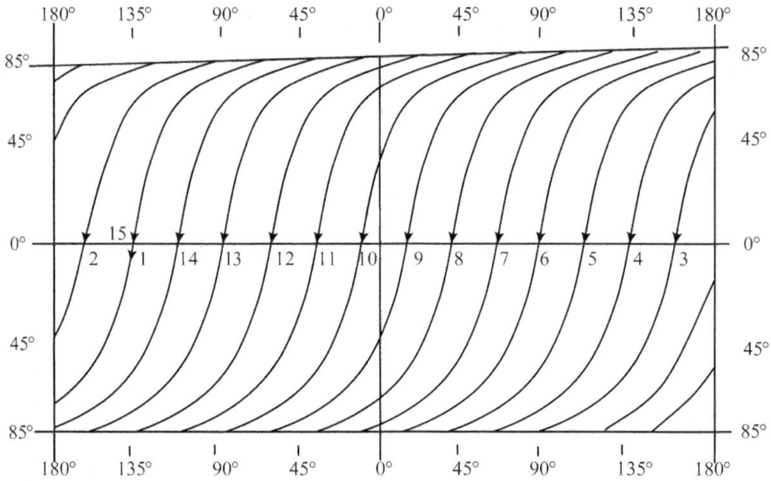

图 4.5　陆地卫星轨道运行图

陆地卫星在地面上空 700km 或 900km 高处运行，这种轨道属于中等高度轨道。若飞行太低，卫星受稠密大气摩擦，损耗增大，会降低其工作寿命，且运行周期延长；若飞行过高，分辨率又难以达到要求。所以，中等高度是最适宜的。陆地卫星运行轨道偏心率不大，接近于圆形，轨道趋于圆形的主要目的是使在不同地区获取的图像比例尺基本一致。此外，近圆形轨道使得卫星的运行速度也近于匀速，便于扫描仪用固定扫描频率对地面扫描成像，避免造成扫描行之间不衔接的现象。陆地卫星轨道距两极上空较近，所以称为“近极地轨道”。该轨道与赤道基本垂直，以保证尽可能覆盖整个地球表面，视野广阔。这种轨道保证了当卫星先后穿过同一纬度、不同经度的若干个地面点上空时，各地面点的地方太阳时大致相同。

因此，星载遥感器对同一纬度、不同经度的地区所成的图像是在大致相同的太阳高度角和太阳方位角的情况下获得的，这便于对同一纬度、不同经度地区的陆地卫星图像进行比较分析。

2. 遥感器

Landsat-1～Landsat-5 卫星搭载的遥感器共三种：反束光导摄像机（return beam vidicon，RBV）、多光谱扫描仪（multi-spectral scanner，MSS）、专题制图仪（thematic mapper，TM）。Landsat-1、2、3 上载有 RBV 和 MSS，Landsat-4、5 装载 TM 和 MSS。Landsat-7 的遥感器改为增强型专题制图仪（ETM+）。目前，对于 Landsat 系列卫星来说，RBV 数据已经不用，应用最多的数据是多光谱扫描仪（MSS）、专题制图仪（TM）和 ETM+数据。Landsat-8 上携带有两个主要载荷：陆地成像仪（operational land imager，OLI）和热红外遥感器（thermal infrared sensor，TIRS）。OLI 包括了 ETM+遥感器所有的波段，为了避免大气吸收特征，OLI 对波段进行了重新调整，比较大的调整是 OLI Band5（0.845～0.885μm），排除了 0.825μm 处水汽吸收特征；OLI 全色波段 Band8 波段范围较窄，这种方式可以在全色图像上更好区分植被和无植被特征。此外，还有两个新增的波段：蓝色波段（Band 1：0.433～0.453 μm），主要应用于海岸带观测；短波红外波段（Band 9：1.360～1.390 μm），包括水汽强吸收特征，可用于云检测；近红外 Band5 和短波红外 Band9 与 MODIS 对应的波段接近。TIRS 将收集地球两个热区地带的热量流失，目标是了解所观测地带水分消耗，特别是美国西部干旱地区。表 4.5 列出了各遥感器的有关参数。

表 4.5 Landsat 遥感器及参数

遥感器	MSS	TM	ETM+	OLI
波段	4～7	1～7	1～8	1～9
波长/μm	0.50～0.60 绿 0.60～0.70 红 0.70～0.80 近红外 0.80～1.10 近红外	0.45～0.52 蓝 0.52～0.60 绿 0.63～0.69 红 0.76～0.90 近红外 1.55～1.75 短波红外 10.4～12.5 热红外 2.08～2.35 短波红外	0.45～0.52 蓝 0.52～0.60 绿 0.63～0.69 红 0.76～0.90 近红外 1.55～1.75 短波红外 10.4～12.5 热红外 2.08～2.35 短波红外 0.50～0.90 全色	0.433～0.453 海岸 0.450～0.515 蓝 0.525～0.600 绿 0.630～0.680 红 0.845～0.885 近红外 1.560～1.660 短波红外 1 2.100～2.300 短波红外 2 0.500～0.680 全色 1.360～1.390 卷云
空间分辨率/m	80	热红外 120 其他 30	热红外 60 全色 15 其他 30	全色 15 其他 30

4.4.2 WorldView 卫星系列

2000 年 12 月，美国商务部批准了太空成像公司和数字全球公司经营 0.5m 分辨率商业成像卫星的许可申请，开展了第二代高分辨率卫星的研制。WorldView 卫星是 DigitalGlobe 公司的新一代商业成像卫星系统。目前已发射 3 颗卫星，WorldView-1 于 2007 年 9 月 18 日发射成功，WorldView-2 于 2009 年 10 月 8 日发射成功。卫星具备现代化的地理定位精度能力和极佳的响应能力，能够快速瞄准要拍摄的目标和有效地进行同轨立体成像。WorldView-1 和 WorldView-2 卫星是全球第一批使用了控制力矩陀螺（control moment gyroscopes，CMGs）的商业卫星。这项高性能技术可以提供多达 10 倍以上的加速度的姿态控制操作，从而可以更精确地瞄准和扫描目标。卫星的旋转速度可从 60s 减少至 9s，覆盖面积达 300km。所以，

WorldView 卫星能够更快速、更准确地从一个目标转向另一个目标，同时也能进行多个目标地点的拍摄。

WorldView-3 为美国 DigitalGlobe 公司拥有的第四代高解析度光学卫星，是第一颗多负载、超高光谱、高分辨率的商业卫星，已于 2014 年 8 月 13 日成功发射。WorldView-3 在 617km 的高度上运行，提供 0.31m 全色分辨率、1.24 m 多光谱分辨率和 3.7 m 红外短波分辨率，为目前市面上解析度最高的商业光学卫星。这一分辨率等级的图像能提供更清晰、更丰富的数据信息，有助于支撑改进决策，提高运营效率，增强政府民用、防务情报、能源及研发等部门的天基对地观测应用能力。WorldView-3 除了继承 WorldView-2 的高光学解析度与高几何精度之外，还能于更短的时间内获取影像，拍摄面积更大，每天能采集影像的范围多达 680000km^2，平均回访时间不到 1d。此外，WorldView-3 卫星还具备独一无二的短波红外（short wavelength infrared，SWIR）成像能力，能够透视烟尘雾霾、识别矿物和人造物，以及评估农作物健康状况。

1. 轨道特征

WorldView-1 卫星运行在高度 496 km、倾角 98°、周期 94.6min 的太阳同步轨道上，平均重访周期为 1.7d。WorldView-2 运行在 770 km 高的太阳同步轨道上，重访周期缩短为 1.1d。WorldView-3 在 617 km 的高度上运行，重访周期小于 1d（表 4.6）。

表 4.6　WorldView 系列卫星轨道参数

卫星编号	1	2	3
卫星高度/km	496	770	617
轨道面倾角/（°）	97.87	98.4	97.97
轨道周期/min	94	100	97
降交点时刻	10:30am	10:30am	10:30am
幅宽/km	17.6	16.4	13.1
重访周期/d	1.7（1m）/5.4（0.5m）	1.1（1m）/3.7（0.5m）	<1.0（1m）/4.5（0.5m）
地理定位精度	无控 5.8～7.6m，有控 2m	无控 8.5～10.7m，有控 2m	无控<3.5m

2. 遥感器

WorldView-2 卫星能提供独有的 8 波段高清晰商业卫星影像。除了 4 个常见的多光谱波段外（蓝色波段，0.45～0.51μm；绿色波段，0.51～0.58μm；红色波段，0.63～0.69μm；近红外线波段，0.77～0.895μm），WorldView-2 卫星还提供以下新的彩色波段的图像。

（1）海岸波段（0.4～0.45μm）。该波段支持植物鉴定和分析，也支持基于叶绿素和渗水的规格参数表的深海探测研究。由于该波段经常受到大气散射的影响，已经应用于大气层纠正技术。

（2）黄色波段（0.585～0.625μm）。过去经常被说成是 Yellow-ness 特征指标，是重要的植物应用波段。该波段被作为辅助纠正真色度的波段，以符合人类视觉的欣赏习惯。

（3）红色边缘波段（0.705～0.745μm）。辅助分析有关植物生长情况，可以直接反映出植物健康状况有关信息。

（4）近红外 2 波段（0.86～1.04μm）。这个波段部分重叠在 NIR（near infrared，近红外光）1 波段上，但较少受到大气层的影响。该波段支持植物分析和单位面积内生物数量的研究。

WorldView-3 卫星是世界上首个多载荷、超光谱、高分辨率的商业卫星。WorldView-3

在1个全色波段和8个多光谱波段之外，还首度搭载了分辨率达3.72m的8个短波红外波段，能够透过烟雾、粉尘及其他空气微粒获取精确图像。另外，卫星搭载了CAVIS-ACI装置，即云、空气溶胶、水汽、冰及雪等气象条件下的大气校正设备，从而进一步实现了对大气的校正，以获取更加清晰的遥感影像。WorldView-3短波红外波段中的S6、S3及S1波段对光谱的提取，能够有效过滤森林火灾引起的烟雾，直接观测火灾的实际范围，帮助火场救灾人员准确制定营救和火控方案；而在矿业领域，基于16个波段的图像则可以更加准确地找到具有特定波段矿产的区域；在海洋遥感监测方面，也可下探至水底30m并对这一区域进行生态和污染方面的监测；在规划领域，可通过短波红外波段对混凝土材料的识别进行城市建筑的统计；在农业领域，也可通过丰富的波段数据，带动精准农业的进一步发展。

表4.7列出了WorldView卫星遥感器的有关参数。

表4.7 WorldView卫星遥感器参数

卫星	WorldView-1	WorldView-2	WorldView-3
遥感器波段/μm	全色	全色：0.45～0.8 多光谱（8个波段） Coastal：0.4～0.45 Blue：0.45～0.51 Green：0.51～0.58 Red：0.63～0.69 Yellow：0.585～0.625 Red Edge：0.705～0.745 Near-IR1：0.77～0.895 Near-IR2：0.86～1.04	全色（同WorldView-2） 多光谱（8个波段，同WorldView-2） 短波红外（8个波段） SWIR-1：1.195～1.225 SWIR-5：2.145～2.185 SWIR-2：1.55～1.59 SWIR-6：2.185～2.225 SWIR-3：1.64～1.68 SWIR-7：2.235～2.285 SWIR-4：1.71～1.75 SWIR-8：2.295～2.365 CAVIS（12个波段） Desert Clouds：0.405～0.42 Water-3：0.93～0.965 Aerosol-1：0.459～0.509 NDVI-SWIR：1.22～1.252 Green：0.525～0.585 Cirrus：1.35～1.41 Aerosol-2：0.62～0.67 Snow：1.62～1.68 Water-1：0.845～0.885 Aerosol-3：2.1～2.245 Water-2：0.897～0.927 Aerosol-3：2.105～2.245
分辨率（星下点）	全色：0.45m	全色：0.46m 多光谱：1.85m	全色：0.31m 多光谱：1.24m 短波红外：3.7m CAVIS：30m
幅宽/km	17.6	16.4	13.1
影像编码	11 bits	11 bits	11 bits（全色/多光谱），14 bits（短波红外）

4.4.3 高光谱卫星

资源调查、农作物长势、病虫害、土壤状况、地质勘察等领域对光谱分辨率的要求不断提高，使光谱分辨率从微米级的多光谱向纳米级的高光谱发展。高光谱遥感利用很多很窄的电磁波波段获得地物数据，包含了丰富的空间、辐射和光谱信息。这种图像和光谱合二为一的特性可以用来研究地表物质的成分、含量、存在状态和动态变化与光谱反射率之间的对应关系，利用地物反射光谱特征识别其类型。高光谱遥感的出现是遥感界的一场革命，它使本来在宽波段遥感中不可探测的物质，在高光谱遥感中能被探测。高光谱类卫星的主要特点是采用高分辨率成像光谱仪，波段数为数十到数百个，光谱分辨率高，地面分辨率相对较低。高光谱类卫星有Terra、Aqua、EO-1、ARIES-1、Mightysat-2、NEMO及TacSat-3等。这类卫星主要用于大气、海洋和陆地探测。主要的星载高光谱遥感器见表4.8。

表 4.8　主要的星载高光谱遥感器

遥感器	发射时间	卫星平台	波段数	光谱范围/μm	光谱分辨率/nm	幅宽/km	空间分辨率/m
ASTER	1999	Terra（EOS）	15	0.52～1.165		60	15,30,90
MODIS	1999	Terra（EOS）	36	0.405～14.385		2330	250,500,1000
HYPERION	2000	EO-1	220	0.4～2.5	10	7.5	30
FTHSI	2000	Mightysat-2	256	0.35～1.05	2	7-29	30
CHRIS	2001	ESA PROBA	61	0.4～1.05	5～33	13	17～34
MERIS	2002	ENVISAT-1	15	0.39～1.04	<20	1150	260～1200
GLI	2002	ADEOS-II	36	0.38～1.2		1600	250～1000
COIS	2002	NEMO	210	0.4～2.5	10	30	30/60
ARIES	2005	ARIES-1	64	0.4～2.5	<20	15	30
HySI	2008	IMS-1	64	0.4～0.95	<15	128	550
HSI	2008	HJ-1A	115	0.45～0.95	5	50	100
HICO	2009	ISS	128	0.36～1.08	5.7	42	90

对地观测系统（earth observation system，EOS）卫星是美国地球观测系统计划中一系列卫星的简称。第一颗 EOS 卫星于 1999 年 12 月 18 日成功发射，第二颗卫星于 2002 年 5 月 4 日成功发射，这两颗卫星分别被命名为 Terra 和 Aqua。Terra、Aqua 是拉丁语，意思分别是“土”和“水”，它们分别对地球土圈和水圈进行观测。中分辨率成像光谱仪（moderate resolution imaging spectroradiometer，MODIS）是 Terra 和 Aqua 卫星上搭载的主要遥感器之一。MODIS 是被动式成像分光辐射计，共有 490 个探测器，分布在 36 个光谱波段，光谱范围 0.4～14.4μm，光谱分辨率为 5～10nm，MODIS 的地面分辨率为 250m、500m 和 1000m，扫描宽度为 2330km。在对地观测过程中，每秒可同时获得 6.1Mbp 来自大气、海洋和陆地表面的信息，两颗卫星相互配合每 1～2d 可重复观测整个地球表面。MODIS 的多波段数据可以同时提供反映陆地表面状况、云边界、云特性、海洋水色、浮游植物、生物地理、化学、大气中水汽、气溶胶、地表温度、云顶温度、大气温度、臭氧和云顶高度等特征的信息，可用于对陆表、生物圈、固态地球、大气和海洋进行长期全球观测。这些数据将有助于深入理解全球陆地、海洋和低层大气内的动态变化过程。因此，MODIS 在发展有效的、全球性的用于预测全球变化的地球系统相互作用模型中起着重要的作用。

美国 NASA 于 2000 年 11 月 21 日发射了一颗崭新的卫星——地球观测-1（EO-1）卫星，EO-1 卫星质量为 460kg，装载高级陆地成像仪（advanced land imager，ALI）、LEISA 大气校正仪（linear etalon imaging spectrometer array atmospheric corrector，LAC）和高光谱成像仪（Hyperion）等设备。ALI 是一种相当于 Landsat-7 ETM+的遥感器；LAC 可进行大气、水汽和气溶胶测量；Hyperion 既可以用于测量目标的波谱特性，又可对目标成像。Hyperion 能提供高质量的地球观测数据，具有 30m 的空间分辨率，能获取 400～2500nm 光谱范围内 220 个连续光谱通道观测数据。每幅 Hyperion 图像覆盖地面 7.5km × 100km。它与多光谱成像仪的主要差别是：光谱分辨率高、谱段多。Hyperion 图像数据可广泛应用于采矿、地质、农林业和环境保护等领域，可用于复杂的陆地生态系统成图和精确分类。EO-1 是进行卫星本体和遥感器等新技术验证的试验性卫星，展示了 21 世纪地球观测卫星的新概念和新技术。

2000 年 7 月，美国发射的 Mightysat-2 卫星上搭载的傅里叶变换高光谱成像仪（Fourier transform hyperspectral imger，FTHSI）是干涉成像光谱仪的成功典范。MODIS 波段数为 36

个，波段范围 0.4～15μm，波段不连续，地面分辨率为 250～1000m，与 Hyperion 相比还有差距；FTHSI 波段数为 200 多个，波段范围 0.35～1.05μm，波段连续，与 Hyperion 相同，地面分辨率也是 30m。

4.4.4 加拿大雷达卫星系列

加拿大雷达卫星系列目前包括 2 颗卫星：Radarsat-1 和 Radarsat-2。Radarsat 系列卫星由加拿大空间署（Canadian Space Agency，CSA）研制与管理，用于向商业和科研用户提供卫星雷达遥感数据。Radarsat-1 卫星于 1995 年 11 月 28 日发射升空，载有功能强大的合成孔径雷达（SAR），可以全天时、全天候成像，为加拿大及世界其他国家提供了大量数据。Radarsat-1 的后继星是 Radarsat-2 卫星，它是加拿大第二代商业雷达卫星。Radarsat-2 卫星于 2007 年 12 月 14 日发射。与 Radarsat-1 相比，Radarsat-2 卫星具有更为强大的功能。相比 Radarsat-1 的设计，Radarsat-2 更加灵活，可根据指令在左视和右视之间切换，这不仅缩短了重访周期，还增加了获取立体成像的能力；而实施这种切换只是通过简单的滚动操作，约 10min 就可以完成。另外，对所有波束模式，都可以左视或右视。

Radarsat 系列卫星应用广泛，包括减灾防灾、雷达干涉、农业、制图、水资源、林业、海洋、海冰和海岸线监测。同时，加拿大空间署和法国空间研究中心开始研究 Radarsat-2 后的卫星发展计划，主要目的是通过对卫星遥感应用和市场发展的分析，确定未来卫星计划的合成孔径雷达类型，以及能同 SPOT 卫星数据配合使用的雷达数据形式。雷达卫星主要应用于农业、海洋、冰雪、水文、资源管理、渔业、航海业、环境监测、北极和近海勘测等。

1. 轨道特征

Radarsat 卫星的轨道特点与一般的极轨卫星类似，是太阳同步卫星，中高度，轨道倾角 98.6°，因此可以覆盖几乎南北纬 81°之间的广大地区，其重复观察周期是 24d（表 4.9）。虽然轨道重复周期是 24d，但通过选择工作模式，控制成像幅宽，可每天覆盖北极地区（73°N 以北），约 3d 可覆盖整个加拿大，也可为某些用户提供 7d 的重复观测。卫星的合成孔径雷达有很强的工作能力和数据处理能力，在每一轨道期间（约 101min）最多观测时间是 28min，一般是连续观测 15min。

表 4.9 Radarsat 卫星参数

项目	Radarsat-1	Radarsat-2
发射时间	1995.11.04	2007.12.14
失效时间	2013.05.09	—
卫星重量/kg	2713	2200
轨道类型	近极地太阳同步轨道	近极地太阳同步轨道
轨道高度/km	793	798
轨道倾角/（°）	98.6	98.6
运行周期/min	100.7	100.7
每天绕地球圈数	14.4	14.4
降交点地方时	6:00	6:00
轨道重复周期/d	24	24
传感器数量	1	1
下行速率/Mbps	105	105
设计寿命/a	5	7～12

2. 遥感器

Radarsat 携带的成像遥感器有合成孔径雷达（SAR）、多谱段扫描仪、先进甚高分辨率辐射计（advanced very high resolution radiometer，AVHRR），非成像的遥感器是微波散射计。

Radarsat-1 卫星与其他卫星有所不同，它在地方时早晚 6:00 左右成像。它装载的 SAR 遥感器工作频率为 5.3GHz，属 C 频段，HH 极化。与一般可见光和近红外遥感器的不同之处在于 SAR 可以全天候工作，因此无论升段和降段都可以接收数据。由于天线是侧视方向发射微波，所以当在卫星升段时向东观察接收数据，而卫星降段时则是向西观察同样可以接收数据。研究表明，双频多极化的合成孔径雷达数据应用范围很广。例如，C 频段和 X 频段有很好的相关特性，而 C 频段和 L 频段能提供很好的信息组合。许多应用需要双频雷达数据（如陆地观测）、交叉极化数据和光学与雷达合成数据，尤其是农作物估产与生长监测、海岸带监测、海冰监测，以及测绘和其他调查工作等。

Radarsat-1 卫星具有 7 种成像模式（精细、标准、宽、宽幅扫描、窄幅扫描、超高入射角、超低入射角），25 种不同的波束，这些不同的波束模式具有不同入射角，因而具有多种分辨率、不同幅宽（表 4.10）。

Radarsat-2 可以提供 11 种成像模式，包括 2 种高分辨率模式、3 种极化模式、增宽的扫幅模式。Radarsat-2 保留了 Radarsat-1 的所有成像模式，并增加了聚束模式、超精细模式、多视精细模式、四极化（精细、标准）模式。其中，聚束模式为新增的高分辨率模式，图像最佳方位向分辨率可达 0.8m。Radarsat-2 卫星还改变了 Radarsat-1 卫星单一的极化方式，Radarsat-1 卫星只提供 HH 极化方式，Radarsat-2 卫星可以提供 VV、HH、HV、VH 等多种极化方式（表 4.11）。

表 4.10　Radarsat-1 的成像模式

成像模式	波束位置	入射角/（°）	分辨率/m	每景覆盖范围/（km × km）
精细	F1～F5	37～48	8	50 × 50
标准	S1～S7	20～49	30	100 × 100
宽	W1～W3	20～45	30	150 × 150
窄幅扫描	SN1	20～40	50	300 × 300
	SN2	31～46	50	300 × 300
宽幅扫描	SW1	20～49	100	500 × 500
超高入射角	H1～H6	49～59	25	75 × 75
超低入射角	L1	10～23	35	170 × 170

表 4.11　Radarsat-2 的成像模式

<table>
<tr><th>成像模式</th><th>波束位置</th><th>极化</th><th>入射角/（°）</th><th>分辨率/m</th><th>每景范围/（km × km）</th></tr>
<tr><td>聚束</td><td>—</td><td rowspan="3">可选单极化
（HH/VV/HV/VH）</td><td>20～49</td><td><1</td><td>18×8</td></tr>
<tr><td>超精细</td><td>UF1～UF27</td><td>30～40</td><td>3</td><td>20×20</td></tr>
<tr><td>多视精细</td><td>MF1～MF5</td><td>30～50</td><td>8</td><td>50×50</td></tr>
<tr><td>精细</td><td>F1～F5</td><td rowspan="3">可选单&双极化
（HH/VV/HV/VH）&
（HH&HV/VV&VH）</td><td>30～50</td><td>8</td><td>50×50</td></tr>
<tr><td>标准</td><td>S1- S7</td><td>20～45</td><td>25</td><td>100×100</td></tr>
<tr><td>宽</td><td>W1～W3</td><td>20～45</td><td>30</td><td>150×150</td></tr>
</table>

续表

成像模式	波束位置	极化	入射角/（°）	分辨率/m	每景范围/（km × km）
四极化精细	QF1～QF5	四极化	20～41	8	25×25
四极化标准	QS～QS7	（HH&VV&HV&VH）	20～41	25	25×25
高入射角	H1～H6	单极化（HH）	49～59	25	75×75
窄幅扫描	SN1	可选单&双极化	20～40	50	300×300
宽幅扫描	SW1	（HH/VV/HV/VH）&（HH&HV/VV&VH）	20～49	100	500×500

4.4.5 中国资源卫星系列

1. 资源一号

“资源一号”（又称中巴地球资源卫星）是我国第一代传输型地球资源卫星，“资源一号”卫星（CBERS-1）于 1999 年 10 月 14 日由长征-4B 运载火箭在太原卫星发射中心顺利发射升空。01 星在轨稳定运行近 5a，超出设计寿命近 1 倍。CBERS-1 陆续发射了 01 星、02 星、02B 星（均已退役）、02C 星、03 星（失败）和 04 星 6 颗卫星，凝聚着中巴两国航天科技人员十几年的心血，它的成功发射与运行开创了中国与巴西两国合作研制遥感卫星、应用资源卫星数据的广阔领域，结束了中巴两国长期单纯依赖国外对地观测卫星数据的历史，被誉为“南南高科技合作的典范”（表 4.12）。

表 4.12 资源系列卫星

卫星名称	发射时间	工作状况
CBERS-1-01	1999.10.14	退役
CBERS-1-02	2003.10.21	退役
CBERS-1-02B	2007.09.19	退役
CBERS-1-02C	2011.12.22	正常运行
CBERS-1-03	2013.12.09	发射失败
CBERS-1-04	2014.12.07	正常运行

CBERS-1 卫星属于太阳同步轨道，轨道高度为 778km，倾角为 98.5°，轨道周期为 100.26min，降交点地方时为上午 10:30。地面相邻轨道间隔时间 3d，回归周期 26d。卫星设计寿命为 2a。

CBERS-1 卫星有效载荷包括：3 台成像遥感器、1 台数据收集系统（data collection system，DCS）、1 台检测空间高能辐射的空间环境监测仪（space environment monitor，SEM）、1 台试验性高密度磁带机（high density digital recorder，HDDR）。3 台成像遥感器为：CCD 相机、红外多谱段扫描仪（infrared multispectral scanner，IRMSS）、宽视场成像仪（wide field imager，WFI），其中 WFI 为巴西的产品。CBERS-02B 搭载 CCD 相机、高分辨率相机（high resolution，HR）、宽视场成像仪 3 种遥感器，满足用户对不同分辨率及光谱波段遥感数据的要求。表 4.13 列出了 CBERS-1 卫星搭载的各种遥感器。

表 4.13　CBERS-1 卫星遥感器参数

遥感器	波长范围/μm	地面分辨率/m	幅宽/km	侧视	视场角/（°）	重访时间/d
CCD 相机	0.45～0.52 0.52～0.59 0.63～0.69 0.77～0.89 0.51～0.73	19.5	113	有	8.32	26
红外多光谱扫描仪（IRMSS）	0.50～0.90 1.55～1.75 2.08～2.35 10.4～12.5	77.8 77.8 77.8 156	119.5	无	8.80	26
宽视场成像仪（WFI）	0.63～0.69 0.77～0.89	256	890	无	59.6	5
高分辨率相机（HR）	0.50～0.80	2.36	27	无		104

CBERS-1 卫星的数据将由北京站、西北站和华南站接收处理。主要产品及分级如下：0 级提供 CCT 磁带、胶片、像片；1A 级经像元辐射纠正、去除条带、传递函数校正，1B 级经辐射纠正与几何校正，也可与任何标准地图投影匹配，定位精度优于 2km，内畸变误差不超过 3 个像元；2A 级经过面控制点精纠正，2B 级经地形补偿纠正，可满足测制地形图的要求。

2. 资源二号

中国“资源二号”遥感卫星由中国航天科技集团公司所属的中国空间技术研究院研制，主要用于国土资源勘察、环境监测与保护、城市规划、农作物估产、防灾减灾和空间科学试验等领域。目前“资源二号”卫星已发射 3 颗，发射时间分别是 2000 年 9 月 1 日、2002 年 10 月 27 日和 2004 年 11 月 6 日。03 星的总体性能和技术水平与前两颗相比，有了改进和提高。

“资源二号”卫星轨道为太阳同步轨道，高度为 484km，倾角为 94.41°，轨道周期为 94.45min。卫星设计寿命 2a。全色影像地面分辨率为 3m，03 星达到 1.5m。图像幅宽为 30km × 30km。

3. 资源三号

“资源三号”（ZY-3）01 星于 2012 年 1 月 9 日在太原卫星发射中心由“长征四号乙”运载火箭成功发射升空，1 月 11 日顺利传回第一批高精度立体影像及高分辨率多光谱影像，影像覆盖黑龙江、吉林、辽宁、山东、江苏、浙江、福建等地区，共约 210000km^2。2012 年 4 月 20 日完成卫星在轨测试工作。卫星可对地球南北纬 84°以内的地区实现无缝影像覆盖，设计工作寿命为 4a（表 4.14）。

表 4.14　“资源三号”01 星轨道参数

发射日期	2012 年 1 月 9 日
轨道高度	506 km
轨道倾角	97.421°
降交点时刻	上午 10:30
轨道周期	97.716min
近地点幅角	90°
重访周期	5d
回归周期	59d
相邻轨迹间距	44.68 km

“资源三号”卫星在满足资源遥感需求的同时，还具备了 1：50000 比例尺地图测绘和 1：25000 比例尺修测功能，是一颗具有测绘功能的资源遥感卫星，填补了我国立体测图领域的空白。卫星采用成熟的“资源二号”平台，通过针对性的设计与修改，满足测绘任务和国土资源勘测任务的需要。“资源三号”卫星将全色 CCD 相机提高到 2m，多光谱相机的空间分辨率提高到 6m，对用户有很大的吸引力，对于追踪和赶上国际卫星遥感技术水平具有十分重要的

意义。“资源三号”卫星确保了我国资源遥感卫星长期稳定发展，满足了我国资源系列遥感卫星长期、连续、稳定的发展需求。

“资源三号”01 星搭载了 4 台光学相机，包括 1 台地面分辨率 2.1m 的正视全色 TDI CCD 相机、2 台地面分辨率 3.5m 的前视和后视全色 TDI CCD 相机、1 台地面分辨率 5.8m 的正视多光谱相机，具备立体测绘和资源调查两种观测模式。立体测绘观测模式：“资源三号”搭载的前正后视全色相机，推扫成像形成三线阵立体像对。资源调查观测模式：“资源三号”搭载的正视全色和多光谱相机，推扫成像形成平面影像。“资源三号”影像能控制定位精度优于 1 个像素。前后视立体像对幅宽 52km，基线高度比为 0.85～0.95，可满足 1∶50000 比例尺立体测图需求；正视影像 2.1m，可满足 1∶25000 比例尺地形图更新需求（表 4.15）。

表 4.15 “资源三号”01 星遥感器参数

有效载荷	谱段号	光谱范围/μm	空间分辨率/m	幅宽/km	侧摆能力	重访周期/d
前视相机	—	0.50～0.80	3.5	52	±32°	5
后视相机	—	0.50～0.80	3.5	52	±32°	5
正视相机	—	0.50～0.80	2.1	51	±32°	5
多光谱相机	1	0.45～0.52	5.8	51	±32°	5
	2	0.52～0.59				
	3	0.63～0.69				
	4	0.77～0.89				

“资源三号”02 星于 2016 年 5 月 30 日成功发射。与 01 星相比，02 星搭载了三线阵测绘相机、多光谱相机等有效载荷，前后视相机分辨率由 3.5m 提高到优于 2.7m，拓展了卫星影像的地物分辨能力，可为测绘产品生产提供更丰富的影像资料。02 星具有更优异的影像融合能力，便于多光谱影像与全色影像的融合应用。02 星发射后，与 01 星组网运行，使全球覆盖周期缩短一半，重访周期由 5d 缩短至 3d 之内，成像效率提高 1 倍，国内影像覆盖频率从一年 6 次提升到 12 次，并实现了影像覆盖的合理分配，兼顾国内和国外数据获取。

思 考 题

1. 遥感平台主要有哪些？各有什么特点？
2. 试述航空遥感的特点及局限性。
3. 说明遥感平台对成像的影响及其原因。
4. 开普勒第三定律对于卫星轨道设计有哪些启示？
5. 设计轨道高度时主要考虑哪些因素？
6. 试说明卫星轨道参数及对遥感成像的影响。
7. 航天遥感成像对卫星轨道有何要求？
8. 为什么要采用太阳同步轨道？
9. 对地观测卫星为什么要采用准回归轨道？
10. 遥感卫星应如何考虑卫星轨道周期与遥感器的视场角之间的关系？

第 5 章　遥感器及其成像

遥感器也叫传感器或探测器，它是遥感过程中收集、探测和记录地物电磁波辐射信息的工具。遥感器是遥感技术系统的核心部分，其性能制约着整个遥感系统的能力，包括遥感器对电磁波波段的响应能力（如探测灵敏度和波谱分辨率）、遥感器的空间分辨率及图像的几何特性、遥感器获取地物电磁波信息量的大小和可靠程度等。

5.1　遥　感　器

5.1.1　遥感器的组成

任何类型的遥感器，基本上都由收集器、探测器、处理器、输出器等四部分组成，如图 5.1 所示。

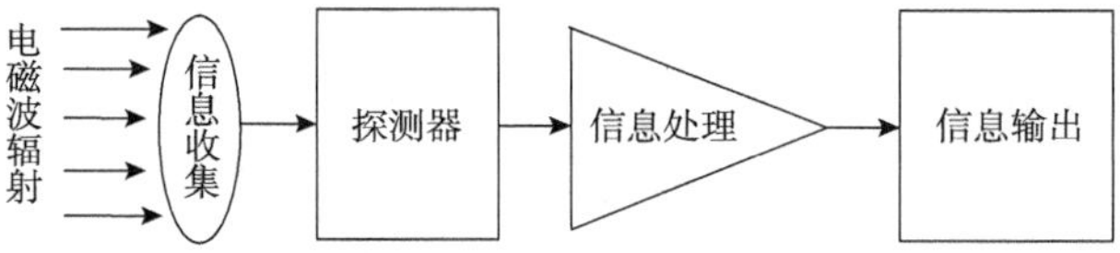

图 5.1　遥感器的一般构成

收集器：收集来自地物（目标）的辐射能量。常用作收集器的器件有透镜组、反射镜（组）、天线等。收集器还包括按波段分波束的色散和分光元件，如滤色镜、棱镜、光栅、分光镜、滤光片等。

探测器：将收集的辐射能转变成化学能或电能，如摄影感光胶片、光电二极管、光敏和热敏探测元件等，它们可探测到目标电磁波辐射强度的大小。不同的探测元件有不同的最佳使用波段和不同的响应特性曲线波段。

处理器：将探测后的化学能或电能等信号进行处理，即数字信号的放大、增强或调制，如显影及定影、信号放大、变换，甚至校正和编码等。在遥感器中，除了摄影使用的感光胶片是由光输入到信号记录，无须进行信号转化外（但需经过暗室处理、放大等），其他的处理器都有信号转化系统。光电敏感元件、固体敏感元件等输出的都是电信号（电流或电压），因此处理器的信号转化系统一般都是光电转化器。处理器的类型有摄影处理装置、电子处理装置等。

输出器：将获取的信息输出。用做输出器的有扫描晒像仪、阴极射线管、电视显像管、磁带记录仪、彩色喷墨记录仪等。

5.1.2　遥感器的分类

遥感器的种类很多，如图 5.2 所示，分类的方式也多种多样，常见的分类方式有以下几种。

（1）按电磁波辐射来源进行分类，可分为主动式遥感器和被动式遥感器。主动式遥感器本身向目标发射电磁波，然后收集从目标反射回来的电磁波信息，如合成孔径侧视雷达等。

被动式遥感器收集的是地面目标反射来自太阳光的能量或目标本身辐射的电磁波能量，如摄影相机和多光谱扫描仪等。

（2）按遥感器的成像原理和所获取图像的性质分类，可分为摄影机、扫描仪和雷达三种。摄影机按所获取图像的特性又可细分为框幅式、缝隙式、全景式三种；扫描类型的遥感器按扫描成像方式又可分为物面扫描（光机扫描仪）和像面扫描（固体扫描仪）；雷达按其天线形式分为真实孔径雷达和合成孔径雷达。

（3）按遥感器是否获取图像进行分类：可分为图像方式的遥感器和非图像方式的遥感器。图像方式的遥感器输出的结果是目标的图像；而非图像方式的遥感器输出的结果是目标的特征数据，如微波高度计记录的是目标距平台的高度数据。

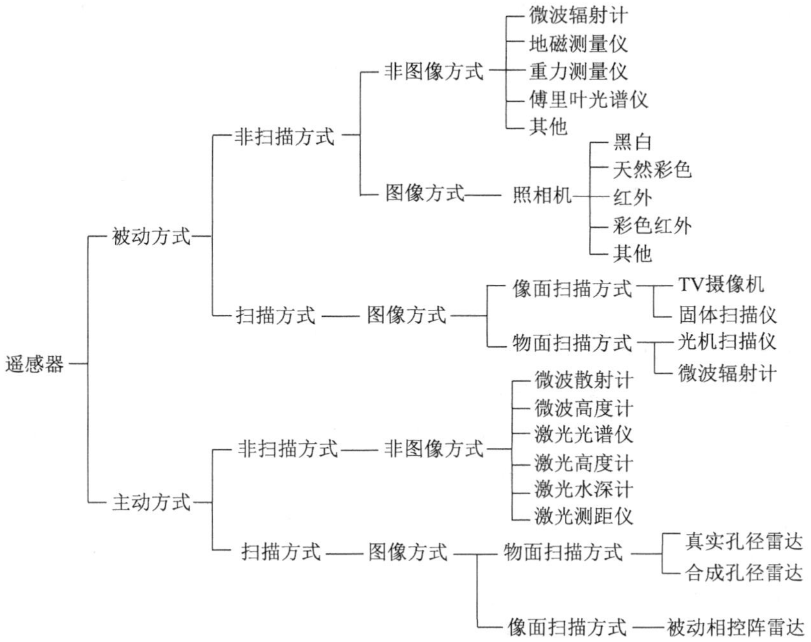

图 5.2　遥感器的分类

5.1.3　遥感器的性能

遥感器的性能表现在多方面，遥感数据获取和应用方面具有实用意义的指标是分辨率。分辨率也是衡量遥感数据质量特征的一个重要指标，主要包括空间分辨率、光谱分辨率、辐射分辨率和时间分辨率。

1. 空间分辨率

空间分辨率是指遥感图像上能够详细区分的最小单元的尺寸或大小，是用来表征图像分辨地面目标细节能力的指标。空间分辨率是评价遥感器性能和遥感信息的重要指标之一，也是识别地物形状大小的重要依据。

对于传统的摄影像片而言，空间分辨率通常用影像（像片）分辨率表示。影像分辨率用影像上刚好能分辨的线条中心到中心距离的倒数（单位：线/mm）或者单位距离内能分辨的间隔相等黑白相间的平行线对的数目（单位：线对/mm）来表示。影像分辨率表示线条及其背景间的特定反差比，因此分辨率受反差的影响大。当反差比为 1.6：1 时，全色片的分辨率为 50 线/mm；当反差比为 1000：1 时，全色片的分辨率为 125 线/mm。

对扫描图像，空间分辨率通常用像元或瞬时视场的大小来表示（单位：毫弧度，mrad）。瞬时视场（instantaneous field of view，IFOV）是指单个探测元件的视场角。

地面分辨率则是空间分辨率数值在地面上的实际尺寸。对于摄影像片，用线对在地面的覆盖宽带表示（单位：m）；对于扫描图像，则是像元所对应的地面尺寸（单位：m）。IFOV 为 2.5mrad 时，从 1000m 高度上拍摄图像的地面投影面积为 2.5m×2.5m，其地面分辨率就是 2.5m。

在一幅数字扫描图像中，相邻采样点之间的地面距离不一定精确等于投影在地面的 IFOV。采样时间间隔决定了地面尺寸或地面采样距离（ground sample distance，GSD）。在图 5.3 所示的情况中，采样时间间隔使得地面像素宽度要小于投影在地面的 IFOV 值。例如，陆地卫星的多光谱扫描仪（MSS）其 IFOV 投影近 79m 宽，但其信号采样的地面分辨率为 57m。IFOV 投影到地面和 GSD 是有差别的。

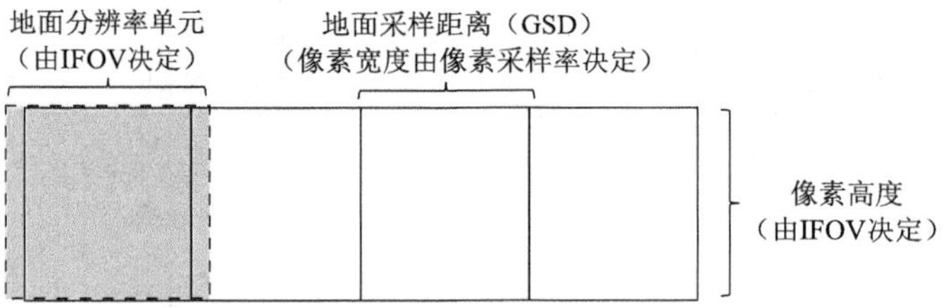

图 5.3　地面采样距离概念

对于特定遥感器的地面分辨率 R 是不变的定值，但冲洗打印的遥感图像的比例尺可以放大或缩小。只有生成硬拷贝遥感影像时，才使用影像分辨率。例如，陆地卫星上的遥感器 TM 的地面分辨率为 30m×30m，在 1∶1 万影像图上的影像分辨率为 3mm，在 1∶10 万影像图上的影像分辨率则为 0.3mm。影像分辨率会随影像比例尺的变化而变化，但是无论比例尺大小，其分辨地物的能力是不变的。

2. 光谱分辨率

光谱分辨率是指遥感器所能记录的电磁波谱中，某一特定的波长范围值，波长范围值越宽，光谱分辨率越低。一般来讲，衡量遥感器光谱分辨能力的大小不仅仅指其记录波段的范围大小，还要考虑其记录的波段数量和整体波长范围。例如，多光谱扫描仪的波段数为 5（指有 5 个通道），波段宽度为 100～2000nm；而成像光谱仪的波段数可达到几十甚至几百个波段，波段宽度则为 5～10nm。一般来说，遥感器记录的波段数越多、波段宽度越窄，地面物体的信息越容易区分和识别，针对性越强。成像光谱仪所得到的图像在对地表植被和岩石的化学成分分析中具有重要意义，因为高光谱遥感能提供丰富的光谱信息，足够的光谱分辨率可以区分出那些具有诊断性光谱特征的地表物质。

对于特定的目标，选择的遥感器并非波段越多，光谱分辨率越高，效果就越好，而要根据目标的光谱特性和必要的地面分辨率来综合考虑。在某些情况下，波段太多，分辨率太高，接收到的信息量太大，形成海量数据，反而会“掩盖”地物辐射特性，不利于快速探测和识别地物。所以要根据需要，恰当地利用光谱分辨率。

3. 辐射分辨率

辐射分辨率是表征遥感器所能探测到的最小辐射功率的指标，归结到图像上是指图像记录灰度值的最小差值。在不同波段，用不同遥感器获取图像的辐射分辨率有很大的不同。摄影成像时，摄影胶片的灵敏度很高，一般认为摄影成像的灰度是连续的，因此辐射分辨率对像片而言是没有意义的。在可见光到近红外波段，扫描方式遥感器的辐射分辨率取决于它所记录的目标辐射（主要是反射）功率的最小值。对热红外波段的遥感器来讲，其辐射分辨率也称温度分辨率，是指热红外遥感器分辨地表热辐射（温度）最小差异的能力。它与探测器的响应率和遥感器系统内的噪声有直接关系，一般为噪声等效温度的 2～6 倍。为了获得较好的温度鉴别力，红外系统的噪声等效温度限制在 0.1～0.5K，从而使系统的温度分辨率达到 0.2～3.0K。目前，TM6 图像的温度分辨率可达到 0.5K。

对于各类遥感器获取的图像，图像记录和显示的形式是以图像灰度形式表达的。灰度记录是分级的，一般分为 2^n 级。图像的灰度级别越多，其图像的辐射分辨率越高。目前获取的遥感图像有 2^8、2^{11}、2^{14}、2^{16} 等灰度等级。

对于一般遥感器，空间分辨率与辐射分辨率是一对矛盾体。要提高空间分辨率，就要缩小地面瞬时视场，探测器接收的辐射能将随之减少，像元间记录辐射能的差异对同一遥感器不易区分，相应的图像辐射分辨率就会降低。因此，只有提高探测器的探测灵敏度才能同时提高遥感器的空间分辨率和辐射分辨率。

4. 时间分辨率

对同一目标进行重复探测时，相邻两次探测的时间间隔，称为遥感图像的时间分辨率。它能提供地物动态变化的信息，可用来对地物的变化进行监测，也可以为某些专题要素的精确分类提供附加信息。时间分辨率包括两种情况：一种是遥感器本身设计的时间分辨率，受卫星运行规律影响，不能改变；另一种是根据应用要求，人为设计的时间分辨率，它一定等于或小于卫星遥感器本身的时间分辨率。一般情况下，时间分辨率主要取决于卫星轨道的类型和遥感器的视场范围与遥感器的侧视能力，但遥感器本身不是决定因素。

根据回归周期的长短，时间分辨率可分为三种类型：①超短（短）周期时间分辨率，可以观测到 1d 之内的变化，以小时为单位。②中周期时间分辨率，可以观测到 1 年内的变化，以天为单位。③长周期时间分辨率，一般以年为单位。

气象卫星所需资料以小时为单位，所以气象卫星的回归周期为超短（短）周期。对大气、海洋、物理变化进行监测的卫星，以及人为设计的对自然灾害实施监测的卫星，根据需要一般也是短周期或超短周期卫星。在观测植被动态变化规律时，卫星的周期是根据生物变化节律制定的，一般是中周期的。若周期变短，则投入过多，使投入与产出不成比例。有些航空像片、卫星图像用来研究自然界现象演化，数据资料以年为单位就可以满足需要，所以为长周期。陆地卫星图像信息以天为单位向地面发送即可以满足人类对资源环境遥感信息的需求。Landsat 从 1972 年到现在源源不断地向地面发送数据，人们可以相隔几年提取数据，研究自然界变化较缓慢的事物，如土地利用变化等。

时间分辨率在遥感中意义重大。利用时间分辨率可以进行动态监测和预报，如植被动态监测、土地利用动态监测，还可以通过预测发现地物运动规律，总结出模型或公式为实践服务。利用时间分辨率可以进行自然历史变迁和动力学分析，如可以观察到河口三角洲、城市变迁的趋势，并进一步研究为什么这样变化及有什么动力学机制等问题。利用不同时间获取的数据资料进行叠加分析，从而提高地物识别精度。

遥感器的种类很多，评价遥感器性能的方式也是根据不同的应用目的而定的。按波段分为最基本的三种类型遥感器：可见光遥感器（摄影机、扫描仪）、热红外遥感器和微波遥感器。它们具有不同的技术水平和特性，如表 5.1 所示。

表 5.1　典型遥感器性能比较

性能	可见光遥感器	热红外遥感器	微波遥感器
日夜工作	5	10	10
全天候工作	1	2	10
探测水下深度	5	1	1
探测地表下深度	1	5（地热）	8（干沙、干冰）
空间分辨率	9	7	9
几何逼真程度	10	7	10
立体能力	10（像对）	5，8（像对）	10
远距离能力	7	4	10
判别运动目标	5	7	9
图像解译难易程度	10	6	8
装备的难易程度	10	9	4

注：数字表示效果差别程度，1 为效果最差，10 为效果最好。

不同的专业选用遥感器时，需要根据地物的波谱特性和必需的空间分辨率来考虑最适当的遥感器。一般来说，遥感器的波段多，分辨率高，获取的信息量大，就认为遥感的能力强，但有时也不尽然。

5.2　光学摄影成像遥感器

光学摄影相机是较为常用的遥感成像设备，主要由物镜、快门、光圈、暗盒（胶片）、机械传动装置等组成。曝光后的底片只是目标的潜影，必须经过摄影处理后才能显示影像。遥感中常见的摄影机有单镜头框幅式摄影机、缝隙式摄影机、全景式摄影机、多光谱摄影机。

5.2.1　单镜头框幅式摄影机

航空、航天摄影测量的相机一般采用单镜头框幅式摄影机，这类相机的成像原理与普通照相机相同，在空间摄站上摄影的瞬间，地面上视场范围内目标的辐射信息一次性地通过镜头中心后在焦平面上成像。对于测图用的航空摄影机，要求非常严格，它必须满足很好的光学条件及几何条件：①镜头畸变要小；②解像力要高，包括在图像的边缘部分能得到清晰的影像；③光轴与胶片平面必须正交；④可以精密测量出光轴与像面的位置关系，即摄影机的内方位元素；⑤胶片应具备严格的平面性，要用真空装置将胶片压紧；⑥为使相机在高速运动中取得清晰的、消除像移的影像，要配有使胶片平面移动的像移补偿装置。

用于航空摄影的摄影机有瑞士徕卡公司的 RC 系列摄影机（如 RC-30），德国蔡司厂的 LMK 系列摄影机（如 LMK2000）、RMK 系列的 TOP 摄影机及国产的 HS2323 摄影机。目前较新型的摄影机都带有 GPS 自动导航和 GPS 控制的摄影系统，它能自动控制飞机按预先设计的航线飞行和控制摄影机按时曝光，并能及时记录曝光时刻的摄站坐标，精度约为 10cm。

对于在太空环境工作的摄影机，除满足上述六条基本要求外，还会遇到以下一些特殊问题。

（1）飞行器在空间不容许打开蒙皮，因此摄影窗口成了物镜的一部分。外界真空和摄影机内大气之间的差异，会造成窗口变形。再者，舱内的合成材料挥发出的沉淀物，会附着于窗口上，降低成像质量。为此，必须选择表面质量、光学均匀性和抗弯强度极好的玻璃作为窗口，并有清除窗口污染的装置。

（2）摄影机在空间摄影地区的地理纬度相差很大，太阳高度角各不相同，且不同地区的地物反射能力也不尽相同。为了随时得到合适的曝光量，必须装备自动曝光控制装置。

（3）摄影机在空间工作时的环境温度（如卫星在向阳和背阳会使相机内部温度差异很大），会直接影响光学系统的性质，改变焦面位置和胶片灵敏度，如温度变化而导致内压力变化，使物镜焦面产生变化，使胶片溶剂挥发产生静电现象和导致窗口结晶等。因此，必须控制窗口内合适的温度、压力和湿度，尽量减少这些因素对空间摄影机光学系统的影响。

（4）由于星体的快速移动、平台高度大，必须采用高感光度的胶片。

（5）为了补偿胶片变形，一般带有格网摄影。

用于航天遥感的这类相机也很多，如已在美国航天飞机及空间实验室工作过的 RMK-A30/23 摄影机，焦距为 305.128mm，像幅为 23cm×23cm，标称卫星高度为 250km，像片比例尺为 1∶820000，每幅像片对应地面范围为（189×189）km^2，物镜最大畸变差为 6μm，分辨率为 39 线对/mm，每 4～6s 或 8～12s 曝光一次，相机姿态控制在 0.5°以内，取得影像的航向重叠度为 60%～80%。据报道，利用它可以测制 1∶50000 和 1∶100000 比例尺的地形图。

另外一种有代表性的空间摄影机是美国的大像幅摄影机（large format camera，LFC），相机焦距为 305.0mm，分辨率为 80 线对/mm，像幅为 23cm×46cm。航高为 225km 时像片比例尺为 1∶738000，对应地面范围为（170×340）km^2。利用星相机测定相机摄影时的姿态，测定精度可达±5″，整个摄影机的姿态可控制在 0.5°以内。

5.2.2　缝隙式摄影机

缝隙式摄影机又称航带式或推扫式摄影机。缝隙式摄影机安装在飞机或卫星上，摄影瞬间所获取的影像是与航向垂直，且与缝隙等宽的一条地面影像带，如图 5.4 所示。当飞机或卫星向前飞行时，在相机焦平面上与航向（飞行方向）垂直的狭隙中，出现连续变化的地面影像。若相机内的胶片也不断地卷绕，且卷绕速度与地面影像在缝隙中的移动速度相同，就能得到连续的条带状的航带摄影像片。

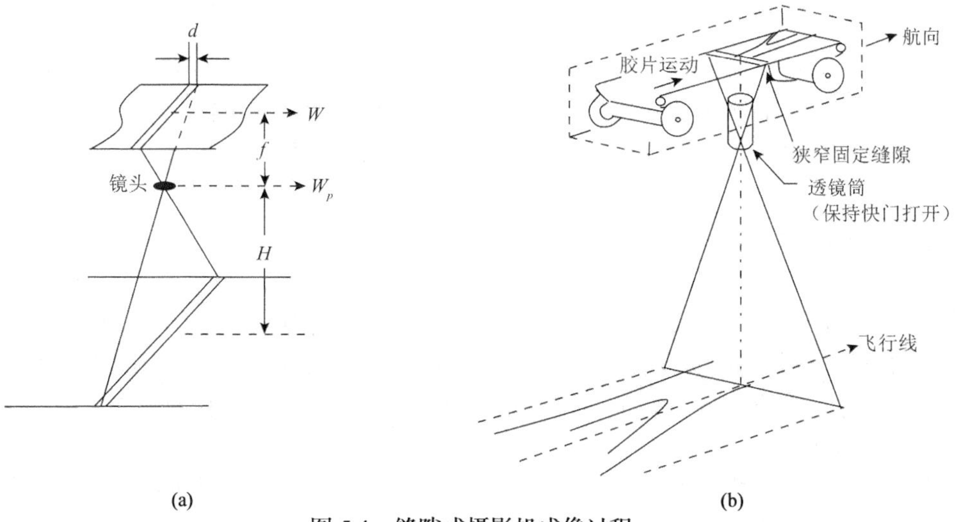

图 5.4　缝隙式摄影机成像过程

这种相机不是一幅一幅地曝光，而是连续曝光，相机上不需要快门。为了摄得清晰、连续的影像，必须使卷片速度 W_p 与景物在相机焦平面内移动的速度 W_i 相等，即

$$W_p = W_i = W \cdot \frac{f}{H} \tag{5.1}$$

式中，W 为飞机或卫星的地速；H 为平台高度；f 为相机焦距。

从式（5.1）可以看出，摄影的同步性与平台速高比 W / H 有关。当平台速度与卷片速度不匹配时，尽管它仍是多中心投影（每个缝隙影像有同一个投影中心），但是不同缝隙影像会出现重叠或不连续。由于在实际摄影中难以保持合适的速高比，相机姿态变化不易控制，这种摄影机已较少应用，但缝隙式摄影机的思想是目前较流行的线阵 CCD 遥感器的基础。

5.2.3　全景式摄影机

全景式摄影机又称摇头相机或扫描相机，其成像原理如图 5.5 所示。全景摄影机的特点是焦距长，有的达 600mm 以上，可在长约 23cm、宽达 128cm 的胶片上成像。这种相机的精密透镜既小又轻，它的摄影视场很大，有时能达 180°，可摄取航迹到两边地平线之间的广大地区。这种相机是利用焦平面上一条平行航向的狭缝来限制瞬时视场的，因此在摄影瞬间得到的是地面上平行于航迹线的一条很窄的影像，当物镜沿垂直航线方向摆动时，就得到一幅全景像片。在这种相机中，胶片呈弧状放置，物镜扫描一次，胶片旋进一幅。由于每个瞬间的影像都在物镜中心一个很窄的视场内构像，因此像片上每一部分的影像都很清晰，像幅两边的影像分辨率明显提高。但由于全景相机在成像过程中焦距保持不变，而物距随扫描角的增大而增大，因此在影像上会出现两边比例尺逐渐缩小的现象。

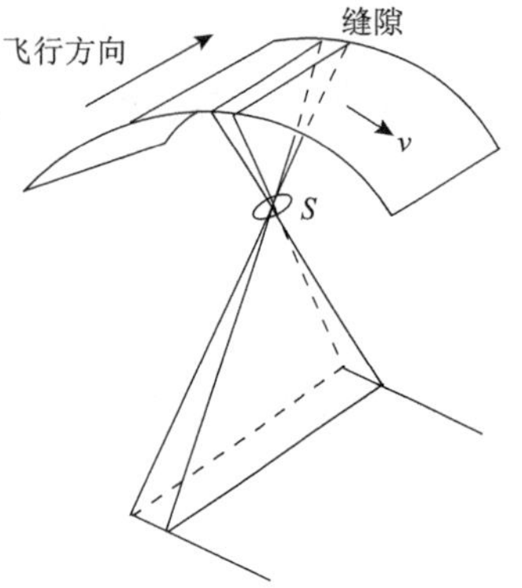

图 5.5　全景式摄影机成像原理

5.2.4　多光谱摄影机

在同一地区、同一瞬间摄取多个波段图像的摄影机称为多光谱摄影机，获取的图像称为多光谱图像。采用多光谱摄影的目的，是充分利用地物在不同光谱区不同的反射特征，来增加获取目标的信息量，以便提高图像的判读和识别能力。常见的多光谱摄影机有单镜头和多镜头两种形式。

1. 单镜头型多光谱摄影机

单镜头型多光谱摄影机成像原理是在物镜后利用分光装置，将收集的光束分离成不同的光谱成分，然后使它们分别在不同胶片上进行曝光，从而形成地物不同波段的图像。这种摄影机常用的分光原理是利用半透明的平面镜的反射和透射现象，将收集的光束分解成所要求的几个光束，然后使它们分别通过不同的滤光片，从而达到分光的目的。图 5.6 是一种四波段相机的分光示意图。

因为光束在分离过程中有一部分能量被损失，而且在不同波段的损耗量不等，所以这种摄影机取得的多光谱像片的影像质量会受到不同程度的影响。

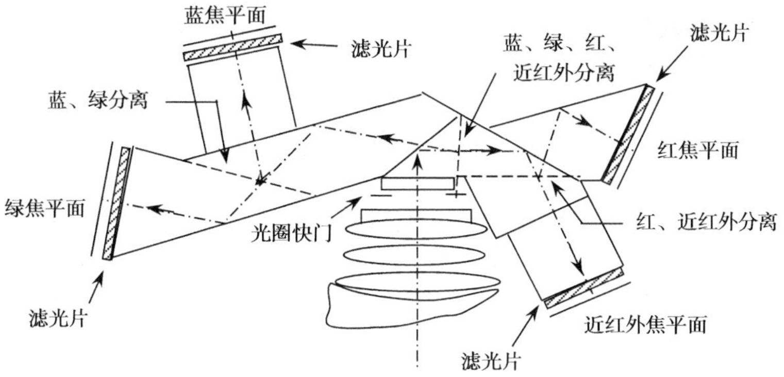

图 5.6　多光谱摄影机分光示意图

2. 多镜头型多光谱摄影机

多镜头型多光谱摄影机成像过程是利用多个物镜获取地物在不同波段的反射信息（采用在不同镜头前加载不同滤光片的形式），并同时在不同胶片上曝光而得到地物的多光谱像片。这种相机物镜镜头的数量决定了其获取多光谱像片的波段能力，如四镜头多光谱相机可同时获取四个波段的多光谱像片。图 5.7 为四镜头多光谱摄影机的成像原理图。

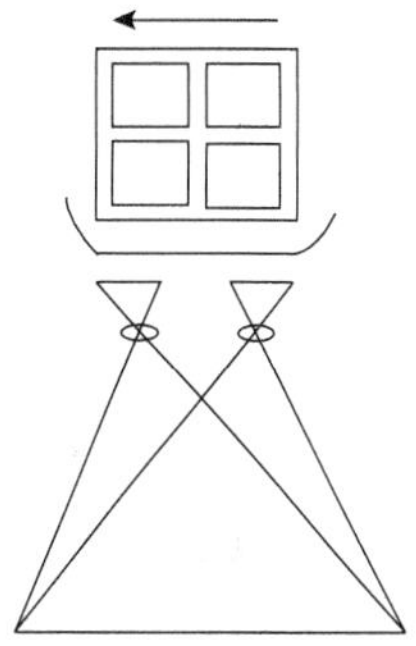

图 5.7　四镜头多光谱摄影机成像原理

这种摄影机在获取像片时还应注意不同滤光片与不同类型感光胶片的配合使用。另外，摄影时应做到以下几点：①快门的同步性要好，以便在同一时刻获取地物的多光谱像片；②各物镜的光轴必须严格平行，以保证多光谱像片的套合精度；③由于不同波长的光聚焦后的实际焦面位置不同，应使地物成像在最清晰的位置上。

摄影相机在成像时要根据不同的目的来选择合适的胶片和对应的滤光片。摄影用的胶片根据其感光特性可分为黑白胶片、彩色胶片和彩色红外胶片。常用的黑白胶片有全色胶片和全色红外胶片，它们的感光范围分别为 0.4～0.7μm 和 0.4～0.8μm。地物在黑白胶片上影像的密度与其反射太阳辐射的能力大小成正比。彩色胶片的感光范围是 0.4～0.7μm，地物在负片上的颜色与地物自身的颜色互补，在晒印像片（正片）上的颜色与地物颜色一致。彩色红外胶片的感光范围是 0.5～0.8μm，仅对绿色、红色和近红外光起作用。在负片上，绿色物体呈黄色，红色物体呈品红色，反射近红外光能力强的物体呈青色，而在正片上绿色物体呈蓝色，红色物体呈绿色，反射近红外光能力强的物体呈红色。地物在彩色红外像片的颜色与其自身颜色不一致，所以彩色红外像片又叫假彩色红外像片。

滤光片是改变光线光谱成分的介质。滤光片按制作材料可分为玻璃滤光片、胶质滤光片、塑料滤光片和液体滤光片。摄影中采用的大多是玻璃滤光片。为了取得理想的影像，滤光片在摄影中是不可缺少的器件。在摄取全色像片和彩色像片时，为了减少大气散射光的影响，增加影像反差和防止偏色，常在摄影机的镜头前加浅黄色滤光片来限制蓝光的通过；假彩色红外摄影时，镜头前一般加黄色滤光片，它可将蓝光成分全部吸收，仅允许绿、红、红外光通过，达到摄影目的。

摄影相机是用胶片来记录地物电磁波反射信息的，胶片记录的灵敏度和分辨率都很高。

但是它所响应的波段较窄，在 0.4～1.1μm，即它仅能获取地物的 0.4～1.1μm 的电磁波信息；而且它是以胶片形式来记录地物信息的，不便于地物信息的实时传输和数字处理。因此，这种方式的遥感器难以进行较长时间的连续工作。

5.3 扫描成像遥感器

受胶片感光范围的限制，摄影像片一般仅能记录波长在 1.1μm 以内的电磁波辐射能量。另外，由于在航天遥感时采用摄影型相机的卫星所带的胶片有限，这类遥感卫星工作寿命也较短。因此，摄影成像的应用范围受到了较大的限制。20 世纪 50 年代，产生了一种新兴探测成像技术——扫描成像技术。

扫描成像依靠探测元件和扫描镜对目标地物以瞬时视场为单位进行逐点或逐行取样，以得到目标地物电磁辐射特性信息，形成一定谱段的图像。扫描形式有两种：一是基于物面的扫描，其特点是对地面直接扫描成像，这类仪器有光机扫描仪、多光谱扫描仪、成像光谱仪等；另一种是基于像面的扫描，瞬间在像面上先形成一条线图像或一幅面图像，然后对图像进行扫描成像，这类仪器有电视摄像机和 CCD 固体扫描仪。

扫描方式遥感器的探测范围可以从可见光区至整个红外区，并且它采用专门的光敏或热敏探测器把收集到的地物电磁波能量变成电信号记录下来，然后通过无线电频道向地面发送，从而实现遥感信息的实时传输。

5.3.1 光机扫描仪

1. 光机扫描仪的结构

光机扫描仪的全称是光学机械扫描仪，它是借助于遥感平台沿飞行方向运动和遥感器本身光学机械横向扫描达到地面覆盖，得到地面条带图像的成像装置。光机扫描仪主要有红外扫描仪和多光谱扫描仪两种，它们主要由收集器、分光器、探测器、处理器和输出器等几部分组成。

1）收集器

航天遥感中常用透镜系统或反射镜系统作为光机扫描仪收集地面电磁波辐射信息的器件。在可见光和近红外区，可用透镜系统也可用反射镜系统作为收集器。但在热红外区，电磁波的大部分被透镜介质吸收，透过率很低，因此一般采用反射镜系统。制作反射镜的常用材料有熔凝石英和特种金属（如铍）。熔凝石英材料可以降低光学表面的变形，但空间用的大反射镜要求质量高、重量轻，因此其骨架做成蜂窝状结构而不用实体。金属反射镜可满足重量轻、尺寸稳定和硬度强的要求，但它的晶体本性妨碍了满意的光学抛光。因此，一般在抛光前，镀一层非结晶的镍混合物，抛光后在反射镜上镀一层铝膜或金膜，以得到最大的反射系数。

2）分光器

分光器的目的是将收集器收集的地面电磁波信息分解成所需要的光谱成分。常用的分光元器件有分光棱镜、衍射光栅和分光滤光片。

3）探测器

探测分光后的电磁波并把它变换成电信号的元件叫探测器。探测器的种类较多，按光电转换方式可分为三类：光电子发射型、光激发载流子型和热效率型。

4）处理器

从探测器出来的低电平信号，需放大和限制带宽。一般在探测器后面设置低噪声的前置放大器来进行这项工作。前置放大器随电子元件不同，分为真空管、晶体管和集成电路三种形式。对于多元探测器的遥感器，每个探测器上要安置一个前置放大器，形成多路输出。目前更多地使用 CCD 电荷耦合器件，将 CCD 元件置于探测器后面，直接将多路信号变成一维的时序信号，这时只需用一个前置放大器。

前置放大器出来的视频信号可输往磁带机，将模拟信号记录在磁带上。如果需将信号记录在胶片上，则必须设计电光转换电路，将电信号转变成辉光管或阴极射线管上显示的光信号，这时输出器上的光强度正好与目标辐射强度一致。如果要求输出信号为数字形式，则必须将视频信号数字化，一般使用模/数变换器，对连续的模拟信号进行采样、量化和编码，变成离散的数字信号。

5）输出器

输出器种类也很多，目前输出形式主要有两种：一种是胶片；另一种是磁带。

把探测器输出的视频信号记录在胶片上，经电光变换线路来调制一些发光器件，这时发光器件上的光信号强度与视频信号强度一致。当胶片曝光时，数据就被记录下来。

磁带记录的形式分模拟磁带和数字磁带两种。模拟磁带记录数据后形成的磁场强度与视频信号强度一致。数字磁带记录的是已采样、量化和编码了的数字数据。数字磁带又分高密度数字磁带（high density digital type，HDDT）和计算机兼容磁带（computer compatible type，CCT）两种。

2. 光机扫描仪的成像过程

如图 5.8 所示，当旋转棱镜旋转时，第一个镜面对地面横越航线（垂直于飞行即旁向）方向扫视一次，在地面瞬时视场（IFOV）内的地面辐射能由旋转棱镜反射到反射镜组，经其反射、聚焦在分光器上，经分光器分光后分别照射到相应的探测器上。探测器则将辐射能转变为视频信号，再经电子放大器放大和调整，在阴极射线管上显示瞬时视场的地面影像，在底片曝光后记录下来（称为一个像元），或者视频信号经模/数转换器转换，变成数字的电信号，经采样、量化和编码，变成数据流，向地面作实时发送或由磁带记录仪记录后作延时回放。随着棱镜的旋转，垂直于航向上的地面依次成像形成一条影像线被记录下来。平台在飞行过程中，扫描旋转棱镜依次对地面扫描，形成一条条相互衔接的地面影像，最后形成连续的地面条带影像。在取得地面影像的同时，还要获取图像的校标数据。地面辐射经转换变成电信号时，会受到探测元件灵敏度变化的影响，使得相同电磁波辐射强度的地物产生不同的信号。为此，将辐射强度和温度一定的辐射源（或热源）装入扫描仪，在获取地面图像的同时，每隔一定的时间探测器也对仪器内的辐射体（或热体）进行探测，把探测的结果变成电信号或图像，由此可校正因探测误差而引起的辐射误差，以保持图像的灰度测量精度。

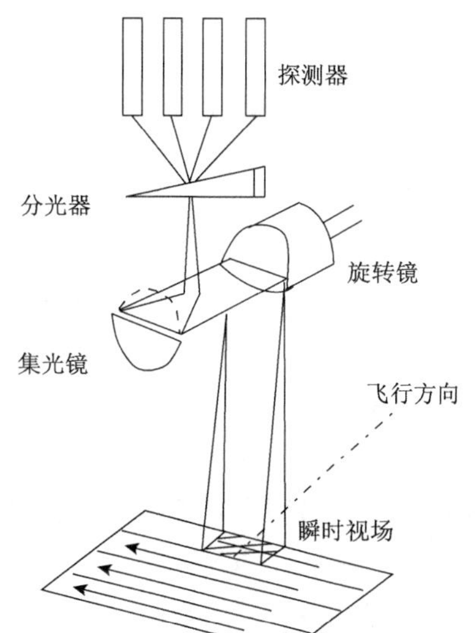

图 5.8　光机扫描仪的成像过程

3. 多光谱扫描仪

陆地卫星上的多光谱扫描仪（MSS）由扫描反射镜、校正器、聚光系统、旋转快门、光学纤维、滤光器和检波器等组成。扫描仪反射镜是一个表面镀银的椭圆形铍反射镜，长轴33cm，短轴23cm，它与地面和聚光镜的光轴均成45°角，扫描镜围绕正常位置摆动的幅度为2.89°，摆动频率为13.62Hz，对垂直于卫星轨迹方向的地面进行扫描（横向扫描），星下视场角为11.56°（0.202rad），被扫的地面宽度约为185km，沿卫星轨迹方向的扫描（纵向扫描）由卫星沿轨迹的运动来实现。由于卫星的运行周期为103.267min，星下地面点相对卫星沿轨迹方向的移动速度为6.47km/s。扫描镜摆动一次（一个摆动周期）的时间为73.42ms，在摆动周期内星下地面点相对移动了约474m，为了使扫描能连续地进行，并保持一定的分辨力，MSS扫描仪每个探测器的瞬时视场，设计成从标称轨道上对地面为79m×79m的地区（即为0.88mrad）。共用6个探测器排成一列，列长相应地面上的长度也约为474m，这样，第一条横向扫描经过一个周期回扫至起点，进行下一次横向扫描时，正好与上一次横向扫描的第六条扫描线相邻连接，形成连续对地面扫描，即在进行横向扫描的同时，利用卫星的运行速度实现纵向扫描。连续扫描得到的影像，是地面上185km宽的一条连续的条带，而不像摄影机那样每次获取地面一定范围内的一幅影像。

回扫期间（即扫描镜从东向西摆动时），快门轮关闭了光学纤维板对地球的通视，校准灯光源通过安装在快门轮上的一个可变中性密度滤光器投射到光学纤维板上。这样，在回扫间隔中便把一个校准楔（灰度楔）引入光谱带 1～4 的视频数据里来。对每幅影像提供一个15级的灰标，在地面处理时用于纠正像片的辐射误差和避免像片上出现6个探测器的增益变化而造成的条纹。

地面目标光学信号经扫描反射镜，反射至由第二反射镜组成的光学聚焦系统，聚焦在光学纤维上，光学纤维按照4×6的矩阵形式排列，共有24个像元。在扫描过程中，每条扫描线所摄影像都依次掠过与之相应的四个像元，它们的光谱范围如表4.5所示。Landsat-3上增加了一个热红外通道MSS-8，它的光谱为10.4～12.6μm。瞬时视场较前四个大3倍，因此光学纤维板上排成两块，其地面分辨力也变为120m×120m。

光学纤维板上各像元的光信号经滤光器分光后，由光学纤维传导至24个探测元件（Landsat-3有26个探测元件），其中，MSS-4、5、6谱段为18个光电倍增管，MSS-7为6个硅光电二极管，MSS-8采用2个汞-镉-碲红外探测元件。

对于24个通道中的每一个而言，在扫描仪输出端产生一路视频信号，这些信号进入模/数转换器，以9.958ms的间隔进行采样和数字化，采样间隔相应地面上为56m，编码用6个比特表示一个像元的亮度值，再通过一个多路调制器编入串联的数据流，向地面作实时发送，当位于地面接收站视界以外时，储存在宽带视频带记录器中，作延时回放。

Landsat-4、5卫星上的专题制图仪（TM）也属于多光谱扫描型遥感器。与MSS相比，它的瞬时视场对应在地面为30m×30m，探测波段增加到7个，全色波段每扫描行有6320个像元。另外，TM中增加了一个扫描改正器，目的之一是使扫描行垂直于飞行轨道（MSS不垂直于飞行轨道。它从西向东扫完一行后，最末一个像元相对于第一个像元在飞行方向上移位 $\Delta X = V \cdot \Delta t$ ）；目的之二是使往返双向都对地面进行扫描，收集影像数据。TM图像每个像元的亮度值用 2^8 编码，数据通过中继卫星做实时发送。Landsat-7卫星的增强型专题制图仪ETM+也属于多光谱扫描型遥感器，与TM的成像过程基本相同，全色波段对应的瞬时视场在地面上为 15m×15m，全色波段每扫描行有 13200 像元，探测波段增加到 8 个，多光谱图像每扫描行有 6600 像元。

5.3.2　推帚式扫描仪

1. 推帚式扫描仪的探测器

与光机扫描仪相比，推帚式扫描仪没有机械装置，探测器的探测原理也不同，其他部分使用的元件及其原理与光机扫描仪相同。

推帚式扫描仪使用的是固体探测器件，固体器件是由硅等半导体材料制成的探测器件。在这种器件中，受光或电激发产生的电荷靠电子或空穴运载，在固体内移动。固体器件种类也有很多，目前遥感器中普遍使用的是电荷耦合器件（CCD）。

CCD 是一种以半导体硅材料为基础的超大规模集成功能器件。自 20 世纪 70 年代初问世以来，在国内外得到了惊人的发展，在很多领域得到了广泛的应用。CCD 器件作为图像遥感器主要有以下特点：①环境适应性强，能在较宽的温度范围的任意高度下可靠工作；②集成度高，体积小，抗电磁干扰能力强，使用寿命长；③灵敏度高，在降低的照度下仍能采集图像；④具有较高的图像空间分辨率，影像畸变小；⑤容易实现数字化输出，便于和计算机接口。

CCD 固体扫描仪按其探测器的排列形式不同，目前有两种形式：线阵列扫描仪和面阵扫描仪。由于制造工艺上的原因，目前面阵 CCD 阵列还难以做得很大，其几何尺寸有限，还不能完全达到航天遥感对其幅面的要求。但随着近年来的技术进步，其在航空遥感领域获得了较大范围的应用。线阵列扫描仪就是推帚式扫描仪，是获取遥感图像的主要遥感器之一。目前最长的单片线阵 CCD 探测器的像元数可达 12000 像元，SPOT 卫星的 HRV、MOS-1 卫星的 MESSR、JERS-1 的 OPS、IRS 卫星、IKONOS 卫星、QuickBird 卫星等都采用这种类型的遥感器。

随着科学技术的进步，近几年出现了 TDI-CCD（time delay and integration），即时间延迟积分 CCD 器件。它的灵敏度比普通的 CCD 要高 1 个数量级以上，并已应用到航天遥感中。同时，利用 TDI-CCD 器件作为遥感器的探测器件获取图像的空间分辨率比普通 CCD 器件也要高。

2. 推帚式扫描仪的成像过程

如图 5.9 所示，地面上扫描线对应的辐射信息经光学系统收集，聚焦在 CCD 线阵列元件上（取得多光谱图像要先经过分光器），CCD 的输出端以一路时序视频信号输出，在瞬间能同时得到垂直于航向的一条影像线。随着平台的向前移动，像缝隙摄影机那样，以“推帚”方式获取沿轨道的连续影像条带。

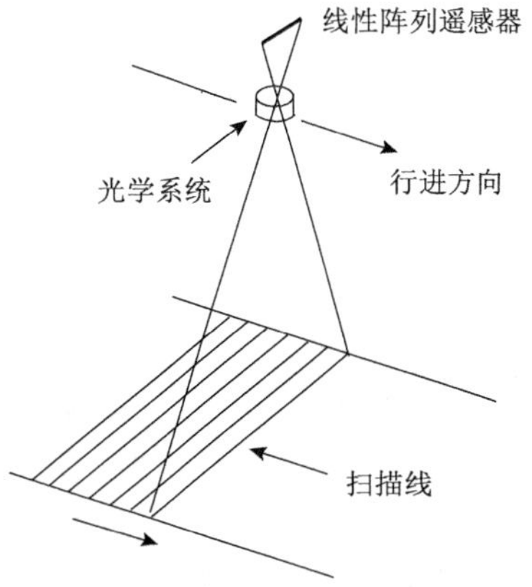

图 5.9　推帚式扫描仪的数据采集原理

推帚式扫描仪可以实现对地面的立体观测，即获取地面的立体影像。立体观测的形式有两种：同轨立体观测和异轨立体观测。

同轨立体观测是指在同一条轨道的方向上获取立体影像。具体方法是：在卫星上安置两台以上推帚式扫描仪，一台垂直指向天底方向，其他的指向平台前进方向（航向）的前方或后方，且遥感器之间的光轴保持一定的夹角，如图 5.10 所示，随着平台的移动，这样三台扫描仪就可获取同一地区的立体影像。但是，为了便于观察或测图，不同扫描仪获取的影像应有相同的比例尺，所以前后视扫描仪光学系统的焦距应与正视扫描仪的光学系统的焦距不同。例如，美国的立体测图卫星，前视和后视线阵列扫描仪的主光轴与正视线阵列扫描仪的主光轴之间的夹角均为 26.57°。卫星高度设计为 705km，正视扫描仪的焦距设计为 705mm，前视和后视扫描仪焦距均设计为 775mm，三台扫描仪获取的影像比例尺均为 1：100 万。

异轨立体观测是在不同轨道上获取立体影像。立体观测时，可以使用两台以上的扫描仪，也可以使用一台扫描仪。SPOT 卫星使用一台扫描仪获取立体影像，该扫描仪的平面反射镜可绕指向卫星前进方向的滚动轴旋转，从而实现在不同轨道间的立体观测（图 5.11）。由于平台反射镜向左右两侧偏离垂直方向最大可达±27°，从天底点向轨道任意一侧可观测 450km 范围内的景物，这样在相邻的许多轨道间都可以获取立体影像。因为轨道的偏移系数为 5，所以相邻轨道差 5d，也就是说，如果第一天垂直地面观测，则第一次立体观测要待到第 6d 实现。由于气候条件的限制，这种立体观测方式形成的立体影像有时影像质量不好。

推帚式扫描仪没有机械装置，重量较轻，图像与地面的几何关系稳定；可以取得可见光和近红外（1.2μm 以内）的全色和多光谱图像；采用 CCD 作为探测器件，便于图像的实时传输。

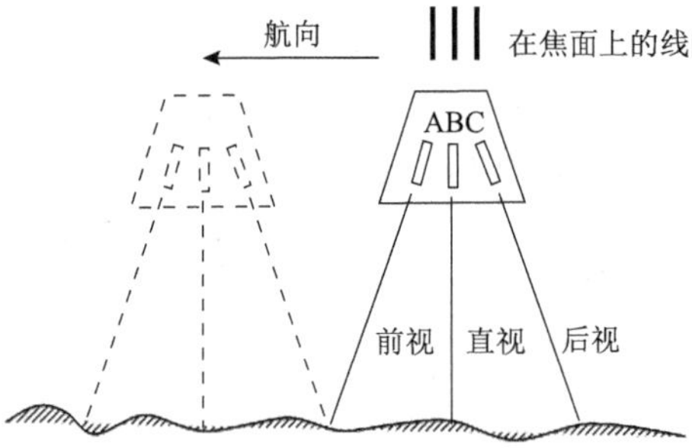

图 5.10　同轨立体观测方式

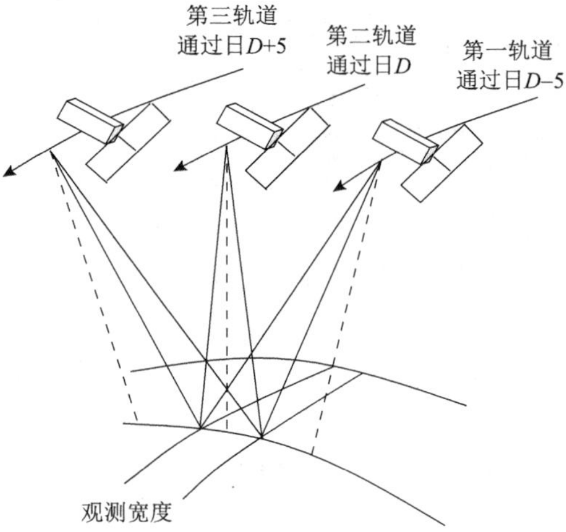

图 5.11　异轨立体观测方式

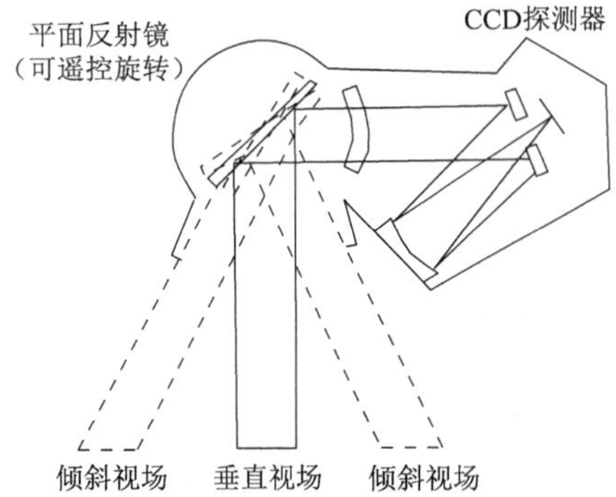

图 5.12　SPOT 卫星上 HRV 的简单结构

3. SPOT 卫星 HRV 扫描仪

法国 SPOT-1、2、3 卫星上装载的 HRV 是一种线阵列推帚式扫描仪。其简单结构如图 5.12 所示。仪器中有一个平面反射镜，将地面辐射来的电磁波反射到反射镜组，然后聚焦在 CCD 线阵列元件上，CCD 的输出端以一路时序视频信号输出。

由于使用线阵列的 CCD 元件作探测器，在瞬间能同时得到垂直航线的一条影像线，不需要用摆动的扫描镜，像缝隙摄影机那样，以“推扫”方式获取沿轨道的连续影像条带。

SPOT 卫星上的 HRV 分成两种形式：一种是多光谱形式的 HRV，每个波段的线阵列探测器组由 3000 个 CCD 元件组成，每个元件形成的像元相对地面上为 20m×20m。因此一行 CCD 探测器形成的影像线，相对地面上为 20m×60km。每个像元用 8bit 对亮度进行编码。另一种是全色 HRV，它用 6000 个 CCD 元件组成一行，地面上总的宽度仍为 60km，因此每个像元对应地面的大小为 10m×10m。编码采用相邻像元亮度差进行，以压缩数据量，由于相邻像元亮度差值很小，因此只需用 6bit 的二进制数进行编码。

5.3.3　成像光谱仪

1972 年，美国搭载在 Landsat 卫星上的多光谱扫描仪（MSS）投入运行以后，人们逐渐认识到综合影像空间特征与光谱辐射特性可对地物遥感分析带来巨大推动作用，光谱扫描成像技术便在世界范围内得到飞速发展。随着数据分析手段的进步，低光谱分辨率的多光谱成像技术所获取的观测数据已无法满足地物精细探测的需要。于是，成像波段更多、光谱分辨率更高的高光谱成像技术便随之产生。成像光谱仪就是将成像技术和光谱技术结合在一起的扫描型遥感器，在探测物体空间特征的同时对每个空间像元色散形成几十个到上百个波段、带宽为 10nm 左右的连续光谱覆盖。它以高光谱分辨率获取景物或目标的影像，可用于地物精确分类、地物识别、地物特征信息提取，在陆地、大气、海洋等领域的研究观测中有广泛的应用。

1. 成像光谱仪发展现状

1983 年，美国的航空成像光谱仪（AIS-1）获取了第一幅地面高光谱图像，这通常被看做高光谱遥感技术诞生的标志。这一时期的成像光谱仪主要采用二维面阵推扫成像方式，如 AIS-1 用 32 像素×32 像素的面阵列成像，后续的 AIS-2 则用 64 像素×64 像素的面阵列成像。由于获取的图像大小非常有限，限制了这类成像光谱仪的商业应用。

1987 年美国国家航空航天局（NASA）喷气推进实验室（JPL）研制成功航空可见光/红外成像光谱仪（AVIRIS），它的问世标志着高光谱遥感成像技术已趋于成熟。AVIRIS 整体仪器由扫描仪、4 个成像光谱仪、1 个定标源共 6 个光学子系统和 5 个电子学分系统构成。扫描角±16.8°，扫描仪以扫描-回扫模式操作，不仅使动量得到补偿，回扫期间还能测量和记录探测器的暗电流。光谱仪可以制成 4 个独立个体或组件，将 0.41～2.45μm 的光谱划分成四段，光栅分光时可以避免光栅重叠而产生混杂光谱。4 个独立的光谱仪可以按组件模块化的方式构建仪器，便于简化机械结构。AVIRIS 获取的遥感数据已广泛应用于科学研究、资源普查、地质勘测、目标分类识别等多个领域，真正地将高光谱遥感技术推广到实用化。

1992 年，高光谱数字图像采集实验仪（hyperspectral digital imagery collection experiment, HYDICE）在美国研制成功。该成像仪采用 CCD 推扫技术，共有 206 个波段，光谱探测范围为 400～2500nm。其数据可军民两用，应用领域包括农业、林业、环境、资源监测及各类灾害监测与估计、军事目标检测等。

许多国家也在积极发展各自的航空成像光谱仪系统。表 5.2 列出了自 20 世纪 80 年代以来国外主要的机载成像光谱仪，其中具有代表性的有加拿大的 CASI、澳大利亚的 HyMap、芬兰的 AISA 等。

表 5.2　国外主要的机载成像光谱仪

遥感器	启用年份	运营商	波段数	光谱范围/μm
AIS-1	1983	美国喷气实验室	128	0.99～2.10 1.20～2.40
AIS-2	1985	美国喷气实验室	128	0.80～21.60 1.20～22.40
AVIRJS	1987	美国国家航空航天局	224	0.41～2.45
CASI	1990	加拿大国际研究公司	288	0.43～0.86
AISA	1993	芬兰光谱成像有限公司	286	0.45～0.90
AHI	1994	美国夏威夷大学	32/256	7.00～11.50
DAIS 21115	1994	欧盟地球物理环境研究公司	211	0.40～12.70
HYDICE	1994	美国海军研究实验室	206	0.40～2.50
HyMap	1996	澳大利亚集成光电公司	126 1 1	0.40～2. 50 3.00～5.00 8.00～10.0
LASH	1997	美国海军	48	0.39～0.71
PROBE-1	1998	美国探索地球科学公司	123	0.40～2.50
PHILLS	1999	美国海军研究实验室	500/1000	0.20～1.02
FTVHSI	2000	美国 Kestrel 公司	145/256	0.45～2.35
ASI VNIR-640 ASI VNIR-1600 SWIR-320i SWIR-320m	2003	挪威光电科学院	128/64 160 160 256	0.40～1.00 0.40～1.00 0.90～1.70 1.30～2.50
APEX	2004	欧洲空间局	312 199	0.38～1.00 0.94～2.50

目前，成像光谱仪的研制正由航空遥感为主转向航空和航天遥感相结合的阶段。在航天领域，由美国喷气推进实验室（JPL）研制的中分辨率成像光谱仪（MODIS）随 Terra 卫星发射，成为第一颗在轨运行的星载成像光谱仪，从 2000 年开始向地面传回图像。当前在轨运行的主要星载成像光谱仪的情况见表 4.8。

2. 成像光谱仪的结构和成像方式

成像光谱仪按其结构的不同，可分为两种基本类型。图 5.13 是两种基本类型的高光谱成像仪的工作原理示意图。（a）方式基本属于光学机械式扫描，它利用点探测器收集光谱信息，经色散元件后分成不同的波段，分别在线阵列探测器的不同元件上，通过点扫描镜在垂直于轨道方向的面内摆动及沿轨道方向的运动完成空间扫描。这种阵列成像光谱仪利用棱镜色散器件产生 200 多个连续光谱波段，不同波段的辐射照射到 CCD 线阵列的各个元件上。因而来自地面瞬时视场的辐射强度被分色记录下来，其光谱通道数与线阵列元件数相同。在逐行逐个像元扫描过程中，产生了上百个窄波段组成的连续光谱的图像。这种扫描式的高光谱成像仪主要用于航空遥感探测，较慢的飞行速度使空间分辨率的提高成为可能。例如，AVIRIS 航空可见光/红外光成像光谱仪（美国）共有 224 个波段，光谱范围为 0.38～2.5μm，波段宽度为 10nm，瞬时视场角为 1mard（毫弧度），整个扫描视场 30°。当航高为 20km 时，这种成像光谱仪的空间分辨率为 20m，每幅宽度为 11km。我国上海技术物理所机载成像光谱仪也属于这种类型。（b）方式属于推扫式面阵列成像光谱仪。它是二维面阵列，一维是线阵列，另一维作光谱仪。它利用线阵列探测器进行扫描，利用色散元件和面阵探测器完成光谱扫描，利用线阵列探测器及其沿轨道方向的运动完成空间扫描。图像一行一行地记录数据，不再移动元件。成像装置在横向上测量一行中的每个像元所有波段的辐射强度，有多少个波段就有多少个探测元件。在工作时与（a）方式类似，通过快门曝光，将来自地面的辐射能传输到寄存器记录数据。光电探测器采用 CCD 或汞-镉-碲/CCD 混合器件，空间扫描由器件的固体扫描完成。由于像元的成像时间长，系统的灵敏度和空间分辨率均可以提高。例如，加拿大研制的 CASI 小型机载高光谱成像仪共有 288 个波段，光谱范围为 0.385～0.9μm，波段宽度为 1.8nm，但在 0.6538μm 处为 2.2nm，瞬时视场为 0.3～2.4mrad，整个扫描视场为 35.4°。中国的推扫式高光谱成像仪（push-broom hyperspectral imager，PHI）也属于这种类型。

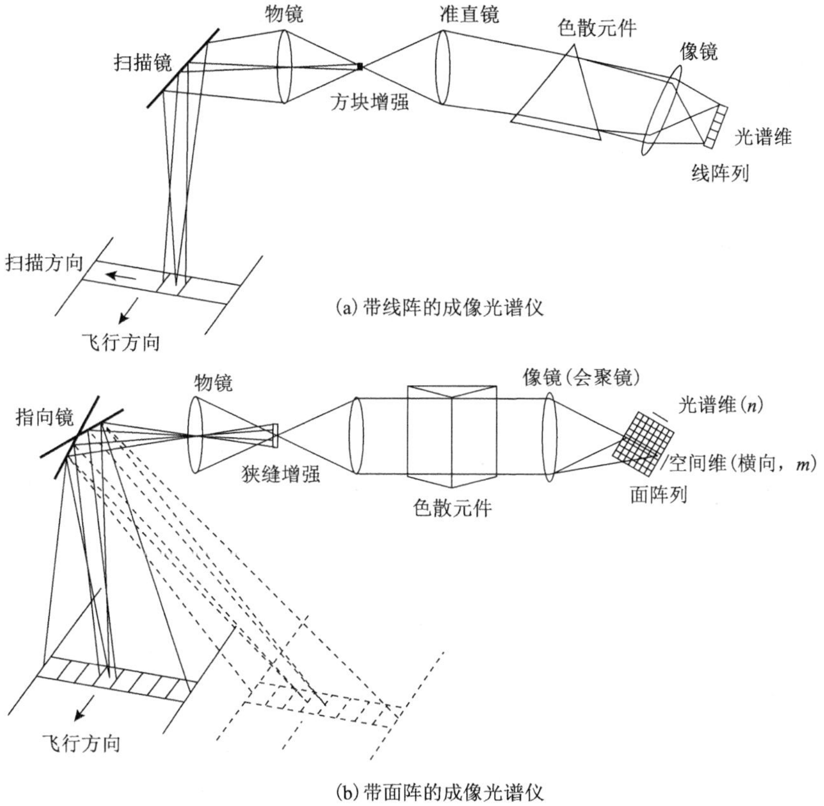

(a) 带线阵的成像光谱仪

(b) 带面阵的成像光谱仪

图 5.13　高光谱成像仪工作原理

成像光谱仪数据具有光谱分辨率极高的优点，同时由于数据量巨大，难以进行存储、检索和分析。为解决这一问题，必须对数据进行压缩处理，而且不能沿用常规少量波段遥感图像的二维结构表达方法。图像立方体就是适应成像光谱数据的表达而发展起来的一种新型的数据格式，它是类似扑克牌式的各光谱段图像的叠合。立方体正面的图像是一幅自己选择的三个波段图像合成，是表示空间信息的二维图像，其下面则是单波段图像叠合；位于立方体边缘的信息表达了各单波段图像最边缘各像元的地物辐射亮度的编码值或反射率，这种图像表示形式也称为影像立方体。

由于成像光谱仪可以得到波段宽度很窄的多波段图像数据，所以它多用于地物的光谱分析与识别。特别是成像光谱仪的工作波段多为可见光、近红外和短波红外，因此对于特殊的矿产探测及海色调查是非常有效的，尤其是矿化蚀变岩在短波红外具有诊断性光谱特征。但是，目前成像光谱仪只注重提高光谱分辨率，其空间分辨率相对较低（几十米甚至几百米）。

与其他遥感数据一样，成像光谱数据也经受着大气、遥感平台姿态、地形因素的影响，产生横向、纵向、扭曲等几何畸变及边缘辐射效应，因此，在数据提供给用户使用之前必须进行预处理，预处理的内容主要包括平台姿态的校正、沿飞行方向和扫描方向的几何校正及图像边缘辐射校正。从几何角度来说，成像光谱仪的成像方式与多光谱扫描仪相同，或与 CCD 线阵列遥感器相似，因此，在几何处理时，可采用与多光谱扫描仪和 CCD 线阵列扫描仪类似的方法。

5.3.4　数字航空相机

数字航空相机是在传统胶片式航空相机的基础上发展产生的，采用 CCD 或 CMOS 器件，能够直接获取数字图像。在 2000 年国际摄影测量与遥感学会（International Society for Photogrammetry and Remote Sensing，ISPRS）阿姆斯特丹大会上，数字航空相机开始出现，开启了数字摄影相机替代胶片相机的新时代。在 2004 年的 ISPRS 伊斯坦布尔大会上，数字航空相机成为一个热点。随着测绘技术、信息技术、计算机技术及传感器技术的发展革新，又鉴于社会建设在地理信息方面的需求越来越大，数字航空相机面临着前所未有的发展机遇。

数字航空相机分为线阵列和面阵列两种。线阵列相机采用推扫方式成像，代表产品有 ADS40/80/100 等。面阵列相机的成像方式有多种，最常见的成像方式类似于传统的框幅式成像，代表产品有 DMC、UCX、SWDC-4 等，除此之外，还有倾斜摄影和步进式分幅等成像方式。倾斜摄影是通过同一平台搭载多台相机，同时从垂直、倾斜等不同角度采集影像，获取地面物体更多信息的成像方式，代表产品有 RCD30 Oblique、UCO（UltraCam Opesys）、IGI-DigiCam、AOS、SWDC-5 等。步进式分幅成像是指将传统面阵相机和线阵成像方式相结合，在双镜头摇摆的同时进行框幅式成像，之后进行多幅图像拼合实现大的幅宽，代表产品有 A3 航空相机（表 5.3）。

表 5.3　常见数字航空相机参数

相机名称	DMC	UCX	SWDC-4	RCD30 Oblique	A3	ADS40/80
类型	面阵	面阵	面阵	面阵	面阵	线阵
CCD	4 个全色 4 个多光谱	4 个全色 4 个多光谱	4 个彩色	3 或 5 个 可选 RGB/RGBN	2 个彩色	3 条全色 4 条多光谱
全色像元数	13824 × 7680	14430 × 9420	—	10320 × 7752	4006 × 2666	12000
像元尺寸/μm	12	7.2	6.8	5.2	9	6.5
全色焦距/mm	120	100	50/80	50/80/150	300	62
多光谱像元数	3000 × 2000	4992 × 3328	11100 × 8250 10140 × 8120	10320 × 7752	4006 × 2666	12000
航向视场角/（°）	42	37	74/49	—	13.4	14/28
旁向视场角/（°）	69	55	91/59	—	106	64
重叠 60%的基高比	0.3	0.266	0.59/0.31	—	—	0.6
像元角/（″）	1/10000	—	1/5555, 1/8888	—	1/33798	1/10000

续表

相机名称	DMC	UCX	SWDC-4	RCD30 Oblique	A3	ADS40/80
像移补偿	有	有	无	有	有	有
航高 5km 的 GSD/cm	50	36	89/56	—	20	50
最大地面分辨率/cm	5	2.2	4	—	5	15/3
最短曝光间隔/s	2.1	1.35	3	1.5/1.8	—	—
辐射分辨率/bit	12	>12	8/12	14	12	8/12
数模转换位数/bit	—	14	—	14	—	12/16

数字航空相机比胶片航空相机有明显的优势，主要表现在：①数字航空相机直接以数字方式记录和后续处理，不需暗室和扫描操作，有利于数字化处理流程；②数字遥感器可以 12 位或 16 位的辐射量进行存储，影像信息更加丰富；③数字遥感器能够一次飞行获取多光谱图像，而光学胶片相机则需要多次飞行；④数字航空相机与 POS 的集成设计，有利于测图过程中减少地面控制点的要求，具有更好的几何要求。

1. 面阵列数字相机

受到 CCD 制作工艺的限制，面阵 CCD 的尺寸一般较小，与传统胶片像幅相比，其地面覆盖范围还有明显差距。为了提高飞行效率，一般通过多镜头并行操作的办法来解决大范围地面覆盖需求与面阵 CCD 尺寸较小之间的矛盾。

1）DMC

DMC（digital mapping camera）是目前世界上最先进的航空相机之一，由德国蔡司（ZEISS）公司和美国 Intergraph 公司共同研制,综合了 ZEISS 公司先进的光学技术和 Intergraph 公司在数字摄影测量软件领域的领先技术，是数字摄影测量技术的一次技术创新。

DMC 基于面阵 CCD 的设计，保证了类似胶片一样严格的几何精度，即使在 GPS 信号完全失去，运行器不稳定和光照条件较差的情况下仍然具有获得高质量图像的可能性。它还具有电子像移补偿和每像素 12bit 分辨率，获得的图像比扫描摄影胶片得到的图像具有更好的品质。像移补偿在大比例尺摄影情况下是绝对需要的，在低空保持飞机高速飞行，沿着飞行方向进行大面积摄影时，采用像移补偿技术可以获得清晰的目标影像。系统同时也为恶劣气候作了特殊的设计，能以不同的曝光时间在不同的光线条件下曝光。

因为采用面阵 CCD 技术，图像数据在 X 方向和 Y 方向具有严格的几何关系，所以减少了复杂性，提高了工作效率。DMC 输出图像是一个标准的中心投影图像。因此，该系统的数据产品能被当今流行的摄影处理软件所接受，可以方便地进行人工或自动处理，选用惯导（inertial measurement unit，IMU）系统，可以满足更高的要求。

DMC 解决面阵 CCD 器件的尺寸限制，采取的方法是将 8 台独立的 CCD 相机集成到一起。8 个相机模块是独立存在的，它们安装在一个刚性的经过精确定位的光学框架内，所有与 CCD 数字信号有关的电路、控制和处理都被整合到相机模块内，这样就大大提高了 CCD 器件的信噪比和减少了系统内的电磁干扰。DMC 镜头系统由 8 个镜头组合而成（图 5.14），位于中间的为 4 个全色镜头，位于周围的是 4 个多光谱镜头（红、绿、蓝及近红外）。每个单独镜头配有大面阵的 CCD 传感器，4 个全色镜头为 7K × 4K 的 CCD 传感器，像素大小为 12μm × 12μm，提供了大于 12bit 的线性高动态范围；4 个多光谱镜头为 3K × 2K 的 CCD。在航摄飞行中，DMC 数字相机的 8 个镜头同时曝光，一次飞行可获取黑白、真彩色和彩色红外图像数据。4 幅倾斜摄影小面阵图像经过纠正、拼接形成一幅大面阵图像（等效于一幅中心投影的图像），如图 5.15 所示。但由于地面高差的误差影响，不能获得严格的中心投影。

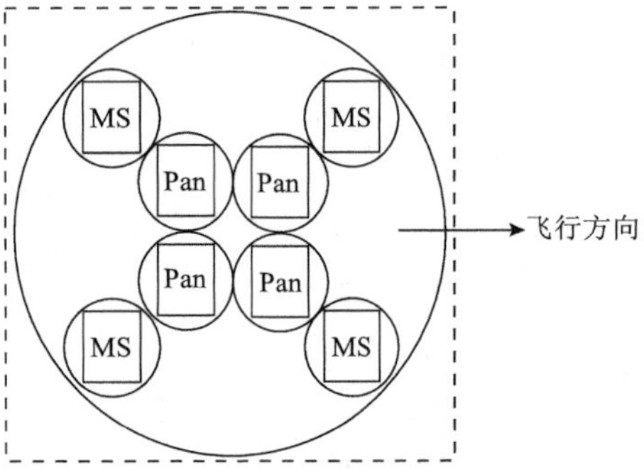

图 5.14　DMC 相机镜头组

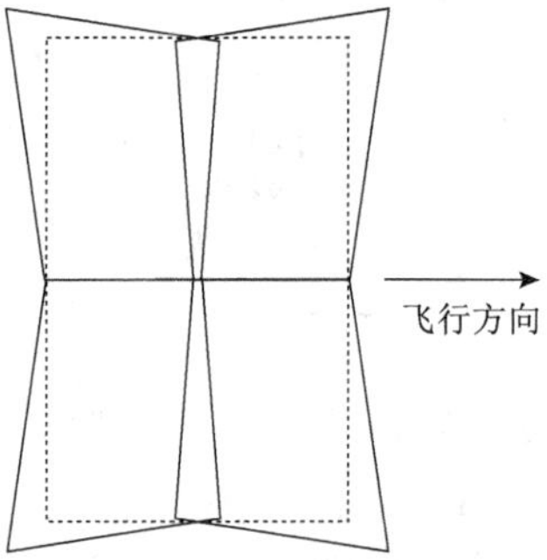

图 5.15　DMC 图像拼接示意图

DMC 全数字航空相机，是一种全新的数字图像获取系统，它的特点是几何精度、分辨率极高，系统装载有全球定位系统 GPS 和惯性测量装置 IMS，可同时提供航片的外方位元素，便于快速成图。新型 DMC 数字航空相机的应用，对航空摄影测量领域产生了重要的影响，它可以取代基于胶片的传统航空相机，成为摄影测量快速成图及地图更新的重要手段。

DMC 相机的缺点是相机焦距短和像幅尺寸较小。相对于传统胶片式摄影相机而言，DMC 相机焦距短，会造成图像上地物对周围遮挡较大，即使农村居民地中的两层楼房对周围的矮小房屋的影响也会比较明显，增加了外业调绘的工作量。在高楼林立的城区，投影差的加大，更增加了正射影像拼接的难度。传统胶片的像幅为 23cm × 23cm，而 DMC 的像幅尺寸为 9.2cm × 16.6cm。当航摄面积、摄影比例尺相同时，DMC 数据的航片数量比传统胶片航摄的多一些。因此，相对普通航片 DMC 图像处理的工作量较大。

2）UCX

Microsoft Vexcel 公司作为专业从事摄影测量方向的公司，于 2003 年 5 月在美国摄影测量与遥感大会上发布了第一代大幅面数字航空相机 UltraCamD，后又先后推出大幅面 UltraCamX 系列、中幅面 UltraCamL 系列及超大幅面 UltraCam Eagle 系列数字航空相机。

UltraCamX（简称 UCX）采用先进的 CCD 技术，辐射性能优异。UCX 是第一代超大幅面数字航空相机，图像幅面达到 14430 × 9420 像素，像素大小为 7.2 μm。全部镜头均为垂直摄影，能够得到较好的几何精度，像移补偿（最多 50 像素）可以实现高水平无模糊的细节。大比例尺测图越来越受到广泛的重视，因此，需要更短的曝光速度，更高的存储效率。UCX 能够以每秒 3G bits 的稳定速率获取图像。UCX 的传感器单元（SX）适合于当前所有的陀螺稳定相机座架。可快速更换的机载存储单元为长距离的飞行创造了条件。

UCXp 是在 UCX 数字相机成功的基础上研发的新产品：更专业的镜头，更精密的电子设备，更大的存储空间，同时具有更多独特的功能和强大的可扩展性，带给用户更简单的数据处理流程、更严密的科学性和最精准的图像产品。该产品具有超大图像幅面，达到了 19600 万像素（17310 × 11310 像素），具有 6μm 的像素尺寸。有效减少了航线数量、节省了时间并降低了成本，但不影响其优异的辐射性能。可更换的机载存储单元为长距离的飞行创造了条件，最小曝光间隔（1.35s）允许使用高性能飞机并且确保重叠度。UCXp 在飞行速度为 204km/h，地面分辨率（GSD）为 2.5cm 时可以获取立体影像。UCX 数字相机系统由传感器单元、存储计算单元、移动存储单元、空中操作控制平台、地面后处理系统软件包等部分构成。UCX 系列相机的主要技术参数见表 5.4。

表 5.4　UCX 系列相机的主要技术参数

技术参数	UCX	UCXp	UCXp WA
影像幅面	相当于扫描分辨率为 15μm，影像幅面 23cm × 15cm 的航摄影像		相当于扫描分辨率为 20μm，影像幅面 34.6cm × 22.6cm 的航摄影像
机载传感器（相机）单元　（SX）			
全色波段影像尺寸/像素	14430×9420	17310×11310	17310×11310
全色波段像素大小/μm	7.2	6	6
全色波段镜头焦距/mm	100	100	70
全色波段视场/（旁向/航向）	55°/37°	55°/37°	73°/52°
彩色波段影像尺寸/像素	4992×3328	5770×3770	5770×3770
彩色影像像素大小/μm	7.2	6	6
彩色镜头焦距/mm	33	33	23
彩色镜头视场/（旁向/航向）	55°/37°	55°/37°	73°/52°
最快曝光速度/（s/幅）	1.35	1.35	2
相机尺寸/cm	45×45×60	45×45×60	45×45×60
传感器单元重量/kg	45	45	55
机载数据存储和处理单元（DX）			
机载设备单个容量/T	1.7	4.2	大于 4.2

UCX 相机的 4 个全色镜头沿飞行方向排列，其中第二个镜头为主镜头，如图 5.16 所示。UCX 相机采用共主点成像方式，即同地点延时曝光，再拼接成一个大幅面的图像。为了获取大幅面中心投影的图像，UCX 航空相机在每个镜头承影面上精确安置了不同数量的 CCD 面阵：全色波段 4 个镜头对应 3 × 3 矩阵排列的 9 个 CCD 面阵（图 5.17），其中第一个镜头对应中间 1 个 CCD、第二个镜头对应四角的 4 个 CCD、第三个镜头对应上下 2 个 CCD、第四个镜头对应左右 2 个 CCD；多光谱波段的 4 个镜头分别对应另外 4 个 CCD。9 个全色 CCD 图像之间存在一定程度的重叠，图像数据通过重叠部分精确配准，消除曝光时间误差造成的影响，可得到一个完整的大幅面图像。

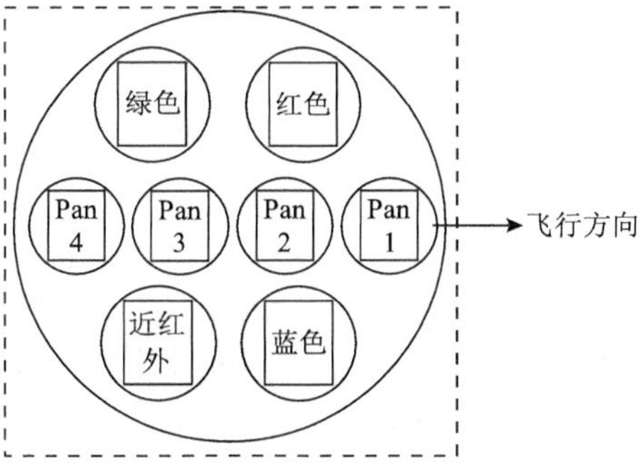

图 5.16　UCX 相机镜头组

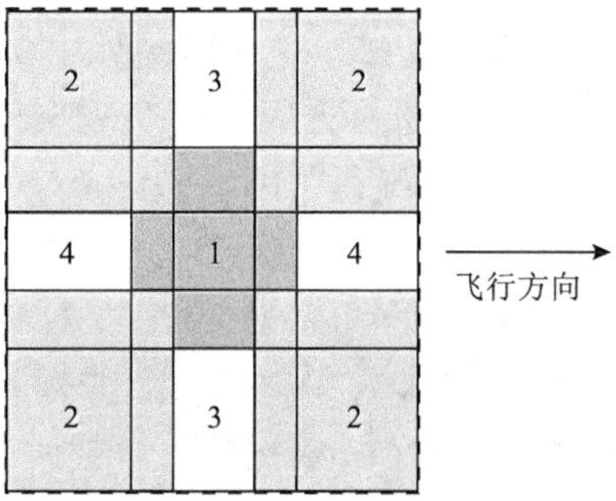

图 5.17　UCX 图像拼接示意图

成像过程如图 5.18 所示。当第一个镜头到达目标上空，正中心的 1 个 CCD 被曝光；飞机平台继续飞行，第二个镜头到达同一位置时，四角的 4 个 CCD 曝光；第三个镜头到达相同位置时，上下 2 个 CCD 曝光；第四个镜头到达时，左右 2 个 CCD 及红、绿、蓝、近红外 4 个 CCD 同时曝光。至此，整个像幅内所有 CCD 的曝光操作全部完成。由于每个相机镜头之间的距离很短（8cm），相邻镜头之间的曝光时间也很短（大约 1ms），因此所有镜头几乎都是在同一位置、同一姿态下曝光，这样就能很容易将 9 个 CCD 面阵进行拼接，得到大幅面全色图像。全色图像通过与同步获取的 RGB 和彩色红外图像进行融合、配准等处理，生成高分辨率的真彩和彩色红外图像产品。

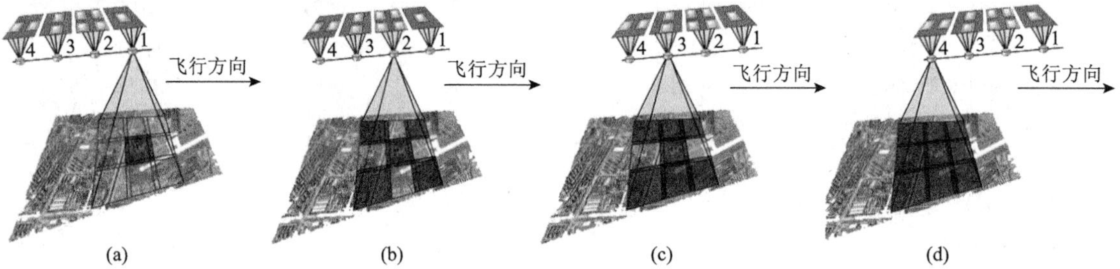

图 5.18　UCX 成像过程

UCX 拍摄的图像全部为垂直摄影，图像畸变小；UCX 成像时具有唯一的投影中心（同地点曝光），由主图像形成单一的坐标系，采用内含法合成图像，几何精度高，图像内在几何关系高度稳定；图像可由常见的数字摄影测量系统直接处理。

3）SWDC

SWDC（Si Wei digital camera）是具有我国自主知识产权的航空相机，与国外同类产品相比，SWDC 结构简单、操作方便，价格便宜。SWDC 系列产品的制作原理是基于多台非量测相机，经过精密相机检校和拼接，集成测量型 GPS 接收机、数字罗盘、航空摄影控制系统、地面后处理系统，经多相机高精度拼接生成虚拟影像，以提供数字摄影测量数据源。成像方式与 DMC 基本一致。该数字相机系列产品包括 SWDC-1（单镜头）、SWDC-2（双镜头）、SWDC-4（四镜头），其中四镜头数字相机最适合航测生产使用。

SWDC-4 主体由 4 个高档民用相机（单机像素数为 3900 万，像元大小为 6.8μm）经外视场拼接而成。SWDC 的焦距为 50mm/80mm，像元尺寸为 6.8μm，图像尺寸为（15K×10K）/（14K×11K），像元角（弧度）为（1/5555）/（1/8888），辐射分辨率为 8/12bit 真彩色，旁向视场角 $2\omega y$ 为 91°/59°，航向视场角 $2\omega x$ 为 74°/49°，最短曝光间隔为 4s。

与 DMC、UCX、ADS 等国外主流数字航空相机等相比，在高程精度、成像方式、像幅、图像色彩等技术指标方面有所突破与创新。高程精度：DMC 与 UCX 高程精度一般在 2～3 倍 GSD，SWDC 高程精度一般在 0.5～1 倍 GSD。成像方式：ADS 采用了多线阵推扫的条带成像方式，完全依靠高精度 POS，数据后处理复杂，需要专用软件；UCX 采用了多镜头复合单中心画幅式投影，DMC 和 SWDC 均采用了外视场拼接的虚拟单中心画幅式投影，数据后处理与传统方式兼容，易于应用。像幅：ADS 幅宽为 12000 像素，等效胶片相机幅宽为 240mm，DMC 像幅为 13824×7680 像素，等效胶片相机幅面为 276mm×153mm；UCD 像幅为 11500×7500 像素，等效胶片相机幅面为 230mm×150mm；SWDC 像幅为 14000×10000 像素，等效胶片相机幅面为 280mm×200mm（胶片一般以 20μm 扫描）。影像色彩：ADS、DMC 和 UCD 采用融合彩色，SWDC 采用 Bayer 真彩色，色彩丰富，更接近自然颜色。

SWDC 数字航空相机集成多台非量测数码相机为大像幅专业量测相机，突破了非量测相机改造加固、高精度检校等技术难题，填补了国内大像幅数字航空相机的空白，微米级的拼接技术减少了多中心投影带来的误差，达到了国家测绘规范要求。

4）A3

A3 数字相机产自全球领先的数字测绘系统供应商——以色列 VisionMap 公司，是目前国际上最先进的步进分幅成像数字相机之一。A3 采用步进式分幅成像可获取超大幅宽影像（super large frame，SLF），配合其一体化后处理系统 Lightspeed 可得到一系列产品：正射影像图（digital orthophoto map，DOM）、数字高程模型（digital elevation model，DEM）、数字表面模型（digital surface model，DSM）、倾斜测图产品。

所有的航空摄影和测图系统都面临同样的取舍问题：由于重叠照片产生的宽立体角，非常宽的视场角会提高测图精确度，但不幸的是，同样的宽视场角也降低了图像分辨率（地面像元分辨率，GSD）。在多数大像幅系统中，这个取舍问题导致视野和分辨率的微妙平衡：平均焦距约 100mm，这反过来决定了任何分辨率所需要的飞行高度。这样的焦距有利于以 25～50cm 分辨率捕捉中等大小区域。但是，当强制规定 5～15cm 分辨率或区域非常大时，要完成项目就需要很多个飞行日。由于天气限制和航空后勤、成本及风险都会因此增加，所以这样做的效率非常低下。焦距决定了预期地面像元分辨率的飞行高度，高分辨率就要求较低的飞行高度。由于这种取舍，增加分辨率意味着视野变窄，也就对测图精度造成了难以接受的损害。多数大像幅相机尝试通过制造相机簇来克服这一困难，每个相机都有自己的镜头和 CCD，如 DMC、UCX 和 SWDC 等。但是，这样的增长策略有局限性，因为相机会变得太大太重而无法飞行，而且太昂贵不便于批量生产。此外，长焦距镜头更宽更大，很难将一组几个镜头集中装入单一系统中。

VisionMap 公司的解决方案是改变思维模式：制造能够旋转，且拍照速度快到实际上足以具备一部大型相机功能的单一相机，而不是在一个大系统中集中安置多个相机。A3 系统由两个这样的相机组成，每秒共同捕捉 1.6 亿个像素，拥有超过 100°的视场角和 300mm 的焦距。这样的捕捉能力使航空测图至少可以消除视野/地面像元分辨率取舍的问题，大大提高了航空测图效率。VisionMap 公司还解决了许多相关问题，如旋转相机的摄影测量算法、在机载系统中即时压缩存储大量数据、精确弥补相机旋转等。A3 相机的设计具备传统线阵和面阵成像方式特点，是结合两者优势、扬长避短的新一代步进分幅成像方式产品。步进式分幅成像是利用摆扫机构，在垂直于航向的方向多个不同位置生成多幅图像，各位置之间保证一定的重叠率，以便于后期处理时恢复为完整的大分辨率图像。

A3 相机的镜头采用特别的旋转设计，镜头围绕中心轴可作一个 109°摆角的旋转采集，每次摆扫可以获取 64 个像幅（单个 CCD 获取 32 个像幅），一次摆扫时间是 3～4s，最大可获取约 62000×8000 像素的超宽幅影像。为满足航测成图的需求，考虑航线网、区域网的构成和模型之间的连接等，A3 沿航线两个单像幅重叠度是 2%（大约 100 个像素），垂直航线两个像幅重叠度是 15%。

A3 相机使用 300mm 长焦距镜，使得相机拥有超高的数据获取能力和影像分辨率。以获取地面分辨率为 0.3m 的数据为例，扫描宽度达到 25957m，每小时可获取正射影像 7121km^2。相对于其他主流设备，A3 像幅更宽，数据获取效率更高。

与其他系统相比，A3 可用于更高的飞行高度、更快的飞行速度、更宽的航线间隔及更广泛的覆盖区域。A3 相机的长焦距可从更高海拔上获取高分辨率影像，简化测绘项目的飞行计划和运营。拥有宽视场（最大可到 109°），可同时从垂直和倾斜角度获取每个点的多方位影像。A3 系统设计轻巧，安装简易，便于使用，几乎适合在所有可装备相机的飞机上安装和使用。目前，A3 相机在以色列及俄罗斯、荷兰、英国等得到应用。

5）倾斜相机

倾斜摄影技术是国际摄影测量与遥感领域近年来发展起来的一项高新技术。常用的地物影像数据主要来源于垂直角度（或倾角很小）的航空航天图像，这些影像大多只有地物顶部的信息特征，缺乏地物侧面详细的轮廓及纹理信息，不利于全方位的模型重建和场景感知。倾斜摄影技术通过在同一飞行平台上搭载多台传感器，同时从一个垂直、多个倾斜等不同的角度采集图像，可以提供清晰的建筑物侧面纹理信息，将用户引入了符合人眼视觉的真实直观世界。倾斜图像不仅能够真实地反映地物情况，还可通过先进的定位技术，嵌入精确的地理信息、更丰富的影像信息、更高级的用户体验，极大地扩展遥感图像的应用领域，使遥感图像的行业应用更加深入。倾斜摄影技术的应用，还将使目前高昂的三维城市建模成本大大降低，在欧美等发达国家和地区已经广泛应用于应急指挥、国土安全、城市管理等行业。

倾斜摄影的主要特点也是它的技术先进性：生产周期短、具备测绘级精度、效率高、精度高、真实感强，成本比较低。与传统的人工建模相比，倾斜摄影加上 POS 数据，较少使用甚至完全不用人工干预，大大节省了人力、物力和时间。同时，倾斜摄影自动建模的方式比传统人工建模效率高。在应急响应服务中，如果联合下视影像与倾斜影像，利用专业的软件可以实现在倾斜影像上进行简单的量测功能，还能帮助非测绘专业人员更好地进行场景判读。

在国外，倾斜摄影技术获取装备和后处理软件都经历了十几年的发展历程，比较有名的包括：徕卡公司 RCD30 Oblique、微软公司 UCO（ultracam opesys）、Trimble 公司的 AOS 系统（aerial oblique system）、德国 IGI 公司的 DigiCam 系统及 TrackAir 公司的 Midas 系统。国内的相机主要有：四维远见的 SWDC-5、中测新图的 TOPDC-5 及上海航遥的 AMC（aerial multivision camera）。

徕卡 RCD30 倾斜相机是专为高精度三维城市模型和带状地形图应用而设计的，拥有独特的摄影测量设计特点，不仅提供优质的图像质量和极高的精度，还具有极高的灵活性。RCD30 倾斜相机能获取真彩色、红外影像，并且支持同时获取真彩色及红外（仅下视）影像。RCD30 相机下视可选 CH62/82 多光谱 RGBN 镜头，斜视可选 CH61/81 真彩色 RGB 镜头，镜头均为可量测型。RCD30 倾斜相机支持机械式两轴相移补偿，区别于 TDI 仅为向前补偿技术，支持机械式沿两轴向前/侧向均可补偿，多方向像移补偿可以获得更高的图像质量。RCD30 可以灵活地安装在徕卡 PAV80 陀螺稳定平台中，控制器 CC32 带有集成的 GNSS/IMU（全球导航卫星系统/惯性测量单元）系统。

RCD30 倾斜相机有灵活的 3 个或 5 个镜头配置选择，可切换成三视模式或五视模式：三视模式，镜头倾斜角 45°；五视模式，镜头倾斜角 35°，下视与倾斜视影像间均有重叠。RCD30 相机成像示意如图 5.19 所示。

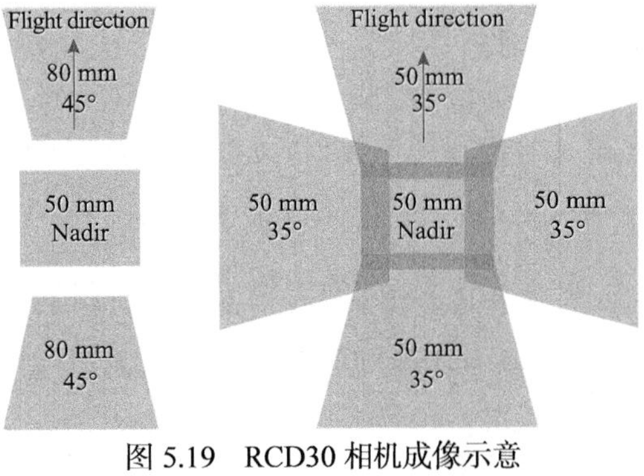

图 5.19　RCD30 相机成像示意

2. 线阵列数字相机

2000 年 7 月，在荷兰阿姆斯特丹的国际摄影测量与遥感协会（ISPRS）大会上徕卡（Leica）公司推出了基于线阵 CCD 扫描机载数字相机 ADS40（airborne digital sensor）。2008 年 7 月，在北京举行的第 21 届 ISPRS 大会上徕卡推出了 ADS80。

ADS 相机的三线阵 CCD 像幅宽均为 12000 像元，像元大小为 6.5μm，按照前视 27°、下视 0°、后视 14°三组排列。ADS40 系列的 SH40、SH51 型号在镜头焦平面上安置了 8 条波段 CCD 阵列探测仪，而 ADS80 系列的 SH81 型号相机有 11 条 CCD，SH82 型号相机有 12 条 CCD。在 SH82 相机中，CCD 的安置情况为：前视组为一条单独的全色 CCD；下视组包括一对相错半个像素的全色 CCD 和红、绿、蓝、近红外的各一条 CCD；后视组包括一条单独的全色 CCD 和红、绿、蓝、近红外的各一条 CCD。ADS40 系列的 SH52 的 CCD 安置与 ADS80 系列的 SH82 基本一致。

ADS 相机采用线阵列推扫成像原理（见图 5.9 推帚式扫描仪），能同时提供 3 个全色与 4 个多光谱波段数字图像。该相机全色波段的前视、下视和后视图像可以构成 3 个立体像对。全色波段每组 CCD 线阵均由两条线阵按照交叉像元的方式构成超分辨率模式，这种设计可以提高几何分辨率。彩色成像部分由 R、G、B 和近红外 4 个波段，经融合处理获得真彩色图像和彩色红外多光谱图像。

ADS 线阵列相机成像方式不同于面阵列相机，如图 5.20 所示。线阵列相机得到的是多中心投影影像，每个扫描线对应单独的投影中心，拍摄到的是一整条带状无缝隙的影像，同一条航线的影像不存在拼接问题。ADS 采用单一镜头获取完整影像，而一般的面阵列相机采用多个镜头获取影像，需要后期处理形成单幅影像。ADS 相机有三条全色 CCD，同步获取三条地面影像，所有目标记录三次。在数据采集过程中可以通过多像对间数据的相互补充，减少影像遮挡范围，同时减少野外补测工作量。而面阵列摄影相机框幅成像，对于 60%重叠度的飞行摄影只有 60%的地面记录在三幅影像上，其他地面影像只记录两次。但线阵列相机扫描成像也存在缺陷，例如，在大比例尺摄影时，对于移动目标（如车辆），不同扫描行的影像之间存在错位，而面阵列相机（属于瞬时成像）不存在这样的问题。

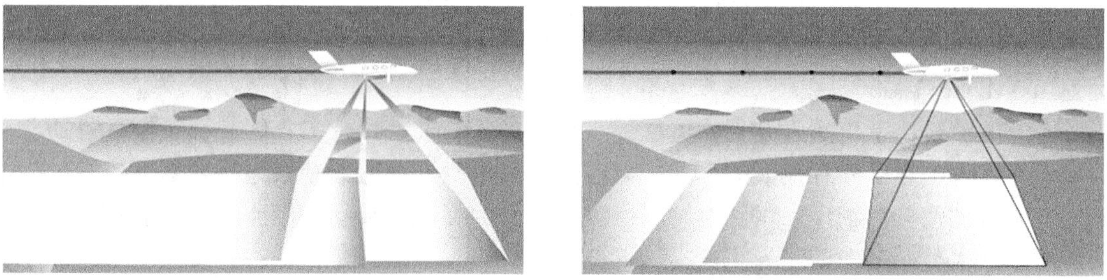

(a) 线阵列连续推扫方式成像　　　　　　(b) 面阵列框幅式成像

图 5.20　线阵列和面阵列成像方式示意

ADS 系列相机图像质量保证来自于其稳定的 PAV 陀螺机座和严格集成在相机内部的 POS 系统，POS 系统中的 IMU 以 1/200s 对姿态和加速度、GPS 以每秒 1 次对位置进行测量记录，在实时处理软件的支持下，可以获取优良品质的航空影像。POS 技术应用于航空摄影测量已经有多年，其较大程度地减少了外业工作量、提高了生产效率，成为航测领域一个主要的技术应用方向。相对于目前 RC-30、面阵数字相机使用的外置 POS 系统，ADS 相机采用严格的内部集成 POS 系统，在可靠性、精确性方面均有较大提高。ADS 数字航空摄影测量系统把 IMU（惯性测量装置）、GPS 和航空摄影有机地结合起来，采用 IMU 实时记录摄影的飞行姿态，GPS 实时记录摄影的空间坐标，直接获取到影像的外方位元素，使得直接定位精度达到 4 个像素。

ADS 包含两个阶段的图像产品：0 级图像和 1 级图像。0 级图像是直接由 CCD 得到的，1 级图像则是将 0 级图像根据相机检校数据和外方位元素进行校正得到的。由于线阵列扫描成像的特性，0 级图像存在较大的变形，一般采用 1 级图像进行测图等处理。不同视角的 1 级图像可以构成立体像对，作为后期立体测图的基准图像。

三线阵 CCD 成像技术是顺应摄影测量向“全过程”数字化发展而产生的新型航空图像获取技术。它不但缩短了航空图像获取的周期，省去了航片冲洗和扫描等传统航空摄影及数字化的中间环节，减少了噪声来源，提高了影像的质量；而且获取的图像几乎处处具有三度重叠和良好的基高比，更加适合于正射影像制作和数字地面模型的自动化生产。但是，由于其在成像方式和影像数据量等方面的特点，数据处理起来比较烦琐。随着相应处理软件的增多，其后期处理会更成熟合理，这一技术将会得到更广泛的应用。

5.4　雷达成像遥感器

无论摄影方式的遥感器还是扫描方式的遥感器，在成像时它们所使用的电磁波波段为可见光、紫外和红外波段，这些波段在地球大气中传输时容易受到大气吸收和散射的影响，因此这两种遥感成像方式在某些条件下将受到制约。在微波波段，大气对其传输的影响较小，且侧视雷达属于主动式遥感器，成像时，雷达本身发射一定波长和功率的高频电磁波波束，然后接收该波束被目标散射返回的信号，返回信号的强度取决于目标的特性，从而达到探测目标的目的。因此，雷达成像在遥感对地观测中有它独特的优势。雷达发射的波长大多在微波（1～1000mm）范围内，所以又把雷达图像叫做微波图像。

5.4.1　微波的基本知识

微波是电磁辐射中的一个波段，其范围包括 1mm～1m 的电磁波，也有人把 0.1～1mm 的亚毫米波算在微波内。微波的频率范围是 300 MHz～300GHz；若包括亚毫米波，则微波范围为 300MHz～3000GHz。

微波的波长比常用的可见光、近红外、热红外的波长都长得多，因此，微波的性质与可见光、近红外、热红外有很大的不同。微波遥感通过微波遥感器获取地物发射或反射的微波辐射，经过图像分析解译来识别地物。微波遥感分为无源（被动）微波遥感和有源（主动）微波遥感两大类。

无源微波遥感所用的遥感器本身不发射电磁波，只靠接收地物和其背景发射或反射的微波能量来探测目标特性。它所收到的电磁波信号强度与目标的发射率有关，也与目标性质及温度、背景的温度及它们的性质有关，特别是与目标的表面温度密切相关。因此，其辐射测量等效于估计温度。

有源微波遥感所用的遥感器本身发射微波去照射目标，然后接收目标反射或散射回来的微波信号，通过检测、分析回来的信号，确定目标的各种特性及目标对遥感器的距离和方位。有源微波遥感器记录的有关目标和背景的图像或数据，与目标、背景的发射率无关，也与日照变化无关，图像较稳定、清晰，易于识别。合理选择波段、极化方式和波束照射角，可获得较好的遥感效果。

1. 微波波段的划分

电磁波谱把波长在毫米级到千米级的幅度通称无线电波。在这一区间，按照波长由短到长，又可分为亚毫米波、毫米波、厘米波、分米波、超短波、短波、中波和长波。其中，毫米波、厘米波和分米波 3 个区间称微波波段，因此有时又明确地把这一区间分为微波波段和无线电波段。

微波在发射和接收时常常仅用很窄的波段，所以又将微波波段加以细分，并赋以更详细的命名。图 5.21 列出了常用的微波波段：Ka、K、Ku、X、C、S、L、P 及其波长与频率。在微波遥感中，Ka、X、C、S、L 等都是常用波段。

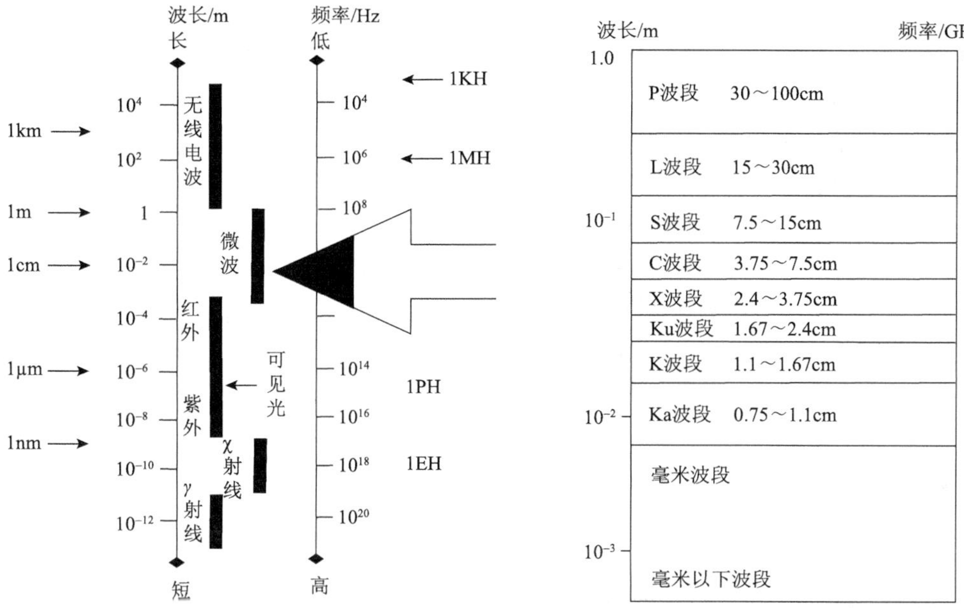

图 5.21　微波波段划分

2. 微波辐射特性

1）微波辐射特征

微波属于电磁波，因此具有电磁波的基本特性，包括反射、吸收、散射、透射等规律。在此，需要特别注意与微波遥感有关的几个电磁波特征。

叠加：当两个或两个以上的波在空间传播时，如果在某点相遇，则该点的振动是各个波独立引起该点振动时的叠加。

相干性：当两个或两个以上的波在空间传播，它们的频率相同，振动方向相同，振动位相差是一个常数时，叠加后合成波的振幅是各个波振幅的矢量和，这种现象称为干涉。两波相干时，在交叠的位置，相位相同的地方，振动加强，相位相反的地方振动抵消，其他位置均有不同程度的减弱。当两束微波相干时，在微波雷达图像上会出现颗粒状或斑点状特征。当两束波不符合相干条件时，即为非相干波，这时叠加后的合成波振幅是各个波振幅的代数和，因此上述现象在雷达图像上不会出现。

衍射：电磁波传播过程中，如果遇到不能透过的直径有限的物体，会出现传播的绕行现象，即一部分辐射没有遵循直线传播的规律而绕到障碍物的后面，这种改变传播方向的现象称为衍射，微波传播时会发生衍射现象。

极化：电磁波传播是电场和磁场交替变化的过程，且它们的方向相互垂直。电场常用矢量表示，矢量必定在与传播方向垂直的平面内。矢量所指的方向可能随时间变化，也可能不随时间变化。当电场矢量的方向不随时间变化时，称为线极化。线极化分为水平极化和垂直极化。水平极化指电场矢量与雷达波束入射面垂直，记作 H。垂直极化是电场矢量与入射面平行，记作 V。雷达波发射后，遇目标平面而反射，其极化状况在反射时会发生改变，根据遥感器发射和接收的反射波极化状况可以得到不同类型的极化图像。若发射和接收的电磁波同为水平极化方式，则得到同极化图像 HH；若同为垂直极化，得到同极化图像 VV。若发射为水平极化 H，而接收垂直极化 V，则得到交叉极化图像 HV；相反的，若发射垂直极化 V，而接收水平极化 H，得到的则是交叉极化图像 VH。除了线极化波以外，电场矢量在与传播方向垂直的平面上运动，也可能画出圆形或椭圆形的轨迹，称为圆极化波或椭圆极化波。平常应用较多的是四种线极化图像。

2）物体的微波辐射特性

物体的微波辐射也属于物体电磁波辐射的一种。它的产生也是由于物体受到外界光和热等的作用时，物体内部微粒各种形式的运动处于一种不稳定的状态，会出现内部分子的旋转和反转、电子的自转等运动。此时，物体会释放多余的能量 $\Delta E(\Delta E = h\nu)$，当 ΔE 的大小为 $10^{-4}\sim10^{-5}$ eV 时，就会产生微波辐射。

热能产生的热辐射是一种重要的电磁辐射。根据黑体辐射定律，当存在一定的温度时黑体会发射微波。若按频率分布，则有 $f = c/\lambda$，$\mathrm{d}f = (c/\lambda^2)\mathrm{d}\lambda$ 及 $M_f \mathrm{d}f = M_\lambda \mathrm{d}\lambda$，可将式（2.10）写为

$$M_f = \frac{2\pi h f^3}{c^2}\cdot\frac{1}{\mathrm{e}^{hf/kT}-1} \tag{5.2}$$

若考虑朗伯体，则用辐射亮度可表示为

$$L_f = \frac{2hf^3}{c^2}\cdot\frac{1}{\mathrm{e}^{hf/kT}-1} \tag{5.3}$$

和

$$L_\lambda = \frac{2hc^2}{\lambda^5}\cdot\frac{1}{\mathrm{e}^{hf/\lambda kT}-1} \tag{5.4}$$

在波长大于 1mm 的微波波段上，$ch/(\lambda kT) << 1$，展开 $\mathrm{e}^{hc/\lambda kT}$ 为级数形式：

$$\mathrm{e}^{hc/\lambda kT} = 1 + \frac{hc}{\lambda kT} + \frac{h^2c^2}{2\lambda^2k^2T^2} + \cdots \tag{5.5}$$

此式第三项及以后各项均可忽略不计，代入式（2.12）和式（5.3），有

$$M_\lambda = \frac{2\pi c}{\lambda^4}\cdot kT \tag{5.6}$$

$$L_\lambda = \frac{2kT}{\lambda^2} \tag{5.7}$$

这就是瑞利-金斯辐射公式，适用于波长相当长的情况下，因而在微波遥感中十分有用。此式表示了黑体发射的微波亮度与温度 T 和波长 λ 之间的关系。若在微波波段从 λ_1 到 λ_2 积分，则

$$L = \int_{\lambda_1}^{\lambda_2} \frac{2kT}{\lambda^2} \mathrm{d}\lambda = -\frac{2kT}{\lambda}(\lambda_2 - \lambda_1) \tag{5.8}$$

由此可见，黑体的微波辐射亮度与温度的一次方成正比。

对于一般物体的辐射，用同温下的黑体辐射来表示，即基尔霍夫定律：

$$M'_\lambda = \alpha \cdot M_\lambda \tag{5.9}$$

式中，M'_λ 为物体在所有波长下总的辐射通量密度；α 为物体的吸收系数；M_λ 为相同温度下的黑体辐射通量密度。

3）微波与物质的相互作用

a. 微波与大气的相互作用

地球大气主要由气体分子和大气微粒组成。各类气体分子的半径较小，对微波基本上不存在散射和吸收的影响。大气微粒可分为三类：水滴（包括云雾、降水）、冰粒和尘埃。由水粒组成的云粒子一般直径较小，不超过 100μm，对微波散射作用很小，一般可以忽略不计。大气降水云层中的粒子主要有雨滴、冰粒、雪花和干湿冰雹等，其直径均大于 100μm，有的可以达到几毫米（如雨滴）、几厘米（如冰雹），它们对微波的散射作用可以按米氏散射来分析，一般是不能忽略的，其吸收情况也比较复杂。

b. 微波与地物的相互作用

微波与地物的作用形式表现为反射、透射和吸收。对于微波遥感成像，地物对微波的吸收只是使回波能量减弱，所以此处不再讨论。当微波入射到地物表面时，随着地物表面粗糙度的不同，会产生不同的散射形式，如图 5.22 所示。若地物表面是光滑的，入射的微波会出现镜面反射现象。当地物表面是粗糙的，入射微波就会产生散射，即各方向的漫反射，顺着入射方向的散射分量称为前向散射，逆入射方向的散射分量称为后向散射。在地物表面只是有些粗糙，但不是很粗糙时，即轻微粗糙程度的情况下，除了镜面反射方向能量较强外，其他方向也有散射，但能量较弱。

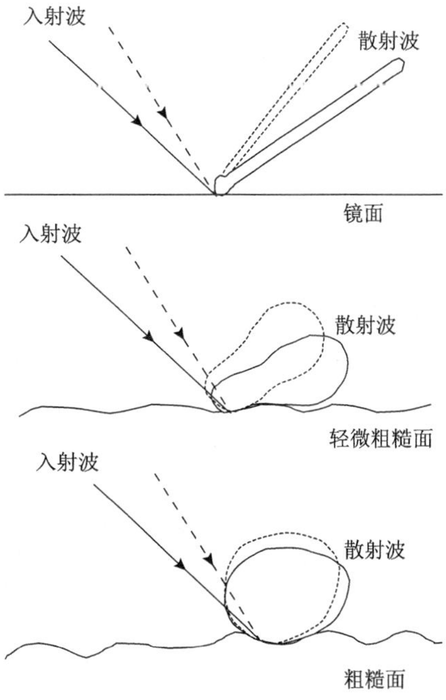

图 5.22　表面粗糙度与散射形式

除了反射和散射现象以外，还有部分微波能渗入地物内部，产生透射。一般来说，当电磁波在地物内部的介质中传播时，将产生能量损耗。电磁波对介质的穿透深度定义为

$$d = 1/\alpha = \sqrt{2/(\omega\mu\sigma)} \tag{5.10}$$

式中，α 为介质的衰减系数（dB/m）；ω 为电磁波的角频率；μ 为介质的磁导率（H/m）；σ 为介质的电导率（s/m）。穿透深度的物理意义是，当入射电磁波在有耗介质中传播的距离为 d 时，其场强将减小到它下介质表面的数值的 1/e，即 37%，而功率将降低到介质表面入射功率的 $1/e^2$，也就是 13.5%。例如，对于铜来说，由于 $\sigma = 5.80\times10^7$ s/m，$\mu = 4\pi\times10^{-7}$ H/m，1.0Hz 的微波对它的穿透深度为 2μm 左右。所以，一般可以认为金属和其他导体对微波来说是不透明的。表 5.5 列出了微波对不同含水量土壤的穿透深度。

表 5.5　微波对土壤的穿透深度

土壤种类	含水量/%	波长 λ/m		
		1	0.1	0.03
砂土	0	20	3.3	1.6
	3.88	5	0.33	0.046
	16.80	2.4	0.063	0.01
泥	0	31	18	4.08
	2.20	2.2	0.43	0.19
	13.77	0.44	0.059	0.016
黏土	0	10.3	1.4	0.55
	20.0	0.14	0.038	—

3. 微波遥感的特点

在第二次世界大战中，微波已用来作为夜间侦察的工具。而微波遥感被各国真正重视始于 20 世纪 60 年代。从航空飞机到航天飞机再到人造卫星，到 90 年代形成发展高潮。今天，微波遥感已与可见光遥感、红外遥感并驾齐驱，成为遥感探测的重要手段。表 5.6 列出了国外部分星载雷达的特性与应用领域。

表 5.6　国外部分星载雷达的特性与应用

参数	Seasat	SIR-A	SIR-B	钻石-1	ERS-1	JERS-1	SIR-C/X SAR	Radarsat	EOS-SAR
国家或组织	美国	美国	美国	苏联	欧洲航天局	日本	美国/德国/意大利	加拿大	美国
发射年份	1978	1981	1984	1991	1991	1992	1999、1996	1995	1999
高度/km	800	260	225	270～380	785	570	225	798	800
波段	L	L	L	S	C	L	L、C/X	C	L、C、X
极化	HH	HH	HH		VV	HH	四种极化/VV	VV	四种极化
视角	20°	47°	15°～60°	30°～60°	23°	35°	20°～55°	<20°或>20°	15°～50°
分辨率/m	25	40	25	10～15	6～30	18	25/10～30	10～100	10～30
遥感应用	海冰与海洋监测，摄取海波图形，地质学与森林学应用	验证对极贫瘠地区流沙层的微波穿透能力，地质和水文学应用	验证星载SAR的立体成像能力、测图	用于海洋学、地质学、制图学等	海岸区与全球海洋调查，干涉测量等	收集有助于地球资源探测的地表地形信息，灾情监测	促进地球科学及环境变化的研究，极化性能研究，干涉测量，火山表面移动	观测北极海冰移动，地形测量和海洋学	全球环境监测

微波遥感之所以发展迅速，是因为微波具有许多可见光和红外波段所没有的优点。

（1）微波可以全天时工作。可见光由太阳辐射而来，太阳照射时可以观测到，夜晚就不可能观测。而微波无论是被动遥感（接收目标物发射的微波信号）或主动遥感（遥感器发出微波信号再接收地面目标物反射回来的信号）都不受黑夜的影响而全天候工作，而且相对于同样可以进行夜间工作的红外遥感而言，微波的大气衰减很小。

（2）微波具有全天候工作能力。微波具有穿云透雾能力，这使遥感探测可以不受天气的影响。前面讲到的瑞利散射，其散射强度与波长的四次方成反比，即波长越长，散射越弱。大气中的云雾水珠及其他悬浮微粒比起微波波长要小很多，应遵循瑞利散射。在可见光波段，这种散射的影响很明显，但对于微波，由于其波长比可见光长得多，散射强度就弱到可以忽略不计。也就是说，微波在传播过程中不受云雾影响，具有穿云透雾的能力。这相对于可见光和近红外遥感遇到云雾就不能观测来说，微波遥感不受天气影响的特点就十分突出了。

（3）微波对某些地物有一定的穿透能力。可在一定程度上获取隐伏的信息，特别对隐藏在某些物体下的军事目标识别、考古及地质矿产调查有重要作用。因为微波能穿透冰雪、植被、人工伪装，并对地面表层土壤有一定的穿透深度，所以，微波遥感可用于测量陆地的许多特征，如土壤湿度、冰雪深度、地质构造，适当选择工作频率和波束入射角，除极茂密的森林外，其他大多数植被均可被微波穿透。不同的物质，微波的穿透能力有很大不同，同样的频率对干沙可以穿透几十米，干沙土穿透性最强，但土壤中的水分对穿透性影响很大，湿度越大，穿透性越小，对冰层则能穿透百米。总的来说，微波的穿透能力比其他波段强，但需要注意的是，微波对于金属和其他良导体几乎是没有穿透性的。

（4）微波遥感器可以探测地物的微波特性。地物对微波的散射特性与地物的物质组成、结构有关，能探测出地物在微波波段所表现的特征，这些特征与可见光、红外、紫外波段影像上所表现的特征完全不同。同时，微波是海洋探测的重要波段，适用于精确的距离测量、海面波动、风力等。正因为微波遥感所获得的信息与可见光、近红外波段有所不同，所以用不同波段对同一目标进行探测，则可以互相补充，实现对目标地物更全面的描述。

（5）微波遥感器可采用多种频率（波长）、多种极化方式、多个视角进行工作，来获取目标的空间关系、形状尺寸、表面粗糙度、对称性和复介电特性等方面的信息。

（6）微波遥感器成像时不仅记录目标的距离信息，还记录了目标的相位信息。利用目标的相位信息可以进行干涉测量，利用一定的算法求解地面的 DEM，这是其他类型遥感器所不能比拟的特点。

微波遥感也有一些弱点：①不能记录与颜色有关的信息，记录的某些地物信息属于人的视觉不可见信息，因此对雷达图像的解译比较困难。②图像变形情况复杂，雷达图像的投影方式属于距离投影，其图像的变形情况与其他类型的遥感器有明显的不同。几何校正过程复杂、技术难度相对较高。③目前微波遥感器还不多，雷达图像的获取相对周期较长。

4. 微波遥感器

无论是航空遥感平台还是航天遥感平台，微波遥感器可分为两大类：非成像遥感器和成像微波遥感器。

1）非成像遥感器

非成像遥感器一般属于主动式遥感系统。通过发射装置发射雷达信号，再接收回波信号测定参数。这种设备不以成像为目的。

微波遥感应用的非成像遥感器有：①微波散射计，主要用来测量地物的散射或反射特性。通过变换发射雷达波束的入射角，或变换极化特征及变换波长，研究不同条件对目标物散射特性的影响。②雷达高度计，测量目标物与遥感平台的距离，从而可以准确得知地表高度的变化、海浪的高度等参数，在飞机、航天器、海洋卫星中广泛应用。其原理主要是根据发射波和接收波之间的时间差测出距离。

2）成像微波遥感器

成像微波遥感器的共同特征是获得在地面扫描所得到的带有地物信息的电磁波信号并形成图像。这些遥感器可以是主动遥感，如侧视雷达、合成孔径雷达等，也可以是被动遥感，如微波辐射计。

（1）微波辐射计：微波辐射计主要用于探测地面各点的亮度温度并生成亮度温度图像。由于地面物体都具有发射微波的能力，其发射强度与自身的亮度温度有关。扫描接收这些信号并换算成对应的亮度温度图，对地面物体状况的探测很有意义。

（2）侧视雷达：侧视雷达是在飞机或卫星平台上由遥感器向与飞行方向垂直的侧面发射一个窄的波束，覆盖地面上这一侧面的一个条带，然后接收在这一条带上的地物反射波，从而形成一个图像带。随着飞行器前进，不断地发射这种脉冲波束，又不断地接收回波，从而形成一幅一幅的雷达图像。

（3）合成孔径侧视雷达：合成孔径侧视雷达与侧视雷达类似，也是在飞机或卫星平台上由遥感器向与飞行方向垂直的侧面发射信号，所不同的是将发射和接收天线分成许多小单元，每一单元发射和接收信号的时刻不同。由于天线位置不同，记录的回波相位和强度都不同。这样做的最大好处是提高了图像在飞行方向上的分辨率，天线的孔径越小，则分辨率越高。

微波遥感器的分类也可按遥感器是否发射微波进行，分为被动式和主动式遥感器，具体类型和主要测量对象见表 5.7～表 5.9。

表 5.7　微波遥感器分类

遥感器种类		观测对象
被动遥感器	微波辐射计	海面状态，海面温度， 海风，海水盐分浓度， 海冰水蒸气量，云层含水量， 降水强度， 大气温度，风， 臭氧，NO_x，其他大气微量成分
主动遥感器	微波散射计	土壤成分，地表面的粗糙度， 湖冰，海冰分布，积雪分布， 植被密度，海浪，海风，风向，风速
	雷达高度计	海面形状，大地水准面 海流，中规模旋涡，潮汐，风速
	（合成、真实）孔径侧视雷达	地表影像，海浪，海风，地形， 地质，海冰，雪冰的监测

表 5.8　主动微波遥感器的波段和主要测量对象

频率/GHz	测量对象	频率/GHz	测量对象
L：1～2	波浪	Ku：12～18	风，冰，大地水准面
S：3～4	地质	K：　18～27	植被
C：4～8	土壤成分	Ka：27～40	雪
X：8～12	降雨	W：75 附近	云

表 5.9　被动微波遥感器的波段和主要测量对象

频率/GHz	测量对象	频率/GHz	测量对象	频率/GHz	测量对象
1.4	土壤含水量，盐分浓度	100.49	NO_x	226.09	NO_x
2.7	盐分浓度，土壤含水量	110.8	O_3	230.54	CO
5	河口水温	115.27	CO	237.15	O_3
6	海面温度	118.7	气温	251.21	NO_x
11	雨，雪，湖冰，海面状态	125.61	NO_x	276.33	NO_x
15	水蒸气，雨	150.74	NO_x	301.44	NO_x
18	雨，海面状态，海冰，水蒸气	164.38	ClO_x	325.1	水蒸气
24	水蒸气，水滴	167.2	ClO_x	345.8	CO
30	海冰，水蒸气，油污染，云，水滴	175.86	NO_x	364.32	O_3
37	雨，云，海冰，水蒸气	183.31	水蒸气	380.2	水蒸气
55	气温	184.75	O_3		
90	云，油污染，冰，雪	200.98	NO_x		

5.4.2　侧视雷达的一般结构

侧视雷达一般由脉冲发射机、接收机、发射接收转换开关、天线和显示记录器组成，如图 5.23 所示。脉冲发射机产生脉冲信号，由转换开关控制，经天线向观测地区发射。地物反射脉冲信号，也由转换开关控制进入接收机。接收的信号在显示器上显示或记录在磁带上。

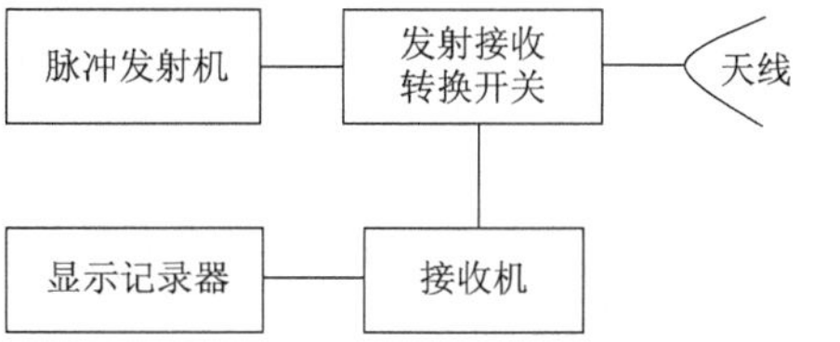

图 5.23　侧视雷达一般结构

雷达接收到的回波中，含有多种信息，如雷达到达目标的距离、方位、雷达与目标的相对速度（即做相对运动时产生的多普勒频移）、目标的反射特性等。其中，距离信息可用下式表示：

$$R=\frac{1}{2}C\cdot t \tag{5.11}$$

式中，R 为雷达到目标的距离；C 为电磁波传播速度；t 为雷达和目标间脉冲信号往返的时间。

雷达接收到的回波强度是系统参数和地面目标参数的复杂函数，雷达探测单个目标的回波功率 P_r 由下式给定：

$$P_r=\frac{P_t G_t G_r \lambda^2 \delta}{(4\pi)^3 R^4} \tag{5.12}$$

式中，P_t 为发射功率；G_t 为发射天线的功率增益；G_r 为接收天线的功率增益；λ 为雷达波波长；δ 为雷达截面积（雷达接收天线方向上目标的有效面积）；R 为目标至天线间的距离。

5.4.3　真实孔径雷达

1. 成像过程

真实孔径侧视雷达的工作原理如图 5.24 所示。天线装在飞机或卫星的侧面，雷达发射天线向平台行进方向（称为方位方向）的侧向（称为距离方向）发射一束宽度很窄的脉冲电磁波束，然后接收从目标地物反射回来的后向散射波，进而从接收的信号中获取地表的图像。由于地面各点到平台的距离不同，地物后向散射信号被天线接收的时间也不同，依它们到达接收天线的先后顺序记录在不同的影像位置上，即距离近者先记录，距离远者后记录，这样根据后向反射电磁波返回的时间排列就可以实现距离方向扫描。在相应的影像位置上记录的是地物回波功率及回波信号的相位。通过平台的前进，扫描面在地面上移动，进而实现方位方向上的扫描。

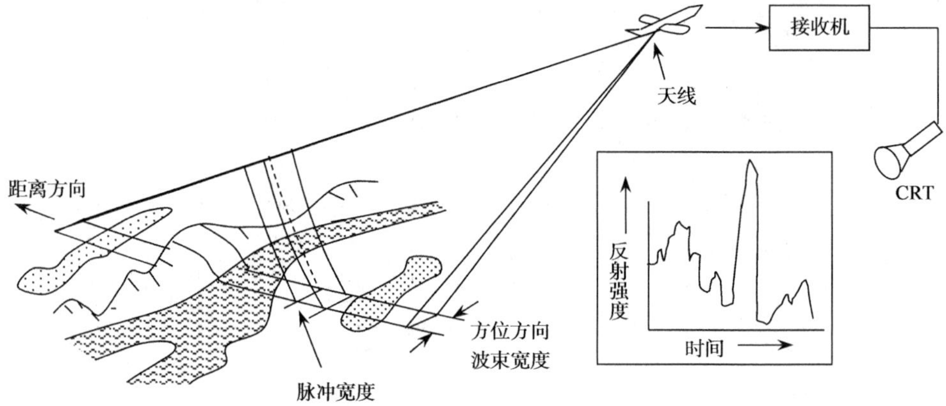

图 5.24　真实孔径侧视雷达工作原理

2. 距离向分辨率

真实孔径侧视雷达在距离方向和方位方向的地面分辨率是不一样的。距离分辨率（记为 ΔR ）是在距离方向上能分辨的最小目标的尺寸。要分辨同一方向上距离不同的两个目标，在理论上回波的时间间隔要等于或大于脉冲宽度 τ 。根据电磁波传播的速度，它可表示为

$$\Delta R=\frac{\tau \cdot c}{2\sin\theta} \tag{5.13}$$

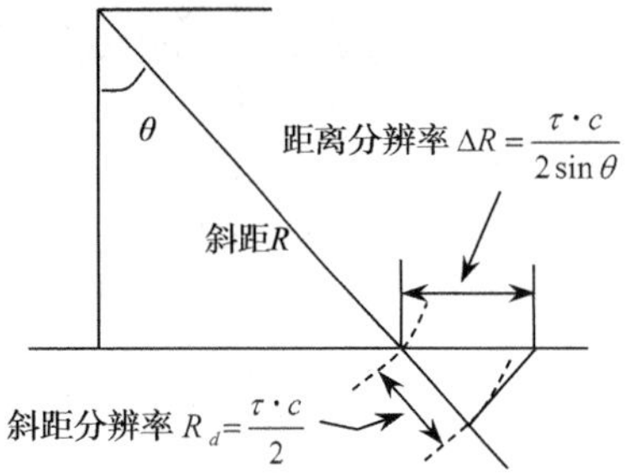

图 5.25　距离向分辨率

式中，τ 为脉冲宽度；c 为光速；θ 为雷达波的侧视角，如图 5.25 所示。

从式（5.13）可以看出：真实孔径侧视雷达的距离向分辨率与微波的脉冲密切相关，脉冲的持续时间（脉冲宽度）越短，距离分辨率越高。若要提高距离分辨率，需减小脉冲宽度。但脉冲宽度过小会使雷达发射功率下降，回波信号的信噪比降低，两者矛盾，使得距离分辨率难以提高。为了解决这一矛盾，一般采用脉冲压缩技术来提高距离分辨率。

脉冲压缩技术是用功率大的宽脉冲进行线形调频调制后发射，接收时使其通过在频率及时间上与发射时具有相反频率特性的匹配滤波器，这时就可以用假设的窄脉冲宽度得到大的输出。也就是说，先使接收的低频率的微波在滤波器上有较大的延迟，然后使更高频率的微波有较小的延迟，从而把接收信号以脉冲宽度很小的被压缩的信号提取出来，这一方法叫脉冲压缩。如图 5.26 所示，若原脉冲的宽度为 τ 、振幅为 A_0 ，经线性调频调制后，将它用天线发射并接收目标后向散射的电磁波，对接收的信号用与发射时具有相反频率特性的匹配滤波

器处理后，就相当于用较窄脉冲宽度的发射电磁波得到了振幅是原来 $\sqrt{\tau\cdot\Delta f}$ 倍、脉冲宽度为原来 $1/(\tau\Delta f)$ 的输出波形。为了提高距离方向上的分辨率，真实孔径雷达和合成孔径雷达中都采用这种“距离压缩”方法。

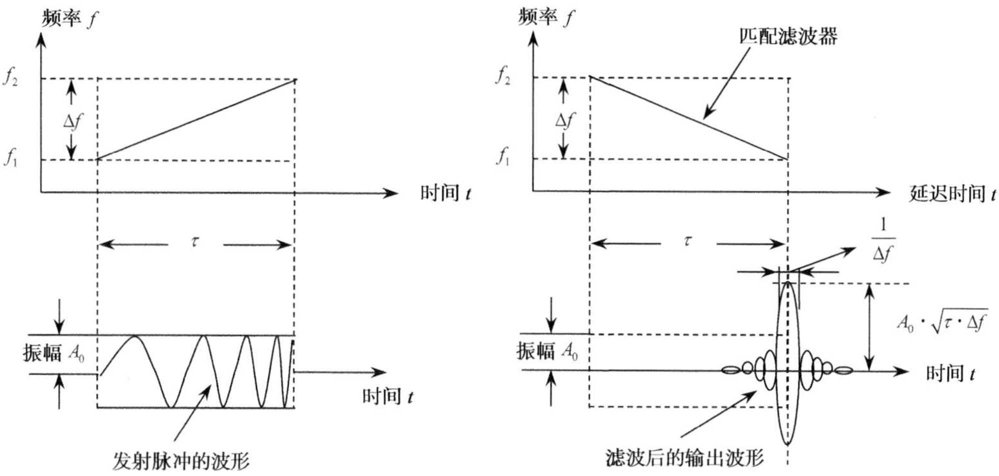

图 5.26　脉冲压缩原理

3. 方位向分辨率

方位分辨率（记为 ΔL）是在方位方向上能分辨的最小目标的尺寸。在方位向上，两个目标要被区分开来，就不能位于同一波束内，也就是说，方位分辨率取决于微波的波束角宽度，它可表示为

$$\Delta L=\beta\cdot R=\frac{\lambda\cdot R}{D} \tag{5.14}$$

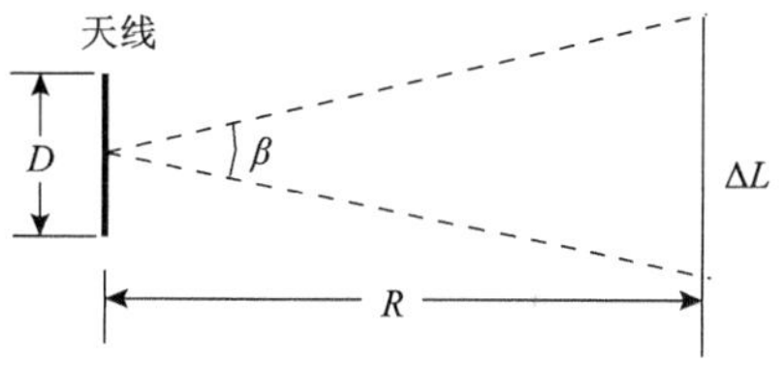

图 5.27　方位分辨率

式中，β 为波束宽度；D 为雷达天线的孔径；R 为雷达天线到地面目标的距离，如图 5.27 所示。

从式（5.14）可以看出：要提高方位分辨率，需采用较短波长的电磁波，或加大天线孔径，或缩短观测距离。这几项措施无论在飞机上或卫星上使用时都受到限制。例如，要求图像的方位向地面分辨率为 25m，当波长为 5.7cm、卫星高度为 600km、侧视角为 40°时，天线有效孔径长度为 1790m 才能达到要求，但在卫星平台上安装这样大的雷达天线几乎是不可能的。由此可见，真实孔径侧视雷达难以在航天遥感中应用就是这个原因。为了解决这个矛盾，目前采用合成孔径技术来提高侧视雷达的方位分辨率。

5.4.4　合成孔径雷达

1. 孔径合成的基本原理

合成孔径雷达（SAR）是 20 世纪 50 年代和 60 年代作为一种能获取高空间分辨率地面图像的主动微波系统研制出来的。其特点是，在距离向上与真实孔径侧视雷达相同，采用脉冲压缩来实现高分辨率，在方位向上则通过合成孔径原理来改善分辨率。通过对位置不断变化时所接收的包含相位的信号进行记录、处理，得到比采用实际天线更长的假设的天线长度（合成孔径长度）进行观测的同样效果。

图 5.28 为合成孔径雷达扇形扫描示意图，平台以高度 H 沿 X 方向作等速直线飞行，天线装在平台一侧以侧视角 θ 发射扇形波束，波束在距离方向（即 Y 方向）扫描地面，其瞬间照射地面的面积为 X_bY_b，X_b 和 Y_b 分别代表 X 轴（飞行方向）和 Y 轴（飞行方向）方向的照射长度，实际上是侧视雷达扇形扫描在方位方向和距离方向的地面分辨单元线度，则

$$X_b = R \cdot \beta = R \cdot \lambda / D \tag{5.15}$$

$$Y_b = C \cdot \tau / 2\sin\theta \tag{5.16}$$

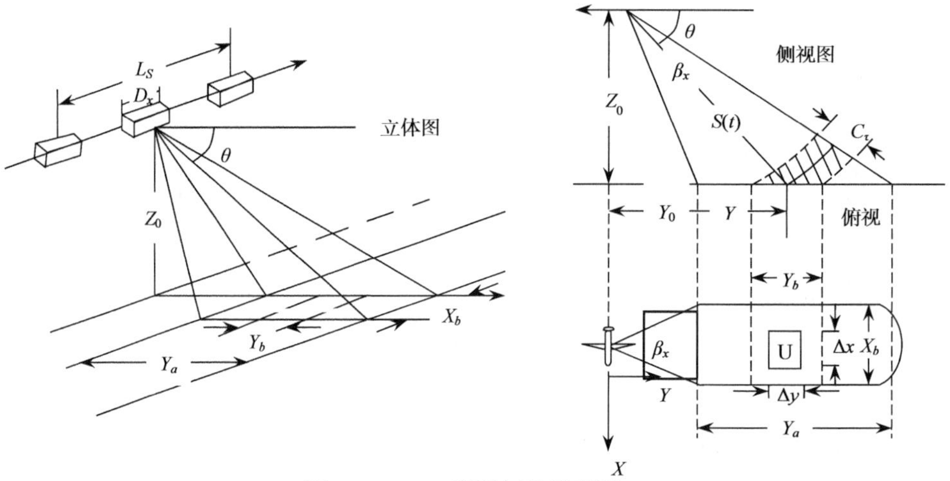

图 5.28　SAR 扇形扫描示意图

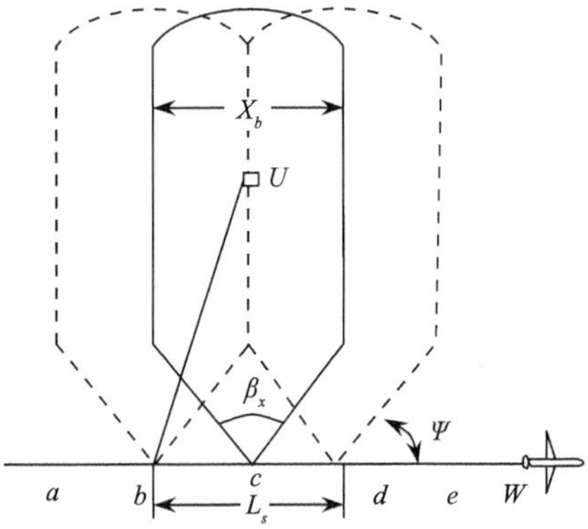

图 5.29　合成孔径形成示意图

图 5.29 是合成孔径形成示意图，平台以高度 H、速度 W 作等高、等速直线飞行，自 a 至 e。若只考虑波束主瓣的作用，在扫描区中有一个目标 U，只有等到平台飞到 b 点，U 才进入主瓣照射区，飞到 c 点 U 在主瓣中心，飞到 d 点离开主瓣。所以对 U 来说，只有平台在航段 bcd 上才有可能与 SAR 的天线发生联系。由此可见，从 b 到 d 就好像排满了 SAR 天线，形成了一个“线性天线阵”，在 bd 段都能直接接收到 U 的回波信号。由图 5.29 可见，合成孔径长度 L_s 为

$$L_s = X_b = R \cdot \beta = R \cdot \lambda / D \tag{5.17}$$

2. 合成孔径雷达的方位分辨率

在合成孔径雷达中，来自地表目标的反射脉冲在波束能照射到的时间内都会不断地被接收，随着平台的前进，平台和目标的相对位置关系会发生变化，在不同时刻和位置接收到同一地面目标信号的频率会发生变化，即出现多普勒频移效应。频率偏移对于时间而言是线性的，如图 5.30 所示，对于目标 A，天线在与它不同的相对位置上，随着时间的增加，依次接收的信号频率降低。所以，反射脉冲可以解释成是经过线性调频调制处理而得到的。因此，将在不同位置接收的 A 目标的信号，通过频率偏移具有逆特性的匹配滤波器滤波调制，就得到 A 目标的唯一像点。通过调制处理，改善了方位方向上的分辨率，这种处理也叫方位压缩。

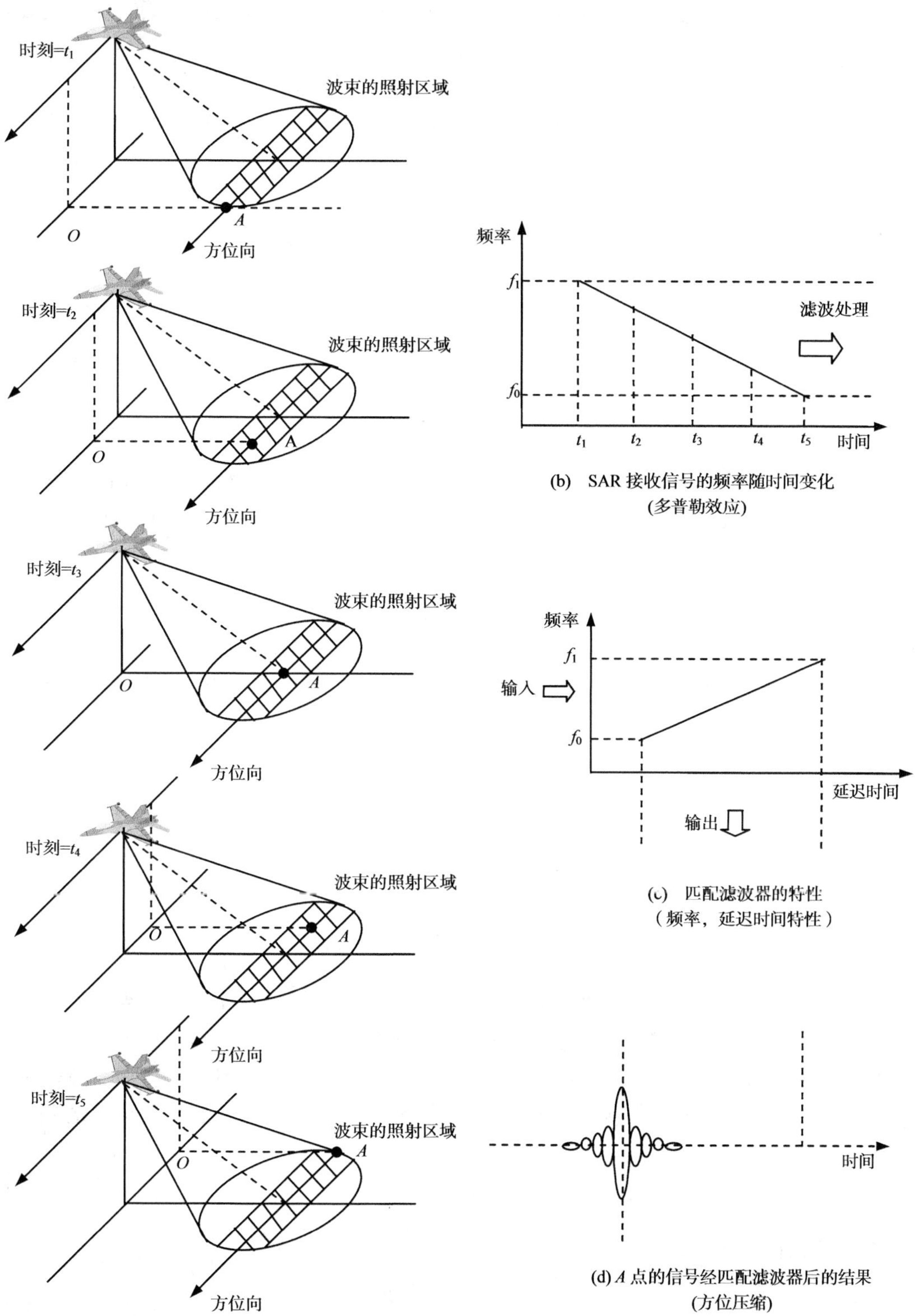

(a)　SAR 的观测过程

(b)　SAR 接收信号的频率随时间变化
(多普勒效应)

(c)　匹配滤波器的特性
（频率，延迟时间特性）

(d) A 点的信号经匹配滤波器后的结果
(方位压缩)

图 5.30　利用多普勒效应的合成孔径雷达的成像原理

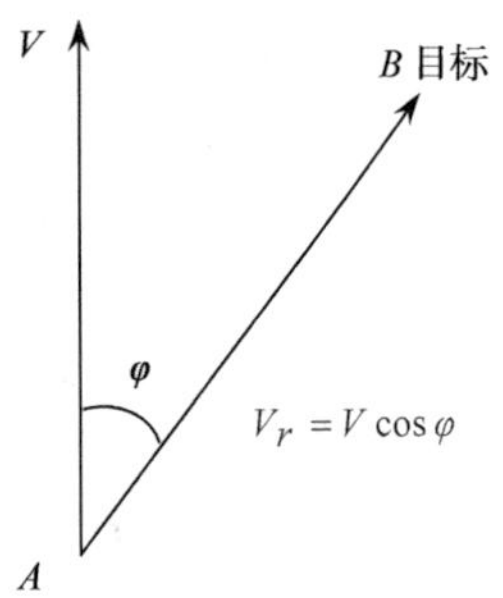

图 5.31　雷达与目标的相对几何关系

当雷达发射天线与被测目标在相对运动时，天线发出微波到达目标时的频率将不是原来的发射频率 f_0，而是在 f_0 的基础上叠加了一个频率 f_d，这一物理现象称为多普勒现象，f_d 称为多普勒频移。当雷达相当于目标的径向速度 V_γ 远小于光速 C 时，f_d 可近似地表示为

$$f_d = \frac{2V_r}{\lambda} \tag{5.18}$$

若平台运行速度为 V，它与相对运动中径向速度 V_r 的关系如图 5.31 所示，$V_r = V\cos\varphi$，则

$$f_d = \frac{2V}{\lambda}\cos\varphi \tag{5.19}$$

当 $\varphi = 90°$ 时，目标在天线的正侧向，尽管它们之间存在相对运动，但多普勒频移等于 0。若雷达波扫过在天线正侧向目标 A 的时刻为 t_0，扫过目标 B 的时刻为 t，则目标 B 的多普勒频移可写为

$$f_d = \frac{2V^2}{\lambda R}(t - t_0) \tag{5.20}$$

若平台移动整个合成孔径长度 L_s 所需的时间为 T_s，则发生多普勒频移的最大值 f_{d_1} 和 f_{d_2} 为

$$f_{d_1} = \frac{2V^2}{\lambda R}\cdot\frac{T_s}{2} \qquad f_{d_2} = -\frac{2V^2}{\lambda R}\cdot\frac{T_s}{2} \tag{5.21}$$

对目标 B 来讲，其回波的多普勒频移的带宽为

$$\Delta f_d = f_{d_1} - f_{d_2} = \frac{2V^2}{\lambda R}\cdot T_s = \frac{2V}{\lambda R}\cdot L_s \tag{5.22}$$

设地面上有两个目标点 P_1、P_2，它们与平台航向垂直距离均为 R，但两者所处的方位不同，如图 5.32 所示。它们在 X 方向的坐标分别为 x_1 和 x_2，二者的直线距离为 $\Delta x = x_2 - x_1$。它们的回波信号都是线性调频信号，这两个线性调频信号的带宽都等于多普勒频移的带宽 Δf_d，则 P_2 的回波信号多普勒频率变化的起始点显然为 t_2。P_1 的时间起始点与 P_2 的差别为

$$\Delta t = t_2 - t_1 = \frac{\Delta x}{V} \tag{5.23}$$

两者的频率差为

$$f_{d_1} - f_{d_2} = \frac{2V}{\lambda R}\Delta x = \frac{2V}{\lambda R}(x_2 - x_1) \tag{5.24}$$

如果能够分辨这个频率差，也就能分辨 Δx。在无线电技术中，可分辨的两个频率峰值点之差的极限为波瓣的半功率点的频谱宽度 Δf，它与扫过目标所需的时间（即平台运动合成

孔径后天线长度后的时间）满足下列关系：

$$\Delta f = f_{d_1} - f_{d_2} \geqslant \frac{1}{T_s} \tag{5.25}$$

综合上述几式可得

$$\frac{2V}{\lambda R} \cdot \Delta x = \frac{1}{T_s} \tag{5.26}$$

则可以得出

$$\Delta x = \frac{\lambda R}{2V} \cdot \frac{1}{T_s} = \frac{\lambda R}{2L_s} \tag{5.27}$$

若雷达天线的孔径大小为 D，则 $L_s = \frac{\lambda}{D} \cdot R$，代入上式即可得方位分辨率的理论值：

$$\Delta L_s = \Delta x = \frac{D}{2} \tag{5.28}$$

上式表明合成孔径雷达的方位分辨率与距离无关，仅与实际天线的孔径有关，且天线越短，分辨率越高。例如，天线孔径为 8m，波长为 4cm，目标与平台间的距离为 400km 时，真实孔径侧视雷达的方位向分辨率为 2km，而合成孔径侧视雷达的方位向分辨率仅为 4m。

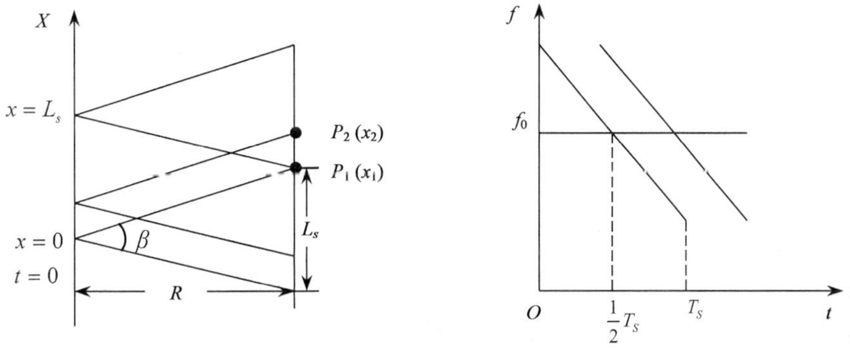

(a) 雷达与目标的位置关系　　(b) 多普勒频率的变化过程

图 5.32　目标位置与多普勒频率的关系

5.4.5　合成孔径雷达成像处理

SAR 的观测数据是把雷达天线发射出的宽幅脉冲到达地表后的后向散射信号以时间序列记录下来的数据，如图 5.33 所示。在原始数据中，来自地表某一点 P 的后向散射信号被拉长记录到仅相当于脉冲宽度的距离向上。此外随着平台的移动，在微波波束穿过 P 点期间的不同摄站上都可以接收到 P 的后向散射信号，所以其反射信号在方位向上也被拉长记录下来。SAR 的原始数据必须经过处理，才能变成如图 5.34 所示的通常意义上的图像。

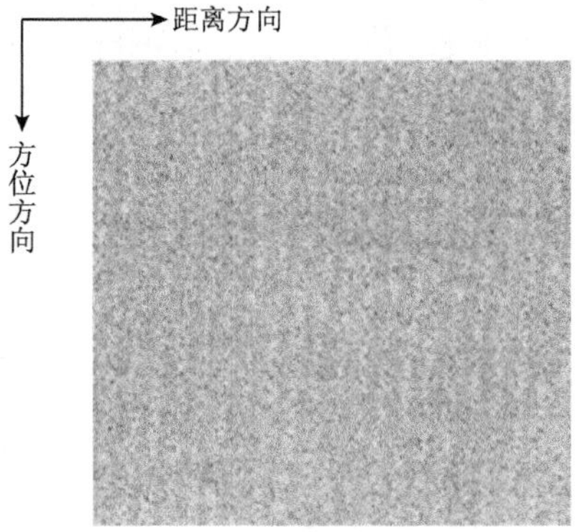

图 5.33　SAR 的原始数据

图 5.34　SAR 重建图像

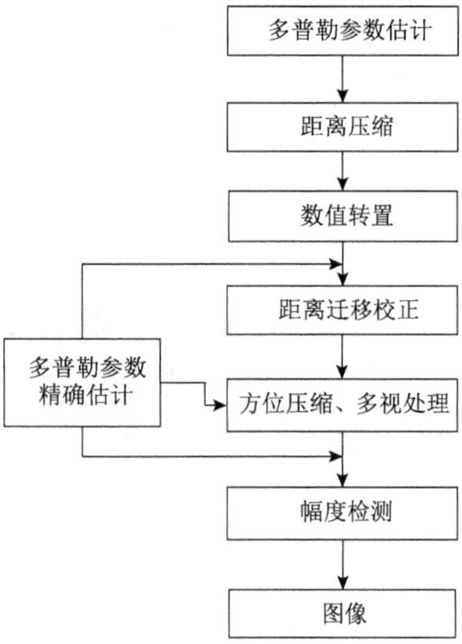

图 5.35　RD 算法处理流程图

SAR 的原始数据成像处理经常使用距离多普勒算法（range doppler，RD 算法），其基本步骤如图 5.35 所示。

1）多普勒参数估计

利用平台的姿态数据、轨道参数和雷达参数计算多普勒中心频率和多普勒调频率。由于姿态数据精度的限制，计算结果的误差较大，因而一般只作为成像处理中参数估计的初始值使用。

2）距离压缩

RD 算法要求进行 SAR 数据距离向的处理。SAR 进行距离向分辨的方法主要有两种：一种是通过 SAR 发射窄脉冲，直接完成距离向的分辨（如原苏联的 ALMAZ-1 卫星）；另一种是通过 SAR 发射脉冲线性调频信号（LMF），接受后经匹配滤波完成距离向的分辨（如 SEASAT、JERS-1、ERS-1 等）。

3）数据转置

SAR 数据完成距离压缩后，需按方位向重新排列以进行方式处理。数据装置就是将 SAR 数据由距离向排列转变为方位向排列的程序模块。

4）距离迁移校正

距离迁移现象指在合成孔径时间内与雷达之间的距离产生变化，发生这种现象的原因是球面雷达波前和在合成孔径时间内目标对于雷达航迹的运动（如地球自转）。

5）多普勒参数的精确估计

多普勒参数的精确估计是指从 SAR 数据本身提取多普勒参数。它是 SAR 成像处理中的关键技术，多普勒参数估计的方法很多，如方位谱直接测量法、杂波锁定法及自聚焦法等。

6）方位压缩和多视处理

方位处理是根据多普勒参数估计模块得到的多普勒中心频率和调频率生成的匹配滤波器对 SAR 信号进行方位向压缩。通过距离压缩和方位压缩可以把距离方向和方位方向上分布记录的地面上一点的接收信号压缩到一点上。

消除 SAR 图像上的光斑噪声是 SAR 数据成像处理的另一项重要内容。光斑产生的原因是成像时存在一定面积的面目标或分布目标中同类的点或物质随机分布，并且表面粗糙度较大。例如，草地，草地中的草可以认为是随机分布的，由于位置不同，它们接收到的雷达波位相不同，回波的初位相和振幅都不相同。这样雷达天线所接收的电磁波就有最强信号和最弱信号之间的周期性变化，在图像上表现为亮点和暗点相间的图斑。由于亮点突出，这一现象叫做光斑效应。消除图像上这些光斑噪声的常用方法是多视处理，多视处理对各子孔径图像进行非相关叠加，以减少相干斑点噪声的影响。表征 SAR 图像的主要质量指标是几何分辨率和辐射分辨率。经过多视处理后，图像的辐射分辨率改进 $\sqrt{n}$ 倍（n 为视数），但几何分辨率要降低 n 倍。因此，多视处理是通过牺牲几何分辨率来提高辐射分辨率的，多视处理一般在频域内进行。

5.4.6 INSAR

INSAR 技术是合成孔径雷达的一个重要应用，在过去的 30 年中得到了迅速的发展。它是利用具有一定视角差的两部天线来接收地面目标回波信号，经成像处理后得到同一观测区域两幅具有相关性的 SAR 单视复数图像，经干涉处理后检测出相位差，按照一定的几何关系进行计算，可以得到观测区域的地面三维信息。它主要应用于测量地面的高程和监测变形。

理论上，单幅 SAR 图像的相位信息是没有实际用途的。如果是两幅同一地区、不同视角、并能产生干涉的 SAR 图像，就可以得到该地区的干涉相位，进而获得其三维信息。

INSAR 数据获取方法有两种：一是在同一次飞行中，使用两个相隔一定距离的天线同时接收地面的回波；二是多次对同一地区进行 SAR 成像。在机载 SAR 系统中多采用第一种方法获得 INSAR 数据，而后者是目前星载 SAR 获取 INSAR 数据的唯一方法。由于 INSAR 数据获取方法有两种，因而 INSAR 的名称有两种解释，即干涉合成孔径雷达（interferometric synthetic aperture radar）和合成孔径雷达干涉测量（synthetic aperture radar interferometry）。

干涉合成孔径雷达是指双天线的合成孔径雷达，它是在 SAR 系统中安装两部间隔一定距离的天线，一部天线发射并接收信号，另一部天线只接收信号。两部天线接收的信号采用相同的多普勒中心频率滤波成像。由于两部天线所接收的是同一地区反射回来的后向散射回波，但它们到达天线的距离不同，即所接收的回波信号相位不同，因而可以通过干涉获得干涉相位（相位差），因为干涉相位与 SAR 系统的波长、两天线的位置、入射角、地面高度有密切的关系，而 SAR 系统的波长、两天线的位置、入射角是已知的，所以在得到干涉相位后就可以得到地面的高程信息。

利用重复飞行的方法进行 INSAR 数据获取和地面三维信息提取的方法一般称作合成孔径雷达干涉测量。它与双天线的原理、目的相同，只是数据获取和处理的方法有所区别。

在双天线的情况下，两部天线平行于飞行方向获取地面的影像并进行干涉处理的过程称为顺迹干涉（along-trace interferometry），两部天线垂直于飞行方向获取地面的影像并进行干涉处理的过程称为横迹干涉（across-trace interferometry）。前者只能测定水平距离，而后者能获得地面的三维信息。在采用重复轨道干涉（repeat-pass interferometry）的情况下，获取两幅图像的时间上有所差异，为避免时间差异引起不良效果，一般要求时间间隔应尽量短；基线长一般不超过 1000m。下面介绍重复轨道干涉测量的原理。

1. 空间几何关系

如图 5.36 所示，假设 A_1、A_2 是卫星两次对同一地区成像的位置（即天线的位置），A_1 位置的轨道高度为 H，两个摄站之间的基线长为 B，基线的水平角为 α，入射角为 θ，则地面目标 Z_1 的高程 h 为

$$h = H - R_1 \cdot \cos\theta \tag{5.29}$$

式中，R_1 为 A_1 至目标 Z_1 的距离。根据余弦定理得

$$R_2^2 = R_1^2 + B^2 - 2 \cdot R_1 \cdot B \cdot \cos(\alpha + 90° - \theta) = R_1^2 + B^2 + 2 \cdot R_1 \cdot B \cdot \sin(\theta - \alpha) \tag{5.30}$$

式中，R_2 为 A_2 至目标 Z_1 的距离。

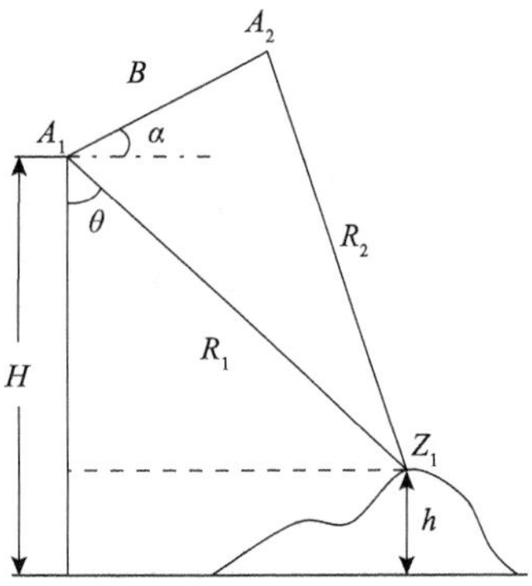

图 5.36　INSAR 测高原理

若令 $\Delta R = R_2 - R_1$，则由式（5.30）可得

$$\sin(\theta - \alpha) = \frac{(R_1 + \Delta R)^2 - R_1^2 - B^2}{2 \cdot B \cdot R_1} \tag{5.31}$$

整理式（5.31）得到

$$R_1 = \frac{\Delta R^2 - B^2}{2 \cdot B \cdot \sin(\theta - \alpha) - 2\Delta R} \tag{5.32}$$

干涉相位是指目标在 A_1、A_2 处接收的回波的相位差 $\Delta\varphi$，而相位差 $\Delta\varphi$ 与距离差 ΔR、波长 λ 有如下关系：

$$\varDelta = \frac{2\pi}{\lambda}\Delta R \tag{5.33}$$

考虑雷达所接收的回波信号是经过发射和返回路程的信号，所以有

$$\Delta R = \frac{\lambda}{4\pi}\varDelta \tag{5.34}$$

将式（5.32）和式（5.34）代入式（5.29）得

$$h = H - \frac{\left(\dfrac{\lambda \cdot \varDelta}{4\pi}\right)^2 - B^2}{2B \cdot \sin(\theta - \alpha) - \dfrac{\lambda \cdot \varDelta}{2\pi}} \cdot \cos\theta \tag{5.35}$$

上式表明了干涉相位信息与雷达参数、天线位置、入射角及地面点高程的关系。这就是 INSAR 能够从干涉相位中得到地面高程的原理。

2. INSAR 数据处理基本过程

根据 INSAR 的基本原理，INSAR 数据处理的基本过程如图 5.37 所示，其关键步骤可概括为以下几点。

1）匹配

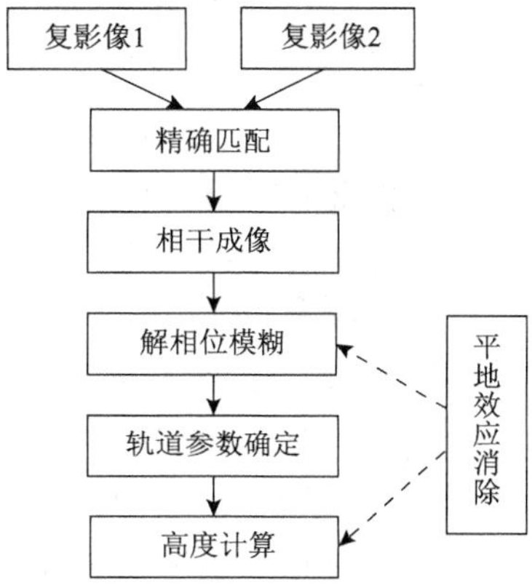

图 5.37　INSAR 数据处理的基本过程

求取地面点的高度信息，必须首先确定地面点的干涉相位信息。两幅 SAR 图像虽然是对同一地区成像，但是在不同的时刻、由不同的轨道所获取的，因此其成像时 SAR 系统的位置不同、微波入射角的不同，使两幅图像相对应的像点并不是地面的同一目标点。因而，只有在先对不同轨道的 SAR 图像进行精匹配后，才能得到地面点的干涉相位信息。从匹配的角度来说，两幅图像的匹配精度应达到子像元级。否则，所得到的干涉相位不能保证是同一地面点的，从而影响所求地面高度的准确性，甚至不能获取地面的高程信息。

2）相位解模糊

经匹配后的两 SAR 图像进行相干，得到所需的干涉相位。但是，所取得的干涉相位只是其主值φ_m，即其值的范围为[$-\pi$，π]，而并不是其真实值φ。真实值与主值之间相差 $2m\pi$（$\varphi=\varphi_m+2m\pi$），这就是相位模糊的问题。为了获取地面高度信息，必须先获得干涉相位的真实值，即要求出 $2m\pi$中的 m 值，这就是相位解模糊的目的。

3）轨道参数求解

从 INSAR 原理中，知道两天线的相隔距离（基线长）B 和天线的连线与水平线的夹角α，都是求取地面高程的不可少缺的重要参数。为了获取 B 和α，必须要知道 SAR 成像时卫星的位置，即通常所说的轨道参数。轨道参数的确定，可以通过星历表参数来估算，但其精度不高。可通过一定数量的地面已知点（控制点），根据其成像原理，来计算成像时的轨道参数。

4）平地效应消除

平地效应是高度不变的平地在干涉条纹图中所表现出来的随距离向和方位向的变化而呈周期性变化的现象。干涉条纹图像中有很严重的平地效应，在相位解模糊前可进行平地效应的消除，以便顺利解相位模糊；并且，对于某些高程解算的方法，要求必须进行平地效应消除工作。因此，平地效应消除步骤在 INSAR 数据处理中具有非常重要的作用，但并不是必须的。

平地效应消除可以通过估计距离向和方位向的条纹频率来做相应的补偿。对于平行轨道的重复轨道干涉，可以只做距离向的平地效应消除。平地效应在频谱中表现出一个很强的峰值，通过在干涉图中沿距离方向减去其峰值所对应的频率，即可对距离向的平地效应进行消除。

5）高度计算

在获得干涉相位的真实值和轨道参数后，就能解算出成像区的地面点的高度。最后可以形成数字高程模型（DEM）或进行变形检测等应用。

5.4.7　PolSAR

PolSAR（polarimetric synthetic aperture radar）是能对目标进行全极化下即为水平极化和

垂直极化的四种发射、接收组合测量成像的合成孔径雷达。因为能对目标进行更为全面的描述，其测量数据包含了更丰富的目标信息，所以极化 SAR 在目标检测、变化检测、图像分割分类或识别及参数反演等方面具有十分突出的优势。

从 SAR 系统发展的角度看，雷达遥感经历了三个阶段：第一阶段为单波段单极化雷达遥感；第二阶段为多波段多极化雷达遥感；第三阶段为全极化雷达和干涉雷达遥感。

早期的 SAR 成像系统主要工作在单极化、单频状态，采用单一极化通道的发射与接收电磁波，只能获得地物对某种单一电磁波的散射特性，得到的信息量是有限的，部分包含在散射信号极化特性中的重要信息无法得到记录。随着 SAR 理论及应用的不断发展，传统 SAR 技术所提供的定性参数反演结果已无法满足技术应用的需求，人们还期望获取感兴趣地物目标的其他特征，包括几何形状、材料构成、湿度、粗糙度、空间分布及方位取向等。只利用单极化通道中的雷达后向散射信息难以实现地物参数的精确反演，因此采用矢量测量的方法对散射电磁波的极化信息进行测量，即利用极化 SAR 提供的后向散射信息实现从电磁波的极化散射机理去研究地物物理特性，实现地物散射参数的精确反演。

与单极化或多极化 SAR 不同，全极化 SAR 通过发射和接收 H、V 极化脉冲，不仅能测量散射目标的振幅，还能记录不同极化状态组合回波的相位差信息。全极化 SAR 测量的数据不只是目标的后向散射系数，而是一个 2×2 的散射矩阵——极化散射矩阵。极化散射矩阵将目标散射的能量特性、相位特性及极化特性统一起来，相对完整地描述了雷达目标的电磁散射特性。

相比于单极化 SAR，全极化 SAR 具有以下优势：①不同目标由于物理结构特性的差异，对入射波的调制特性也就不同，获得的散射波就含有关于目标特性的信息，成为目标特性测量的载体。由于目标本身的特性，散射波与入射波的幅度、相位、频率及极化特性等参数都不相同，以此作为获得目标信息和进一步提取目标特征参数的重要依据。因此，相比于非极化观测，极化测量能够提供更加丰富的目标信息。②采用 POLSAR 系统进行观测，能够获得关于目标散射特性的复散射矩阵，利用极化目标分解等方法对散射矩阵进行分析，提取目标散射特性参数，能够得到关于目标散射和成像的机理。③由于目标方位角的存在，同一类目标的雷达有效散射截面积（radar cross section，RCS）并不一定相同，从而为目标分类识别带来了不确定性。采用极化测量方法，从散射矩阵中得到关于任意极化状态的回波信息，从中提取方位角信息，可以消除这种不确定性的影响。采用极化信息处理，目标的检测识别性能大大改善，同时提高了目标分类及鉴别能力。④对目标的观测效果会随着电磁波测量的频率、视角和极化方式发生变化，不同目标的最佳观测效果对应的电磁波特性各不相同。利用对某一种特定类型目标进行观测结果较好的系统，对另一类目标进行观测时，获得的观测结果可能比较差。因此，采用单极化 SAR 系统进行观测，其应用范围会受到单个极化状态的限制。而采用 PolSAR 系统则能够突破单极化的限制，扩大 SAR 的应用范围，得到关于不同类型的目标在不同极化状态下较好的观测效果。⑤采用极化系统能提高抗干扰的能力，有利于杂波抑制。SAR 系统的杂波主要包括干扰信号及非感兴趣目标的回波信号。对于杂波信号，采用 PolSAR 总能够寻找到一种最优状态，在这种最优状态下有用信号与无用信号之间的对比度最大，从而实现抗干扰和杂波抑制的目的。

全极化 SAR 的发展始于 20 世纪 80 年代，自 1989 年 AIRSAR 多波段极化 SAR 成功运行以来，迅速进入高潮，1994 年的航天飞机成像雷达飞行任务（SIR-C/X-SAR）将极化 SAR

遥感研究推上高峰。

早期的全极化 SAR 系统都是机载 SAR 系统。1985 年，美国国家航空航天局喷气推进实验室（JPL）研制成功了第一台机载极化 SAR 系统 —— CV990 机载成像雷达系统。1988 年，JPL 又研制成功了多波段机载极化 SAR 系统——AirSAR，它具有 P、L、C 三个波段，分辨率优于 10m。自 1988 年春至 1990 年，AirSAR 系统已进行了多次飞行试验，获取了美国本土和其他国家的熔岩、森林、农田、海冰、海洋等诸多方面的大量信息，极大地促进了极化 SAR 的研究与发展。随后典型的机载全极化 SAR 有：日本的 Pi-SAR、加拿大的 Convair-SAR、德国的 E-SAR 和 F-SAR、法国的 RAMSES、美国的 ERIMSAR 及丹麦的 EMISAR 等系统，所有这些系统均工作在多波段模式下。

1994 年美国 NASA、德国宇航中心（Deutsches zentrm für Luft-und Raumfahrt，DLR）和意大利空间局（Italian Space Agency，ASI）共同进行了航天飞机成像雷达飞行任务（SIR-C/X-SAR），这是最早投入使用的天基 PolSAR 系统。SIR-C 是由 NASA JPL 研制的，为双频雷达（L 波段和 C 波段），采用全极化方式。X-SAR 由 DLR 和 ASI 共同建造，为单频雷达（X 波段），采用 VV 极化方式。SIR-C/X-SAR 共用一副天线，首次实现了利用多频、多极化雷达信号从空中对地球进行观测，有助于人们深入理解现象背后的物理机理，开展海洋动力学、火山活动、植被、土壤湿度、土壤侵蚀和沙化等研究。

2002 年发射的 ENVISAT 上所携带的 C 波段 ASAR 可在 VV+HH/VV+VH/HH+HV 双极化下工作，是第一个星载多极化 SAR 系统。2006 年 1 月日本发射的 ALOS 卫星上所携带的 L 波段 PALSAR 是第一个真正意义上的星载全极化 SAR 系统。此后，意大利的 COSMO-SkyMed、德国的 TerraSAR-X、加拿大的 Radarsat-2 等卫星均具有全极化工作能力。这标志着星载 SAR 系统已全面进入全极化工作阶段。

全极化 SAR 系统在对地观测和遥感应用方面具有显著的优势。散射矩阵记录了地物任意一种极化状态下的散射回波，既有振幅信息，也有相位信息，比常规单极化、多极化雷达包含更多的地物信息，如后向散射系数、去极化指数、极化度、同极化率、交叉极化率、散射熵，以及同极化相位差等，明显提高了雷达遥感解决应用问题的能力。这些极化信息的提取能最大限度地将不同地物的散射特征以量的形式表现出来，揭示地物的散射差别，为土地覆盖分类、目标识别及目标参数反演提供新的技术方法。极化 SAR 的特点和优点使得它在农作物分类估产、林业资源调查与生物量估计、地质测绘、水文测绘、资源规划、海洋环境监测、灾害分析与监测，以及军事战场环境探测与目标检测识别等方面具有重要应用。

思考题

1. 说明遥感器的分类及其基本组成。
2. 遥感器的性能决定了遥感哪些能力？
3. 遥感成像时如何确定光谱分辨率？
4. 说明辐射分辨率与图像的关系。
5. 介绍摄影型相机的特点。
6. 说明多光谱摄影机的成像原理。
7. 说明扫描成像的基本原理及扫描图像与摄影图像的区别。

8. 说明成像光谱仪的特点和结构。

9. 微波遥感的特点有哪些?

10. 说明侧视雷达的成像过程、提高距离分辨率的原因及其原理。

11. 侧视雷达为什么要采用脉冲压缩的方法?

12. 解释 INSAR 并说明其基本原理。

第 6 章　遥感图像的特性

遥感图像在记录地物时，以其图像坐标表示地物在图像上的位置，以其图像灰度或色彩的区别来表示地物的形状和轮廓。本章主要介绍遥感图像的几何特性和物理特性。几何特性主要介绍地物和其相应影像的几何关系、影像的比例尺、影像的有关变形、影像空间（地面）分辨率等；物理特性主要介绍地物电磁波辐射特性与其影像灰度或色彩的关系。按照遥感图像投影性质的区别，将遥感图像分为摄影像片、扫描图像与雷达图像进行介绍。

6.1　摄影像片的特性

利用摄影照相机取得的像片统称为摄影像片。用框幅式、缝隙式、全景式、多光谱摄影机摄取的像片又分别称为框幅式像片、缝隙式像片、全景像片和多光谱像片。摄影像片的特性通常指它的几何特性和物理特性。

6.1.1　框幅式像片的几何特性

框幅式像片是所摄地区的中心投影，地面上各点的反射光线通过一固定点（摄影机物镜中心 S）到达一平面（像平面）上形成影像（面阵 CCD 影像也属于此类投影方式），S 也称为投影中心，如图 6.1 所示。其中，$O-XYZ$ 是地面坐标系；$S-X'Y'Z'$ 是以 S 为原点与 $O-XYZ$ 平行的坐标系；$o-xy$ 是以像主点 o（即物镜中心 S 向像平面所做垂线的垂足）为原点的像平面坐标系；$S-xyz$ 为像空间坐标系。在摄影测量学中，确定像空间坐标系在某一地面坐标系中的方位的元素被称为像片的外方位元素。像片的外方位元素共有 6 个，其中 3 个是线元素，即像空间坐标系的原点 S 在地面坐标系中的坐标（X_s,Y_s,Z_s）；另外 3 个是角元素，用以确定像空间坐标系三轴在地面坐标系的方向，即确定两坐标系之间的旋转矩阵。

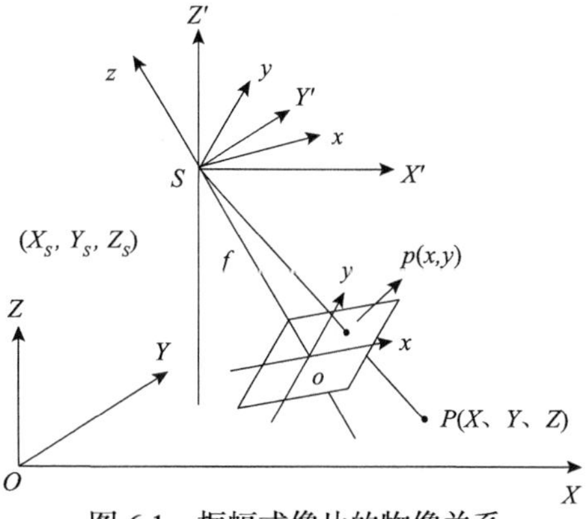

图 6.1　框幅式像片的物像关系

1. 像点与对应地面点的坐标关系

根据航空摄影测量学可知像点坐标与对应地面点坐标之间的关系为

$$\begin{cases} x = -f\dfrac{a_1(X-X_s)+b_1(Y-Y_s)+c_1(Z-Z_s)}{a_3(X-X_s)+b_3(Y-Y_s)+c_3(Z-Z_s)} \\ y = -f\dfrac{a_2(X-X_s)+b_2(Y-Y_s)+c_2(Z-Z_s)}{a_3(X-X_s)+b_3(Y-Y_s)+c_3(Z-Z_s)} \end{cases} \tag{6.1}$$

式中，f 为摄影相机的焦距，可从相机资料中查出，为已知值；（x,y）为像点 p 在像平面坐标系 $o-xy$ 中的坐标；（X，Y，Z）为与 $p(x,y)$ 对应的地面点 P 在地面坐标系 $O-XYZ$ 中的坐标；(X_s,Y_s,Z_s) 为摄站 S 在地面坐标系 $O\text{-}XYZ$ 中的坐标；$a_i,b_i,c_i\ (i=1,2,3)$ 为外方位角元素所确定的地面坐标系与像平面坐标系之间旋转矩阵的元素，即方向余弦。

参数 (X_s,Y_s,Z_s)，a_i、b_i、$c_i\ (i=1,2,3)$ 是框幅式像片的姿态参数，可根据像片上的控制点（即其地面坐标已知的点）用解析摄影测量的方法解算出来。

2. 像片的比例尺

像片的比例尺是像片上某线段长度与地面相应长度之比。根据航空摄影测量学可知当像片水平、地面平坦时像片的比例尺为一常数，即

$$\frac{1}{m}=\frac{f}{H} \tag{6.2}$$

式中，m 为像片比例尺分母；f 为摄影相机的焦距；H 为相对航高（即平台高度）。

当像片不水平、地面有起伏时，像片比例尺为

$$\frac{1}{m}=\frac{(f-y_c\cdot\sin\alpha)^2}{H\cdot\sqrt{\left[(f-y_c\cdot\sin\alpha)\cos\varphi+x_c\cdot\sin\alpha\cdot\sin\varphi\right]^2+f^2\cdot\sin^2\varphi}} \tag{6.3}$$

式中，α 为像片倾斜角；φ 为像片上线段与 x 轴的夹角；x_c 、y_c 为以等角点为原点、以等比线为 x 轴、以主纵线为 y 轴的坐标系中的像点坐标。其中，过 S 所做 α 角的二分线与像平面的交点为像片的等角点，在像片上过等角点的水平线称为等比线，由 S 向地面所做垂面与像平面的交线称为像片的主纵线。

从式（6.3）可以看出，像片比例尺 m 与像点位置 (x_c,y_c)、平台高度 H 、像点所处线段的方向及像片倾角 α 有关，它有如下三个特点：①倾斜像片上像点的比例尺随点位不同而不同；②像点的比例尺是有方向的；③当地面有起伏时，像点对应的 H 值发生变化，像片比例尺也发生变化。

3. 影像的变形规律

成像时由于多种因素的影响，影像本身的几何形状与相应地物的几何形状往往是不一致的。影响影像形状即像点成像位置的因素很多，如摄影材料伸缩变形、底片未压平、物镜畸变差、大气折光差及地球弯曲等。这里仅考虑中心投影所固有的两种像点移位现象，即倾斜误差和投影误差。

摄影时因像面倾斜而引起的像点移位称为像点的倾斜误差，如图 6.2 所示。

倾斜误差 δ_α 的计算公式如下：

$$\delta_\alpha=-\frac{r_c^{\,2}\sin\varphi\cdot\sin\alpha}{f-r_c\cdot\sin\varphi\cdot\sin\alpha} \tag{6.4}$$

式中，α 为像片倾斜角；φ为像点和等角点的连线与等比线的夹角；r_c 为像点 p 到等角点 c 的线段长；f 为焦距。

从式（6.4）可以看出，倾斜误差具有以下特性：倾斜误差发生在等角点辐射线上，等比线上没有倾斜误差；像点距等角点越远，倾斜误差越大；在等角点辐射距相等的条件下，主纵线上像点的倾斜误差最大；等比线将像片分为两部分，包含主点部分的所有像点都向着等角点移位，包含底点部分的所有像点都背着等角点移位。

投影误差是由地面起伏所引起的像点移位。无论像片是否水平，当地面有起伏时，对高于或低于某一基准面的地面点，它在像片上的像点与该点在基准面上垂直投影点在像片上的构像点之间有着直线移位，如图 6.3 所示。近似垂直摄影像片上投影误差可按下式来计算：

$$\delta_h = \frac{\Delta h}{H} r_n \tag{6.5}$$

式中，Δh 为像点所对应地面点与基准面间的高差；H 为平台相对基准面的高度；r_n 为像点至像底点（过投影中心 S 的铅垂线与像片的交点）的距离，也称为底点辐射距。

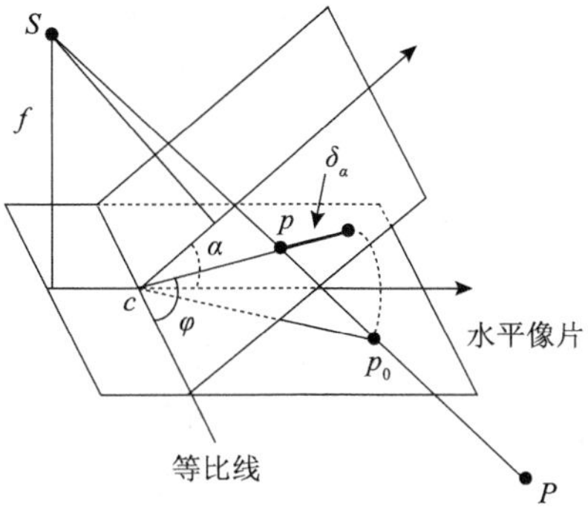

图 6.2 倾斜误差示意图

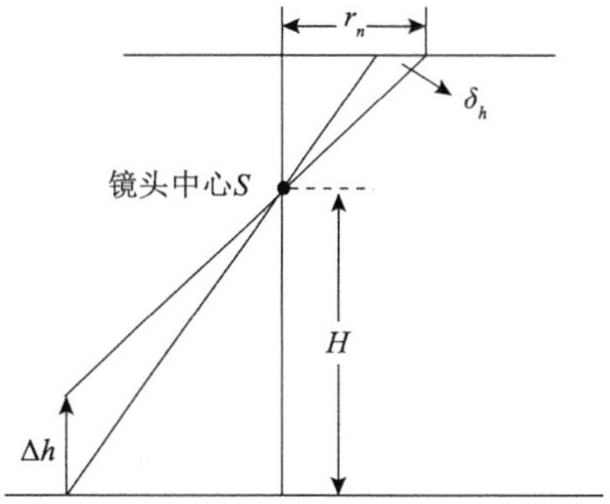

图 6.3 投影误差示意图

投影误差的大小与底点辐射距、相对于基准面的高差成正比，与平台高度成反比。投影误差发生在底点辐射线方向上，对于高于基准面的地面点，其像点向背着底点的方向移位；对于低于基准面的地面点，其像点向朝着底点的方向移位。对于起伏地区，由于投影误差的影响，地物的影像形状和地面实际形状是不一致的，但对航天像片而言，因地面高差相对于平台高度较小，投影误差也较小，对影像形状影响不大。

6.1.2 缝隙式像片的几何特性

缝隙式像片的成像过程与框幅式像片是不同的。在每个成像的瞬间，只有一个条带的地面辐射通过镜头在胶片上曝光成像，所以对整张缝隙式像片来讲，它是所摄地区的行中心投影。

1. 成像瞬间像点与对应地面点的坐标关系

设地面坐标系为 D - XYZ，像空间坐标系为 S - xyz，如图 6.4 所示，在缝隙连续摄影的情况下，地面点 P 在地面坐标系中的坐标为（X、Y、Z），其像点 p 在像空间坐标系中的坐标为（0、y、$-f$），利用共线条件方程可以写出地面点 P 与其在缝隙影像中的像点 p 之间的关系式为

$$\begin{bmatrix} 0 \\ y \\ -f \end{bmatrix} = \frac{1}{\lambda} \begin{bmatrix} a_1(t) & b_1(t) & c_1(t) \\ a_2(t) & b_2(t) & c_2(t) \\ a_3(t) & b_3(t) & c_3(t) \end{bmatrix} \begin{bmatrix} X - X_S(t) \\ Y - Y_S(t) \\ Z - Z_S(t) \end{bmatrix} \tag{6.6}$$

式中，$a_i(t)$、$b_i(t)$、$c_i(t)$ $(i=1,2,3)$，为 t 时刻地面坐标系与像空间坐标系之间变换的方向余弦，在不同的成像时刻它们的值是变化的，是时间的函数；f 为相机焦距；λ 为像点坐标与相应

地面点坐标的缩放系数；$X_S(t)$、$Y_S(t)$、$Z_S(t)$ 为 t 时刻摄影站 S 在地面坐标系中的坐标，它们也是时间的函数。

缝隙式遥感器成像属于动态摄影，在不同的时刻其外方位元素是不同的，每条缝隙都有自己的外方位元素，很难正确解算。实际工作中一般采用以时间为变量的多项式作为外方位元素的表征函数，由于在缝隙式像片上 t 与航向（即平台移动方向）的影像坐标 x 成正比，如图 6.5 所示。因此，外方位元素常写成像坐标 x 的函数：

$$
\begin{aligned}
Y_S(t) &= Y_S(t_0) + e_1 x + e_2 x^2 + \cdots \\
Y_S(t) &= Y_S(t_0) + e_1 x + e_2 x^2 + \cdots \\
Z_S(t) &= Z_S(t_0) + f_1 x + f_2 x^2 + \cdots \\
\alpha_x(t) &= \alpha_x(t_0) + g_1 x + g_2 x^2 + \cdots \\
\omega(t) &= \omega(t_0) + h_1 x + h_2 x^2 + \cdots \\
\kappa(t) &= \kappa(t_0) + k_1 x + k_2 x^2 + \cdots
\end{aligned}
\tag{6.7}
$$

式中，$X_S(t_0)$、$Y_S(t_0)$、$Z_S(t_0)$、$\alpha_x(t_0)$、$\omega(t_0)$、$\kappa(t_0)$ 为时刻 t_0 时成像缝隙的外方位元素。

有些情况下需在缝隙式像片上建立一个统一的像平面坐标系，这个坐标系以某一起始时刻 t_0 的缝隙影像为 y 轴，缝隙中点为坐标原点，x 轴的正方向则与平台前进方向一致，如图 6.5 所示。在这个坐标系中任一像点 p 的 x 坐标和时间 t 的依赖关系为

$$x = (t - t_0) \cdot W_p \tag{6.8}$$

式中，W_p 为胶片移动速度；t 为像点 p 成像的时刻。

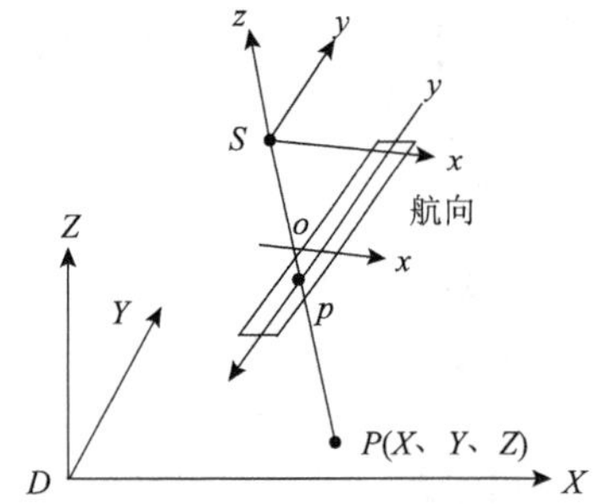

图 6.4　缝隙影像成像瞬间的物像关系

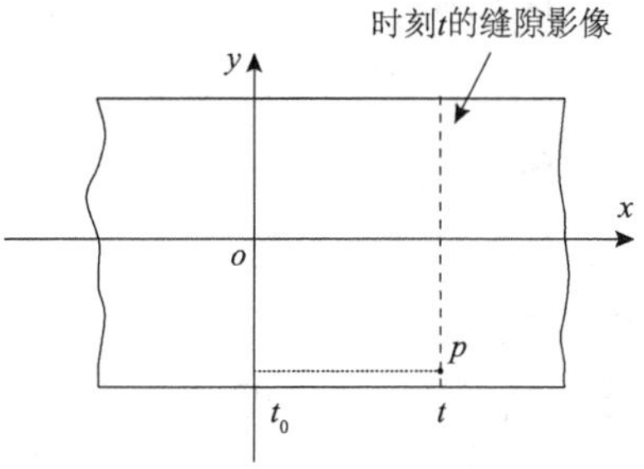

图 6.5　时间 t 与位置 x 的关系

若缝隙式摄影成像时胶片移动速度 W_p 与卫星的地速 W 相匹配，则

$$x = \frac{f}{H} \cdot W \cdot t \tag{6.9}$$

若地面坐标系的 X 轴与航向平行，则 $W \cdot t = X - X_0$，X、X_0 分别为 t、t_0 时刻星下点在地面坐标系中的 X 坐标。在遥感器倾斜角为零的情况下，像点坐标 x 与地面点坐标有下列关系：

$$x = \frac{f}{H} \cdot W \cdot t = \frac{f}{H}(X - X_0) \tag{6.10}$$

当然，一般情况下，由于姿态角的存在，式（6.10）不是严格成立的。

2. 像片的比例尺

若取

$$\begin{bmatrix} X' \\ Y' \\ Z' \end{bmatrix} = \begin{bmatrix} X - X_S(t) \\ Y - Y_S(t) \\ Z - Z_S(t) \end{bmatrix} = \lambda \begin{bmatrix} a_1 & a_2 & a_3 \\ b_1 & b_2 & b_3 \\ c_1 & c_2 & c_3 \end{bmatrix} \begin{bmatrix} 0 \\ y \\ -f \end{bmatrix} \tag{6.11}$$

且假定地面平坦（即有相同的航高 H ），综合式（6.6）和式（6.10）可得

$$\begin{cases} X - X_S(t_0) = \dfrac{H}{f}x - H\dfrac{X'}{Z'} \\ Y - Y_S(t_0) = -H\dfrac{Y'}{Z'} \end{cases} \tag{6.12}$$

按照像片比例尺的推导过程有

$$\frac{1}{m} = \frac{\mathrm{d}l}{\mathrm{d}S} = \frac{f}{H \cdot \sqrt{\sin^2 r - \dfrac{f(a_2Z' - c_2X')}{(Z')^2}\sin 2r + \dfrac{f^2}{(Z')^4}\left[(a_2Z' - c_2X')^2 + (b_2Z' - c_2Y')^2\right]\cos r}} \tag{6.13}$$

式中，$\mathrm{d}l$ 、$\mathrm{d}S$ 分别为像片和地面上相应线段的微分；r 为 $\mathrm{d}y$ 与 $\mathrm{d}l$ 在像片上的夹角，如图6.6所示。

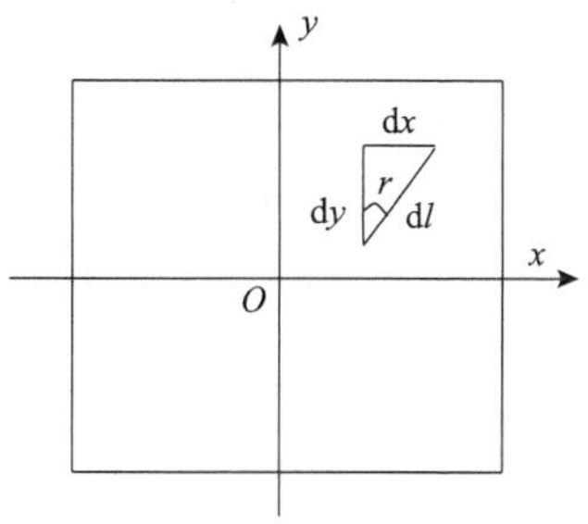

图 6.6　r 与 $\mathrm{d}y$、$\mathrm{d}l$ 之间的关系

由此可见，缝隙式像片的比例尺具有随多种因素变化的特性：它与平台高度、平台姿态角、在像片上的位置及方向有关。像片上不同的位置、不同的方向具有不同的像比例尺。

当 $r = 0°$ 时，像片比例尺（即在平行于缝隙方向上的像点的比例尺）为

$$\frac{1}{m} = \frac{(Z')^2}{H \cdot \sqrt{(a_2Z' - c_2X')^2 + (b_2Z' - c_2Y')^2}} \tag{6.14}$$

此时，它与框幅式像片具有相同的比例尺特性。

当 $r = 90°$ 时，$\dfrac{1}{m} = \dfrac{f}{H}$ ，即在平坦地区的像片上沿飞行方向的比例尺处处一致。

3. 影像的变形规律

缝隙式像片因自身的行中心投影特性也存在影像的变形，主要表现为遥感器外方位元素而引起的像点移位和地形起伏而引起像点移位（即投影误差）两种变形形式。

对每个缝隙而言，由外方位元素引起的像点移位相当于框幅式像片上 $x = 0$ 的情况，因此像点的移位为

$$\begin{cases} \mathrm{d}x = -\dfrac{f}{H}\mathrm{d}X_s - f \cdot \alpha_x + y \cdot \kappa \\ \mathrm{d}y = -\dfrac{f}{H}\mathrm{d}Y_s - \dfrac{y}{H}\mathrm{d}Z_s - f \cdot \left(1 + \dfrac{y^2}{f^2}\right)\omega \end{cases} \tag{6.15}$$

由于缝隙式像片为行中心投影，每个缝隙的外方位元素是不同的，因此对整张像片来说，因外方位元素引起的像点移位难以准确地加以描述。

由于地形起伏引起的影像变形可分为两种情况：一是由此引起的像点位移；二是由此引起的缝隙影像之间的重叠和遗漏。

缝隙式像片的每条缝隙是地面的行中心投影，因地形起伏在像片上 y 方向引起的像点位移情况同框幅式像片相同，移位的方向与缝隙的方向平行。移位的大小与像点在像片上的 y 坐标、平台高度 H 和地面相对高差 Δh 的关系为

$$\begin{cases} dx = 0 \\ dy = \dfrac{\Delta h}{H} \cdot y \end{cases} \tag{6.16}$$

由于地形起伏的影响，在成像时缝隙之间的影像会出现不连续的现象，即影像的重叠和遗漏现象，如图6.7所示。若地面相对于起始面的高差为 Δh，在地面上被遗漏（重叠）的条带宽度为 l，每条缝隙在起始面上的摄影宽度为 L，则 l 与 L 之比定义为在某点处因地形起伏而引起的遗漏（重叠），用 γ 表示：

$$\gamma = \frac{l}{L} \approx \frac{\Delta h}{H} \tag{6.17}$$

式中，$\Delta h>0$，γ 表示遗漏率；$\Delta h<0$，γ 表示重叠率。

从式（6.17）可以看出：得到地面连续的影像，要求平台高度 H 远远大于地面高差。在利用缝隙式相机进行航天遥感成像时，γ 值基本为零。

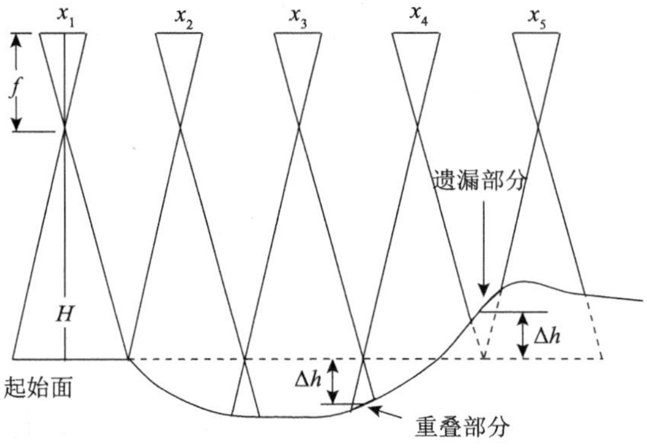

图 6.7　影像的重叠和遗漏

6.1.3　全景像片的几何特性

1. 成像瞬间像点与对应地面点的坐标关系

设 $S\text{-}\bar{u}\bar{v}\bar{w}$ 为遥感器坐标系，$S\text{-}uvw$ 为成像瞬间的像空间坐标系，$O\text{-}XYZ$ 为地面坐标系。$S\text{-}\bar{u}\bar{v}\bar{w}$ 和 $O\text{-}XYZ$ 的各轴方向一致，摄站 S 在 $O\text{-}XYZ$ 中的坐标为 (X_S, Y_S, Z_S)，在扫描角为 θ_t 的曝光缝隙中的像点 p 在 $S\text{-}uvw$ 坐标系中的坐标为 $(x,0,-f)$，而 $S\text{-}uvw$ 坐标系绕 u 轴旋转 θ_t 角后与 $S\text{-}\bar{u}\bar{v}\bar{w}$ 坐标系重合，如图 6.8 所示，则像点 p 与对应地面点 P 之间的坐标关系为

$$\begin{bmatrix} X \\ Y \\ Z \end{bmatrix} = \begin{bmatrix} X_S \\ Y_S \\ Z_S \end{bmatrix} + \lambda \begin{bmatrix} 1 & 0 & 0 \\ 0 & \cos\theta_t & -\sin\theta_t \\ 0 & \sin\theta_t & \cos\theta_t \end{bmatrix} \begin{bmatrix} x \\ 0 \\ -f \end{bmatrix} \tag{6.18}$$

在全景像片上像点的 $(x、y)$ 坐标可直接量测，而扫描角 $\theta_t = \dfrac{y}{f}$ 。

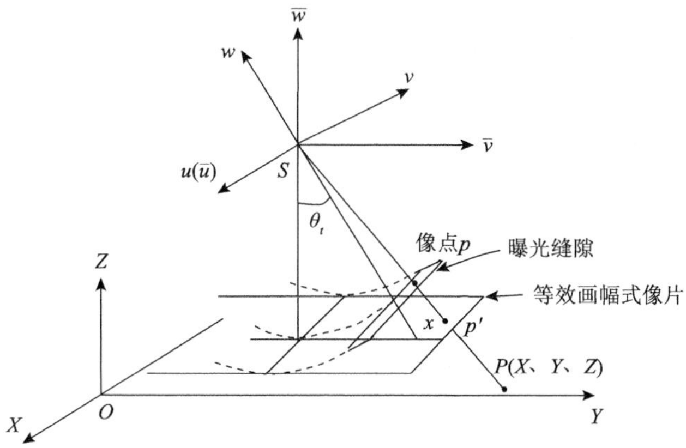

图 6.8　全景相机摄影瞬间的物像关系

2. 像片比例尺

全景像片的比例尺公式比较复杂，当外方位角元素 $\alpha = \omega = \kappa = 0$ 时，在 x 、 y 方向的像片比例尺的公式为

$$\begin{cases} \dfrac{1}{m_x} = \dfrac{f}{H}\cos\theta_t \\ \dfrac{1}{m_y} = \dfrac{f}{H}\cos^2\theta_t \end{cases} \tag{6.19}$$

尽管上式是在某些假定条件下得到的，但它仍能说明全景像片比例尺有以下特性：在全景像片上，比例尺随像点位置和扫描角的变化而变化，特别是随着扫描角的增大而减小。当 $\theta_t \to 90°$ 时，比例尺趋向无穷小，并且像片在 x 、 y 方向有不同的比例尺。

3. 影像的变形规律

全景像片的影像变形包括外方位元素引起的误差、投影误差和投影方式引起的全景畸变三种形式。全景像片上因外方位元素引起的误差表达式为

$$\begin{cases} \mathrm{d}x = -\dfrac{f}{H}\cos\theta_t \cdot \mathrm{d}X_s - \dfrac{x}{H}\mathrm{d}Z_s - f\cos\theta_t\left(1 + \dfrac{x^2}{f^2\cos^2\theta_t}\right)\mathrm{d}\alpha - x \cdot \tan\theta_t \mathrm{d}\omega + f\sin\theta_t \mathrm{d}\kappa \\ \mathrm{d}y = -\dfrac{f}{H}\cos^2\theta_t \cdot \mathrm{d}Y_s - \dfrac{f}{H}\sin\theta_t\cos\theta_t \mathrm{d}Z_s - x\sin\theta_t \mathrm{d}\alpha - f \cdot \mathrm{d}\omega - x\cos\theta_t \mathrm{d}\kappa \end{cases} \tag{6.20}$$

根据全景像片的取得过程，参照框幅式像片的投影误差公式，地面点在全景像片上的投影误差可表示为

$$\begin{cases} \delta x = \dfrac{x}{H} \cdot \Delta h \\ \delta y = \dfrac{f \cdot \sin\theta_t \cdot \cos\theta_t}{H} \cdot \Delta h \end{cases} \tag{6.21}$$

式中，Δh 为地面点相对地底点的高差；θ_t 为地面点成像时的扫描角。

全景畸变是指同摄站获取的同一地区的全景像片相对于同时获取的框幅式像片的影像变形。设地面点 P 在等效框幅式像片上的像点为 p'，在全景像片上的像点为 p，如图 6.8 所示。在不考虑外方位元素的影响时，p' 点在等效框幅式像片上的坐标(x',y') 与 p 点在全景像片上的坐标(x,y) 的关系为

$$\begin{cases} x' = \dfrac{x}{\cos\theta_t} \\ y' = f \cdot \tan\theta_t \end{cases} \tag{6.22}$$

全景像片影像相对于框幅式像片影像的变形为

$$\begin{cases} \mathrm{d}x = x' - x = x \cdot (\sec\theta_t - 1) \\ \mathrm{d}y = y' - y = f \cdot (\tan\theta_t - \theta_t) \end{cases} \tag{6.23}$$

全景畸变如图 6.9 所示，这种变形也叫全景静态畸变。

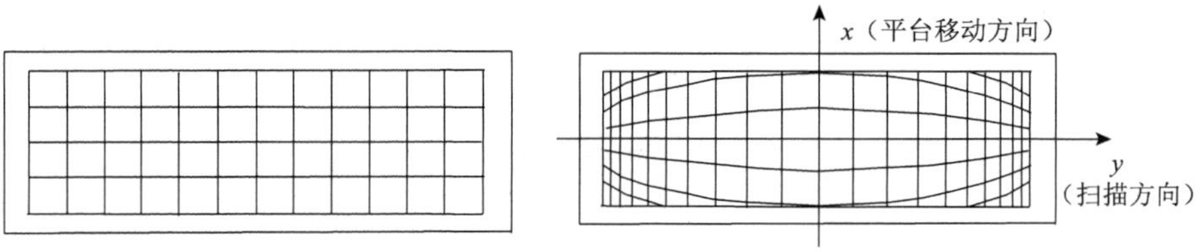

图 6.9　静态全景影像的变形规律

实际上一幅全景影像的获取过程中摄站坐标是变化的，由此而产生的影像变形称为动态变形。当平台前进时，若前进速度为 v，在每条缝隙成像的时间 $\mathrm{d}t$ 内，平台相对于地面的移动距离 $\mathrm{d}X_s$ 为

$$\mathrm{d}X_s = v \cdot \mathrm{d}t \tag{6.24}$$

在影像上造成的坐标移动量为

$$\begin{cases} \mathrm{d}x = -\dfrac{f}{H} \cdot \cos\theta_t \cdot v \cdot \mathrm{d}t \\ \mathrm{d}y = 0 \end{cases} \tag{6.25}$$

在动态全景摄影条件下，$\mathrm{d}t$ 必然引起扫描角 θ_t 的改变，大小为 $\mathrm{d}\theta_t$，若扫描角速度为 $\dot{\theta}_t$，则

$$\mathrm{d}t = \frac{\mathrm{d}\theta_t}{\dot{\theta}_t} \tag{6.26}$$

将式（6.26）代入式（6.25）得

$$\begin{cases} dx = \dfrac{f \cdot v}{H\dot{\theta}_t} \cdot \cos\theta_t \cdot d\theta_t \\ dy = 0 \end{cases} \tag{6.27}$$

考虑后一个缝隙是在前一个缝隙的基础上移位的，所以在飞行方向上到某一扫描角为 θ_t 的缝隙影像的总移位可表示为

$$dx = \int_0^{\theta_t} \frac{f \cdot v}{H\dot{\theta}_t} \cdot \cos\theta_t \cdot d\theta_t \tag{6.28}$$

动态全景变形的形状如图 6.10 所示。应当强调的是：如果在卫星全景摄影的同时，为了消除像移模糊而严格按公式进行了像移改正，则几何上的动态全景变形就不存在，应视具体情况加以分析。

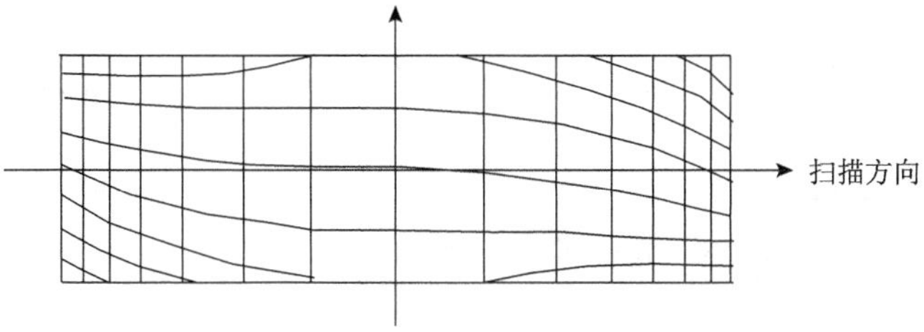

图 6.10　动态全景影像的变形情况

6.1.4　摄影像片的空间分辨率

空间（地面）分辨率 D 是影像上能与背影区别开来的最小像点所对应的地面尺寸，对应的地面尺寸越小，地面分辨率越高。

对摄影像片来说，其地面分辨率 D 与其影像分辨率 R 和像片比例尺有关。由航空摄影知识可知，影像分辨率 R 由下列公式求出：

$$R = \frac{R_{静态}}{\sqrt{1 + \left(R_{静态} \cdot \delta\right)^2}} \tag{6.29}$$

式中，$\dfrac{1}{R_{静态}^2} = \dfrac{1}{R_{镜头}^2} + \dfrac{1}{R_{胶片}^2}$，$R_{镜头}$ 和 $R_{胶片}$ 分别为摄影机的镜头分辨率和摄影胶片分辨率；δ 为曝光瞬间物点在像面上的移位。

摄影像片的地面分辨率是影像分辨率的线对宽度所对应的地面距离，可表示为

$$D = \frac{m}{R} \tag{6.30}$$

式中，m 为像片的比例尺分母。

假设摄影姿态标准、地面平坦，则框幅式像片和缝隙式像片的地面分辨率 D 主要与相机焦距 f 及平台高度 H 有关：

$$D=\frac{H}{R\cdot f} \tag{6.31}$$

全景像片的比例尺随扫描角 θ_t 而变化，其地面分辨率可表示为

$$\begin{cases} D_x=\dfrac{H}{R\cdot f\cdot\cos\theta_t} \\ D_y=\dfrac{H}{R\cdot f\cdot\cos^2\theta_t} \end{cases} \tag{6.32}$$

式中，D_x、D_y 分别为 x 方向、y 方向的地面分辨率，它们都随扫描角的增大而减小。

6.1.5 摄影像片的物理特性

像片物理特性是指地物辐射的电磁波信息在像片上反映出的色调、色彩特性。由辐射传递方程可得，摄影胶片在波长 $\lambda_1\sim\lambda_2$ 受到的地物反射光照度是地物在 $\lambda_1\sim\lambda_2$ 的波长内辐射照度的总和，即

$$E=\int_{\lambda_1}^{\lambda_2}K_\lambda\cdot\left[E_0(\lambda)\mathrm{e}^{-T(Z_1,Z_2)\sec\theta}\cdot\rho_\lambda\cdot\mathrm{e}^{-T(0,H)}+b_\lambda\right]\mathrm{d}\lambda \tag{6.33}$$

式中，各量的含义与第2章相同。

胶片的曝光量 H 是像面照度与曝光时间 Δt 的乘积，即

$$H=E\cdot\Delta t \tag{6.34}$$

在黑白胶片上的影像密度 D 为

$$D=D_0+\gamma\cdot\lg H \tag{6.35}$$

式中，D_0 为胶片灰雾密度；γ 为胶片的反差系数。

由以上公式可以看出：曝光、冲洗正常的条件下，地物在黑白像片的影像色调主要与太阳辐射照度、大气透过率、地物本身在胶片记录波长范围内的光谱反射率、大气辐射亮度等有关。在相同的太阳辐射、大气条件下，光谱反射率大的地物较光谱反射小的地物色调浅，如干燥的耕地在全色像片上呈浅灰色调，而水域在全色像片上呈深灰色或浅黑色。对于近红外黑白像片来讲，其影像色调同样取决太阳辐射照度、大气条件和所摄目标自身在近红外波段的反射能力。一般来说，地物在近红外波段的反射能力强，其影像就呈浅色调，但地物在近红外像片上呈现的色调与人眼的视觉经验有一定的差异，如土壤和植被在像片分别呈浅灰色和白色。由于大气散射对近红外光的影响小，对存在一定大气污染的城市来说，它在近红外像片上的影像比全色像片上的影像清晰。

大气散射引起了天空光的存在，使得在黑白像片上地物间的影像反差比实际反差要小。由电磁波在大气中的传输特性可知，大气对短波光的散射较为严重，而且随着平台高度的增加，短波光的透过率变小，因此，航天摄影像片上影像间的反差较实际景物要小。为了减小大气散射对影像质量的影响，常采用反差系数较大的胶片摄影，或者根据实际情况在摄影时加滤光片以减弱蓝色光的通过量。

多光谱像片是利用多光谱摄影机获取的地物的多波段像片，在可见光至近红外波段内，通常将其分为蓝光波段、绿光波段、红光波段和近红外波段的多光谱像片。当然，可以根据不同的摄影目的来划分多光谱的成像波段。多光谱像片分别记录的是同一地物在不同波段上的光谱反射特性。地物在不同波段像片上的影像色调通常是不一致的，如水体，在蓝光波段的像片上呈灰色，在其他波段像片上呈浅黑色；植被在蓝光波段的像片上呈浅黑色，在绿光波段的像片上呈浅灰色，在红光波段的像片上呈浅黑色，在近红外波段像片上呈亮白色。在实际应用中，往往很少利用单一波段的多光谱像片进行目标的判读，而是利用多光谱彩色影像合成手段，将多光谱像片合成为彩色像片或假彩色像片，来提高其识别目标的效果。

彩色像片上影像的颜色主要与感光材料、地物光谱特性、大气条件、日照条件、洗印条件等因素有关。彩色像片一般分为天然彩色像片和假彩色像片。

天然彩色像片上影像的颜色与地物颜色基本一致。由于摄影时间、季节、气候条件不一致，太阳照射到地面的光谱成分不同，地物反射的光谱成分也必然不同；不同的地理位置和摄影季节，地物的光谱反射率会随之变化，地物自身的生长状况变化也使其光谱反射率发生变化。所以，要做到地物与其影像完全一致是困难的。另外，无论是航空或航天摄影，都将受到大气吸收和散射的影响，它会使影像色彩的饱和度降低，影像偏蓝、偏青。天然彩色像片的优点是用与地物基本相同的颜色表示地物，符合人的视觉习惯，便于目视识别。

假彩色像片是指像片上影像的色调与实际地物色调不一致的像片。遥感中最常见的假彩色像片是彩色红外合成像片，常简称其为彩红外像片。它是在彩色合成时，把近红外波段的影像作为红色分量、把红色波段的影像作为绿色分量、把绿色波段的影像作为蓝色分量进行合成的结果。

由于假彩色红外像片包含了人眼看不见的地物的近红外反射电磁波信息，因此某些地物在此像片上能更加明显地表现出它的特性。如针叶树与阔叶树，它们在全色像片上影像基本一致，不易区分，但它们在近红外波段上的反射率不同，阔叶树比针叶树的反射率高，针叶树在假彩色红外像片上呈红色，阔叶树在假彩色红外像片上呈鲜红色。因为植被的种类、生长期和健康状况不同，它们在假彩色红外像片上的色调、饱和度也不一样，所以彩红外像片用于林业资源的调查、监测非常方便。另外，由于彩红外影像对生长正常的植被、带绿色的死亡植被等目标的判读有利，彩红外像片常用于军事目标侦察。当然，影响地物波谱的反射率变化的因素很多，这些因素也会引起影像颜色的变化。

6.2　扫描图像的特性

扫描图像包括光机扫描图像、CCD 固体扫描图像、电子束扫描图像等几种形式。根据它们在成像时投影性质的相似性，仅介绍光机扫描图像和 CCD 固体扫描图像的特性。

6.2.1　光机扫描图像的几何特性

光机扫描图像是对应地面的多中心投影。根据光机扫描仪的成像过程可知，在每次成像的瞬间，只有瞬时视场对应的地面范围内的目标在图像上成为一个像元。由于平台的运动，图像上每个像元都有自己的投影中心。此外，对于光机扫描的光学聚焦系统来说，它有一个固定的焦距（有时称为等效焦距），因此光机扫描图像又具有全景摄影像片的某些特点。

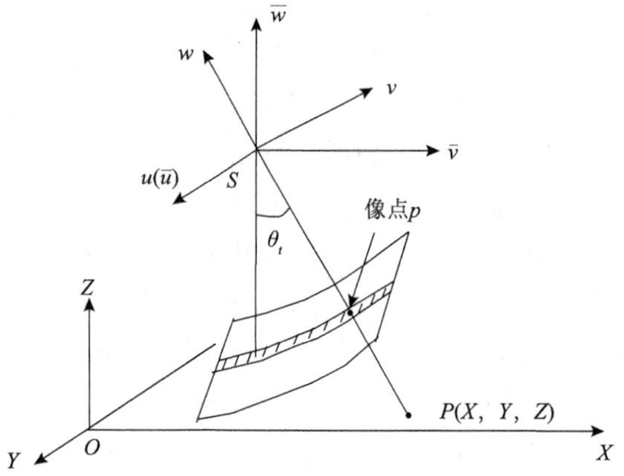

图 6.11　光机扫描图像的物像关系

1. 成像瞬间像点与对应地面点的坐标关系

光机扫描仪在成像瞬间的构像几何形态相当于地面点在全景摄影机摄影时主光轴上构像。设 $S-\bar{u}\bar{v}\bar{w}$ 为遥感器坐标系，$S-uvw$ 为成像瞬间的像空间坐标系，$O-XYZ$ 为地面坐标系，$S-\bar{u}\bar{v}\bar{w}$ 和 $O-XYZ$ 的各轴方向一致，摄站 S 在 $O-XYZ$ 中的坐标为 (X_S,Y_S,Z_S)，扫描角为 θ_t 的瞬时像点 p 在 $S-uvw$ 坐标系中的坐标为 $(0,0,-f)$，而 $S-uvw$ 坐标系绕 u 轴旋转 θ_t 角后与 $S-\bar{u}\bar{v}\bar{w}$ 坐标系重合，地面点 P 的坐标为 (X,Y,Z)，如图6.11所示，则像点 p 与地面上瞬时视场内的地物点 P 之间的坐标关系为

$$\begin{bmatrix} X \\ Y \\ Z \end{bmatrix} = \begin{bmatrix} X_S \\ Y_S \\ Z_S \end{bmatrix} + \lambda \begin{bmatrix} 1 & 0 & 0 \\ 0 & \cos\theta_t & -\sin\theta_t \\ 0 & \sin\theta_t & \cos\theta_t \end{bmatrix} \begin{bmatrix} 0 \\ 0 \\ -f \end{bmatrix} \tag{6.36}$$

式中，λ 为比例尺因子。

由于不同的像元在成像瞬间有不同的摄站坐标 (X_S,Y_S,Z_S)、扫描角 θ_t 和外方位角元素，对整张图像来说，难以用有固定参数的数学模型来表达。在应用中除仿照共线条件建立像点与地面点间的关系式外，还常用多项式形式来表达像点与地面点的坐标关系式：

$$\begin{cases} x' = a_{00} + a_{01}X + a_{10}Y + a_{20}X^2 + a_{11}XY + a_{02}Y^2 + a_{30}X^3 + a_{21}X^2Y + a_{12}XY^2 + a_{30}Y^3 + \cdots \\ y' = b_{00} + b_{01}X + b_{10}Y + b_{20}X^2 + b_{11}XY + b_{02}Y^2 + b_{30}X^3 + b_{21}X^2Y + b_{12}XY^2 + b_{30}Y^3 + \cdots \end{cases} \tag{6.37}$$

$$x' = x \qquad y' = f \cdot \tan\left(\frac{y}{f}\right)$$

式中，x，y 为像点在扫描图像上的坐标，坐标系的 x 轴为图像上扫描角为零的像元连线，y 轴为扫描方向；X，Y 为对应的地面点坐标；a_{ij}、b_{ij} 为多项式系数；x'，y' 为像点 p 成像瞬间对应的框幅式水平像片的像点坐标。

式（6.37）仅为表达像点与地面点坐标多项式关系的一种形式，多项式的阶数是可变的，不同地区的光机扫描图像，多项式的阶数可以是不同的。一般地区，经常使用的是二次多项式。另外，也可以用勒让德多项式和切比雪夫多项式来表达其像点与地面点间的坐标关系。

2. 图像的比例尺

光机扫描图像的比例尺也具有变化的特点，图像上不同位置、不同方向上的像比例尺是不同的。为明晰它的变化特点，将它分解成两个方向的像比例尺：沿飞行方向上的像比例尺（即图像的纵向比例尺）和与飞行方向垂直的像比例尺（即图像的横向比例尺）。

纵向比例尺为记录胶片移动距离与扫描仪沿飞行方向前进距离之比。由光机扫描仪的成像过程可知，若要使扫描图像的行与行之间影像严格衔接，必须使平台的移动速度 W 与胶片移动速度 v 相匹配。设在扫描一行的时间内，胶片移动的距离为像元尺寸 d，在地面上相应

的距离为 $\Delta\theta \cdot H$（$\Delta\theta$ 为瞬时视场角，H 为平台高度），则在消除了纵向重叠现象的图像上纵向比例尺为

$$\frac{1}{m_{纵}}=\frac{v}{W}=\frac{d}{\Delta\theta \cdot H} \tag{6.38}$$

横向比例尺等于像元尺寸 d 与瞬时视场沿扫描方向长度 l 之比。当扫描角为 θ 时，像元在地面上的对应线长度 l 为（图 6.12）

$$l=\Delta\theta \cdot H \cdot \sec^2\theta \tag{6.39}$$

则横向比例尺为

$$\frac{1}{m_{横}}=\frac{d}{l}=\frac{d}{\Delta\theta \cdot H \cdot \sec^2\theta}=\frac{1}{m_{纵}}\cos^2\theta \tag{6.40}$$

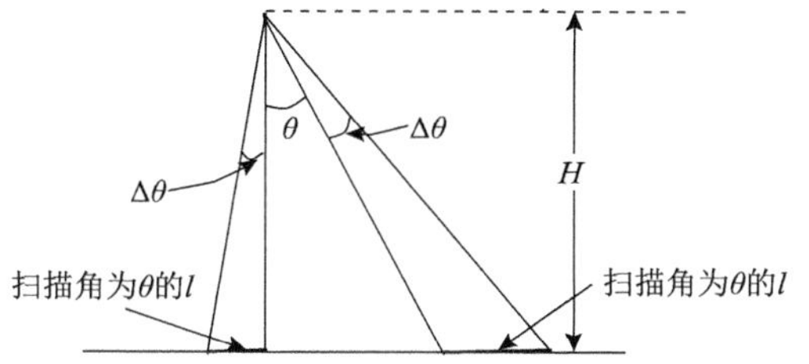

图 6.12　长度 l 和扫描角 θ 的关系

从式（6.38）和式（6.40）可以看出：对于平坦地区，纵向的比例尺是一致的；而横向比例尺，除像底点处与纵向比例尺相等外，其他位置随扫描角的大小而变化，从中间向两侧逐渐变小。实际应用中，往往要对像比例尺进行改正，使其全片的像比例尺基本一致。例如 Landsat 的 MSS 图像，其中间比例尺为 1∶336.9 万，扫描角为 ±5.78° 的边缘部分比例尺为 1∶340.4 万，但经图像处理后可将比例尺统一起来。

3. 影像变形的规律

光机扫描图像的影像变形主要由外方位元素变化、地形起伏和图像比例尺变化等引起。

光机扫描图像的每一行相当于全景像片上 $x=0$ 的情况，因此光机扫描图像的每一行受外方位元素影响而产生的误差可用 $x=0$ 代入式（6.25）求出：

$$\begin{cases} dx=-\dfrac{f}{H}\cos\theta \cdot dX_s - f\cos\theta \cdot d\alpha + f\sin\theta \cdot d\kappa \\ dy=-\dfrac{f}{H}\cos^2\theta \cdot dY_s - \dfrac{f}{H}\sin\theta \cdot \cos\theta \cdot dZ_s - f \cdot d\omega \end{cases} \tag{6.41}$$

由于光机扫描成像时平台姿态变化无准确规律可循，实际应用中假设整幅图像的外方位元素保持一致，并且航天成像时的扫描角 θ 很小，注意 $\theta=y/f$，此时整幅光机扫描图像受外方位元素影响而产生的误差为

$$\begin{cases} dx=-\dfrac{f}{H}dX_s - f \cdot d\alpha + y \cdot d\kappa \\ dy=-\dfrac{f}{H}dY_s - \dfrac{y}{H}dZ_s - f \cdot d\omega \end{cases} \tag{6.42}$$

地面起伏的地表在图像上会出现影像变形。由成像过程可知，航向（图像的x方向）没有投影误差，在扫描方向（图像的y方向）上存在投影误差：

$$\begin{cases}\delta x=0\\ \delta y=\dfrac{f\cdot\sin\theta\cdot\cos\theta}{H}\Delta h\end{cases}\tag{6.43}$$

式中，Δh为地面点相对地底点的高差；θ为地面点成像时的扫描角。

图像在两个方向的像比例尺不一致，由此引起的影像变形十分明显。因纵向影像比例尺处处一致，横向像比例尺由中间至两侧逐渐变小，所以图像中间的目标及与飞行方向平行的线状目标没有变形，垂直于飞行方向的线状目标方向不变，而距离被压缩，与飞行方向交叉的线状目标逐渐向内弯曲，如图6.13所示。当扫描角比较小时，影像变形不明显。

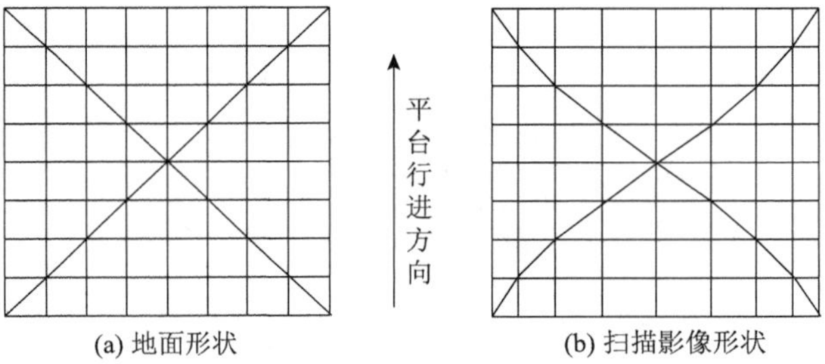

图 6.13　光机扫描图像的变形规律

4. 地面分辨率

光机扫描图像的地面分辨率是指像元所对应的地面大小。扫描成像时像元所对应的地面范围称为瞬时视场。对一台扫描仪来说，瞬时视场的大小除了与瞬时视场角有关外，还与平台高度和扫描角的大小有关。由图6.14可得

$$D_{纵}=\Delta\theta\cdot H\cdot\sec\theta\tag{6.44}$$

$$D_{横}=\Delta\theta\cdot H\cdot\sec^2\theta\tag{6.45}$$

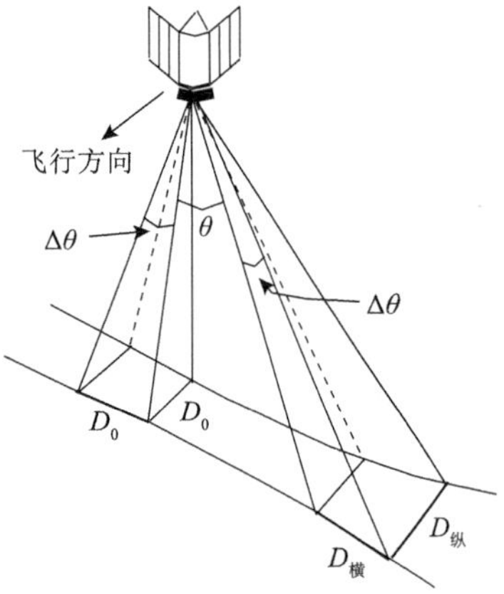

图 6.14　光机扫描图像的分辨率

式中，$D_{纵}$和$D_{横}$分别为沿飞行和扫描方向上的地面分辨率；$\Delta\theta$为瞬时视场角；H为平台高度；θ为扫描角。

从式（6.45）可以看出：在光机扫描图像上，地面分辨率随像点的位置不同而变化，在像底点处（即θ=0 时）最高，且纵向分辨率与横向分辨率相等；其他位置的地面分辨率从中间向两边逐渐降低，且纵向分辨率和横向分辨率不等。

6.2.2　CCD 固体扫描图像的几何特性

CCD 固体扫描仪上的探测器有两种排列方式：线阵排列和面阵排列。面阵 CCD 扫描仪成像时，成像区域地物的电磁波辐射信息通过同一镜头中心一次性地聚焦在 CCD 面阵上成像，因此面阵 CCD 图像与框幅式像片有相同的投影关系，是地面的中心投影，此处不再赘述。线阵 CCD 扫描仪成像时探测器线阵列与平台飞行

方向垂直安置，每次成像时同一扫描行通过投影中心聚焦成像，不同的扫描行有不同的投影中心，所以线阵 CCD 扫描图像是行中心投影，这一点恰好与缝隙成像的原理相同。

1. 成像瞬间点与对应地面点的坐标关系

线阵CCD扫描仪在垂直成像的情况下，与垂直式缝隙连续摄影像片有同样的性质。因此，时刻 t 的扫描行中的像点 p［在像空间坐标系中的坐标为 $(0,y,-f)$］与地面点 P［在地面坐标系中的坐标为 (X,Y,Z)］的坐标关系式为

$$\begin{bmatrix} 0 \\ y \\ -f \end{bmatrix} = \frac{1}{\lambda}\begin{bmatrix} a_1(t) & b_1(t) & c_1(t) \\ a_2(t) & b_2(t) & c_2(t) \\ a_3(t) & b_3(t) & c_3(t) \end{bmatrix}\begin{bmatrix} X - X_S(t) \\ Y - Y_S(t) \\ Z - Z_S(t) \end{bmatrix} \tag{6.46}$$

式中，$a_i(t)$、$b_i(t)$、$c_i(t)$（$i=1,2,3$）为由时刻 t 的扫描行的外方位角元素 $\alpha_s(t)$、$\omega_s(t)$、$\kappa_s(t)$ 所确定的旋转矩阵中的 9 个元素；$X_s(t)$、$Y_s(t)$、$Z_s(t)$ 为时刻 t 的扫描行的摄站坐标。

不同的扫描行有不同的外方位元素，因此，利用地面控制点逐行地解算其方位元素是不现实的。在航天遥感成像时，平台运行较为平稳，一般不会发生姿态剧烈变化的现象，行与行之间外方位元素的关系一般用下面的公式近似表达：

$$\begin{aligned} X_s(t) &= X_s(t_0) + a_1'x + a_2'x^2 + \cdots \\ Y_s(t) &= Y_s(t_0) + b_1'x + b_2'x^2 + \cdots \\ Z_s(t) &= Z_s(t_0) + c_1'x + c_2'x^2 + \cdots \\ \alpha_s(t) &= \alpha_s(t_0) + d_1'x + d_2'x^2 + \cdots \\ \omega_s(t) &= \omega_s(t_0) + e_1'x + e_2'x^2 + \cdots \\ \kappa_s(t) &= \kappa_s(t_0) + f_1'x + f_2'x^2 + \cdots \end{aligned} \tag{6.47}$$

式中，x 为图像上沿平台前进方向的像坐标。

当线阵CCD作侧视成像（侧视角为 θ，如图6.15所示）时，相当于遥感器坐标系 $s\text{-}\overline{u}\,\overline{v}\,\overline{w}$ 绕 $\overline{u}$ 轴旋转一个角度 θ。若像点在侧视角为 θ 的像空间坐标系 $s\text{-}uvw$ 中的坐标为 $(0,y,-f)$，并设同一时刻像点在垂直成像时的遥感器坐标系 $s\text{-}\overline{u}\,\overline{v}\,\overline{w}$ 中的坐标为 $(0,y',z')$，则

$$\begin{bmatrix} 0 \\ y' \\ z' \end{bmatrix} = \begin{bmatrix} 1 & 0 & 0 \\ 0 & \cos\theta & -\sin\theta \\ 0 & \sin\theta & \cos\theta \end{bmatrix}\begin{bmatrix} 0 \\ y \\ -f \end{bmatrix} \tag{6.48}$$

式（6.48）和式（6.46）共同表达了侧视情况下像点与地面点的坐标关系式。

当线阵CCD作前、后视成像，前（后）视角为 φ 时（图6.16）的像空间坐标系 $s\text{-}uvw$ 可以认为是垂直成像时的遥感器坐标系 $s\text{-}\overline{u}\,\overline{v}\,\overline{w}$ 绕 $\overline{v}$ 轴旋转 φ 角而得的。若像点在前（后）视角为 φ 的像空间坐标系 $s\text{-}uvw$ 中的坐标为 $(0,y,-f)$，并设同一时刻像点在垂直成像时的遥感器坐标系 $s\text{-}\overline{u}\,\overline{v}\,\overline{w}$ 中的坐标为 $(0,y',z')$，则

$$\begin{bmatrix}0\\y'\\z'\end{bmatrix}=\begin{bmatrix}\cos & 0 & \sin\\0 & 1 & 0\\-\sin & 0 & \cos\end{bmatrix}\begin{bmatrix}0\\y\\-f\end{bmatrix} \tag{6.49}$$

式（6.49）和式（6.46）共同表达了前（后）视情况下像点与地面点的坐标关系式。

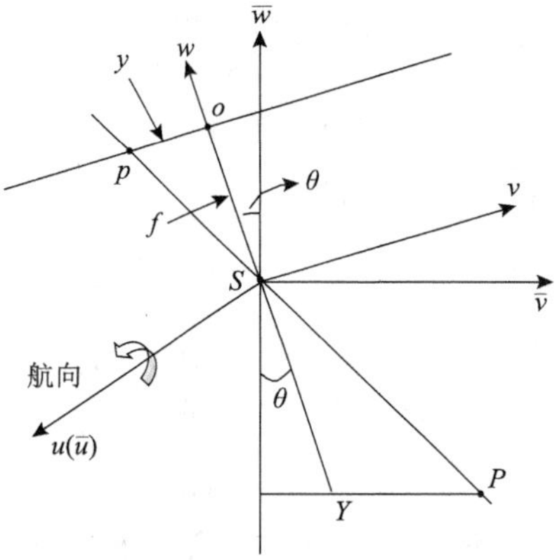

图 6.15　线阵 CCD 侧视成像

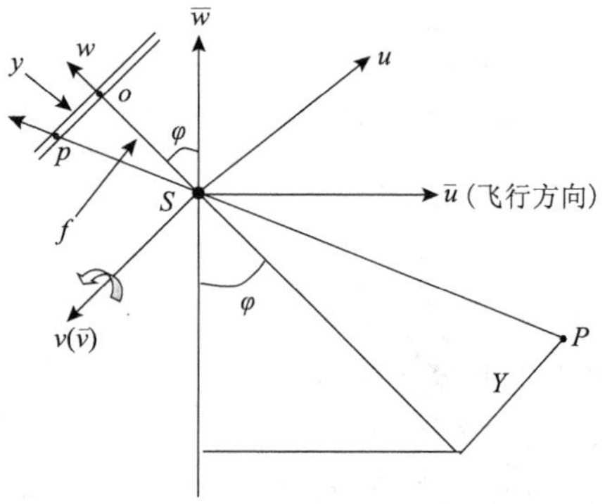

图 6.16　线阵 CCD 前（后）视成像

2. 图像比例尺

线阵CCD扫描仪在垂直成像时的图像与缝隙式像片具有相同的比例尺特性。当图像的外方位角元素为零时，图像比例尺为

$$\frac{1}{m}=\frac{f}{H} \tag{6.50}$$

当地面平坦、外方位角元素为零、侧视角为θ 时，图像比例尺为

$$\frac{1}{m}=\frac{f}{H}\cos\theta \tag{6.51}$$

3. 影像变形规律

线阵 CCD 扫描图像的影像变形主要表现为遥感器姿态角引起的像点移位（即倾斜误差）和地形起伏引起的像点移位（即投影误差）两种形式。

线阵 CCD 图像的投影性质是行中心投影，它的倾斜误差形式与缝隙式像片相同。若图像的倾斜角很小时，因此而引起的像点位移可用式（6.15）表达。

因地形起伏而引起的像点位移也仅在扫描方向上，移位大小与平台高度、地面高差和像点的 y 坐标值有关，可用式（6.16）表达。在航天扫描成像时，平台高度远远大于地面起伏的高差值，因此在图像上不会出现重叠和遗漏现象。

4. 地面分辨率

CCD 固体扫描图像的地面分辨率是指像元所对应的地面大小。它也是由平台高度 H 和像元探测角（瞬时视场角）$\Delta\theta$ 决定的：

$$D=\Delta\theta\cdot H \tag{6.52}$$

例如，SPOT 卫星 HRV 线列全色探测单元的瞬时视场角为 1.2×10^{-5}rad，卫星高度为

832km，星下点地面分辨率为 10m，线阵由 6000 个 CCD 光敏元件组成，星下地面覆盖 60km。多光谱探测单元的瞬时视场角为 2.4×10^{-5}rad，星下点地面分辨率为 20m，线阵由 3000 个 CCD 光敏元件组成，星下地面覆盖 60km。

6.2.3　扫描图像的物理特性

扫描图像记录的电磁波辐射信息的范围较宽，可以记录从可见光至热红外各波段的信息。下面分别介绍各波段图像能够反映的地物特性。

0.4～0.5μm 波段图像：它记录的是地物在蓝光波段的反射信息。该波段对水体有较好的穿透能力，当水体比较清澈时，穿透深度在 20m 以上，所以蓝光波段图像有利于浅水底地貌的判读，可用于浅水底地貌的测绘。不同清澈程度的水体在此波段有不同的反射能力，当水中含有浮游生物时，因浮游生物含有一定的叶绿素，它对蓝光的反射能力差，因此该波段图像可用于水体浮游生物含量的判读。同时，被造纸厂、化工厂污染的水体其反射率也会发生变化，对水体污染监测有利。另外，一般地物在此波段的反射率较低，而雪山反射率最大，所以在蓝光波段图像上雪地与其他地物分界明显。但是，蓝光波段的影像受大气散射影响最严重，有时影像会模糊不清。

0.5～0.6μm 波段图像：它记录的是地物在绿光波段的反射信息。它对水体也有一定的穿透能力，一般可透视水深 10～20m，当水体清澈时，透视水深超过 50m，因此适宜测绘浅水区的水底地貌。植被在此波段的反射率相对出现峰值，图像上易于区分植被的分布范围，可用于林业资料、草场分布情况的调查。水体在该波段反射率较低，容易与其他地物相区别，可用于水域分布的调查。另外，在 0.4～0.5μm 波段和 0.5～0.6μm 波段的比值图像上，可反映出水体的蓝绿比值，能估算水体中的可溶性有机物和浮游生物含量，可用于渔业资源调查。

0.6～0.7μm 波段图像：属红光波段图像，受大气散射的影响较小，地物影像清晰，对人文地物判读有利，此波段图像在考古方面有一定应用。不同地质构造的边界在图像上有明显的反映。在此波段，植物和水体的反射率较低，可用于植被范围及水域范围的确定。

0.7～1.1μm 波段图像：记录地物的近红外反射信息。水体、湿地反射率低，而植被的反射率较高。在此波段，不同植被的反射率有一定的差异，它们在图像上表现出不同的色调，可用于植被类型的分布调查。健康树木与病虫害树木的影像有明显差别，病虫害树叶的叶绿素破坏严重，反射近红外的能力差，在图像上比健康树叶的色调暗，因此该波段图像可用于植物健康情况调查。对于生长期的农作物来说，长势良好，枝叶茂密的植物反射近红外光的能力强，在图像上表现较亮的色调，而长势不好的作物其影像色调较浅，因此该波段图像也可用于农作物长势情况的调查。另外，由于此波段图像对在绿色伪装下的物体有揭露作用，它常被用来进行军事目标侦察。

1.55～1.75μm 波段图像：也属于短波红外波段图像。地物在此波段的反射率与其含水量有很大关系，常用于土壤含水量监测、植被长势调查、地质调查中的岩石分类。土壤含水量的大小对此波段红外光的反射影响较大，含水量高反射率下降，因此该波段常用于农业旱情调查；植被的含水量差别也会在其反射率大小上体现出来，所以用它调查植被长势情况是有利的；不同类型的岩石会因反射率的变化而呈现不同的影像色调。

2.08～2.35μm 波段图像：它记录的是地物短波红外的辐射信息，主要用于地质制图，特别是用于热液变岩环的制图。由于地物含水量不同而表现为反射能力的差异，它同样可用于识别植物的长势。

8～14μm 波段图像：属于热红外图像，它记录的不是地面目标反射太阳光的信息，而是地物自身的热辐射信息。色调浅的影像表明其相应地物热辐射能量强，热辐射能与物体发射率和温度成正比，因此热红外图像上的影像色调不仅表现了地物温度变化的情况，还能提供目标活动特性、所处状态等信息。例如，根据飞机发动机处和尾部的影像色调，以及起飞后留下的阴影，可判读飞机所处状态。

热红外图像的影像色调受太阳辐射的影响很大，摄影时间和天气的不同，影像色调会有很大的变化。例如，水体比陆地有较大的热惯性，白天升温时水体的温度比陆地低，水体的色调比土壤深；晚上降温时，水体的温度比陆地高，水体色调比土壤浅。在有较厚的云层遮挡时，地物间温差很小，尤其是长时间连续阴天，各地物温度趋于相等，这时获取的图像色调差很小，不易区分目标。

热红外图像可用于森林火灾的监测。常温森林的热辐射能量主要集中在 8～12μm，而森林火灾区的热辐射能量主要集中在 3～5μm，因此不同波段的热红外图像可用于森林火灾的监测。热红外图像和近红外图像配合使用，可监测农作物的长势和收成情况，进而进行农作物的估产。另外，热红外图像可用于地热调查、军事目标侦察等领域。

6.3　雷达图像的特性

侧视雷达在记录地面目标的影像位置时是按其回波的到达时间顺序记录在相应位置上的，即依照目标与天线之间的距离大小按顺序记录，因此雷达图像是目标至雷达天线的距离投影。地物在雷达图像上的影像色调取决它对微波的散射特性，地物与其影像的色调关系并不完全一致。

6.3.1　雷达图像的几何特性

1. 雷达图像的投影方式

侧视雷达构像的几何形态是按地面点到天线中心的斜距进行投影的。如图 6.17 所示，地面上两个目标 A、B 在像平面上的相应像点为 a、b，如果 A、B 相距很近，可认为角 ACB 是直角，则地面距离 R_g 与其在电磁波传播方向上的距离 R_s 之间的关系为

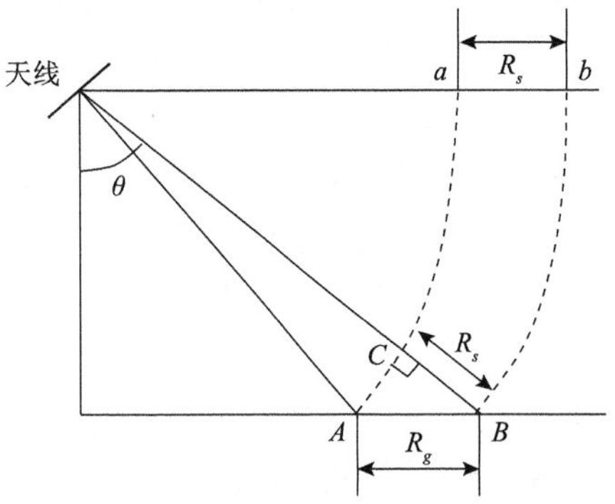

图 6.17　侧视雷达的斜距投影

$$R_s \approx R_g \cdot \sin\theta \tag{6.53}$$

斜距 R_s 比地面距离 R_g 小。同样大小的地面目标，越靠近天线正下方，目标在像片上的尺寸越小。

2. 成像瞬间点与对应地面点的坐标关系

侧视雷达是按地面点至雷达天线中心的斜距进行投影的，常用的 SAR 图像物像关系式有两个：一个是 F. Leberl 等提出的构像模型，该模型只考虑了外方位元素中摄站坐标的变化，而没有考虑外方位元素中角元素的变化，因此该模型有一定的近似性；另一个是 G. Konecny 提出的平距投影的构像模型，该模型同时考虑了外方位元素中摄站坐标和姿态元素的影响，相对于 F. Leberl 构像模型要严密得多。下面分别讨论 F. Leberl 构像模型和 G. Konecny 构像模型。

1）F. Leberl 构像模型

F. Leberl 构像模型是依据距离条件和零多普勒条件推导出来的像点和地面点之间的坐标关系模型。如图 6.18 所示，θ_0 为侧视雷达成像的最小侧视角；D 为扫描延迟距离。摄站 S 和地面点 P 之间满足如下距离条件：

$$(X-X_s)^2+(Y-Y_s)^2+(Z-Z_s)^2=R^2 \tag{6.54}$$

在平台飞行速度稳定的情况下，摄站坐标可用下面的公式近似表达：

$$\begin{cases} X_s=X_{s0}+\dot{X}_s \cdot t \\ Y_s=Y_{s0}+\dot{Y}_s \cdot t \\ Z_s=Z_{s0}+\dot{Z}_s \cdot t \end{cases} \tag{6.55}$$

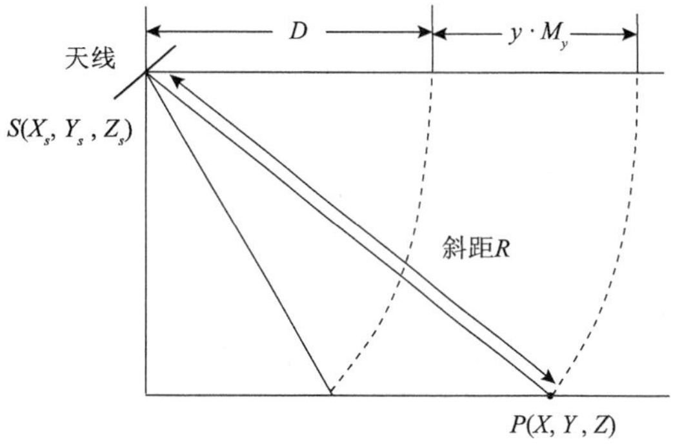

图 6.18　雷达成像的物像关系

式中，X_{s0}，Y_{s0}，Z_{s0} 为起始行的摄站坐标；$\dot{X}_s$，$\dot{Y}_s$，$\dot{Z}_s$ 为摄站坐标的一阶变率；t 为当前行的成像时间（相对于起始行而言）。而斜距 R 又可表示为

$$R=D+y \cdot M_y \tag{6.56}$$

式中，D 为扫描延迟距离；M_y 为距离向上雷达图像的比例尺分母；y 为图像上像点在距离方向上的坐标。

SAR 影像成像时，雷达天线的运动速度矢量 $(\dot{X}_s,\dot{Y}_s,\dot{Z}_s)^{\mathrm{T}}$ 与天线到达地面成像点的矢量垂直，因此经过孔径合成和成像处理以后，地面点 P 的射线的多普勒频移为零，即

$$\dot{X}_s \cdot (X-X_s)+\dot{Y}_s \cdot (Y-Y_s)+\dot{Z}_s \cdot (Z-Z_s)=0 \tag{6.57}$$

由式（6.54）~式（6.57）得

$$\begin{cases} t=\dfrac{\dot{X}_s\cdot(X-X_{s0})+\dot{Y}_s\cdot(Y-Y_{s0})+\dot{Z}_s\cdot(Z-Z_{s0})}{\dot{X}_s^2+\dot{Y}_s^2+\dot{Z}_s^2} \\ x=\dfrac{t\cdot\dot{X}_s}{M_x} \qquad y=\dfrac{R-D}{M_y} \end{cases} \tag{6.58}$$

式中，M_x 为方位向上雷达图像的比例尺分母。式（6.58）就是 F. Leberl 构像模型，它包括 9 个参数 X_{s0}、Y_{s0}、Z_{s0}、$\dot{X}_s$、$\dot{Y}_s$、$\dot{Z}_s$、D、M_x、M_y。该模型的缺点是只考虑了外方位元素中摄站坐标的变化，没有考虑外方位元素中角元素的变化，因此该公式存在近似性。

2）G.Konecny 构像模型

G.Konecny 雷达成像模型是 1988 年在京都举行的国际摄影测量与遥感学会会议上，由 G. Konecny 和 W. Schuhr 提出的平距投影的 SAR 图像成像模型，其形式上接近于摄影测量的共线方程。

当地面平坦时，假设在与 SAR 成像瞬间的同摄站获取 SAR 图像 p 及同姿态的等效的中心投影图像 p'，中心投影像片的等效焦距为 f，平台高度为 H，如图 6.19 所示。

地面上的任何点（如 A）与 p' 的相应像点（如 a'）之间存在一一对应的关系，且满足共线条件：

$$\begin{cases} x' = -f_x \dfrac{a_1(X-X_s)+b_1(Y-Y_s)+c_1(Z-Z_s)}{a_3(X-X_s)+b_3(Y-Y_s)+c_3(Z-Z_s)} \\ y' = -f_y \dfrac{a_2(X-X_s)+b_2(Y-Y_s)+c_2(Z-Z_s)}{a_3(X-X_s)+b_3(Y-Y_s)+c_3(Z-Z_s)} \end{cases} \tag{6.59}$$

式中，X,Y,Z 为地面点 A 的坐标；x',y' 为 A 点在等效中心投影像片上像点 a' 的像坐标；f_x、f_y 为等效焦距；a_i、b_i、c_i $(i=1,2,3)$ 为等效中心投影图像的外方位角元素构成旋转矩阵中的元素；X_s，Y_s，Z_s 为摄站（成像瞬间天线位置）的坐标。

等效中心投影图像 p' 与雷达图像 p 的像点之间的关系为

$$\begin{cases} x' = x \\ y' = \sqrt{(y+r_0')^2 - f_y^2} \end{cases} \tag{6.60}$$

式中，r_0' 为平距雷达图像的距离延迟。将其代入式（6.59），可得雷达图像的构像方程。

由此可以看出，在平坦地区的 SAR 影像的地面点与相应影像点存在一一对应关系。但是，当成像地区存在地形起伏时，所有地面点并非与其像点存在一一对应关系，也就是说，存在一个像点对应多个地面点的现象，如图 6.20 所示。由于地形起伏，图中 A、C 两个地面点的对应影像点都是 a 点（在 p' 上的对应像点分别是 a'、c'），则 A 称为 C 的等效地面点；而 D 至 B 的整个斜坡在 SAR 影像上的像点为 b，B 称为整个斜坡的等效地面点。出现这种现象的主要原因是 SAR 影像是距离投影方式。

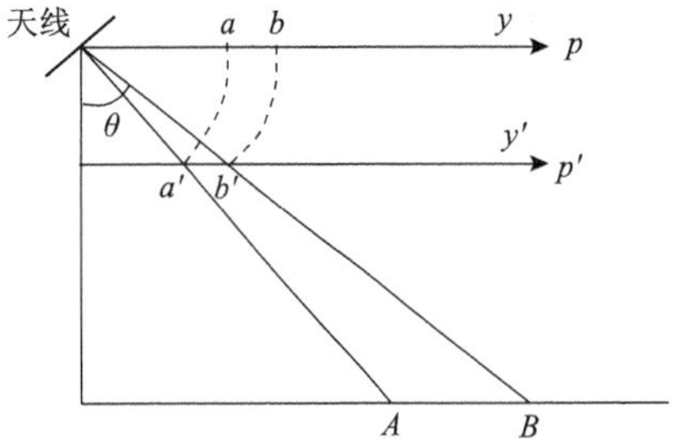

图 6.19　SAR 成像关系

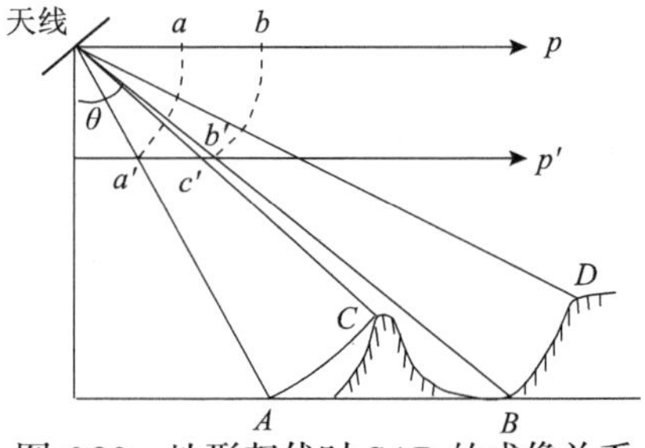

图 6.20　地形起伏时 SAR 的成像关系

如图 6.21 所示，N - XYZ 为空间直角坐标系，N_0 - $X_0Y_0Z_0$ 是与 N - XYZ 平行的数据归化面（$NN_0 = Z_0$），S - xyz 为像空间坐标系。地面点 $P_i(X_i,Y_i,Z_i)$ 位于扫描面 $SN'N''$ 内，P_i 点在数据归化面上的垂直投影为 P_{i0} 点，当外方位角元素 $\varphi \neq 0$ 时，P_{i0} 点不在 $SN'N''$ 内，$N'N''$ 是扫描面与数据归化面的交线。以 S 为中心，以斜距 R 为半径在扫描面内划弧与 $N'N''$ 交于 P_{ir} 点，该点的成像与 P_i 点成像一致，也就是说 P_{ir} 为等效地面点。

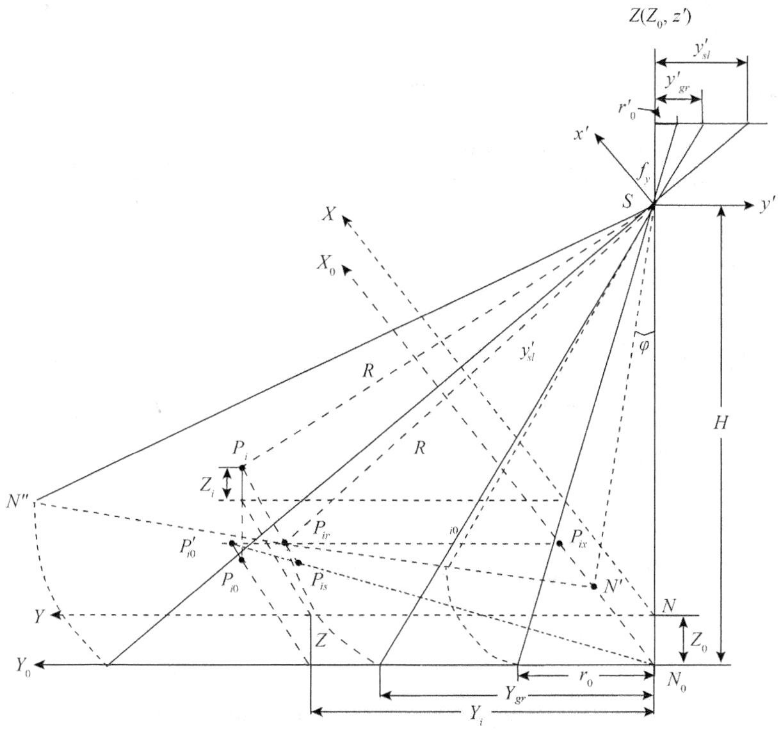

图 6.21　斜距与平距的关系

过 P_{ir} 作平行于 Y_0 轴的线段 $P_{ir}P_{ix}$，它与 X_0 轴的交点为 P_{ix}，过 P_{i0} 作平行于 X_0 轴的线段 $P_{i0}P'_{i0}$，它与 $P_{ix}P_{ir}$ 的延长线的交点为 P'_{i0}，过 P_{ir} 作平行于 X_0 轴的线段 $P_{ir}P_{is}$，它与 $N_0P'_{i0}$ 的延长线的交点为 P_{is}，令

$$P'_{i0}P_{ir} = \Delta Y\,,\quad P'_{i0}P_{i0} = \Delta X\,,\quad P'_{i0}P_{ix} \approx \left(Y_i - Y_{sj}\right),$$

$$P_{ir}N_0 \approx P_{is}N_0\,,\quad P'_{i0}N_0 \approx \sqrt{\left(X_i - X_{sj}\right)^2 + \left(Y_i - Y_{sj}\right)^2}\,,$$

$$P_{ir}N_0 = \sqrt{\left(X_i - X_{sj}\right)^2 + \left(Y_i - Y_{sj}\right)^2 + \left(Z_i - Z_{sj}\right)^2 - H^2}$$

则

$$\frac{\Delta Y}{Y_i - Y_{sj}} = \frac{P'_{i0}N_0 - P_{is}N_0}{P'_{i0}N_0}$$

所以

$$\Delta Y = \frac{\sqrt{\left(X_i - X_{sj}\right)^2 + \left(Y_i - Y_{sj}\right)^2} - \sqrt{\left(X_i - X_{sj}\right)^2 + \left(Y_i - Y_{sj}\right)^2 + \left(Z_i - Z_{sj}\right)^2 - H^2}}{\sqrt{\left(X_i - X_{sj}\right)^2 + \left(Y_i - Y_{sj}\right)^2}} \cdot \left(Y_i - Y_{sj}\right)$$

令

$$P = \frac{\sqrt{\left(X_i - X_{sj}\right)^2 + \left(Y_i - Y_{sj}\right)^2} - \sqrt{\left(X_i - X_{sj}\right)^2 + \left(Y_i - Y_{sj}\right)^2 + \left(Z_i - Z_{sj}\right)^2 - H^2}}{\sqrt{\left(X_i - X_{sj}\right)^2 + \left(Y_i - Y_{sj}\right)^2}}$$

则

$$\Delta Y = P \cdot (Y_i - Y_{sj}) \tag{6.61}$$

同理可得

$$\Delta X = P \cdot (X_i - X_{sj}) \tag{6.62}$$

于是，得到相应等效中心投影像片的像点坐标与地面点坐标之间的关系如下：

$$\begin{cases} x = 0 = -f_x \dfrac{a_{1j}(X_i - \Delta X - X_{sj}) + a_{2j}(Y_i - \Delta Y - Y_{sj}) + a_{3j}(Z_0 - Z_{sj})}{c_{1j}(X_i - \Delta X - X_{sj}) + c_{2j}(Y_i - \Delta Y - Y_{sj}) + c_{3j}(Z_0 - Z_{sj})} \\ y'_{sl} = -f_y \dfrac{b_{1j}(X_i - \Delta X - X_{sj}) + b_{2j}(Y_i - \Delta Y - Y_{sj}) + b_{3j}(Z_0 - Z_{sj})}{c_{1j}(X_i - \Delta X - X_{sj}) + c_{2j}(Y_i - \Delta Y - Y_{sj}) + c_{3j}(Z_0 - Z_{sj})} \end{cases} \tag{6.63}$$

式中，$H = Z_{sj} + Z_0$；x, y'_{sl} 为等效中心投影像片的像点坐标；X_i, Y_i, Z_i 为地面点在空间坐标系中的坐标；X_{sj}, Y_{sj}, Z_{sj} 为天线几何中心在 j 时刻的位置；f_x、f_y 为等效焦距；Z_0 为数据归化面相对于 N - XY 面的高度；H 为数据归化面的相对航高。

a_{ij}、b_{ij}、c_{ij}（i=1,2,3）是第 j 行遥感器的方向余弦，其表达式如下：

$$\begin{cases} a_{1j} = \cos\varphi_j \cos\kappa_j - \sin\omega_j \sin\varphi_j \sin\kappa_j \\ b_{1j} = \cos\omega_j \sin\kappa_j \\ c_{1j} = \sin\varphi_j \cos\kappa_j + \cos\varphi_j \sin\omega_j \sin\kappa_j \\ a_{2j} = -\cos\varphi_j \sin\kappa_j - \sin\varphi_j \sin\omega_j \cos\kappa_j \\ b_{2j} = \cos\omega_j \cos\kappa_j \\ c_{2j} = -\sin\varphi_j \sin\kappa_j + \cos\varphi_j \sin\omega_j \cos\kappa_j \\ a_{3j} = -\sin\varphi_j \cos\omega_j \\ b_{3j} = -\sin\omega_j \\ c_{3j} = \cos\varphi_j \cos\omega_j \end{cases} \tag{6.64}$$

对于星载 SAR 图像，考虑卫星平台运行相对稳定，任意时刻的外方位元素可表示为时间或图像上飞行方向的像坐标 x 的线性函数，即

$$\begin{cases} X_{sj} = X_{s0} + \dot{X}_s \cdot x \\ Y_{sj} = Y_{s0} + \dot{Y}_s \cdot x \\ Z_{sj} = Z_{s0} + Z_s \cdot x \\ \varphi_j = \varphi_0 + \dot{\varphi} \cdot x \\ \omega_j = \omega_0 + \dot{\omega} \cdot x \\ \kappa_j = \kappa_0 + \dot{\kappa} \cdot x \end{cases} \tag{6.65}$$

式中，X_{s0}、Y_{s0}、Z_{s0}、φ_0、ω_0、κ_0 为 $x=0$ 处的外方位元素；$\dot{X}_s$、$\dot{Y}_s$、$\dot{Z}_s$、$\dot{\varphi}$、$\dot{\omega}$、$\dot{\kappa}$ 为外方位元素的一阶变化率；x 为雷达图像的像坐标。

当任意时刻的外方位元素只用图像上飞行方向的像坐标 x 的线性函数近似表示时，G.Konecny 模型中共有 15 个未知参数：X_{s0}、Y_{s0}、Z_{s0}、φ_0、ω_0、κ_0、$\dot{X}_s$、$\dot{Y}_s$、$\dot{Z}_s$、$\dot{\varphi}$、$\dot{\omega}$、$\dot{\kappa}$、r'_0、f_x、f_y，因此进行雷达图像的几何校正至少要有 8 个以上的控制点。

3. 雷达图像的比例尺特性

雷达图像是地面的斜距投影，当成像姿态标准时，图像在距离向上的比例尺主要与侧视角有关。从式（6.53）可以看出：在斜距投影方式的雷达图像上，距离方向上比例尺是变化的，随着侧视角的增大，图像比例尺变大，所以在图像上有近地点被压缩、远地点被拉长的感觉，如图 6.22 所示。飞行方向的比例尺是固定的，它取决于平台飞行的速度和胶片记录的速度。

在记录回波信号时，如果雷达系统中采用延时斜距传播的时差，此时雷达图像显示的为地面距离，在平坦地区以平距显示的雷达图像上比例尺处处一致。

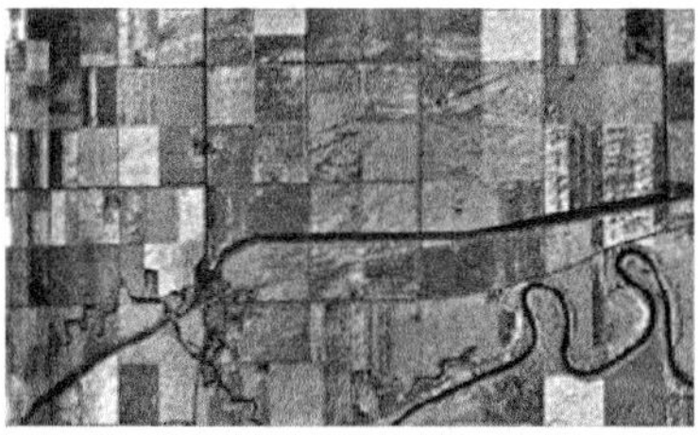

图 6.22　斜距投影图像

4. 影像变形规律

1）透视收缩与顶底位移

当雷达波束照射到位于雷达天线同一侧的斜面时，雷达波束到达斜面顶部的斜距 R_s 和到达底部的斜距 R_s' 之差 ΔR 要比斜面对应的地面距离 ΔX 小。所以在图像上的斜面长度被缩短了，这种现象称为透视收缩。由图 6.23 可知：

$$\varphi=\theta-\alpha$$

$$\Delta R\approx\Delta X\cdot\frac{\sin\varphi}{\cos\alpha}$$

则收缩比 l 为

$$l=\frac{\Delta R}{\Delta X}=\frac{\sin\varphi}{\cos\alpha} \tag{6.66}$$

式中，θ 为侧视角；α 为斜面的坡度。由此可以看出：当侧视角 θ 大于地面坡度 α 时会出现透视收缩现象；而 $\theta=\alpha$ 时，l 达到极小值。

另外，当雷达波束到斜坡顶部的时间比雷达波束到斜坡底部的时间短的时候，顶部影像被先记录，底部影像被后记录，这种斜坡顶部影像和底部影像被颠倒显示的现象（和中心投影时的点位关系相比较而言）称顶底位移，如图 6.24 所示。它是透视收缩的进一步发展，由式（6.66）可以看出：当 $\theta<\alpha$ 时，会发生顶底位移现象。

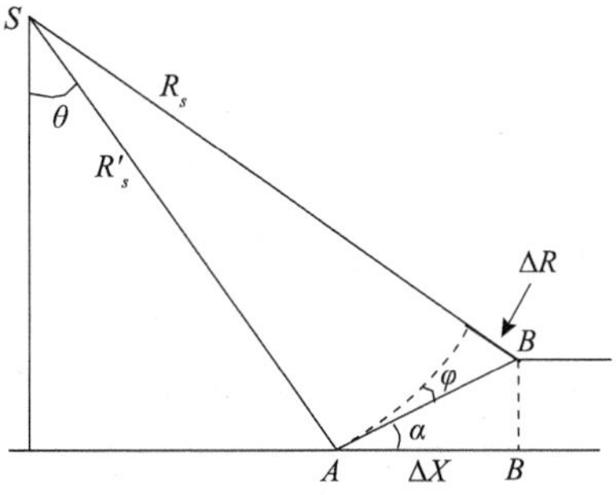

图 6.23　透视收缩

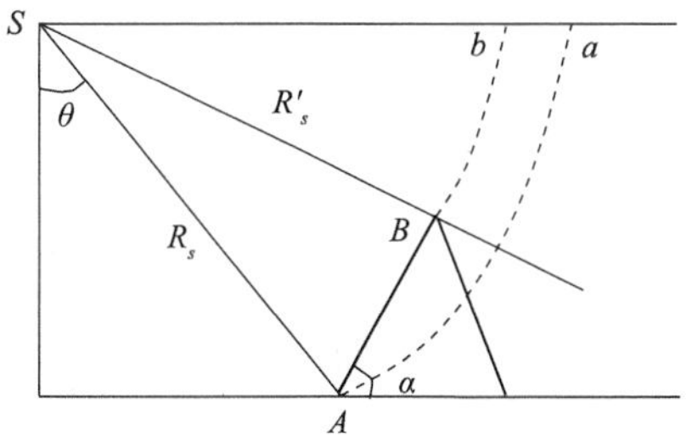

图 6.24　顶底位移

同样，对于背向天线的地面斜坡也存在透视收缩，如图 6.25 所示。当 $\theta+\alpha\leqslant 90°$ 时会出现背坡的透视收缩，此时有

$$\varphi=\theta+\alpha$$

$$\Delta R\approx\Delta X\cdot\frac{\sin\varphi}{\cos\alpha}$$

则收缩比 l 为

$$l=\frac{\Delta R}{\Delta X}=\frac{\sin\varphi}{\cos\alpha} \tag{6.67}$$

由此可以看出：当 $\theta+\alpha<90°$ 时，会出现背坡的透视收缩现象。一般情况下，雷达影像上背向天线的斜坡看起来被拉长。

2）地形起伏对雷达图像的影响

由于侧视雷达在成像的瞬间仅相当于一条扫描行成像，因此地形起伏对雷达图像的影响只发生在 y 方向上，如图 6.26 所示。由于地面存在高差 Δh，它在影像上产生的投影误差可表达为

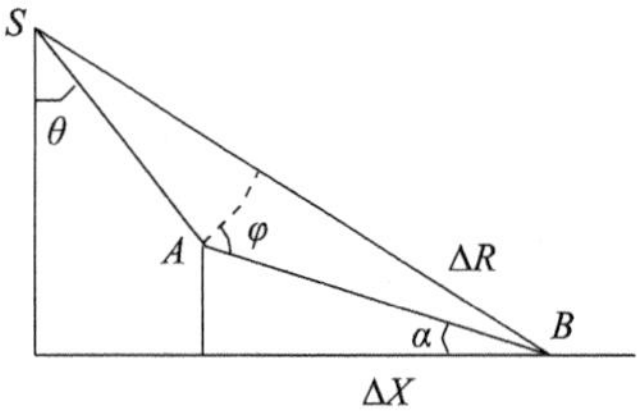

图 6.25　背坡的透视收缩

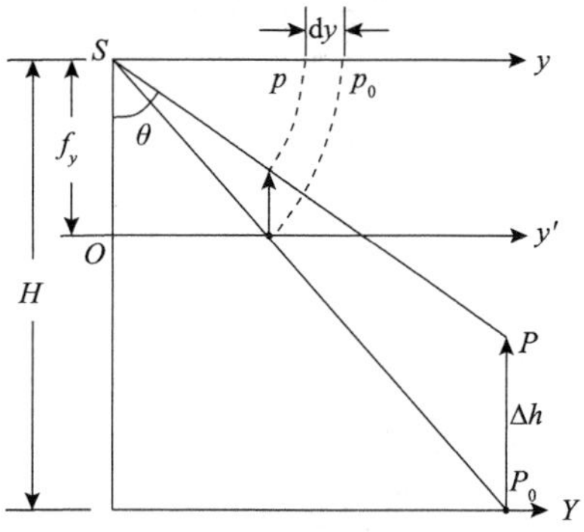

图 6.26　雷达图像上的投影误差

$$\begin{cases}dx=0\\ dy\approx-\lambda\cdot\Delta h\cdot\cos\theta\end{cases} \tag{6.68}$$

式中，dx、dy 分别为像点在 x 方向、y 方向的位移；Δh 为对应的地面点相对于基准面的高差；θ 为侧视角；λ 为雷达图像的比例尺因子（$\lambda=f_y/H$）。与框幅式像片相比，投影误差的位移方向和框幅式像片的投影误差位移相反。

5. 雷达阴影

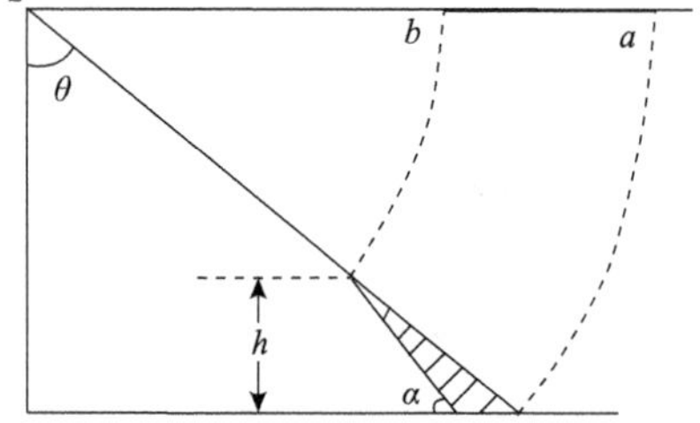

图 6.27　雷达阴影

摄影像片上阴影的方向取决太阳的方位，阴影的长度取决于地物自身的高度和太阳高度角。而侧视雷达像片上阴影的方向和长短与太阳方位和太阳高度角无关。如图 6.27 所示，当 $\theta+\alpha>90°$ 时，在斜坡的背后有一地段雷达波束不能到达（如图 6.27 中晕线部分），因此地面上该部分没有回波返回到雷达天线，从而在图像上形成阴影。阴影的影像呈黑色。阴影的长度 L 与地物高度 h 和侧视角 θ 有如下关系：

$$L = h \cdot \sec\theta \tag{6.69}$$

总之，无论顶底位移、透视收缩还是阴影都是地形起伏所致。图 6.28 表示了地形不同起伏状态与其影像之间的关系。*A* 处前坡出现顶底位移，而后坡拉长且能够成像；*B* 处前坡出现顶底位移，而后坡为雷达盲区，雷达图像上对应位置出现阴影；*C* 处前坡完全重合为一点，而后坡被阴影遮盖；*D* 处前坡出现透视收缩，而后坡被阴影遮盖。

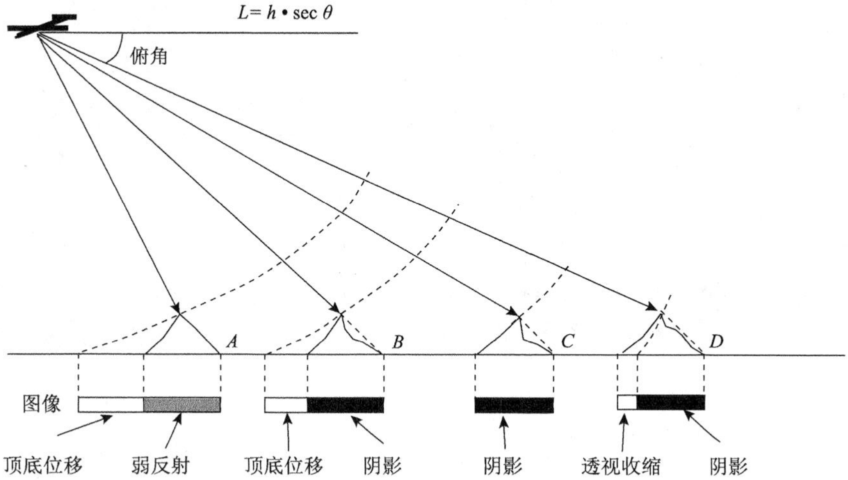

图 6.28　雷达图像中的地形影响

6.3.2　雷达图像的色调特性

地面目标在雷达图像上的影像色调取决于天线接收到的目标回波的强度，回波功率强，影像色调浅，回波信号弱，则影像色调深。由式（5.12）可知：回波信号的强弱主要与雷达发射功率、天线功率增益、雷达波长、目标本身的微波散射特性及极化方式等因素有关。除雷达本身的发射功率及天线特性外，主要有以下因素影响地物在图像上的影像色调。

1. 平台高度

平台高度的大小会影响微波在大气中传播路程的长短，从而影响微波传输的透过率。微波在大气中传播时，会受到大气分子的吸收和散射。大气对微波吸收的主要因素是氧分子和水蒸气，波长越短被吸收的越多；大气中的散射主要由雾、雨滴粒子引起，且波长越短，散射影响越大。在相同大气条件下，微波的衰减量随距离的增大而增加。所以同一目标，在不同高度上被成像时，其影像色调会发生变化，平台高度越高，影像色调会相对深一些。

2. 侧视角

侧视角的变化会引起地物影像色调和形状的变化。由第 1 章中影响地物波谱反射系数的因素可知，对大部分反射体来说，入射角的变化会引起反射率的变化。雷达的侧视角小，地物的反射率大，因此同一地物在侧视角小的图像上其影像色调浅，在同一幅图像上，相同性质的地物在近底点处可能比远底点处的色调浅；侧视角越大，对于同一地物表面来讲，其表面变得相对粗糙些。另外，在相同的地形条件下，侧视角的大小与透视收缩、顶底位移和阴影的发生有直接关系，当侧视角大时，发生上述影像变形的可能性增大。但是，随着侧视角的增加，距离向上的阴影效果被突出了，它会压盖许多地物而造成判读的困难。

3. 雷达波长与目标表面粗糙度

在其他条件相同的情况下，雷达波长不同，其影像的色调也不一样。如图 6.29 所示的四幅同一地区的雷达图像，（a）和（c）都是 HH 图像，但（a）是 L 波段的图像，（c）是 C 波段的图像，它们的色调明显不同；（b）和（d）都是 HV 图像，但（b）是 L 波段的图像，（d）是 C 波段的图像，它们的色调也明显不同。

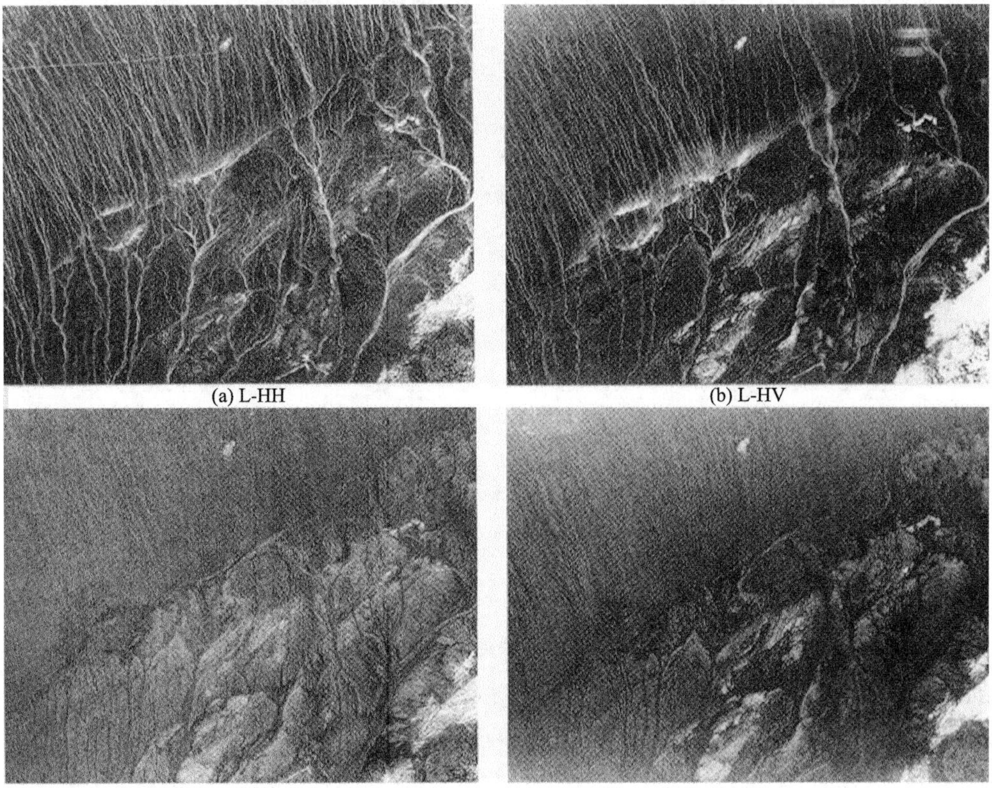

(a) L-HH　(b) L-HV　(c) C-HH　(d) C-HV

图 6.29　不同波长和极化方式的雷达图像

雷达波长可从两个方面影响目标的回波功率：第一，按波长去衡量地物表面的有效粗糙度，对于同一地物表面粗糙度，波长不同，其有效粗糙度不同，对雷达波束的作用不同。第二，波长不同，复介电常数不同，复介电常数不同会影响地物目标反射能力的大小和电磁波穿透力的大小。

地物表面粗糙度是决定雷达回波功率强弱的基本因素。地表的光滑程度决定了它对电磁波的反射形式。若地面目标是光滑的，对入射到其表面的电磁波产生镜面反射作用，使回波信号很弱，此时地面目标在雷达图像上呈暗色调。若地面目标是粗糙的，对入射到其表面的电磁波产生漫反射或方向反射，回波信号相对较强，此时地面目标在雷达图像上呈浅色调。

4. 复介电常数

复介电常数是表示物体导电、导磁性能的一个参数。复介电常数越大，反射雷达波束的作用越强，穿透作用越小。复介电常数相对于单位体积内的液态水含量呈线性变化，水分含量低，雷达波束穿透力大，反射小；当地物含水量大时，穿透力就大大减小，反射能量增大。在雷达图像解译中，含水量常常是复介电常数的代名词。一般情况下，金属物体比非金属物体的复介电常数大；潮湿的土壤比干燥的土壤复介电常数大。复介电常数大的物体比复介电常数小的物体在雷达图像上色调浅。

5. 硬目标

具有较大的散射截面，在雷达图像上呈亮白色影像的物体统称硬目标。与雷达波方向垂直的金属板、略呈圆拱形的金属表面、与入射方向垂直的线导体及角反射物体等都为硬目标。

金属塔架、铁路、桥梁、飞机、坦克等在雷达图像上是亮白色影像。高压输电线路除金属塔架在雷达图像上为亮白色影像外，当线路与雷达波方向垂直时，也为亮白色线状影像。建筑物群中墙与地面、墙与墙之间也构成角反射器，使雷达波返回的可能性大大增加。因此，在雷达图像上的街区式居民地、与侧视雷达波垂直的街道和成排的房屋色调很亮，如图 6.30 所示。单幢房屋在雷达图像上也是较浅的色调。另外，当高于地面的堤、行树和沟堑等目标与雷达波垂直时，在雷达图像上也呈线状的白色影像。

需要注意的是，硬目标都有很强的雷达回波，由于光晕的影响，在雷达图像上的影像尺寸一般比按比例尺缩小的尺寸要大。

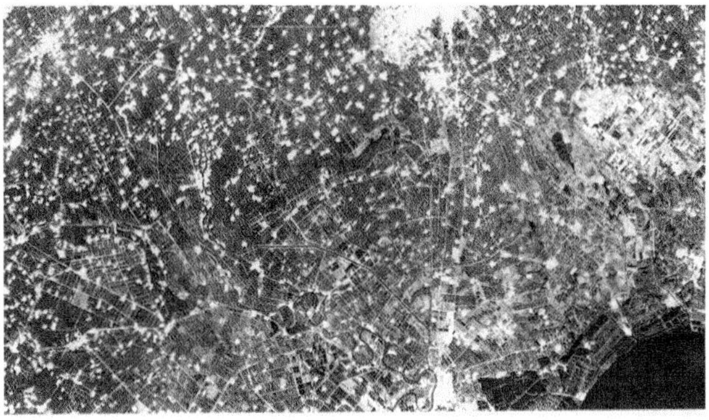

图 6.30　雷达图像

6. 极化方式

极化是指电磁波的偏振方式。水平极化是指电磁波的电场矢量与入射面（入射波与目标表面入射波处的法线所组成的平面）垂直，垂直极化是指电磁波的电场矢量与入射面平行。改变雷达发射天线的方向，就可以改变发射电磁波的极化方式。

若雷达发射的是水平极化方式的电磁波，当这种电磁波与地物表面发生作用时，会使电磁波的极化方向产生不同程度的旋转，形成水平和垂直两个分量，可用不同极化方式的天线去接收，从而形成 HH 和 HV 两种极化方式的图像。若雷达发射的是垂直极化方式的电磁波，同样可以接收到水平和垂直两个分量的信号，产生 VV 和 VH 两种极化方式的图像。雷达成像系统一般发射水平极化方式的电磁波。

地物在不同极化方式的雷达图像上所表现出的影像色调是不一样的。如图 6.29 所示的四幅同一地区的雷达图像，（a）和（b）都是 L 波段的图像，但（a）是 HH 图像，（b）是 HV 图像，它们的色调明显不同；（c）和（d）都是 C 波段的图像，但（c）是 HH 图像，（d）是 HV 图像，它们的色调也明显不同。一般地，地物在 HH 极化方式下回波信号最强，HV 极化方式图像的反差较大。由于极化方式对目标回波强度影响较大，有时为了识别某些特定目标（如海浪、道路性质等），也采用正交极化方式（指发射和接收的电磁波具有不同的极化方式）获取图像。

思考题

1. 中心投影与垂直投影的区别是什么？
2. 中心投影固有的图像变形主要有哪些？
3. 画图说明地形起伏对框幅式像片的几何变形影响。
4. 缝隙式像片由地形起伏引起的影像变形主要有哪些？
5. 全景像片、缝隙式像片像点与对应地面点的坐标关系与框幅式像片有何差别？
6. 全景静态畸变和动态畸变的原因是什么？
7. 距离投影和中心投影图像的特点是什么？
8. 画图解释透视收缩、顶底位移和阴影的产生条件，说明这些几何变形对影像解译的影响。
9. 说明影响全色图像、热红外图像、SAR 图像色调的因素及原因。

第 7 章　遥感图像校正

遥感成像时，各种因素的影响使得遥感图像存在一定的几何畸变和辐射量的失真现象。这些畸变和失真影响了图像的质量和应用，必须进行消除。几何变形是指图像上的像元在图像坐标系中的坐标与其在地图坐标系等参考系统中的坐标之间的差异，消除这种差异的过程称为几何校正。利用遥感器观测目标的辐射能量时，遥感器得到的测量值与目标的光谱反射率或光谱辐射亮度等物理量是不一致的，这是因为测量值中包含了太阳位置和角度条件、薄雾等大气条件所引起的失真。为了正确评价目标的反射或辐射特性，也必须清除这些失真。消除图像数据中依附在辐射亮度中的各种失真的过程称为辐射量校正（radiometric correction）。在卫星影像数据提供给用户使用前，有些已经经过辐射量校正和必要的几何校正，在实际应用中，应视具体情况加以处理。

7.1　遥感数字图像

7.1.1　数字图像的概念

遥感数字图像是以数字形式表示的遥感影像，它方便于在计算机内存储、运算、显示和输出。

一幅光学像片可以把它看成是由无数个很小的单元点（称为像点）组成的，每个单元点子的明暗程度记录了成像瞬间对应的物体的反射光强度（称为灰度），它实质上是其探测波段范围内电磁辐射能量分布图。用数学方法来表示时，通常是在图像平面建立一个坐标系用（x，y）表示图像中任一像点的二维平面位置，而用函数 f（x，y）表示位置为（x，y）的那一个像点对应地物的电磁辐射强度。对于一幅光学图像（或模拟图像），x、y、f（x，y）的取值是连续的，显然，它不便于计算机的存储和处理。

遥感数字图像最基本的单位是像元。像元是成像过程的采样点，也是计算机图像处理的最小单元。像元具有空间特征和属性特征。由于遥感器从空间观测地球表面，因此每个像元含有特定的地理位置信息，并表征一定的面积。像元的属性特征采用灰度值来表达，其数值由遥感器探测到的地面目标的电磁波辐射强度所决定。遥感器上探测器的灵敏度直接影响有效量化的级数，因此，不同遥感器提供的有效量化的级数是不同的，目前大多数遥感器提供的图像灰度等级是 256 级。

一个像元内只包含一种地物的像元称为正像元，如水体，它的灰度值代表了水体的光谱特征。若像元内包括两种或两种以上的地物则称为混合像元，如出苗不久的麦田，它的遥感像元的灰度值内包含麦苗和土壤的光谱特征。

遥感器自空间对地观测，一方面在 x 方向构成了地理位置密切相邻的一行数据；另一方面沿着 y 方向运动，这样就记录下了所观测区域的二维数字图像（图 7.1）。

36	35	34	38	40	41	39
35	38	39	41	78	82	81
34	35	37	39	45	89	87
37	41	45	89	87	86	80
39	35	51	87	88	83	90
50	178	156	189	167	156	189

x方向为遥感器扫描的方向
y方向为遥感平台前进的方向

图 7.1　以数字形式表示的遥感图像

遥感数字图像是以二维数组来表示的，在数组中，每个元素代表一个像元，像元的坐标位置隐含，由这个元素在数组中的行列位置所决定；元素的值表示遥感器探测到像元对应面积上的地物的电磁波辐射强度。采用这种方法，可以将地球表面一定区域范围内的地物现象记录在一个二维数组中。一幅（单谱段）遥感数字图像可表示为

$$F = f(x_i, y_j) \quad (i = 1,2,3,\cdots,m; j = 1,2,3,\cdots,n) \tag{7.1}$$

式中，i 为行号；j 为列号；$f(x_i, y_j)$ 值为像元在 (x_i, y_j) 位置上地物的电磁波辐射强度。

7.1.2　图像的数字化

为了适应计算机处理的需要，必须把连续图像转变成数字图像，这个过程称为图像的数字化。图像的数字化包含两个方面：一方面是图像平面坐标的离散化；另一方面是图像灰度值的离散化。

在数字化过程中，把图像平面坐标的离散取值过程称为图像取样。也就是说，图像取样就是沿着图像的 x 方向和 y 方向每隔一定的平面间隔 Δx 和 Δy 取一个点作为数字图像的像点。这种像点称为数字图像的像元（或像素）；图像采样时所采用的平面间隔称为图像取样间隔。图像取样时有两种方式：一种是均匀取样；另一种是非均匀取样。均匀取样，就是对图像实行等间隔取样。与之相对应的，若对图像实行不等间隔的取样，就称为非均匀取样。非均匀取样主要用于图像编码中，一般情况下较少使用。

在图像取样中，选取取样间隔是一个非常重要的问题。如果取样间隔小，图像信息的损失就小，但取样后得到的图像数据量也大；如果取样间隔大，图像信息的损失较大，数字化后的图像就不能代表原来的图像。所以，图像取样的间隔不能过大或者过小，要选取能够保持原图像信息的最大取样间隔。理论上已经证明，如果图像函数 $f(x, y)$ 在 x 方向和 y 方向的最高空间频率（即截至频率）分别为 u_c 和 v_c，那么当图像取样间隔 Δx 和 Δy 满足下列条件时：

$$\Delta x \leqslant \frac{1}{2u_c},\quad \Delta y \leqslant \frac{1}{2v_c}$$

可以由数字化后的图像圆满地恢复原图像，也就是说，数字化后的图像可以保持原图像的全部信息，这就是著名的取样定理。通常称满足取样定理的最大取样间隔 $\Delta x = 1/2u_c$ 和 $\Delta y = 1/2v_c$ 为奈奎斯特（Nyguist）间隔。因此，理论上图像数字化的取样间隔应满足取样定理的要求。

图像像元灰度值的离散取值过程叫做图像量化。图像量化需要解决两个问题：第一，确定图像像元灰度值的量化等级数 G。为了适应计算机处理的需要，图像的灰度值一般用二进制表示，一般使 G 为 2 的整数幂，即 $G = 2^n$（n 为整数，常取 $n = 6\sim8$）。第二，确定每一灰度级所对应的灰度范围。通常有两种方式：一种是在整个图像灰度范围内均匀地划分灰度级，使相邻灰度级的数值范围为定值，这种方式称为均匀量化；另一种是使相邻灰度级的数值增值为一个变量，称为非均匀量化。图像非均匀量化通常按照图像灰度分布的概率进行，概率大的灰度区间分级细，概率小的灰度区间分级粗。非均匀量化的优点是图像灰度量化的

均方差为最小，但实现起来比较困难，一般多采用均匀量化。

一幅连续变化的二维光学图像经过数字化后，就可以使用 $f(x, y)$ 函数离散取值的矩阵形式表示出来，如式（7.2）所示，M, N 表示数字化后图像的尺寸大小。矩阵的各个元素表示组成图像的离散像元，而代表像元的矩阵每一元素的取值是图像连续变化的灰度的离散整数取值。

$$f(x,y)=\begin{bmatrix} f(1,1) & f(1,2) & \cdots & f(1,N) \\ f(2,1) & f(2,2) & \cdots & f(2,N) \\ \vdots & \vdots & & \vdots \\ f(M,1) & f(M,2) & \cdots & f(M,N) \end{bmatrix} \tag{7.2}$$

由此可见，数字图像的模型实际上是一个可以在计算机里进行存储和运算的数字矩阵。一幅光学图像经过上述离散取样，转化为数字图像的过程即图像数字化。这个过程是由专用的甚至普通的数字化设备，如数字摄像机、数字照相机、扫描仪等完成的。

7.1.3　灰度直方图

用平面直角坐标系表示一幅灰度为 0～n 的数字图像像元灰度分布状态，横轴表示灰度级，纵轴（$p_i = m_i / M$）表示灰度级为 g_i 的像元个数 m_i 占像元总数 M 的百分比。将 2^n 个 p_i 绘于图上，所形成的统计直方图称灰度直方图（图 7.2），它相当于离散化后的概率密度曲线。所以，同样可以用均值、中值、标准差等统计参数刻画图像像元灰度分布状况。

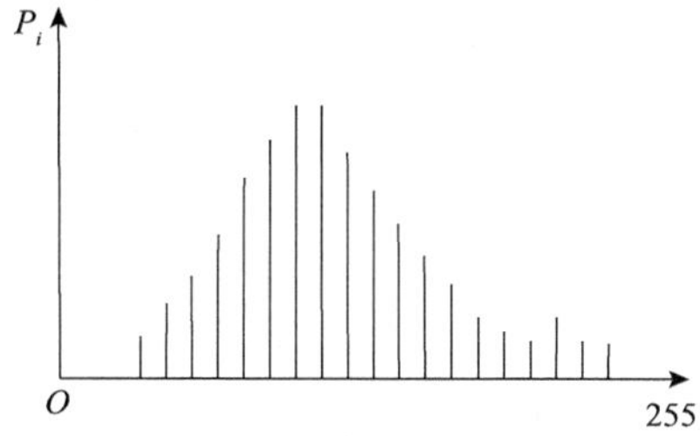

图 7.2　图像灰度直方图

通过灰度直方图可以直观地了解图像特性，以确定图像增强的方案并了解图像增强后的效果。因此，了解灰度直方图的含义在计算机图像处理中有着重要意义。图7.3表示几种典型的直方图形态，它们代表着不同特点的图像：（a）直方图均值靠近低值区，表示地物反射率低的像元多，图像较暗；（b）表示地物反射率高的像元多，图像较亮；（c）表示低反差图像；（d）表示高反差图像。

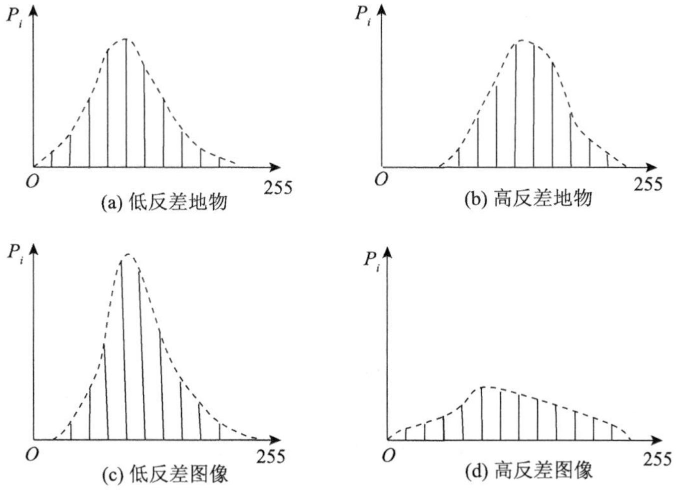

图 7.3　不同特性直方图

7.1.4　遥感图像的数据格式

按图像类型和波段数量，遥感数字图像可分为以下几种类型。

二值图像：图像中每个像元由 0 或 1 构成，在计算机屏幕上表示为黑、白图像。二值图像一般在图像处理过程中作为中间结果产生，常采用压缩方式存储，每个像元采用一位（bit）来表示，相连 8 个像元的信息记录在一个字节中，这样可以节省存储空间。

单波段数字图像：指在某一波段方位内工作的遥感器获取的一个数字图像。例如，SPOT 卫星 10m 分辨率的全色波段图像，每个像元采用 1 字节记录地物影像灰度值。

彩色数字图像：是由红、绿、蓝三个数字层构成的图像。在每一个数字层中，每个像元用 1 字节记录地物影像灰度值，数值一般介于 0～255。每个数字层的行列数取决于图像的尺寸或数字化过程中采用的扫描分辨率（像元尺寸及数量）。三层数据共同显示即为彩色图像。

多波段数字图像：是遥感器从多个波段获取的遥感数字图像。例如，Landsat 卫星提供的 TM 遥感数字图像包含 7 个波段数据，光谱成像仪可能提供几十至几百个波段的遥感图像数据。多波段数字图像的存储与分发通常采用以下几种数据格式。

1）BSQ 数据格式

BSQ（band sequential）是一种按波段顺序依次排列的数字格式，其图像数据格式见表 7.1。BSQ 格式的数据排列遵循以下规律：第一波段位居第一，第二波段位居第二，第 n 波段位居第 n；在第一波段中，数据依据行号顺序依次排列，每一行内，数据按像元顺序排列；第二波段中，数据依然根据行号顺序依次排列，每一行内，数据仍然按像元号顺序排列。其余波段依此类推。

表 7.1　BSQ 数据排列表

	(1, 1)	(1, 2)	(1, 3)	(1, 4)	…	(1, m)
第一波段	(2, 1)	(2, 2)	(2, 3)	(2, 4)	…	(2, m)
	⋮	⋮	⋮	⋮	⋮	⋮
	(1, 1)	(1, 2)	(1, 3)	(1, 4)	…	(1, m)
第二波段	(2, 1)	(2, 2)	(2, 3)	(2, 4)	…	(2, m)
	⋮	⋮	⋮	⋮	⋮	⋮
	(1, 1)	(1, 2)	(1, 3)	(1, 4)	…	(1, m)
第 n 波段	(2, 1)	(2, 2)	(2, 3)	(2, 4)	…	(2, m)
	⋮	⋮	⋮	⋮	⋮	⋮

2）BIP 数据格式

BIP（band interleaved pixel）格式中每个像元按波段次序交叉排列，其图像数据格式见表 7.2。BIP 数据格式中，数据排列遵循影像规律：第一波段第一行第一个像元位居第一，第二波段第一行第一个像元位居第二，第三波段第一行第一个像元位居第三，第 n 波段第一行第一个像元位居第 n；然后为第一波段第一行第二个像元，它位居第 $n+1$ 位，第二波段第一行第二个像元，位居第 $n+2$ 位，其余数据排列位置依次类推。

表 7.2　BIP 数据排列表

项目	第一波段	第二波段	第三波段	…	第 n 波段	第一波段	第二波段	…
第一行	(1，1)	(1，1)	(1，1)	…	(1，1)	(1，2)	(1，2)	…
第二行	(2，1)	(2，1)	(2，1)	…	(2，1)	(2，2)	(2，2)	…
⋮	⋮	⋮	⋮		⋮	⋮	⋮	
第 n 行	(n，1)	(n，1)	(n，1)	…	(n，1)	(n，2)	(n，2)	…

3）BIL 数据格式

BIL（band interleaved by line）格式是逐行按波段次序排列的格式，其数据格式见表 7.3。BIL 格式的数据排列遵循影像规律：第一波段第一行第一个像元位居第一，第一波段第一行第二个像元位居第二，第一波段第一行第三个像元位居第三，第一波段第一行第 n 个像元位居第 n 位；然后为第二波段第一行第一个像元，它位居第 $n+1$ 位，第二波段第一行第二个像元位居第 $n+2$ 位，其余数据排列位置依次类推。

表 7.3　BIL 数据排列表

第一波段	(1，1)	(1，2)	(1，3)	(1，4)	(1，5)	…
第二波段	(1，1)	(1，2)	(1，3)	(1，4)	(1，5)	…
第三波段	(1，1)	(1，2)	(1，3)	(1，4)	(1，5)	…
⋮	⋮	⋮	⋮	⋮	⋮	
第 n 波段	(1，1)	(1，2)	(1，3)	(1，4)	(1，5)	…
第一波段	(2，1)	(2，2)	(2，3)	(2，4)	(2，5)	…
第二波段	(2，1)	(2，2)	(2，3)	(2，4)	(2，5)	…
⋮	⋮	⋮	⋮	⋮	⋮	

在普通的彩色图像显示装置中，图像是分为 R、G、B 3 个波段显示的，这种按波段进行的处理最适合 BSQ 方式。而在最大似然比分类法中对每个像元进行的处理最适合 BIP 方式。BIL 方式具有以上两种方式的中间特征。

遥感数据中，除图像信息以外还附带有各种注记信息。注记信息是说明数据分发时存储方式的格式。以往曾使用多种格式，但从 1982 年左右起逐渐以世界标准格式的形式进行分发。因为这种格式是由 Landsat Technical Working Group 确定的，所以也叫 LTWG 格式。世界标准格式具有超结构（super structure）的构造，在它的卷描述符、文件指针、文件说明符的 3 种记录中记有数据的记录方法。其图像数据部分为 BSQ 方式或 BIL 方式。

4）HDF 格式

HDF（hierarchical data format）格式是一种不必转换格式就可以在不同平台间传递的新型数据格式，由美国国家超级计算应用中心（National Center for Supercomputer Applications，NCSA）研制，已经应用于 MODIS、MISR 等数据中。

HDF 有 6 种主要数据类型：栅格图像数据、调色板、科学数据集、HDF 注释（信息说明数据）、Vdata（数据表）、Vgroup（相关数据组合)。HDF 采用分层式数据管理结构，并通过所提供的"层体目录疗构"可以直接从嵌套的文件中获得各种信息。因此，打开一个 HDF 文件，在读取图像数据的同时可以方便地查取到其地理定位、轨道参数、图像属性、图像噪声等各种信息参数。具体地讲，一个 HDF 文件包括一个头文件和一个或多个数据对象。一个数据对象是由一个数据描述符和一个数据元素组成的。前者包含数据元素的类型、位置、尺度等信息；后者是实际的数据资料。HDF 这种数据组织方式可以实现 HDF 数据的自我描述。HDF 用户可以通过应用界面来处理这些不同的数据集。例如，一套 8bit 图像数据集一般有 3 个数据对象：1 个描述数据集成员，1 个是图像数据本身，1 个描述图像的尺寸大小。

HDF 是存储科学数据的容器，能够存储图像、多维数组、表格等，强调存储和 I/O 效率。HDF 在国际科学界和产业界得到广泛支持。HDF 是一种开放式的数据格式，针对不断出现的新应用，HDF 也在不断升级。HDF 新的版本支持网络化环境下的资料服务应用需求，目前已经有大量基于 Internet 的 HDF 数据文件发布和应用程序（如 JVH 等）。更重要的是，这种升级与应用软件的编制是无关的，保证了程序和数据的向上兼容性。

7.1.5　遥感图像数据产品级别

1986 年，美国航空航天局（NASA）定义了一系列数据处理“级别”，用以区分源于其地球观测系统（EOS）卫星获取的影像生成的标准数据产品。给定任何数据产品，可以根据级别来判断其在生产过程中都经过了哪些处理流程，用户能够知道如何更恰当地去使用这些数据产品。同时，NASA 对每个级别做出了简要定义。

0 级：经数据重构，未进行任何处理的原始数据；所有的通信信息（如同步帧、通信头和重复数据）被移除。

1A 级：经数据重构，具有时间参考、辅助信息（包括辐射、几何校正系数等）及地理坐标参数等（如平台星历等，并没有应用于 0 级产品）未进行任何处理的原始数据。

1B 级：在 1A 级产品的基础上处理至遥感器单元（并不是所有数据都有 L1B 级数据）。

2 级：与 1 级数据具有相同分辨率和位置的地球物理参量数据产品。

3 级：投影至统一时空格网尺度，通常具有一定完整性和一致性的数据产品。

4 级：模型输出结果或从低级数据分析得到的结果。

该分级体系的一个重要方面是它的每一级是积累的，新的一个级别由其下一级别生成，同时它也是上一级产品的输入数据。0 级数据基本上是原始的、未经任何处理的仪器和遥感器数据。虽然它是基本的数据级别，但通常不会使用它，对遥感器本身准确性和敏感性比较感兴趣的人将会是它的用户。0 级数据的主要作用是作为数据处理链中的原始数据被用来生成更高级别的数据产品。1 级数据可以恢复为 0 级，同时 1 级数据也是生成更高级别数据的基础。2 级数据可直接用于大多数的科学研究。相对于 1 级数据来说，2 级数据可能由于某些原因（如在空间尺度或光谱范围等方面做了缩减）要小一些。3 级产品可能会更小，以便其更容易被使用，同时规则的空间和时间组织使得这些数据更容易与不同数据源的数据结合使用。一般，随着处理技术的改进，数据集本身将会变得更小，但其在科学应用中的价值和效用将会变得更大。

由于各种原因，不同的系统具有不同的侧重点，被赋予不同的任务，因而具有不同的数据产品级别。根据对 Landsat TM 数据的加工服务内容，将 Landsat TM 产品划分为 4 级：0 级产品为原始数据产品；1 级为系统几何校正产品、辐射校正产品、融合产品及大气校正产品；2 级为几何精校正产品、正射校正产品；3 级为标准镶嵌图像产品。IKONOS 数据产品分为 Geo、Standard Ortho、Reference、Pro、Precision 几个级别。中国资源卫星应用中心的卫星标准数据产品分为 1A 级、1C 级、2 级、2A 级和 2C 级等级别。

7.2　遥感图像的辐射量校正

由辐射传输方程可知，遥感器的输出 E_λ 为

$$E_\lambda = K_\lambda \cdot \left\{ \left[\rho_\lambda \cdot E_0(\lambda) \mathrm{e}^{-T(Z_1, Z_2)\sec\theta} + \varepsilon_\lambda \cdot W_\mathrm{e}(\lambda) \right] \mathrm{e}^{-T(0, H)} + b_\lambda \right\} \tag{7.3}$$

式中，$T(Z_1, Z_2)$ 为 Z_1 到 Z_2 区段大气层的光学厚度；θ 为太阳天顶角；E_0 为太阳辐射照度；ρ_λ 为地物的波谱反射系数；ε_λ 为地物的波谱发射率系数；H 为平台高度；$W_\mathrm{e}(\lambda)$ 为与地物同温度黑体的发射通量密度；K_λ 为遥感器的光谱响应系数；b_λ 为大气辐射所形成的天空辐射密度。

从式（7.3）可以看出：遥感器的输出 E_λ 除了与地物本身的反射和发射波谱特性有关外，还与遥感器的光谱响应特性、大气条件、光照情况等因素有关。因此，遥感影像辐射误差的改正主要包括三个方面：①遥感器的灵敏度特性引起的辐射误差改正，如光学镜头的非均匀性引起的边缘减光现象的改正、光电变换系统的灵敏度特性引起的辐射畸变校正等。②光照条件的差异引起的辐射误差改正，如太阳高度角的不同引起的辐射畸变校正、地面倾斜引起的辐射畸变校正等。③大气散射和吸收引起的辐射误差改正。

7.2.1　光学镜头非均匀性引起的边缘减光现象的校正

在使用透镜的光学系统中，由于镜头光学特性的非均匀性，在其成像平面上存在着边缘部分比中间部分暗的现象，称为边缘减光。如图 7.4 所示，如果光线以平行于主光轴的方向通过镜头到达像平面 O 点的光强度为 E_O，以与主光轴成 θ 角度的方向通过镜头到达像平面 p 点的光强度为 E_p，则 $E_p = E_O \cos^4\theta$。按照这一性质可以进行边缘减光现象造成的辐射畸变校正。

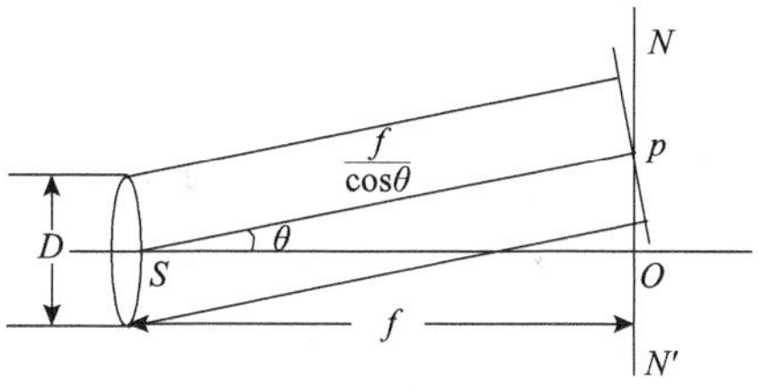

图 7.4　镜头的辐射畸变

另外，视场较大的成像光谱仪图像在扫描方向上也存在明显的辐射亮度不均匀的现象。这种辐射误差主要是光线路径长短不同造成的，扫描角较大时，光线路径长，大气衰减越严重；星（机）下点位置的地物辐射信息的光线路径最短，大气衰减所产生的影响也最小。

7.2.2　光电转换系统的特性引起的辐射误差校正

遥感器的光谱响应特性与遥感器的输出有直接的关系。在扫描方式的遥感器中，遥感器接收系统收集到的电磁波信号需经光电转换系统变成电信号记录下来，这个过程也会引起辐射量的误差。由于这种光电变换系统的灵敏度特性通常有很高的重复性，所以可以定期地在地面测量其特性，根据测量值对其进行辐射畸变校正。例如，Landsat 卫星的 MSS 图像和 TM 图像可以按式（7.4）对遥感器的输出（R）进行校正。

$$V = \frac{D_{\max}}{(R_{\max} - R_{\min})} \cdot (R - R_{\min}) \tag{7.4}$$

式中，R 为遥感器输出的辐射亮度；V 为已校正过的数据；$R_{\max}$ 和 $R_{\min}$ 分别为探测器能够输

出的最大和最小辐射亮度。表 7.4 和表 7.5 列出了 MSS 和 TM 的 R_{max}、R_{min} 值，D_{max} 对于 MSS 和 TM 分别为 127 和 255。

表 7.4　TM 的 R_{min} 和 R_{max}

波段	R_{min} / R_{max}	波段	R_{min} / R_{max}
1	−0.0099/1.004	5	−0.00799/0.5873
2	−0.0227/2.404	6	−0.00375/0.3595
3	−0.0083/1.410	7	0.1534/1.896
4	−0.0194/2.660		

表 7.5　MSS 的最小、最大辐射亮度（R_{min}/R_{max}）

波段	Landsat-2	Landsat-3	Landsat-4	Landsat-5
4	0.08/2.63	0.04/2.50	0.04/2.38	0.04/2.38
5	0.06/1.76	0.03/2.00	0.04/1.64	0.04/1.64
6	0.06/1.52	0.03/1.65	0.05/1.42	0.05/1.42
7	0.11/3.91	0.03/4.50	0.12/3.49	0.12/3.49

7.2.3　太阳高度角引起的辐射误差校正

太阳高度角引起的畸变校正是将太阳光线倾斜照射时获取的图像校正为太阳光线垂直照射时获取的图像。太阳的高度角 θ 可根据成像的时间、季节和地理位置来确定：

$$\sin\theta=\sin\varphi\cdot\sin\delta\pm\cos\varphi\cdot\cos\delta\cdot\cos t \tag{7.5}$$

式中，φ 为图像对应地区的地理纬度；δ 为太阳赤纬（成像时太阳直射点的地理纬度）；t 为时角（地区经度与成像时太阳直射点地区经度的经差）。

太阳高度角的校正是通过调整一幅图像内的平均灰度来实现的，太阳高度求出后，太阳以高度角 θ 斜射时得到的图像 $g(x,y)$ 与直射时得到的图像 $f(x,y)$ 有如下关系：

$$f(x,y)=\frac{g(x,y)}{\sin\theta} \tag{7.6}$$

如果不考虑天空光的影响，各波段图像可采用相同的 θ 角进行校正。

太阳方位角的变化也会改变光照条件，它也随成像季节、地理纬度的变化而变化。太阳方位角引起的图像辐射值误差通常只对图像细部特征产生影响，它可以采用与太阳高度角校正相类似的方法进行处理。

由于太阳高度角的影响，在图像上会产生阴影而压盖地物。一般情况下，图像上地形和地物的阴影是难以消除的，但是多光谱图像上的阴影可以通过图像之间的比值予以消除。比值图像是用同步获取的相同地区的任意两个波段图像相除而得到的新图像。在多光谱图像上，地物阴影区的灰度值可以认为是无阴影时的影像灰度值再加上对各波段影响相同的阴影亮度值，所以，当两个波段相除时，阴影的影响在比值图像上基本被消除。阴影的消除对图像的定量分析和自动识别是非常重要的，因为它消除了非地物辐射而引起的图像灰度值的误差，有利于提高定量分析和自动识别的精度。

7.2.4　地形坡度引起的辐射误差校正

太阳光线和地表作用以后再反射到遥感器的太阳光的辐射亮度与地面倾斜度有关。如果光线垂直入射时水平地表受到的光照强度为 I_0，则光线垂直入射时倾斜角为 α 的坡面上入射点处的光强度 I 为

$$I = I_0 \cos\alpha \tag{7.7}$$

因此，若处在坡度为 α 的倾斜面上的地物影像为 $g(x,y)$，则校正后的图像 $f(x,y)$ 为

$$f(x,y) = \frac{g(x,y)}{\cos\alpha} \tag{7.8}$$

由式（7.8）看出，地形坡度引起的辐射校正方法需要有图像对应地区的 DEM 数据，校正较为麻烦，一般情况下对地形坡度引起的误差不做校正。另外，此项校正也可采用比值图像来消除地形坡度所产生的辐射量误差。

7.2.5　大气校正

太阳光在到达地面目标之前，大气会对其产生吸收和散射作用。同样，来自目标物的反射光和散射光在到达遥感器之前也会被吸收和散射。入射到遥感器的电磁波能量除了地物本身的辐射以外还有大气引起的散射光，消除这些影响的处理过程称为大气校正。大气校正的主要方法如下。

1. 辐射传递方程法

若地面目标的辐射能量为 E_0，它通过高度为 H 的大气层后，遥感器接收系统所能收集到的电磁波能量为 E，则由辐射传递方程可得

$$E = E_0 \cdot \mathrm{e}^{-T(0,H)} \tag{7.9}$$

式中，$\mathrm{e}^{-T(0,H)}$ 为大气的衰减系数。如果对式（7.9）能够给出适当的近似解，可以求出地面目标的真实辐射能量 E_0。在可见光和近红外区，大气的影响主要是气溶胶引起的散射造成的。在热红外区，大气的影响主要是由水蒸气的吸收造成的。为了消除大气的影响，需要测定可见光和近红外区的气溶胶的密度及热红外区的水蒸气浓度。但是，仅从图像数据中很难正确测定这些数据，因此在利用辐射传递方程时，通常只能得到近似解。

2. 公式法

与卫星扫描同步进行野外波谱测试，将地面测量结果与卫星影像对应像元亮度值进行回归分析，回归方程为

$$L_{A_i} = a + bR_i \tag{7.10}$$

式中，L_{A_i} 为卫星观测值；R_i为地面反射率；a和b为回归系数。

系数a为大气散射引起对辐射的干扰部分

$$a = S_i L_{B_i} \tag{7.11}$$

式中，S_i为系统增益因素；L_{B_i} 为大气路径辐射率。

式（7.10）中的系数 b 表示辐射率 L_{A_i} 随地面反射率 R_i递增而增长的程度。从数学意义上说，它是表示式（7.10）所描述的直线的斜率。在计算卫星遥感辐射率的过程中，它应该是

$$b = \frac{S_i T_i H_i \cos\theta}{\pi} \tag{7.12}$$

式中，T_i为大气透射率；H_i为太阳辐照度；θ 为太阳天顶角。

因为这个公式计算方法是对各个波段分别进行的，所以以上各参数都带有 i，代表各波段的序号。将式（7.11）和式（7.12）代入式（7.10），得

$$L_{A_i} = S_i L_{B_i} + \frac{S_i T_i H_i \cos\theta}{\pi} R_i \tag{7.13}$$

式（7.13）说明决定 L_{A_i} 的因素比较复杂，用这一公式计算 L_{A_i} 时需要获得当时的具体气象参数，如大气路径辐射率、大气透射率等。由式（7.10）可得

$$bR_i = L_{A_i} - a \tag{7.14}$$

令 $L'_{A_i} = bR_i = L_{A_i} a$，$L'_{A_i}$ 即为校正后图像灰度值；a为大气附加辐射部分。

3. 回归分析法

大气散射主要影响短波部分，波长较长的波段几乎不受影响，因此可用其校正其他波段数据。做法如下：在不受大气影响的波段（如 TM5）和待校正的某一波段图像中，选择由最亮至最暗的一系列目标，将每一目标的两个待比较的波段灰度值提取出来进行回归分析。例如，用 TM1 波段与 TM5 波段比较，作出回归直线$\overline{Y}$，如图 7.5 所示，回归方程为

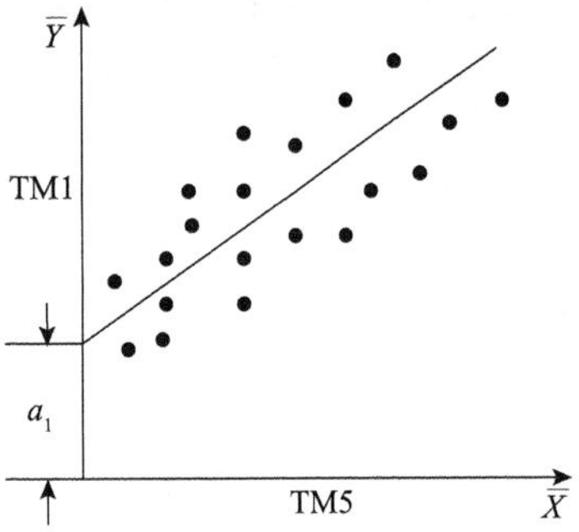

图 7.5　辐射回归分析

$$\overline{Y} = a_1 + b_1\overline{X} \tag{7.15}$$

式中，$\overline{X}$ 为 TM5 亮度均值；$\overline{Y}$ 为 TM1 波段的亮度均值。

a_1和 b_1计算如下

$$b_1 = \frac{\sum[(T_5 - \overline{T}_5)(T_1 - \overline{T}_1)]}{\sum(T_5 - \overline{T}_5)^2} \tag{7.16}$$

$$a_1 = \overline{T}_1 - b_1\overline{T}_5 \tag{7.17}$$

$$T_1' = T_1 - a_1 \tag{7.18}$$

以上各式中，T_1与T_5表示 TM1 与 TM5 波段灰度值；T_1' 为 TM1 波段校正后的灰度值，对于任一波段其校正量 a_i是第 i 波段回归分析的截距。

实际校正时只要依据以上公式通过 TM1、TM5 波段灰度值计算出a_1、b_1值，再根据式（7.18）减去改正量即可求出每个像元 TM1 波段校正后灰度值。

4. 直方图校正法

另一种简单方法是通过灰度直方图对比找出校正量。如图 7.6 所示，因为大气散射影响只作用于短波段，对可见光以外的红外波段几乎没有影响（如 TM5 波段），所以如果影像范围内存在灰度值为零的地物（如深水体、高山背阴处等），其灰度直方图往往从原点开始，而其他波段灰度直方图离原点有一段距离（如图 7.6 中的 a_1），这段距离即为大气散射引起的灰度直方图漂移值。依此为改正量进行校正，相当于从每个像元灰度值中减去这个数值。其他波段的校正量可以由此类推求得。

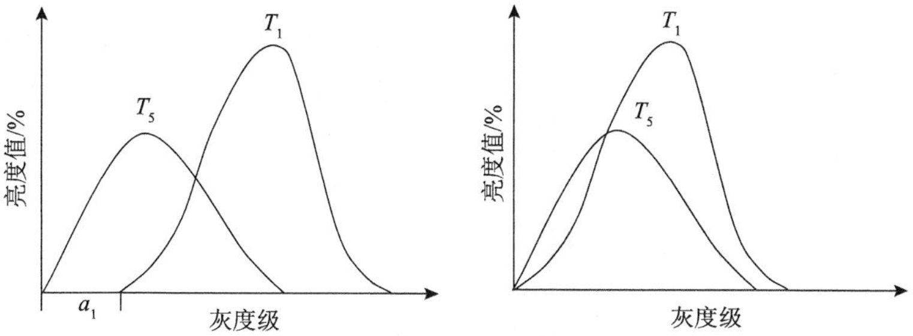

图 7.6　直方图法辐射校正

5. 辅助数据法

在获取地面目标图像的同时，利用搭载在同一平台上测量气溶胶和水蒸气浓度的遥感器获取气溶胶和水蒸气的浓度数据，根据这些数据进行大气校正。

Landsat 4/5 的 MSS 数据处理中，采用了一种简单的大气散射补偿方法：从全部图像像元亮度值中减去一个辐射偏置量，辐射偏置量等于图像直方图中最小的亮度值。这种偏置量随不同的景像而有所差异，同一景像的不同波段也很可能具有不同的偏置量，因为景像辐射中的大气散射成分与波长成反比，第一波段的偏置量最大，第四波段的偏置量最小。

在 SPOT 的数据处理中，由于瑞利散射（分子散射）在 0.89μm 处（近红外区）比在可见光的 0.5μm 处要低 10 倍，所以由瑞利散射引起的辐射改正只涉及 SPOT HRV 的多光谱数据中的第一、第二波段和全色波段的一部分，多数情况下分子散射的影响可以得到满意的改正。而米氏散射（悬浮微粒散射）只随波长逐渐变化，因此所有成像的光谱段都受到微粒散射的影响。要想正确改正米氏散射对辐射量的影响，需要知道米氏散射的三个特征：视觉上的微粒密度（与水平可见度有关）、微粒类型和米氏散射的相位函数。米氏散射的影响比瑞利散射的影响要更难改正些。大气吸收对辐射量的影响只发生在第三波段（主要是由水蒸气的吸收造成的）和第一波段（由臭氧的吸收造成），而水蒸气和臭氧含量可从与观测地区的季节和地理位置有关的统计资料中估算出来，水蒸气的含量也可以通过查阅气象资料来估算，利用这些数据可按辐射传递方程改正大气吸收对辐射量的影响。

7.3　遥感图像的几何变形

遥感图像的几何变形是指图像上像元在图像坐标中的坐标与其在地图坐标系等参考系统中的坐标之间的差异。遥感图像上的几何变形可分为静态变形和动态变形两大类。静态变形是指在一景图像的形成过程中遥感器相对于地球表面呈静止状态时所具有的各种变形误差，动态变形是指在一景图像的形成过程中遥感器的运动造成的图像变形。在静态变形中，又可分为内部误差和外部误差两类。内部误差是由遥感器结构等因素引起的，如摄影机的焦距变动、像主点偏移、镜头畸变，光机扫描仪的扫描线首末点成像时间差、不同波段上相同位置的扫描线成像时间差、扫描棱镜旋转速度不均匀、扫描线的非直线性和非平行性等。内部误差大小因遥感器结构而异，一般误差不大，本节不再讨论。外部误差是指遥感器本身处在正常工作的条件下，由遥感器以外的各因素所造成的误差，如遥感器的外方位变化、传感介质的不均匀、地球曲率、地形起伏、地球旋转等因素所引起的误差。

7.3.1　成像投影方式引起的图像变形

遥感器成像的投影方式主要有中心投影和非中心投影两种形式。中心投影又可分为点中心投影（如 Landsat 上的 MSS 和 TM）、线中心投影（如 SPOT 的 HRV）和面中心投影（如框幅式摄影机）三种。非中心投影的遥感器主要有侧视雷达。由于中心投影图像在垂直摄影和地面平坦的情况下，地面物体与其影像之间具有相似性，因此把中心投影的图像作为基准图像来讨论其他方式投影图像的变形规律。

1. 全景投影变形

全景投影是一种特殊形式的线中心投影，全景投影的影像面不是一个平面，而是一个圆柱面 *MON*（图 7.7）。地物点 P 在全景面上的像点 p 在扫描方向上的坐标 y_p 为

$$y_p = f \cdot \theta \tag{7.19}$$

式中，f 为焦距；θ 为成像角（以度为单位）。

设 L 是一个等效的中心投影成像面，P 点在 L 上的像点 p' 的坐标 y'_p 为

$$y'_p = f \cdot \tan\theta \tag{7.20}$$

从而可导出全景变形公式：

$$dy = y_p - y'_p = f \cdot (\theta - \tan\theta) \tag{7.21}$$

全景投影图像变形如图 7.8（b）所示。另外，全景图像还存在着动态变形，全景变形的情况见第 6 章 6.1 节。

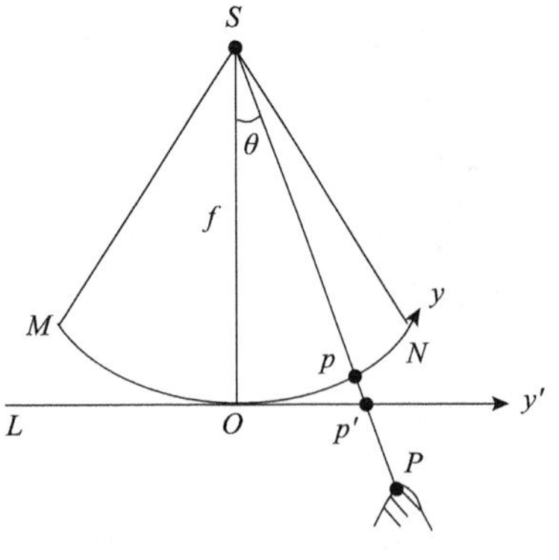

图 7.7　全景投影时的物像关系

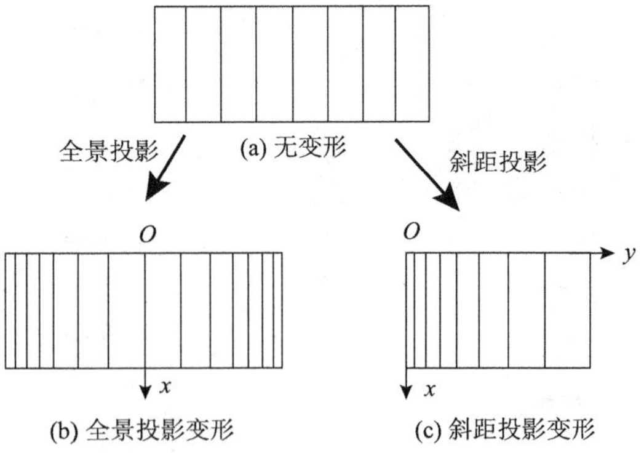

图 7.8　不同投影方式引起的图像变形示意

2. 斜距投影变形

侧视雷达是一种斜距投影类型的遥感器。如图 7.9 所示，s 为雷达天线中心，sy 为雷

达成像面，地物点 P 在斜距投影图像上的影像坐标 y_p 取决于斜距 R_p 和成像比例尺 $1/m$，由于有

$$\frac{1}{m}=\frac{f_y}{H} \tag{7.22}$$

$$R_p=\frac{H}{\cos\theta} \tag{7.23}$$

式中，H 为遥感器航高；f_y 为等效焦距。因此，斜距投影图像上的影像坐标 y_p 为

$$y_p=\frac{R_p}{m}=\frac{f_y\cdot H}{H\cdot\cos\theta}=\frac{f_y}{\cos\theta} \tag{7.24}$$

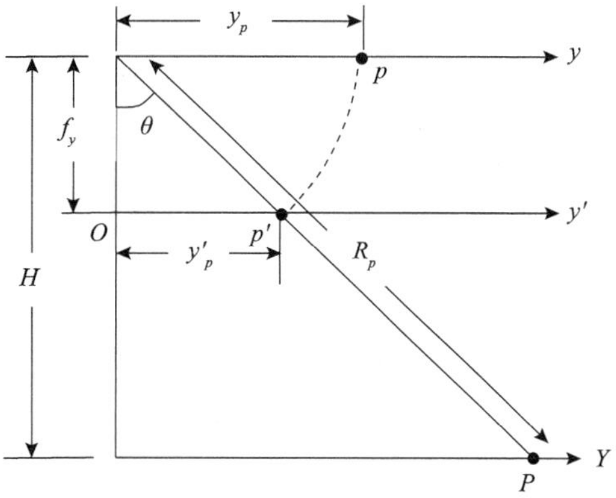

图 7.9　斜距投影时的物像关系

而地面点 P 在等效中心投影影像 oy' 上的像点 p' 的坐标 y'_p 可表达为

$$y'_p=f_y\cdot\tan\theta \tag{7.25}$$

于是，斜距投影的变形误差为

$$\mathrm{d}y=y_p-y'_p=f_y\cdot\left(\frac{1}{\cos\theta}-\tan\theta\right) \tag{7.26}$$

斜距投影图像变形如图 7.8（c）所示。

7.3.2　遥感器外方位元素引起的图像变形

遥感器的外方位元素指的是遥感器成像时的位置 (X_s,Y_s,Z_s) 和姿态角 (α,ω,κ)。当外方位元素偏离标准位置而出现变动时，就会使图像产生变形。这种变形的影响可以通过构像方程推导出来。

由摄影测量学可知，框幅式像片的物像关系可用共线方程来表达：

$$\begin{cases} x=-f\dfrac{a_1(X-X_s)+b_1(Y-Y_s)+c_1(Z-Z_s)}{a_3(X-X_s)+b_3(Y-Y_s)+c_3(Z-Z_s)} \\ y=-f\dfrac{a_2(X-X_s)+b_2(Y-Y_s)+c_2(Z-Z_s)}{a_3(X-X_s)+b_3(Y-Y_s)+c_3(Z-Z_s)} \end{cases} \tag{7.27}$$

式中，f 为摄影相机的焦距；(x,y) 为像点在像坐标系中的像坐标；(X,Y,Z) 为与像点坐标 (x,y) 对应的地面点的坐标；(X_s,Y_s,Z_s) 为摄站坐标；$a_i,b_i,c_i\ (i=1,2,3)$ 为外方位角元素 (α,ω,κ) 所确定的旋转矩阵中的元素。

以外方位元素为变量，对式（7.27）进行微分处理，同时考虑在近似垂直摄影条件下 α、ω 和 κ 都为小角度，可以得到外方位元素变化对像点坐标影响的一次项公式：

$$
\begin{cases}
\mathrm{d}x = -\dfrac{f}{H}\mathrm{d}X_s - \dfrac{x}{H}\mathrm{d}Z_s - f \cdot \left(1+\dfrac{x^2}{f^2}\right) \cdot \mathrm{d}\alpha - \dfrac{xy}{f}\mathrm{d}\omega + y \cdot \mathrm{d}\kappa \\
\mathrm{d}y = -\dfrac{f}{H}\mathrm{d}Y_s - \dfrac{y}{H}\mathrm{d}Z_s - \dfrac{xy}{f}\mathrm{d}\alpha - f \cdot \left(1+\dfrac{y^2}{f^2}\right) \cdot \mathrm{d}\omega - x \cdot \mathrm{d}\kappa
\end{cases} \tag{7.28}
$$

其中，各单个外方位元素引起的图像变形情况如图 7.10 所示。

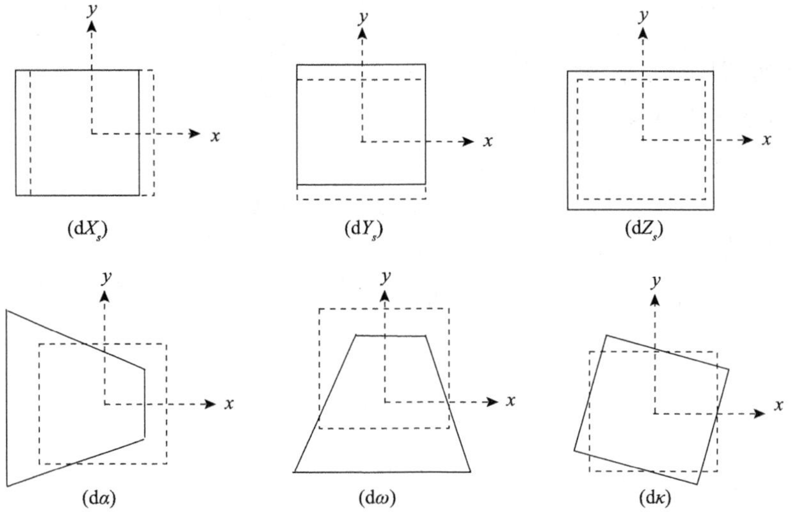

图 7.10　各单个外方位元素引起的图像变形

由外方位元素对框幅式图像的影响公式，并根据不同类型遥感器的成像特点，可得出缝隙式摄影像片、全景摄影像片、光机扫描图像和线阵 CCD 图像上外方位元素变化而引起的像点坐标误差公式。

需要指出的是，对于动态扫描类型的遥感器（如光机扫描仪），其构像方程是对于一个扫描瞬间（相应于某一像元或某一条扫描线）而建立的，同一像幅上不同成像瞬间所成图像的外方位元素是不相同的，因而相应的变形误差公式只表达该扫描瞬间像幅上相应点、线所在位置的局部变形，整个图像的变形将是各瞬间局部变形的综合结果。例如，在一幅多光谱扫描图像内，假设各条扫描行所对应的各外方位元素，是从第一扫描行起按线性规律变化的，则地面上一个方格网图形成像后，将出现如图 7.11（a）所示的综合变形，相应的，各外方位元素单独造成的图像变形将分别如图 7.11（b）～（g）所示。它与常规框幅摄影机的情况不

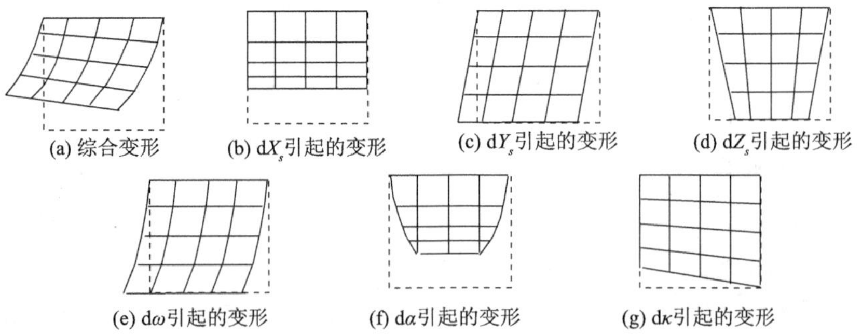

图 7.11　外方位元素引起的动态扫描图像的变形

同，它的每个外方位元素变化都可能使整幅图像产生非线性变形，而且这种变形在常规的航测光学纠正仪上很难严格地纠正掉，唯有数字纠正法才能满足解析上的严密性要求。

对于侧视雷达（特别是合成孔径侧视雷达），其外方位元素对图像变形的影响情况比较复杂，这里不作讨论。

7.3.3　地形起伏引起的图像变形

地形起伏引起的像点移位情况在第 6 章已进行了讨论，现归纳如下。

1. 地形起伏对框幅式像片的影响

$$\begin{cases} \mathrm{d}x = \dfrac{\Delta h}{H} \cdot x \\ \mathrm{d}y = \dfrac{\Delta h}{H} \cdot y \end{cases} \tag{7.29}$$

式中，$\mathrm{d}x$、$\mathrm{d}y$ 分别为像点在 x 方向、y 方向的位移；x，y 为像点的坐标；Δh 为对应地面点相对于基准面的高差；H 为航高。

2. 地形起伏对光机扫描图像的影响

$$\begin{cases} \mathrm{d}x = 0 \\ \mathrm{d}y = \dfrac{f \cdot \sin\theta_t \cdot \cos\theta_t}{H} \cdot \Delta h \end{cases} \tag{7.30}$$

式中，$\mathrm{d}x$、$\mathrm{d}y$ 分别为像点在 x 方向、y 方向的位移；x，y 为像点的坐标；Δh 为对应的地面点相对于基准面的高差；H 为航高；θ_t 为扫描角。

3.地形起伏对侧视雷达图像的影响

$$\begin{cases} \mathrm{d}x = 0 \\ \mathrm{d}y \approx -\lambda \cdot \Delta h \cdot \cos\theta \end{cases} \tag{7.31}$$

式中，$\mathrm{d}x$、$\mathrm{d}y$ 分别为像点在 x 方向、y 方向的位移；Δh 为对应的地面点相对于基准面的高差；θ 为侧视角；λ 为雷达图像的比例尺因子。

7.3.4　地球曲率引起的图像变形

地球曲率引起的像点位移类似于地形起伏引起的像点位移。只要把地球表面（假设地球表面是球面）上的点到地球切平面的正射投影距离（Δh）看作是一种系统的地形起伏，就可以利用以前所介绍的像点位移公式来估计地球曲率所引起的像点位移。如图 7.12 所示，设地球的半径为 R，P 为地面点，其地面坐标为（X,Y,Z），摄站坐标为（X_s,Y_s,Z_s）。如不考虑地球曲率的影响，在水平坐标面上的点应为 P_0，且弧 NP 的长度 D 等于 NP_0 的长度，又因地球半径 R 很大，可认为角 PP_0N 是直角，$NN'=PP_0$，则根据圆直径与弦线交割线段间的固定数学关系可得

$$D^2 = (2R - \Delta h) \cdot \Delta h \tag{7.32}$$

考虑 Δh 相对于 $2R$ 是一个很小的数值，对式（7.32）简化后可得

$$\Delta h \approx \frac{D^2}{2R} \approx \frac{\left(X-X_s\right)^2+\left(Y-Y_s\right)^2}{2R} \tag{7.33}$$

现将 Δh 作为地形起伏量代入相应遥感器的投影误差公式，考虑地球曲面总是低于切平面，把 Δh 代入相应投影误差公式时，需要将 Δh 反号，由此可以得到地球曲率对各种图像影响的表达式。

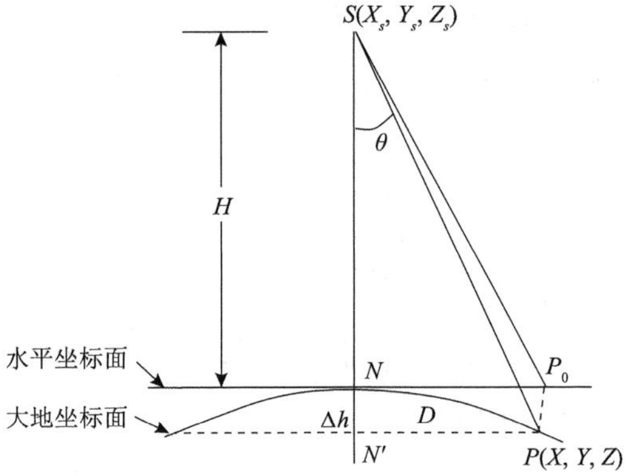

图 7.12　地球曲率的影响

对于框幅式遥感影像，若相机焦距为 f，地球曲率在影像上引起的影像变形可表示为（令 $r=\frac{f}{H}\sqrt{\left(X-X_s\right)^2+\left(Y-Y_s\right)^2}$ ）

$$\begin{cases} dx=\dfrac{x\cdot H\cdot r^2}{2R\cdot f^2} \\ dy=\dfrac{y\cdot H\cdot r^2}{2R\cdot f^2} \end{cases} \tag{7.34}$$

地球曲率在光机扫描图像上引起的影像变形可表示为

$$\begin{cases} dx=0 \\ dy=-\dfrac{f\cdot\tan\theta\cdot\sin^2\theta}{2R\cdot f^2}\cdot H \end{cases} \tag{7.35}$$

式中，θ 为地面点所对应的扫描角；f 为相机焦距。

地球曲率在侧视雷达图像上引起的影像变形为

$$\begin{cases} dx=0 \\ dy=\lambda\dfrac{H^2}{2R}\cdot\tan^2\theta\cdot\cos\theta \end{cases} \tag{7.36}$$

式中，θ 为地面点所对应的侧视角；λ 为雷达图像的比例尺因子（ $\lambda=\frac{y\cdot\cos\theta}{H}$ ）。

在航天摄影测量中，地球曲率造成的像点误差通常是不能忽视的。以框幅式航天摄影像片为例，当焦距 $f=300\,\text{mm}$、$H=150\,\text{km}$、$r=200\,\text{mm}$ 时，由此引起的像点误差在 1mm 左右。当利用共线方程进行几何校正等处理时，由于已知控制点的大地坐标是以平面作为水准面的，而地球表面是一个椭球面，为了解决两者之间的差异，一般先按上述方法对像点坐标进行改正，使改正后的像点位置与已知控制点坐标之间满足共线关系。

7.3.5　大气折射引起的图像变形

整个大气层不是一个均匀的介质，因此电磁波在大气层中传播时的折射率也随高度的变化而变化，使电磁波传播的路径不是一条直线而变成了曲线，从而引起像点的位移，这种像点移位就是大气折射的效果。

1. 对框幅式图像的影响

对于中心投影图像，在无大气折射影响时，地物点 A 以直线光线 AS 成像于 a_0 点，当有大气折射影响时，A 点以曲线光线 AS 成像于 a_1 点，由此引起的像点位移 $\Delta r = a_1a_0$，如图 7.13 所示。显然，

$$\Delta r = a_0a_2 \cdot \sec\alpha_H \tag{7.37}$$

$$a_0a_2 = \frac{f \cdot \sin\beta_H}{\cos(\alpha_H - \beta_H)} \tag{7.38}$$

综合以上两式，并考虑 β_H 是一个小角，得

$$\Delta r = \frac{f \cdot \beta_H}{\cos^2\alpha_H} = f \cdot (1+\tan^2\alpha_H) \cdot \beta_H \tag{7.39}$$

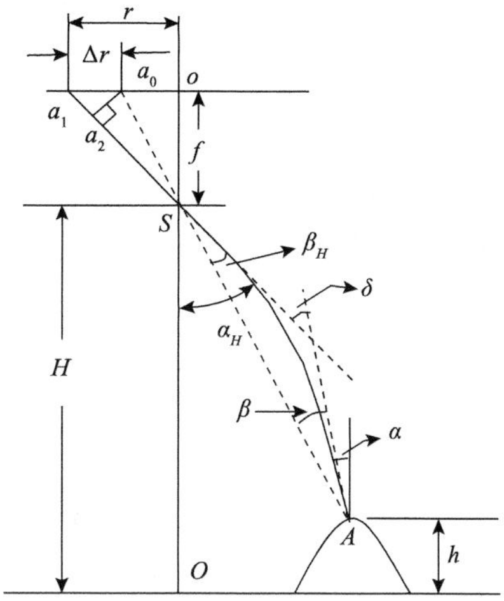

图 7.13　大气折光差

式中，α_H 为实际光线离开最后一层大气层时的出射角；β_H 为实际光线在最后一层大气时具有的折光角差。下面讨论 $\tan\alpha_H$ 和 β_H 的具体表达式。

设实际像点 a_1 距像幅中心辐射距离为 r，则

$$\tan\alpha_H = \frac{r}{f} \tag{7.40}$$

又设大气底层（高程为 h）和大气高层（航高为 H）的折射率分别为 n 和 n_H，并设实际光线离开底层大气时的出射角和折光角差分别为 α 和 β，则根据折射定理：

$$n \cdot \sin\alpha = \cdots = n_i \cdot \sin\alpha_i = \cdots = n_H \cdot \sin\alpha_H \tag{7.41}$$

所以，有

$$\sin\alpha_H = \frac{n}{n_H} \cdot \sin\alpha \tag{7.42}$$

如果令自 A 点光线与进入 S 点光线方向间的夹角为 δ，从图 7.13 不难看出

$$\begin{cases} \alpha = \alpha_H - \delta \\ \delta = \beta_H + \beta \end{cases} \tag{7.43}$$

把式（7.43）代入式（7.42），同时考虑 δ 是一个小角度，得

$$\delta = \frac{n - n_H}{n} \tan \alpha_H \tag{7.44}$$

把式（7.44）代入式（7.43），并考虑以下近似关系

$$\frac{\beta_H}{\beta} \approx \frac{n_H}{n} \tag{7.45}$$

可得到 β_H 的表达式

$$\beta_H = \frac{n_H}{n + n_H} \cdot \delta = \frac{n_H \cdot (n - n_H)}{n \cdot (n + n_H)} \cdot \tan \alpha_H \tag{7.46}$$

把式（7.46）和式（7.40）代入式（7.39）得

$$\Delta r = \frac{n_H \cdot (n - n_H)}{n \cdot (n + n_H)} \cdot r \cdot \left(1 + \frac{r^2}{f}\right) = K \cdot \left(r + \frac{r^3}{f}\right) \tag{7.47}$$

式中，系数 K 为一个与遥感器高度 H 和地面点高程 h 有关的大气条件常数。许多学者对 K 的实用表达式作过研究，其中 Bertram 根据 ARDC 大气模型导出的 K 的表达式如下

$$K = \frac{2410H}{H^2 - 6H + 250} - \frac{2410h}{h^2 - 6h + 250} \cdot \frac{h}{H} \tag{7.48}$$

当需要在 x 方向和 y 方向分别考察大气折射影响时，可按下式计算：

$$\begin{cases} \mathrm{d}x = K \cdot x \cdot \left(r + \dfrac{r^2}{f}\right) \\ \mathrm{d}y = K \cdot y \cdot \left(r + \dfrac{r^2}{f}\right) \end{cases} \tag{7.49}$$

大气折射对框幅式像片上像点移位的影响在量级上比地球曲率的影响要小得多。

2. 对侧视雷达图像的影响

侧视雷达是按斜距投影原理成像的。雷达电磁波在大气中传播时，一方面会因大气折射率的变化而产生路径弯曲，使传播路径变长；另一方面使电磁波传播速度减慢，传播时间增加。

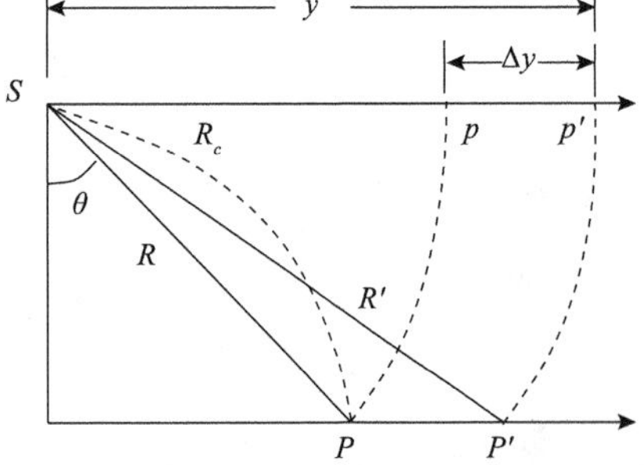

图 7.14　大气折光差对雷达图像的影响

如图 7.14 所示，在无大气折射影响下，地面点 P 的斜距为 R，而有大气折射时，电磁波则通过弧距 R_c 到达接收天线，其等效斜距为 R'（$R' = R_c$），相应的影像点从 p 位移到 p'，由此而产生的像点误差 $\Delta y = pp'$。显然有

$$\Delta y = \frac{1}{m}(R' - R) = \frac{1}{m}(R_c - R) \tag{7.50}$$

现设弧线 R_c 的曲率半径为 δ，则

$$\Delta R = R_c - 2 \cdot \delta \cdot \sin\left(\frac{R_c}{2\delta}\right) \approx \frac{R_c^3}{24\delta^2} \tag{7.51}$$

式中，δ 可用下式来估算

$$\delta = \frac{n}{\left|\frac{\partial n}{\partial H}\right| \cdot \sin\theta} \tag{7.52}$$

式中，n 为海平面大气折射系数，其值为 1.00035；θ 为 P 点的成像角，$\sin\theta = \frac{\sqrt{y^2 - f^2}}{y}$；$\frac{\partial n}{\partial H}$ 为折射率随高度变化的梯度，其值为 -4×10^{-8}；若考虑 $y = \frac{R_c}{m}$ 和 $\frac{1}{m} = \frac{f}{H}$，把式（7.51）和式（7.52）代入式（7.50）后可得像点位移的估计公式

$$\Delta y = \frac{H^2}{24} \cdot \left(\frac{4 \times 10^{-8}}{1.00035}\right)^2 \cdot y \cdot \left(\frac{y^2}{f^2} - 1\right) \tag{7.53}$$

上式就是大气折射对雷达图像的第一种影响，在高空成像时这种影响对斜距也只能带来米级的误差，所以可以忽略不计。

关于第二种影响，由电磁波传播时间的增加而引起的斜距变化为

$$\Delta R_i = R' \cdot (\bar{n} - 1) \tag{7.54}$$

式中，$\bar{n} \approx n + \frac{H}{2} \cdot \frac{\partial n}{\partial H}$，称为大气层中的平均折射系数，所以由此引起的像点位移为

$$\Delta y_i = \lambda \cdot \Delta R_i \approx \left(0.00035 - 2 \times 10^{-8} \cdot H\right) \cdot y \tag{7.55}$$

这种影响是显著的，设 $H = 20\,\text{km}$，$R_c = 100\,\text{km}$，则 $\Delta R_i \approx 35\,\text{m}$，可见在高空成像时是不能忽略的。

7.3.6 地球自转引起的图像变形

在静态遥感器（如常规框幅式摄影机）成像的情况下，地球自转不会引起图像变形，因为其整幅图像是在瞬间一次曝光成像的。地球自转主要是对动态遥感器的图像产生变形影响，特别是对卫星遥感图像。以陆地卫星多光谱扫描仪为例，当卫星由北向南运行时，地球也在由西向东自转，由于卫星图像每条扫描线的成像时间不同，因而扫描线在地面上的投影依次向西平移，最终使得图像发生扭曲。图 7.15 表示了地球静止时的图像（$oncba$）与地球自转时的图像 $(onc'b'a')$ 在地面上的投影情况。可见，由于地球自转的影响，产生了图像底边中点的坐标位移 Δx 和 Δy，以及平均航偏角 θ。显然，

$$
\begin{cases}
\Delta x = bb' \cdot \sin\alpha \cdot \dfrac{1}{m_x} \\
\Delta y = bb' \cdot \cos\alpha \cdot \dfrac{1}{m_y} \\
\theta = \dfrac{\Delta y}{l}
\end{cases}
\tag{7.56}
$$

式中，bb'为由地球自转引起的影像底边中点的地面偏移；α为卫星运行到影像中心点位置时的航向角；l为影像y方向边长；$\dfrac{1}{m_x}$、$\dfrac{1}{m_y}$为影像x方向、y方向的比例尺。

设卫星从图像首行到末行的运行时间为t，则

$$
t = \frac{m_y \cdot l}{R_e \cdot \omega_s} \tag{7.57}
$$

式中，R_e为地球平均曲率半径；ω_s为卫星轨道运行角速度。于是，得

$$
bb' = \left(R_e \cdot \cos\varPhi\right) \cdot \omega_t \cdot t = \left(m_y \cdot l\right) \cdot \left(\frac{\omega_e}{\omega_s}\right) \cdot \cos\varPhi \tag{7.58}
$$

式中，ω_e为地球自转角速度；$\varPhi$为影像底边中点的地理纬度。

设卫星轨道面的偏角为ε，则由图7.16的球面三角形$\triangle SQP$可知

$$
\sin\alpha = \frac{\sin\varepsilon}{\cos\varPhi} \tag{7.59}
$$

于是得

$$
\cos\alpha = \frac{\sqrt{\cos^2\varPhi - \sin^2\varepsilon}}{\cos\varPhi} \tag{7.60}
$$

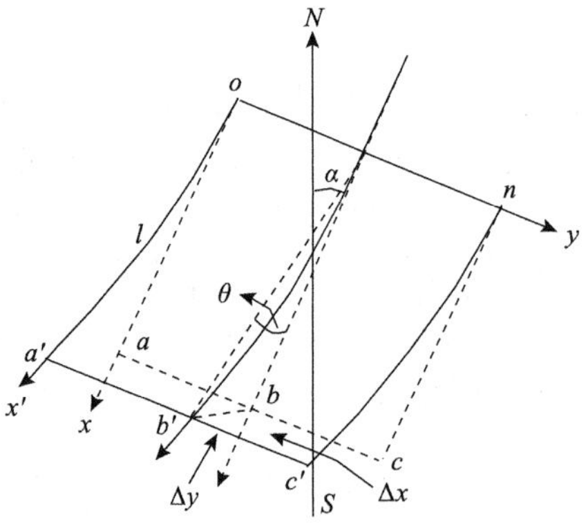

图7.15　地球自转的影响

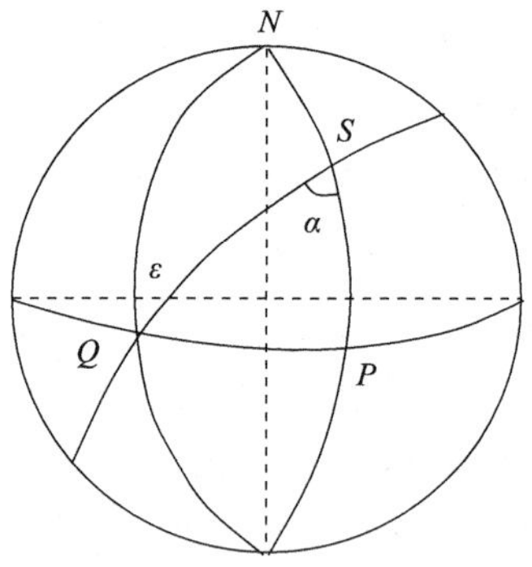

图7.16　球面三角形ΔSQP

现将式（7.58）～式（7.60）代入式（7.56），并令$l=x$或$l=y$，则可得地球自转引起的图像变形误差公式

$$\begin{cases} \Delta x = \left(\dfrac{m_y}{m_x}\right) \cdot \left(\dfrac{\omega_e}{\omega_s}\right) \cdot \sin\varepsilon \cdot x \\ \Delta y = \left(\dfrac{\omega_e}{\omega_s}\right) \cdot \sqrt{\cos^2 \Phi - \sin^2 \varepsilon} \cdot y \\ \theta = \left(\dfrac{\omega_e}{\omega_s}\right) \cdot \sqrt{\cos^2 \Phi - \sin^2 \varepsilon} \end{cases} \tag{7.61}$$

7.4　遥感图像的几何校正

7.4.1　几何校正的一般过程

图像的几何校正是指从具有几何变形的图像中消除变形的过程。遥感图像几何校正的一般步骤如下。

（1）确定校正方法：根据遥感图像几何畸变的性质和可用于校正的数据确定几何校正的方法。

（2）确定校正公式：确定原始输入图像上的像点和几何校正后图像上的像点之间的变换公式，并根据控制点等数据确定变换公式中的未知参数。

（3）验证校正方法、校正公式的有效性：检查几何畸变能否得到充分的校正，若几何畸变不能得到有效的校正，分析其原因，提出其他的几何校正方法。

（4）对原始输入图像进行重采样，得到消除几何畸变的图像。

当图像几何畸变的理论校正公式已知时，可以把校正公式中与遥感器有关的校正数据（如焦距）、遥感器的位置和姿态等数据代入理论校正公式对原始图像进行几何校正，这种校正方法称为系统性校正。通常情况下系统性校正对遥感器内部畸变的改正是非常有效的。当遥感器位置和姿态参数的测量精度不高时，由此得到的校正公式对外部畸变的校正精度也不高。

由于引起航天影像几何变形的因素是多方面的，特别是动态遥感器获取的影像，除了遥感器高度和姿态角的变化、大气折光、地球曲率、地形起伏等因素引起影像几何变形外，还要考虑动态扫描过程中地球旋转和遥感器本身结构性能引起的影像几何变形。上述因素引起影像的几何变形，有的是系统畸变，而有的是随机畸变，但总的效果是使图像中的几何图形与该物体在所选定的地图投影中的几何图形产生差异,使图像产生了几何形状或位置的失真。主要表现为位移、旋转、缩放、弯曲和更高阶的歪曲，或者表现为像元相对地面实际位置产生挤压、伸展、扭曲或偏移。对于系统畸变，如遥感器姿态变化、地形起伏、地球自转等可以用严格的数学表达式来描述，它们并没有破坏成像时地物与相应影像的共线条件，在利用严格的数学关系进行误差消除后，仍可以利用严格的共线条件进行图像校正。但对于随机畸变，则难以用明确的数学表达式来描述，此时通常选择一个适当的多项式来近似地描述纠正前后相应点的坐标关系，并利用控制点的图像坐标和参考坐标系中理论坐标按最小二乘原理求解出多项式中的系数，然后以此多项式对图像进行几何校正。

7.4.2　图像校正方法

在遥感图像校正时首先确定原始图像与校正后图像之间的几何关系，设任意像元在原始图像和校正后图像中的坐标分别为(x,y)、(X,Y)，它们之间存在着映射关系：

$$x = F_x(X,Y)\ ;\quad y = F_y(X,Y) \tag{7.62}$$

$$X = G_x(x,y)\ ;\quad Y = G_y(X,Y) \tag{7.63}$$

式（7.62）是由校正后的像点 P 坐标 (X,Y) 出发反求在原始图像上的像点 p 的坐标 (x,y)，这种方法称为间接法（或称为反解法）；而式（7.63）则是由原始图像上的像点 p 坐标 (x,y) 解求校正后图像上的相应像点 P 的坐标 (X,Y)，这种方法称为直接法（或称为正解法），如图 7.17 所示。

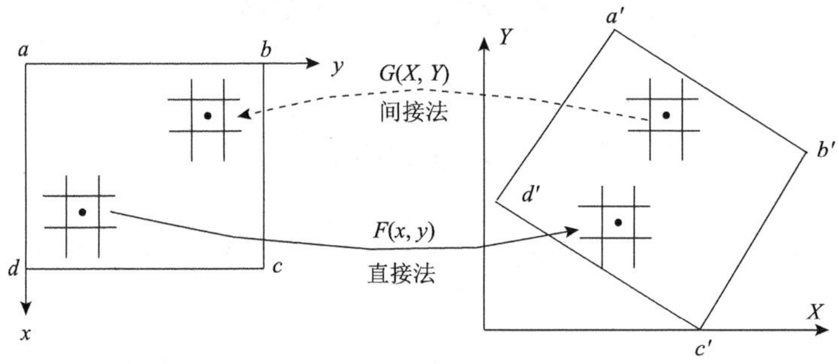

图 7.17　直接法校正和间接法校正

1. 间接法图像校正

间接法遥感图像校正的基本步骤如下。

1）计算地面点坐标

设校正后图像上任意一点（像元中心）P 的坐标为 (X',Y')，由校正后影像（可以认为是正射影像）左下角点地面坐标 (X_0,Y_0) 与校正后图像的比例尺分母 M 计算 P 点对应的地面坐标 (X,Y)：

$$\begin{aligned} X &= X_0 + M\,X' \\ Y &= Y_0 + M\,Y' \end{aligned} \tag{7.64}$$

2）计算原始图像上的像点坐标

应用反解公式（7.62）计算 P 点在原始图像上相应像点坐标 $p(x,y)$。反解的具体公式可根据不同遥感器成像的构像模型利用其不同的数学关系，如框幅式摄影像片利用共线条件构像模型、CCD 线阵扫描图像利用线阵 CCD 构像模型、SAR 图像利用 F.Leberl 或 G.Koneceny 构像模型等不同的构像关系。这里仅以框幅式摄影像片为例介绍其计算过程（在实际校正时，由于大气折光误差、地球曲率误差等损坏了像点与相应地面点的关系，因此在校正之前应予以消除，消除过程这里不做叙述）。反解公式为共线条件方程时，

$$\begin{aligned} (x - x_0) &= -f \cdot \frac{a_1(X - X_s) + b_1(Y - Y_s) + c_1(Z - Z_s)}{a_3(X - X_s) + b_3(Y - Y_s) + c_3(Z - Z_s)} \\ (y - y_0) &= -f \cdot \frac{a_2(X - X_s) + b_2(Y - Y_s) + c_2(Z - Z_s)}{a_3(X - X_s) + b_3(Y - Y_s) + c_3(Z - Z_s)} \end{aligned} \tag{7.65}$$

式中，f、x_0、y_0 为像片的内方位元素；Z 为 P 点的高程，由 DEM 内插求得。

但应注意的是，原始数字图像是以行、列为计量的，为此，应利用像坐标与扫描坐标的关

系，再求相应的像元坐标。像元坐标(I,J)与原始图像上相应像点坐标$p(x,y)$之间的关系为

$$\begin{cases} x=(m_0+m_1I+m_2J)\cdot\Delta x \\ y=(n_0+n_1I+n_2J)\cdot\Delta y \end{cases} \tag{7.66}$$

式中，m_0、m_1、m_2、n_0、n_1、n_2为像坐标系与扫描坐标系之间的仿射变换参数；$\Delta x,\Delta y$为扫描像元尺寸。利用式（7.66）可以将像坐标转换为数字图像的像元坐标。

3）图像灰度内插

求得的像点在原始数字影像上的像点坐标x和y可能不是整数值，所以必须通过内插的方法求出原始图像上该位置的灰度值。利用像素周围多个像点的灰度值求出该像素灰度值的过程称为灰度内插。常用的内插方法如下。

a. 三次卷积法

该方法是用一个三次重采样函数$\omega(t)$来近似表示灰度内插时周围像点的灰度值对内插点灰度值的贡献大小，如图 7.18 所示。

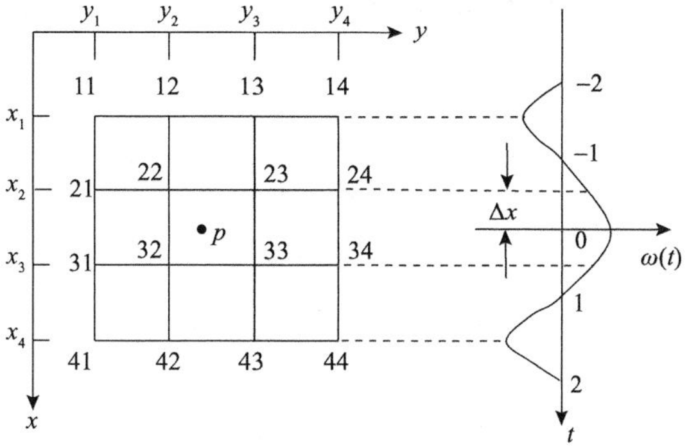

图 7.18　三次卷积法（y方向权函数未画）

$$\omega(t)=\begin{cases} 1-2\cdot|t|^2+|t|^3 & 0\leqslant|t|<1 \\ 4-8\cdot|t|+5\cdot t^2-|t|^3 & 1\leqslant|t|<2 \\ 0 & |t|\geqslant 2 \end{cases} \tag{7.67}$$

设内插点p的最近像素点为22，像素之间的间隔为1，且p点到像素点22间的距离在x方向和y方向的投影分别为Δx和Δy，则内插点p的灰度值D_p为

$$D_p=\begin{bmatrix}\omega(1+\Delta x) & \omega(\Delta x) & \omega(1-\Delta x) & \omega(2-\Delta x)\end{bmatrix}\begin{bmatrix} D_{11} & D_{12} & D_{13} & D_{14} \\ D_{21} & D_{22} & D_{23} & D_{24} \\ D_{31} & D_{32} & D_{33} & D_{34} \\ D_{41} & D_{42} & D_{43} & D_{44} \end{bmatrix}\begin{bmatrix}\omega(1+\Delta y) \\ \omega(\Delta y) \\ \omega(1-\Delta y) \\ \omega(2-\Delta y)\end{bmatrix} \tag{7.68}$$

式中，D_{ij}为像素点ij的灰度值。三次卷积法的内插精度较高，缺点是运算量很大。

b. 双线性内插法

该方法是用一个分段线性函数来近似表示灰度内插时周围像点的灰度值对内插点灰度

值的贡献大小，该分段线性函数为

$$\omega(t)=\begin{cases}1-|t| & 0\leqslant|t|\leqslant 1\\ 0 & \text{其他}\end{cases} \tag{7.69}$$

内插点 p 点与周围四个最近像素点的关系如图 7.19 所示，像素之间的间隔为 1，且 p 点到像素点11间的距离在 x 方向和 y 方向的投影分别为 Δx 和 Δy，则内插点 p 的灰度值 D_p 为

$$D_p=\begin{bmatrix}\omega(\Delta x) & \omega(1-\Delta x)\end{bmatrix}\begin{bmatrix}D_{11} & D_{12}\\ D_{21} & D_{22}\end{bmatrix}\begin{bmatrix}\omega(\Delta y)\\ \omega(1-\Delta y)\end{bmatrix} \tag{7.70}$$

式中，D_{ij} 为像素点 ij 的灰度值。双线性内插法的内插精度和运算量都比较适中。

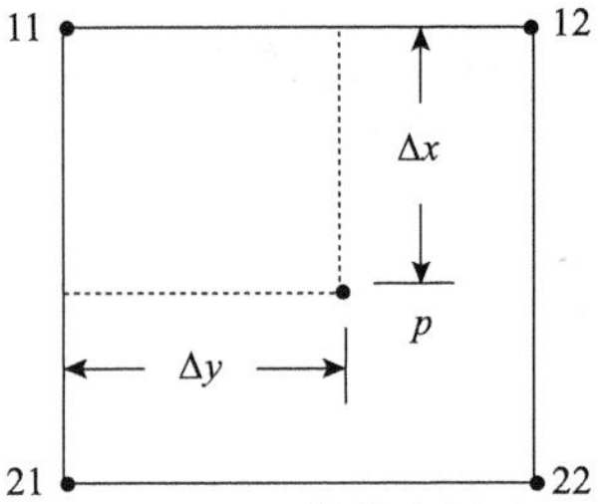

图 7.19　双线性内插法

c. 最邻近内插法

该方法是取与内插点 p 距离最近的像素 n 的灰度值 D_n 作为 p 点的灰度值 D_p，即

$$D_p=D_n \tag{7.71}$$

其中，$\begin{cases}x_n=\text{取整}(x_p+0.5)\\ y_n=\text{取整}(y_p+0.5)\end{cases}$。

最邻近内插法的运算量最小，缺点是内插精度较低。

4）灰度赋值

最后将像点 p 的灰度值赋给校正后图像的像元 P，即

$$G(X,Y)=g(x,y)=D_p \tag{7.72}$$

依次对每个校正后图像的像元完成上述运算，即可获得经过校正的图像。由此可以看出，数字图像的校正属于逐点（像元）纠正。

2. 直接法图像校正

直接法图像校正的原理如图 7.17 所示。它是从原始图像出发，将原始图像的逐个像元利用直接法解算公式（即正解公式）求得校正后的像点坐标。但这种方法存在很大的缺点，即在校正后图像上所得到的像点排列不规则，有的像元处可能出现“空白”（无像点），有的可能出现重复（多个像点）。若要得到排列规则的校正图像，内插计算非常烦琐。

另外，对可以利用共线条件方程进行解算的图像，其正解公式为

$$\begin{aligned}X&=Z\cdot\frac{a_1x+a_2y-a_3f}{c_1x+c_2y-c_3f}\\ Y&=Z\cdot\frac{b_1x+b_2y-b_3f}{c_1x+c_2y-c_3f}\end{aligned} \tag{7.73}$$

利用式（7.73）进行解算时，还必须首先知道 Z，但 Z 的计算需要未知的（X,Y）在 DEM 中内插解决。为此，要由（x,y）求得（X,Y），必先假定一近似值 Z_0，求得（X_1,Y_1），

再由 DEM 内插该点（X_1, Y_1）的高程 Z_1；然后由正解公式求得（X_2, Y_2），如此反复迭代，直至得到的校正图像的像点满足一定的精度要求。因此，由正解公式计算的 X、Y，实际是由一个二维图像（x, y）变换到三维空间（X, Y, Z）的过程，它必须采用迭代求解的计算过程。

由于直接法图像校正的缺点，遥感图像的数据校正一般采用间接法进行。但单幅图像上地物空间数据校正时常采用直接法。

无论间接法图像校正还是直接法图像校正，它们在校正之前都必须进行遥感器构像方程的有关参数解算。解算的方法一般是根据不同数量的待解算参数，选择一定数量且满足一定分布的地面控制点，利用最小二乘原理进行解算，如摄影测量中的空间后方交会就是解算图像方位元素的常用方法。

7.4.3　校正几何模型

遥感影像几何校正是遥感影像处理中的关键步骤，目的是获取地面点的三维坐标，为下一步的应用提供空间信息，而空间坐标的精度依赖于控制点的精度和校正公式（几何模型）的选择。校正公式主要采用两种成像模型：严密成像模型和通用成像模型。

1. 严密成像模型

严密成像模型建立在遥感器的成像机制基础上，利用遥感器成像时像点与对应地面点的坐标关系建立严格的数学关系式。不同遥感器成像特性不同导致不同的成像关系式（参见第 6 章），框幅式摄影像片对应中心投影成像模型、CCD 线阵扫描图像对应行中心投影成像模型、SAR 图像对应距离投影成像模型（F. Leberl 或 G. Koneceny 模型）。严密成像模型被认为是最佳的影像正射校正公式，它能很好地反映影像获取时的几何关系，可以校正卫星平台、遥感器、地球及地图投影引起的各种误差。

线阵 CCD 遥感器由于具有分辨率高、机动灵活、存储传输速率高、成像几何关系简单等优点，成为当前最主要的星载光学遥感器之一。目前，重要的商业遥感卫星，如 SPOT、IKONOS、QuickBird、WorldView 等，大多装备了线阵 CCD 扫描仪。

线阵 CCD 的严密成像模型是按照中心投影的成像方式，利用成像瞬间地面点、摄影中心和相应像点在一条直线上的严格几何关系建立的数学模型，即共线条件方程，与传统框幅式的共线条件方程在形式上相差不大。线阵 CCD 影像属于行中心投影，即同一扫描行上的像点具有相同的外方位元素，不同扫描行之间的像点具有不同的外方位元素。该影像第 i 扫描行上任一像点与其对应地面点之间满足共线方程：

$$\begin{cases} x_i = -f\dfrac{a_1(X - X_{s_i}) + b_1(Y - Y_{s_i}) + c_1(Z - Z_{s_i})}{a_3(X - X_{s_i}) + b_3(Y - Y_{s_i}) + c_3(Z - Z_{s_i})} \\ 0 = -f\dfrac{a_2(X - X_{s_i}) + b_2(Y - Y_{s_i}) + c_2(Z - Z_{s_i})}{a_3(X - X_{s_i}) + b_3(Y - Y_{s_i}) + c_3(Z - Z_{s_i})} \end{cases} \tag{7.74}$$

式中，(x_i, y_i) 为第 i 扫描行上像点的像平面坐标，(X_i, Y_i, Z_i) 为其对应地面点的大地坐标；(X_{s_i}、Y_{s_i}、Z_{s_i}) 为第 i 扫描行的摄站坐标；(a_i、b_i、c_i) 为旋转矩阵中的元素，由第 i 扫描行的外方位角元素（$\phi_i, \omega_i, \kappa_i$）确定。

实际应用中，确定每个扫描行影像的外方位元素是比较困难的。但线阵 CCD 影像成像过程中，姿态比较平稳，一般认为每个扫描行影像的外方位元素与飞行方向像平面坐标 y（时

间 t）存在线性关系，即

$$\begin{cases}\phi_i = \phi_0 + \dot{\phi} \cdot y \\ \omega_i = \omega_0 + \dot{\omega} \cdot y \\ \kappa_i = \kappa_0 + \dot{\kappa} \cdot y \\ X_{s_i} = X_{s_0} + \dot{X}_s \cdot y \\ Y_{s_i} = Y_{s_0} + \dot{Y}_s \cdot y \\ Z_{s_i} = Z_{s_0} + \dot{Z}_s \cdot y \end{cases} \tag{7.75}$$

式中，$(\phi_i, \omega_i, \kappa_i, X_{s_i}, Y_{s_i}, Z_{s_i})$为第 i 扫描行的外方位元素；y 为该扫描行沿飞行方向的像平面坐标；$(\phi_0, \omega_0, \kappa_0, X_{s_0}, Y_{s_0}, Z_{s_0})$为中心扫描行的外方位元素；($\dot{\phi}$，$\dot{\omega}$，$\dot{\kappa}$，$\dot{X}_s$，$\dot{Y}_s$，$\dot{Z}_s$）为外方位元素的一阶变率。对于每一景影像，式（7.75）共有 12 个未知参数，其中 6 个是图像上中心行的外方位元素 $\phi_0, \omega_0, \kappa_0, X_{s_0}, Y_{s_0}, Z_{s_0}$，6 个是外方位元素的一阶变化率 $\dot{\phi}$，$\dot{\omega}$，$\dot{\kappa}$，$\dot{X}_s$，$\dot{Y}_s$，$\dot{Z}_s$。对式（7.74）作线性化处理，得到如下误差方程式：

$$\begin{cases} v_{x_i} = a_{11}\mathrm{d}\alpha_0 + a_{12}\mathrm{d}\omega_0 + a_{13}\mathrm{d}\kappa_0 + a_{14}\mathrm{d}X_{s_0} + a_{15}\mathrm{d}Y_{s_0} + a_{16}\mathrm{d}Z_{s_0} \\ \qquad + a_{11}\Delta x\mathrm{d}\dot{\alpha} + a_{12}\Delta x\mathrm{d}\dot{\omega} + a_{13}\Delta x\mathrm{d}\dot{\kappa} + a_{14}\Delta x\mathrm{d}\dot{X}_s + a_{15}\Delta x\mathrm{d}\dot{Y}_s + a_{16}\Delta x\mathrm{d}\dot{Z}_s - l_{x_i} \\ v_{y_i} = a_{21}\mathrm{d}\alpha_0 + a_{22}\mathrm{d}\omega_0 + a_{23}\mathrm{d}\kappa_0 + a_{24}\mathrm{d}X_{s_0} + a_{25}\mathrm{d}Y_{s_0} + a_{26}\mathrm{d}Z_{s_0} \\ \qquad + a_{21}\Delta x\mathrm{d}\dot{\alpha} + a_{22}\Delta x\mathrm{d}\dot{\omega} + a_{23}\Delta x\mathrm{d}\dot{\kappa} + a_{24}\Delta x\mathrm{d}\dot{X}_s + a_{25}\Delta x\mathrm{d}\dot{Y}_s + a_{26}\Delta x\mathrm{d}\dot{Z}_s - l_{y_i} \end{cases} \tag{7.76}$$

式中，$a_{11} = \dfrac{\partial x}{\partial \alpha} = \left[\left(y_i^2/f\right)\cos\kappa + f\cos\kappa\right]\cos\alpha$；$a_{12} = \dfrac{\partial x}{\partial \omega} = -\left[f + \left(y_i^2/f\right)\right]\sin\kappa\cos\alpha$；$a_{13} = \dfrac{\partial x}{\partial \kappa} = y_i$；$a_{14} = \dfrac{\partial x}{\partial X_s} = \dfrac{1}{Z^*}\left(a_1 f + a_3 y_i\right)$；$a_{15} = \dfrac{\partial x}{\partial Y_s} = \dfrac{1}{Z^*}\left(b_1 f + b_3 y_i\right)$；$a_{16} = \dfrac{\partial x}{\partial Z_s} = \dfrac{1}{Z^*}\left(c_1 f + c_3 y_i\right)$；$a_{21} = \dfrac{\partial y}{\partial \alpha} = y_i\sin\omega + f\sin\kappa\sin\omega$；$a_{22} = \dfrac{\partial y}{\partial \omega} = -f\cos\kappa$；$a_{23} = \dfrac{\partial y}{\partial \kappa} = 0$；$a_{24} = \dfrac{\partial y}{\partial X_s} = \dfrac{1}{Z^*}a_2 f$；$a_{25} = \dfrac{\partial y}{\partial Y_s} = \dfrac{1}{Z^*}b_2 f$；$a_{26} = \dfrac{\partial y}{\partial Z_s} = \dfrac{1}{Z^*}c_1 f$；$l_{x_i} = 0 - \left(x_i\right)$；$l_{y_i} = 0 - \left(y_i\right)$；$\Delta x = x_i - x_0$；$Z^* = a_3\left(X_i - X_{s_i}\right) + B_3\left(Y_i - Y_{s_i}\right) + c_3\left(Z_i - Z_{s_i}\right)$。

上述公式中的 x_i、y_i 是用未知参数的当前值代入式（7.76）求得的近似值，x_i 为控制点在飞行方向上的图像坐标；x_0 为中心行在飞行方向上的图像坐标。

根据星历参数和姿态角变化率可以计算图像中心行的外方位元素的近似值（包括它们的变化率），然后利用 6 个以上的控制点就可以求出该图像的 12 个未知参数。严格几何校正是一个迭代求解的过程，每个像元需要 6～7 次迭代。已知 12 个参数和地面点高程，就可以计算出地面点的 X、Y 坐标。

2. 通用成像模型

由于高分辨率卫星成像遥感器具有长焦距和窄视场角的特征。对于这种成像几何关系，如果采用基于共线方程的严密遥感器模型来描述，将导致定向参数之间存在很强的相关性，从而影响定向的精度和稳定性。另外，卫星平台和有效载荷等关键技术参数涉及技术机密，高分辨率遥感器的核心信息和卫星轨道参数并不公开，如 IKONOS 等卫星，因此无法利用严密成像几何模型进行处理。同时，遥感器成像方式的多样化也对摄影测量软件提出了模型通用化的要求。

常见的通用成像几何模型有多项式、直接线性变换、有理函数等几种。

1）多项式模型

基于多项式的传感器模型是一种简单的通用成像传感器模型，其原理直观明了，并且计算较为简单，特别是对于地面相对平坦的情况，具有较好的精度。这种方法的基本思想回避成像的几何过程，把遥感图像的总体变形看做平移、缩放、旋转、偏扭、弯曲及更高次的基本变形综合作用的结果，直接对影像的变形进行数学模拟。当遥感影像的几何变形是多种因素引起的，并且其变形规律难以用严格的数学表达式来描述时，通常选择一个适当的多项式来近似地描述纠正前后相应点的坐标关系。

常用的多项式模型有：一般多项式、勒让德正交多项式、切比雪夫正交多项式、分块插值多项式等。一般多项式校正算法的表达形式如下：

$$\begin{cases} x=a_{00}+a_{10}X+a_{01}Y+a_{20}X^2+a_{11}XY+a_{02}Y^2+a_{30}X^3+a_{21}X^2Y+a_{12}XY^2+a_{03}Y^3+\cdots \\ y=b_{00}+b_{10}X+b_{01}Y+b_{20}X^2+b_{11}XY+b_{02}Y^2+b_{30}X^3+b_{21}X^2Y+b_{12}XY^2+b_{03}Y^3+\cdots \end{cases} \tag{7.77}$$

式中，a_{ij} 、b_{ij} 为多项式的系数。一般多项式解算简便，运算量较小，但忽略了地形起伏引起的影像变形，仅适合于地形起伏平缓地区的影像校正。

多项式模型普遍适用于各种传感器，其定位精度与地面控制点的精度、分布和数量及实际地形有关。采用这种模型定位时，在控制点上拟合得很好，但在其他点的内插值可能出现明显偏离，而与相邻控制点不协调。

2）直接线性变换模型

直接线性变换（direct linear transformation，DLT）模型是直接建立像点坐标和空间坐标之间关系的一种成像几何模型。直接线性变换模型的表达式为

$$\begin{cases} x=\dfrac{L_1X+L_2Y+L_3Z+L_4}{L_9X+L_{10}Y+L_{11}Z+1} \\ y=\dfrac{L_5X+L_6Y+L_7Z+L_8}{L_9X+L_{10}Y+L_{11}Z+1} \end{cases} \tag{7.78}$$

式中，$L_1,L_2,\cdots,L_{11}$ 为直接线性变换参数。直接线性变换直接建立像平面坐标与物空间坐标的关系式，形式简单，解算简便，不需要轨道星历参数和传感器参数。但对于线阵 CCD 影像，没有考虑每行影像外方位元素随时间变化的特点，将动态推扫式影像等同于静态框幅式影像进行处理，所以校正精度理论上低于严密成像模型。

3）有理函数模型

有理函数模型（rational function model，RFM）是对多项式、直接线性变换、仿射变换及共线条件方程等模型的进一步推广，在卫星遥感影像上的应用获得了巨大成功，原美国国家影像与测绘局（National Imagery and Mapping Agency，NIMA）已将其定为影像交换格式之一。有理函数模型是在充分利用卫星遥感影像附带的辅助参数基础上，根据构建的严密成像几何模型进行拟合而得到的广义传感器模型。

有理函数模型的像方坐标(r, c)与物方坐标(X, Y, Z)之间的空间变换关系是采用两个有理函数多项式的比值来实现的。具体定义如下：

$$\begin{cases} r_n = \dfrac{p_1(X_n, Y_n, Z_n)}{p_2(X_n, Y_n, Z_n)} \\ c_n = \dfrac{p_3(X_n, Y_n, Z_n)}{p_4(X_n, Y_n, Z_n)} \end{cases} \tag{7.79}$$

式中，$p_i(X_n, Y_n, Z_n)(i=1,2,3,4)$为普通多项式，最高不超过3次，形式如下：

$$\begin{aligned} p_i(X_n, Y_n, Z_n) = {} & a_0 + a_1 Z + a_2 Y + a_3 X + a_4 ZY + a_5 ZX + a_6 YX + a_7 Z^2 + a_8 Y^2 + a_9 X^2 \\ & + a_{10} ZYX + a_{11} Z^2 Y + a_{12} Z^2 X + a_{13} Y^2 Z + a_{14} Y^2 X + a_{15} ZX^2 \\ & + a_{16} YX^2 + a_{17} Z^3 + a_{18} Y^3 + a_{19} X^3 \end{aligned} \tag{7.80}$$

式中，多项式系数$(a_0, a_1, \cdots, a_{19})$称为有理多项式系数（rational polynomial coefficients，RPC）；(X, Y, Z)为地面点空间坐标（纬度L、经度B和高程H）标准化后的坐标；(r, c)为像点坐标(R, C)标准化后的坐标：

$$\begin{cases} X = \dfrac{L - L_0}{L_s} \\ Y = \dfrac{B - B_0}{B_s} \\ Z = \dfrac{H - H_0}{H_s} \end{cases} \qquad \begin{cases} r = \dfrac{R - R_0}{R_s} \\ c = \dfrac{C - C_0}{C_s} \end{cases} \tag{7.81}$$

卫星厂商提供给用户的RPC文件中，一般包含有90个数据项，前10项是坐标标准化平移参数$(L_0, B_0, H_0, R_0, C_0)$和比例参数$(L_s, B_s, H_s, R_s, C_s)$，后80项为有理多项式系数。

7.4.4 图像镶嵌处理

数字影像镶嵌（mosaicking）是将两幅或多幅数字影像（它们有可能是在不同的摄影条件下获取的）拼在一起，构成一幅整体图像的技术过程。在遥感应用中，影像镶嵌有着重要的应用。例如，为了获得更大范围的地面影像，通常需要将多幅（景）遥感图像拼成一幅影像图。影像镶嵌的技术问题之一是如何将多幅影像从几何上拼接起来，这一步通常是先对每幅图像进行几何校正，将它们规划到统一的坐标系中，然后对它们进行裁剪，去掉重叠的部分，最后将裁剪后的多幅影像装配起来形成一幅大幅面的影像。几何拼接的核心问题是影像校正，前面的章节中已进行过阐述，此处不再进行讨论。影像镶嵌的技术问题之二是如何使多幅图像在拼接以后不出现明显的拼接缝，下面着重讨论拼接缝的消除问题。

1. 拼接缝消除的严密算法

一般，在拼接的边界上，两幅图像灰度上的细微差别都会导致明显的拼接缝，而在实际成像过程中，被拼接的图像在拼接边界附近的灰度细微差别几乎是不可避免的。摄影角度的差异、背景的微小变化、成像手段的改变等都可能造成这种灰度上的差异。因此，在拼接中，需要一种技术能够修正待拼接影像在拼接缝附近的灰度值，使之在拼接缝处的灰度有一个光滑的过渡。传统的解决方法是在拼接缝处及其附近采用平滑处理，而这样处理会使影像的分辨率下降，产生影像模糊。从数学上讲，这个过程相当于图像灰度曲面的光滑连接，但实际上图像的拼接与曲面的光滑连接不同，图像灰度曲面的光滑化表现为对图像的模糊化，从而导致图像模糊不清。实践表明：在拼接的部分，若图像的空间频率的改变由 $W_{\min}$ 到 $W_{\max}$，记 T_l 和 T_s 分别为 $W_{\min}$ 和 $W_{\max}$ 对应的波长，则为使拼接后的图像不出现拼接缝，灰度值修改影响的范围应不小于 T_l，而为了使拼接后的图像清晰，灰度值修正影响的范围又要大于 T_s 的两倍。显然，当图像在拼接边界附近的空间频率的频带稍宽一点的话，要找出一个合适的灰度值修正影响范围是不可能的。

王建忠等成功地利用小波变换解决了上述矛盾。由于小波变换函数实际上是一个带通滤波器，在不同尺度下的小波分量，实际上占有一定的频宽，j 越大，该分量的频率越高，因此每一个小波分量所具有的频宽是不大的。把待拼接的两幅图像先按小波分解的方法，将它们分解为不同频带的小波分量，然后在不同的尺度下选择不同的灰度值修正影响范围，把两幅图像按不同尺度下的小波分量先拼接起来，最后用灰度算法，恢复整个图像，这样拼接可以很好地兼顾清晰度和光滑度两个方面的要求。具体做法如下。

设图像 A 与图像 B 是需要拼接或镶嵌的两幅图像，它们的数据分别是 $C_A^0=C_A^0(n,m)$ 与 $C_B^0=C_B^0(n,m)$，利用正交小波变换，可以得到各小波分量如下：

$$\begin{aligned}&\left(d_A^{l1},d_A^{l2},d_A^{l3}\right),\cdots,\left(d_A^{N1},d_A^{N2},d_A^{N3}\right),C_A^N\\&\left(d_B^{l1},d_B^{l2},d_B^{l3}\right),\cdots,\left(d_B^{N1},d_B^{N2},d_B^{N3}\right),C_B^N\end{aligned}$$

现假设要把图像 B 中的一部分 Ω_B 镶嵌到图像 A 中，如图 7.20 所示，则令

$$K(x,y)=\chi_{\Omega_A}(x,y)=\begin{cases}1 & \text{if}\,(x,y)\in\Omega_A\\0 & \text{if}\,(x,y)\in\Omega_B\end{cases}\tag{7.82}$$

如果令 $K(x,y)$ 的样本值为 C_Ω^0，它在各个尺度下的光滑化分量为 C_Ω^1、C_Ω^2、…、C_Ω^N，令

$$\begin{aligned}d^{ij}(k,l)&=C_\Omega^{ij}(k,l)d_A^{ij}(k,l)+\left[1-C_\Omega^{ij}(k,l)\right]d_B^{ij}(k,l)\\C^N(k,l)&=C_\Omega^N(k,l)C_A^N(k,l)+\left[1-C_\Omega^N(k,l)\right]C_B^N(k,l)\end{aligned}\tag{7.83}$$

式中，$i=1$、2、…、N，$j=1$、2、3，取 $\left\{\left(d^{11},d^{12},d^{13}\right),\cdots,\left(d^{N1},d^{N2},d^{N3}\right),C^N\right\}$ 为拼接后图像的正交小波变换，则由恢复算法可以得到拼接图像。值得注意的是，在做小波变换时要对图像边界进行处理，否则会产生信息丢失。

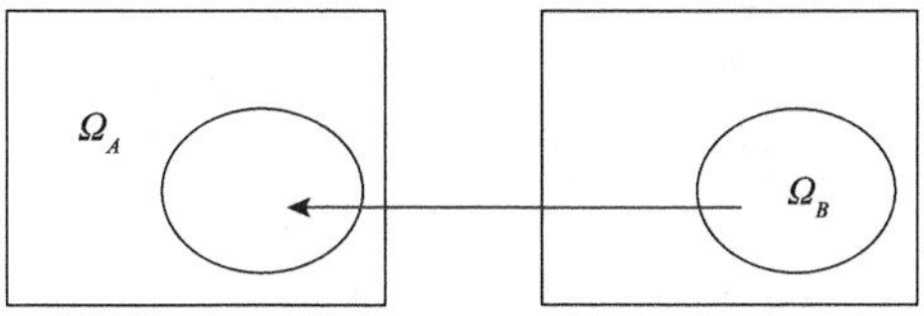

图 7.20　影像镶嵌示意图

基于小波理论的影像镶嵌算法虽然严密，但它是一种并行算法，同时在计算过程中涉及大量的浮点运算，对实际生产中的大数据量影像进行处理，是不方便的。此外，该方法没有给出多幅图像之间的拼接缝消除算法，只能两两进行处理。

2. 拼接缝消除的强制改正方法

该方法是先统计拼接缝上任意位置两侧的灰度差，然后将灰度差在该位置两侧的一定范围内强制改正掉。

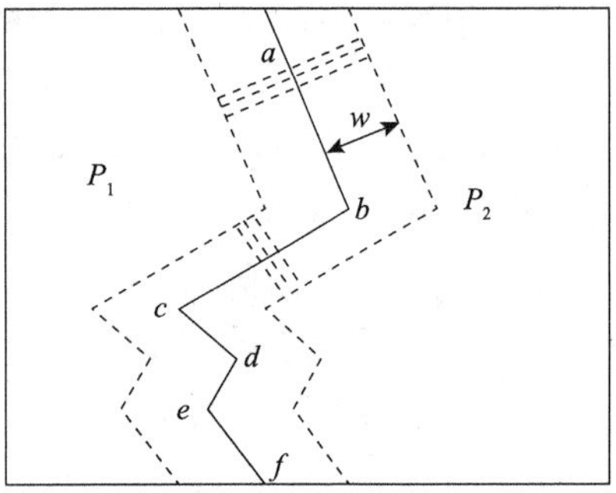

图 7.21　拼接缝的强制改正

如图 7.21 所示，*abcdef* 是裁剪线，由于多种因素的影响，在裁剪线位置会形成明显的拼接缝。强制改正法首先统计裁剪线上任意位置在其法线方向上的两侧一定范围内的灰度差 Δg，为了避免改正结果出现条纹效应，每个位置的灰度差 Δg 应在该位置前后的多个位置上统计得到。然后，将灰度差 Δg 在该位置法线方向上的两侧一定范围 w 内改正掉，参数 w 称作改正宽度，它的大小与灰度差 Δg 成正比，Δg 越大，改正宽度 w 也越大。灰度改正时，离拼接缝越近的像点，灰度值改正得越多，离拼接缝越远，改正得越少。

另一种拼接缝的强制改正方法是基于重叠区影像的拼接缝平滑算法，该算法对拼接点两侧的灰度按如下公式进行处理：

$$\begin{aligned} \mathrm{IN}_i &= IA_i + (IB_i - IA_i) \cdot K \\ K &= \frac{i}{W} \qquad 0 \leqslant i \leqslant W-1 \end{aligned} \tag{7.84}$$

式中，IN_i 为平滑处理后得到的像元灰度值；IA_i、IB_i 分别为重叠区上相同位置两景被镶嵌图像的像元灰度值；W 为平滑范围宽度；K 为权数。W 由用户给出，其值应小于重叠区的宽度，K 在平滑范围内呈线性反向变化。

该算法在图像拼接的几何精度方面较高，一般拼接误差在 1 个像元以内。对于遥感图像，由于多种因素的影响，如控制点的误差、DEM 误差、计算过程中的重采样误差等，几何拼接精度很难保证在 1 个像元以内，此情况下这种方法的效果也不是十分理想。此外，当拼接图像的重叠区域较小时，就不能利用此方法进行处理。

思　考　题

1. 数字图像的基本概念是什么？
2. 图像量化需要解决哪些问题？
3. 举例说明灰度直方图的形态与图像特点的关系。
4. 多波段数字图像主要有哪几种数据格式？
5. 遥感影像辐射误差的改正主要包括哪些方面？
6. 大气校正主要有哪几种方法？
7. 遥感图像存在哪些几何变形？变形产生的原因有哪些？
8. 为什么分析成像投影方式引起的图像变形时把中心投影的图像作为基准图像？
9. 遥感图像几何校正的主要步骤有哪些？

10. 几何校正为什么采用多项式来描述像点和对应地面点的坐标关系？
11. 数字图像几何校正有哪几种方法？各有什么特点？
12. 说明几何校正过程中为什么进行灰度重采样及重采样的方法。
13. 校正几何模型主要有哪些？

第 8 章　遥感图像处理与信息提取

遥感图像处理、分析、理解和决策应用等构成了遥感应用的技术链，信息提取与目标识别是遥感从数据转换为信息进而开展应用服务的核心技术。遥感信息提取是遥感数据获取的逆过程，是从对地面实况的模拟影像中提取有关信息、反演地面原型的过程，需要根据专业的要求，运用物理模型、解译特征标志和实践经验与知识，定性、定量地提取出物理量、时空分布、功能结构等有关信息。

遥感图像信息提取有人工判读和计算机识别两种方法。人工识别（判读）的方法较为灵活、方便，人的经验和知识可以融入识别的过程，识别的结果比较可靠，但识别的效率较低。随着计算机技术、人工智能及新的数学方法的发展与应用，遥感图像计算机识别技术得到越来越广泛的应用。遥感图像计算机自动识别是采用计算机模拟人脑思维活动方式对图像加工、分析、判断、推理从而提取相关信息的过程，是计算机科学与遥感技术的有机结合。遥感图像主要包括两类信息：光谱信息和空间信息。计算机分类主要提取的是光谱信息；空间信息的提取主要是通过结构模式识别方法完成的。遥感图像计算机识别技术正朝着多信息融合、多技术综合、信息提取智能化方向不断发展。

遥感图像信息提取之前，除了进行辐射和几何校正处理外，还需要进行某些图像处理，突出感兴趣的地物信息，削弱其他不感兴趣或无关的信息；有时也可利用不同遥感器、多谱段、多时相的图像数据进行融合或变换处理，综合不同图像的优点，弥补单一图像的缺点，为遥感图像解译提供更多的信息。

8.1　彩色合成与彩色密度分割

8.1.1　彩色合成

人眼对黑白密度的分辨能力有限，大致只有 10 个灰度级，而对彩色影像的分辨能力则要高得多。如果以平均分辨率的 $\Delta\lambda = 3$ nm 计算，人眼可察觉出上百种颜色的差别来。这还仅仅是讨论了色别一个要素，如果加上颜色的其他两个要素：饱和度和亮度，人眼能够辨别彩色差异的级数要远远大于黑白差异的级数。为了充分利用色彩在遥感图像判读中的优势，常常用彩色合成的方法对多光谱图像进行处理，以得到彩色图像。

彩色图像又可以分为真彩色图像和假彩色图像。真彩色图像上影像的颜色与地物颜色基本一致，假彩色图像是指图像上影像的色调与实际地物色调不一致的图像。利用数字技术合成真彩色图像，是把红色波段的影像作为合成图像中的红色分量、把绿色波段的影像作为合成图像中的绿色分量、把蓝色波段的影像作为合成图像中的蓝色分量。遥感中最常见的假彩色图像是彩色红外合成图像，它是在彩色合成时，把近红外波段的影像作为合成图像中的红色分量、把红色波段的影像作为合成图像中的绿色分量、把绿色波段的影像作为合成图像中的蓝色分量。下面来分析植被在真彩色图像和假彩色红外图像上的表现形式。

由图 8.1 可知，植被在近红外波段有较高的反射率，其次是在绿色波段。按上述方法进行真彩色合成时，绿色分量（对应于植被在绿色波段的反射）在整个像素的三个分量中占的比重最大，所以该像素表现为绿色；而按上述方法进行假彩色红外图像合成时，红色分量（对应于植被在近红外波段的反射）在整个像素的三个分量中占的比重最大，所以该像素表现为红色。假彩色红外图像可以有效地突出植被要素，有利于植被的判读。

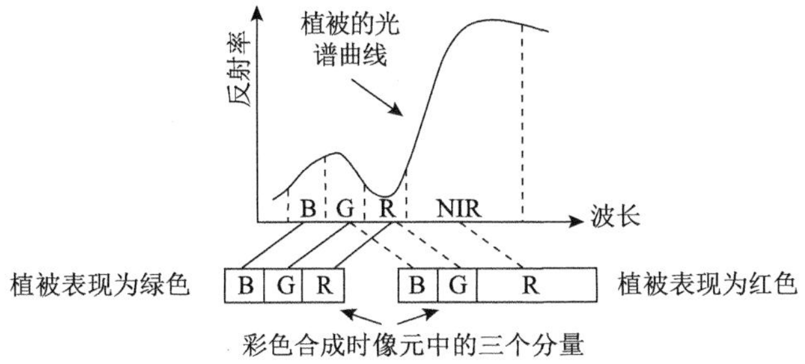

图 8.1　真彩色和假彩色合成时像元三个分量的颜色分配情况

8.1.2　假彩色密度分割

单波段黑白遥感图像可按亮度分层，对每层赋予不同的彩色，使之成为一幅彩色图像，这种方法又叫做密度分割。在按图像的密度进行分层时，每一层所包含的亮度范围可以不同。例如，亮度值 0～10 为第一层，赋给值 1；亮度值 11～15 为第二层，赋给值 2；亮度值 6～30 为第三层，赋给值 3，等等，再给 1、2、3 分别赋予不同的颜色，于是就生成了一幅彩色图像。目前计算机的彩色显示能力很强，理论上完全可以将 256 层的黑白亮度赋予 256 种彩色，因此，这种密度分割很有前景。

对于遥感图像而言，将黑白单波段图像赋上彩色总是有一定目的的，如果分层方案与地物光谱差异对应的好，可以区分地物的类别。例如，在红外波段，水体的吸收很强，在图像上接近黑色，这时若取低亮度值为分割点并以某种颜色表现则可分离出水体。同理，沙地反射率高，取较高亮度为分割点，可以从亮区以彩色分离出沙地。因此，只要掌握地物光谱的特点，就可以获得较好的地物类别图像。当地物光谱的规律性在某一图像上表现不太明显时，也可以简单地对每一层亮度值赋色，以得到彩色图像，也会较一般黑白图像的效果好。

8.2　多光谱图像处理

8.2.1　空间域增强处理

空间域是指图像平面所在的二维空间，空间域图像增强是指在图像平面上应用某种数学模型，通过改变图像像元灰度值达到增强效果，这种增强并不改变像元的位置。

空间域增强处理最常用的方法是反差增强。反差增强又称对比度增强，是计算机图像处理中最基本、最常用的增强技术。反差增强主要通过改变图像灰度分布态势，扩展灰度分布区间，达到增加反差目的。由于反差增强处理是按像元逐次进行的，有时又称点增强。

1. 线性增强

若增强前后灰度函数关系符合以下线性关系式，则称为线性增强，也称“线性拉伸”：

$$g'_{ij} = kg_{ij} + b \tag{8.1}$$

式中，g'_{ij} 为增强后灰度值；g_{ij} 为增强前灰度值；b 为常数；k 为斜率。

$$k=\left(g'_{\max}-g'_{\min}\right)/\left(g_{\max}-g_{\min}\right) \tag{8.2}$$

式中，$g'_{\max}$、$g'_{\min}$ 分别为增强后灰度最大、最小值；$g_{\max}$、$g_{\min}$ 为增强前灰度最大、最小值。

这一变换过程和结果可通过图 8.2 形象地表示出来，设增强前灰度最大值为 62，最小值为 10，通过直方图可以断定此图像反差小、层次少且比较暗。

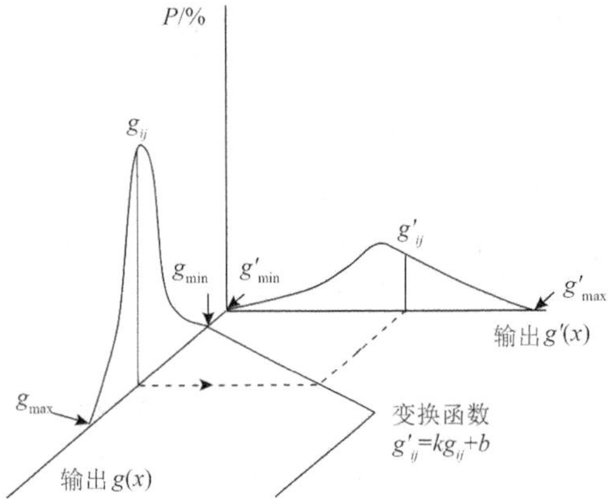

图 8.2　线性变换过程

现令其灰度分布到整个灰度区间，即增强后最大值为255，最小值为0，则

$$k=(g'_{\max}-g'_{\min})/(g_{\max}-g_{\min})=255/52=4.9$$

$$b=g'_{ij}-kg_{ij}=0-4.9\times10=-49$$

则变换函数为 $g'_{ij}=4.9g_{ij}-49$，依次对每个像元逐个计算其输出值，就会得到一幅新图像。

2. 非线性增强

非线性增强（如对数增强和指数增强）指变换函数为线性方程以外的初等函数。

对数变换采用对数为变换函数计算输出，从图 8.3 可直观看出，对数变换的结果使中间灰度得到较大增强，其数学表达式为

$$g'_{ij}=a+b\ln(cg_{ij}+d) \tag{8.3}$$

式中，g_{ij}、g'_{ij} 分别为增强前后灰度值；a、b、c、d 为根据需要确定的参数。

指数变换也是一种非线性关系，一般来说，增强后中间部分亮度降低更为明显，其数学表达式为

$$g'_{ij}=a+b^{(cg_{ij}+d)} \tag{8.4}$$

式中，g'_{ij}、g_{ij}、a、b、c、d 的意义与式（8.3）相同。

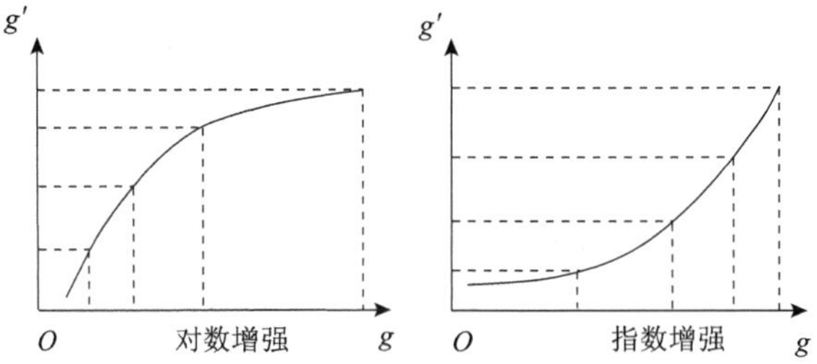

图 8.3　非线性增强

许多图像处理软件提供了将线性增强和非线性增强结合起来的简便方法，用户可通过调整直方图，根据需要增强某个灰度区间而不影响其他部分。

3. 直方图均衡化

直方图均衡化从增强结果来说也是非线性的，但变换方法又有别于借助简单的初等函

数。简而言之，它的基本做法是将每个灰度区间等概率分布代替了原来的随机分布，即增强后的每个灰度级内均有数目相同的像元（图 8.4）。图 8.4（a）为均衡化前直方图，每个均等的灰度区间概率 $P_x = P_0, P_1, P_2, \cdots, P_{n-1}$。图 8.4（b）为均衡化后直方图，每个均等的灰度区间概率 $P_y = P'_0, P'_1, P'_2, \cdots, P'_{m-1}$。

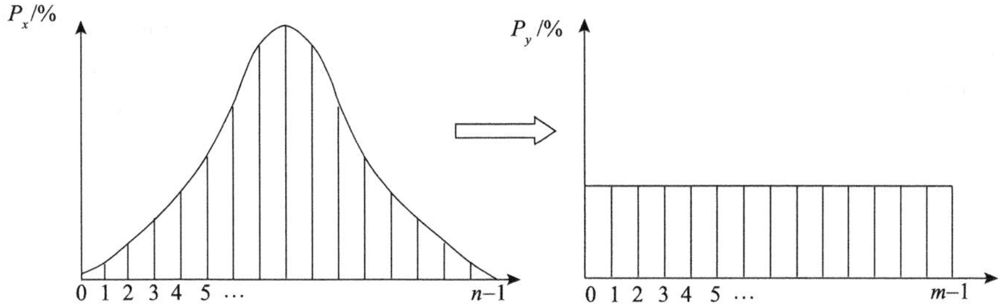

(a) 均衡化前直方图　　(b) 均衡化后直方图

图 8.4　直方图均衡化

由于均衡化后 $P'_0 = P'_1 = P'_2, \cdots, P'_{m-1} = 1/m$，且均衡化前后像元总数未变，即

$$\sum_{i=0}^{n-1} P_i = \sum_{i=0}^{m-1} P'_j = 1 \tag{8.5}$$

直观地看，图 8.4（a）中曲线下面积等于图 8.4（b）矩形面积。为实现均衡化目的，可以从均衡化前直方图最低处开始，累计每个小灰度区间（小格子）的 P_x，即 $P_0 + P_1 + \cdots + P_{k-1} = 1/m$，待其达到 $1/m$ 时将这些小格子的所有像元归为图 8.4（b）第一个格子并取其灰度值；再如此计算应归入图 8.4（b）中第 2 个格子的像元，以此类推。最后将图 8.4（a）均衡化成图 8.4（b）。也可以通过均分图 8.4（a）的累积曲线来确定在原直方图下曲线面积等于 $1/m$ 的区间端点。可以看出，均衡化处理后的图像上灰度较为均匀，频率最高的像元灰度被拉开，像元数目较少的灰度区间被压缩。

也可以通过累积直方图来说明均衡化原理（图 8.5），这对解释后面直方图匹配很有用处。图 8.5 中（a）与（b）意义相当于图 8.4 中均衡化前后两图，只不过（b）向左旋转了 90°，两图可以通过均衡化前图像的累积曲线图联系起来。从累积曲线的意义可以看出，对于任意的一个 x_i 取值都可以通过累积曲线找到一个均衡化后对应的 y_i 值，使得在图 8.5（a）曲线下的面积等于图 8.5（b）中边长为原点到 y_i 的矩形面积。因此，累积曲线代表的函数 $F(x)$ 正是要找的变换函数。换句话说，原图像概率密度函数 $P_x(x)$ 的分布函数 $F(x)$ 就是均衡化的变换函数。从图 8.5 可知，均衡化后最大和最小灰度值分别为 $g_{\max}$ 和 $g_{\min}$，$(g_{\max} - g_{\min})$ $g_{\max}$ 即为变换后直方图长度，又由于曲线下面积为 1，因此，均衡化后的等概率密度 $P_y(y)$ 相当于矩形高度，有

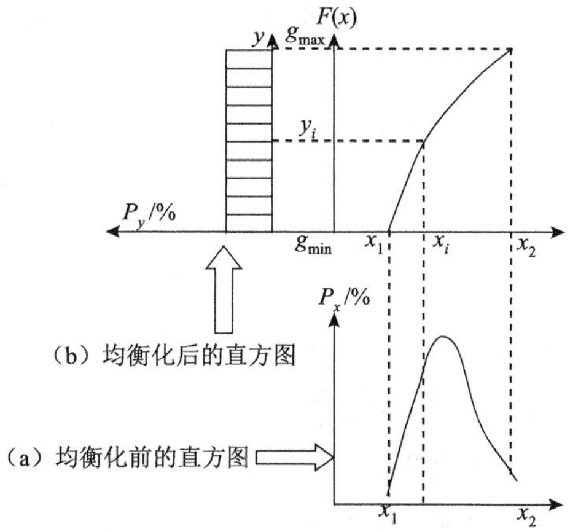

图 8.5　直方图均衡示意图

$$P_y(y)=1/(g_{\max}-g_{\min}) \tag{8.6}$$

又由于均衡化前后像元总数不变（曲线下面积等于整个矩形面积），即

$$\int_0^y P_y(y)=\int_{x_1}^{x_2} P_x(x)\,\mathrm{d}x \tag{8.7}$$

将式（8.6）代入式（8.7），对左端积分，右端采取离散化形式得

$$\frac{y-g_{\min}}{g_{\max}-g_{\min}}=\sum_{k=0}^{x} P_x(k) \tag{8.8}$$

整理后得

$$y=g_{\min}+(g_{\max}-g_{\min})\sum_{k=0}^{x} P_x(k) \tag{8.9}$$

此式即直方图均衡化计算公式。

4. 直方图匹配

直方图匹配又称直方图规定化，是把原图像的直方图变换为某种指定形态的直方图或某一参考图像的直方图，然后按已知的指定形态的直方图调整原图像各像元的灰度，最后得到一个直方图匹配的图像。经常使用的直方图匹配模板有正态拉伸匹配、暗区拉伸匹配、亮区拉伸匹配等。正态分布直方图的拉伸匹配变换后的结果可使原图像直方图两侧灰度拉伸展开，而将直方图中部峰值附近区域压缩；暗区拉伸匹配使原图像变换后将低灰度值的像元灰度展开；而亮区拉伸匹配可将高灰度值的像元灰度展开。至于如何具体地运用哪一种形态的直方图来匹配原图像，就要根据具体情况而定了。例如，研究海底地形或海水污染，就可以应用暗区拉伸匹配，这种形态的直方图将海域像元灰度拉伸展开，变换后的图像海域色调丰富，有层次感，有利于分析和解译。

直方图匹配方法主要应用在有一幅很好的图像作为标准的情况下，对另一幅不满意的图像用标准图像的直方图进行匹配处理，以改善被处理图像的质量。在数字镶嵌时，重叠区影像色调由于时相等差异往往很大，利用直方图匹配这一方法处理后可以改善重叠区影像色调过渡，如果镶嵌图像时相相差不大，完全可以做到无缝镶嵌。

通过图 8.5 可以知道直方图匹配的简单原理。直方图匹配首先要将原始图像进行均衡化，设均衡化后的图像为 $y(u,v)$，其直方图设为 $P_y(y)$，相当于图 8.5（b）。右上角标明变换函数的曲线，即指定变换目标图像的累积直方图，只要按图 8.5（a）直方图等间隔引平行线与指定变换目标图像的累积直方图相交，即找到与均衡化图像灰度值 y 对应的匹配后的灰度值 x。图 8.5（a）即匹配后的图像 $x(u,v)$ 直方图。

8.2.2　图像运算

两幅或多幅单波段图像，在完成空间配准后，通过一系列运算，可以实现图像增强，达到提取某些信息或去掉某些不必要信息的目的。其中，应用最多的是植被指数和水体指数。

1. 差值运算

两幅同样行、列数的图像，对应像元的亮度值相减就是差值运算，即

$$f_d(x,y)=f_1(x,y)-f_2(x,y) \tag{8.10}$$

差值运算运用于两个波段时，相减后的值反映了同一地物光谱发射率之间的差。由于不同地物发射率差值不同，两波段亮度值相减后，差值大的被突出出来，例如，当用红外波段减红色波段时，植被的发射率差异很大，相减后的图像可以把植被信息突出出来。如果不作相减，红外波段上植被和土壤、红色波段上植被和水体很难区分。因此，图像的差值运算有利于目标与背景反差较小的信息提取，如冰雪覆盖区、黄土高原区的界线特征、海岸带的潮汐线等。差值运算还常用于研究同一地区不同时相的动态变化，如监测森林火灾发生前后的变化和计算过火面积；监测水灾发生前后的水域变化和计算受灾面积及损失；监测城市在不同年代的扩展情况及计算侵占农田的比例等。有时为了突出边缘，也用差值将两幅图像的行、列各移一行，再与原图像相减，也可起到边缘增强的作用。

2. 比值运算

两幅同样行、列数的图像，在空间配准后，对应像元的亮度值相除（除数不为0）就是比值图像，即

$$f_r(x,y)=\frac{f_1(x,y)}{f_2(x,y)} \tag{8.11}$$

比值运算可以检测波段的斜率信息并加以扩展，以突出不同波段间地物光谱的差异，提高对比度。该运算常用于突出遥感图像中的植被特征、提取植被类别和估算植被生物量，效果较好。比值运算对于去除地形影响也非常有效。地形起伏和太阳倾斜照射，使得山坡的向阳处与阴影处在遥感图像上的亮度有很大区别，同一地物在向阳面和背阴面的亮度不同，给判读造成困难，特别是在计算机分类时不能识别。阴影的形成主要是地形起伏的影响，比值运算可以消除这一影响，使向阳与背阴处都只与地物反射率的比值有关。比值处理还有其他多方面的应用，如对研究浅海区的水下地形非常有效，对土壤富水性的差异、微地貌变化、地球化学反应引起的微小光谱变化等，对与隐伏构造信息有关的线性特征都能有不同程度的增强效果。

3. 混合运算

对于复杂的地物遥感，仅用个别波段或多个单波段数据分析对比来提取地物信息是相当局限的。因而往往选用多光谱遥感数据经分析运算（加、减、乘、除等线性或非线性组合方式），产生某些对特定地物有一定指示意义的数值。

1）植被指数

遥感图像上的植被信息，主要是通过绿色植物叶子和植被冠层的光谱特性及其差异、变化而反映的，如可见光中绿光波段 0.52～0.59μm 对植物类别敏感；红光波段 0.63～0.69μm 对植被盖度、植物生长状况敏感等。20 多年来，国内外学者已研究发展了几十种不同的植被指数模型。大致可归纳为以下几类。

a. 比值植被指数 RVI

因为可见光红波段（R）与近红外波段（NIR）对绿色植物的光谱响应十分不同，且具倒转关系，所以两者简单的数值比能充分表达两反射率之间的差异。比值植被指数（ratio vegetation index，RVI）可表达为

$$RVI = DN_{NIR} / DN_R \text{ 或 } RVI = \rho_{NIR} / \rho_R \tag{8.12}$$

式中，DN 为图像灰度值；ρ 为植被的反射率。

绿色植物叶绿素引起的红光吸收和叶肉组织引起的近红外强反射，使其在红光波段图像的灰度值与近红外波段图像的灰度值有较大的差异，RVI 值高。而对于无植被的地面包括裸土、人工特征物、水体及枯死或受胁迫植被，因不显示这种特殊的光谱响应，则 RVI 值低。因此，比值植被指数能增强植被与土壤背景之间的辐射差异。

土壤一般有近于 1 的比值，而植被则会表现出高于 2 的比值。可见，比值植被指数可提供植被反射的重要信息，是植被长势、丰度的度量方法之一。同理，可见光绿波段（叶绿素引起的反射）与红波段图像灰度值之比 G/R，也是有效的。比值植被指数可从多种遥感系统中得到。但主要用于 Landsat 的 MSS、TM 和气象卫星的 AVHRR。

b. 归一化植被指数 NDVI

归一化指数（normalized difference vegetation index，NDVI）被定义为近红外波段与可见光红波段图像灰度值之差和这两个波段图像灰度值之和的比值，即

$$NDVI = (DN_{NIR} - DN_R) / (DN_{NIR} + DN_R) \text{ 或 } NDVI = (\rho_{NIR} - \rho_R) / (\rho_{NIR} + \rho_R) \tag{8.13}$$

式中，DN_{NIR}、DN_R 分别为植被在近红外和红光波段图像的辐射亮度值。实际上，NDVI 是由 RVI 经非线性的归一化处理所得的。在植被遥感中，NDVI 的应用最为广泛。它是植被生长状态及植被盖度的最佳指示因子，与植被分布密度呈线性相关，因此又被认为是反映生物量和植被监测的指标。

但是，NDVI 的一个缺陷在于对土壤背景的变化较为敏感。实验证明，当植被盖度小于 15%时，植被的 NDVI 值高于裸土的 NDVI 值，植被可以被检测出来，但因植被盖度很低，如干旱、半干旱地区，其 NDVI 很难指示区域的植物生物量；当植被盖度由 25%增加到 80%时，其 NDVI 值随植物量的增加呈线性迅速增加；当植被盖度大于 80%时，其 NDVI 值增加缓慢而呈现饱和状态，对植被检测灵敏度下降。作物生长初期 NDVI 将过高估计植被盖度，而在作物生长的结束季节，NDVI 值偏低。因此，NDVI 更适用于植被发育中期或中等覆盖度的植被检测。

c. 差值植被指数 DVI

差值植被指数（difference vegetation index，DVI）又称环境植被指数（environmental vegetation index，EVI），被定义为近红外波段与可见光红波段图像灰度值之差，即

$$DVI = DN_{NIR} - DN_R \tag{8.14}$$

差值植被指数的应用远不如 RVI、NDVI 应用广泛。它对土壤背景的变化极为敏感，有利于对植被生态环境的监测。另外，当植被覆盖浓密（≥80%）时，它对植被的灵敏度下降，适用于植被发育早—中期，或低—中覆盖度的植被检测。

上述的 NDVI、DVI 等植被指数均受土壤背景的影响大，且这种影响是相当复杂的，它随波长、土壤特征（含水量、有机质含量、表面粗糙度等）及植被盖度、作物排列方向等的变化而变化。对于植被指数的主要组成波段红光和近红外光而言，叶子对红光的作用主要是吸收，而透射、反射均很小，作为背景的土壤则红光的反射较强，因此在植被非完全覆盖的

情况下，冠层的红光反射辐射中，土壤背景的影响较大，且随着覆盖度的变化而变化；但近红外波段情况完全不同，叶子对近红外光的反射、透射均较高（约各占 50%），吸收极少，而土壤对近红外光的反射明显小于叶的反射。因此在植被非完全覆盖的情况下，冠层的近红外反射辐射中，叶层的多次反射及与土壤的相互作用是复杂的，土壤背景的影响仍较大。

d. 垂直植被指数 PVI

垂直植被指数（perpendicular vegetation index，PVI）是在红、近红外波段二维图像数据中对缨帽变换的模拟，两者物理意义相似。在以红、近红外波段影像数据为坐标轴的二维坐标系内，土壤的光谱响应表现为一条斜线，即土壤亮度线。土壤在红、近红外波段均显示较高的光谱响应，随着土壤特性的变化，其亮度值沿土壤线上下移动。而植被一般在红波段响应低，而在近红外波段光谱响应高。因此，在这二维坐标系内植被多位于土壤线的左上方。

不同植被与土壤亮度线的距离不同。于是，Richardson 于 1977 年把植物像元到土壤亮度线的垂直距离定义为垂直植被指数。

PVI 是一种简单的欧几里得距离，表示为

$$\mathrm{PVI}=\sqrt{(S_{\mathrm{R}}-V_{\mathrm{R}})^2+(S_{\mathrm{NIR}}-V_{\mathrm{NIR}})^2} \tag{8.15}$$

式中，S 为土壤反射率；V 为植被反射率；R 为红波段；NIR 为红外波段。

PVI 表征着在土壤背景上存在的植被的生物量，距离越大，生物量越大，也可将 PVI 定量表达为

$$\mathrm{PVI}=(\mathrm{DN}_{\mathrm{NIR}}-b)\cos\theta-\mathrm{DN}_{\mathrm{R}}\sin\theta \tag{8.16}$$

式中，$\mathrm{DN}_{\mathrm{NIR}}$、$\mathrm{DN}_{\mathrm{R}}$ 分别为植被在近红外、红光波段图像的辐射亮度值；b 为土壤基线与近红外（NIR）反射率纵轴的截距；θ 为土壤基线与红波段（R）反射率横轴的夹角。

PVI 的显著特点是较好地滤除了土壤背景的影响，且对大气效应的敏感程度也小于其他植被指数。正因为它减弱和消除了大气、土壤的干扰，所以被广泛应用于作物估产。

2）水体指数

水体指数是用遥感影像的特定波段进行归一化差值处理，以凸显影像中的水体信息。

Mcfeeters在1996年提出了归一化差分水体指数（normalized difference water index，NDWI），基于绿波段和近红外波段，其表达式为

$$\mathrm{NDWI}=(\mathrm{DN}_{\mathrm{G}}-\mathrm{DN}_{\mathrm{NIR}})/(\mathrm{DN}_{\mathrm{G}}+\mathrm{DN}_{\mathrm{NIR}}) \tag{8.17}$$

式中，DN_{G}、$\mathrm{DN}_{\mathrm{NIR}}$ 分别为绿波段、近红外波段图像的辐射亮度值。NDWI 用来提取影像中的水体信息，效果较好；提取有较多建筑物背景的水体，如城市中的水体，效果较差。

徐涵秋在 NDWI 的基础上，对构成该指数的波长组合进行了修改，提出了改进的归一化差异水体指数（modified NDWI，MNDWI），其表达式为

$$\mathrm{MNDWI}=(\mathrm{DN}_{\mathrm{G}}-\mathrm{DN}_{\mathrm{MIR}})/(\mathrm{DN}_{\mathrm{G}}+\mathrm{DN}_{\mathrm{MIR}}) \tag{8.18}$$

式中，DN_{G}、$\mathrm{DN}_{\mathrm{MIR}}$ 分别为绿波段、中红外波段图像的辐射亮度值。由于水体在中红外波段的反射率继续走低，人工建筑物的反射率却转强，这一增一减将使得水体与建筑物的反差明显增强，大大降低了二者的混淆，减少了背景噪声，从而有利于水体专题信息的准确提取。

另外，MNDWI 可以很容易地区分阴影和水体，解决了水体提取中难以消除阴影的难题。

8.2.3　多光谱变换

遥感多光谱图像波段多，信息量大，对图像的判读很有价值。但数据量太大，且一些波段的数据之间存在不同程度的相关性，即存在数据冗余。在实际应用中，经常对多光谱图像进行变换处理，达到保留主要信息、降低数据量、增强或提取有用信息、改善图像信噪比的目的。变换的本质是对遥感图像实行线性变换，使多光谱空间的坐标系按一定规律进行旋转。常用的变换形式有 K-L 变换和 K-T 变换。

1. K-L 变换

K-L 变换是由 Karhunen 和 Loeve 对随机过程作为级数展开而引出的，而随机图像序列是由 Hotelling 首先研究出来的一种主分量方法，K-L 变换又称主分量变换或 Hotelling 变换。

K-L 变换用于多波段遥感数据处理，其基本原理是求出一个变换矩阵，经变换形成一组新的主分量波段，其式为

$$\boldsymbol{Y} = \boldsymbol{AX} \tag{8.19}$$

式中，Y 为变换后的主分量矢量，如主分量 1，2，3，…；X 为变换前原始图像矢量，如 TMl，TM2，TM3，…；$\boldsymbol{A}$ 为变换矩阵。

变换矩阵 $\boldsymbol{A}$ 是由原始图像矢量的协方差矩阵导出的，它使得变换后的主分量图像矢量的协方差矩阵如下

$$\boldsymbol{C}_y = \begin{bmatrix} \lambda_1 & & & \\ & \lambda_2 & 0 & \\ & 0 & \cdots & \\ & & & \lambda_n \end{bmatrix} \tag{8.20}$$

式中，$\lambda_1,\lambda_2,\cdots,\lambda_n$ 为原始图像的协方差矩阵特征值，且 $\lambda_1 > \lambda_2 > \cdots > \lambda_n$。

从式（8.20）可以看出，除对角线元素外，其余均为 0，这表明变换后的主分量彼此之间没有关联，相互独立。由 $\lambda_1 > \lambda_2 > \cdots > \lambda_n$ 还可以看出，各主分量信息载荷也不相同，第一主分量占全部信息的量最大，其余主分量占全部信息量的比重依次减小。

K-L 变换有如下性质：①它属于正交变换；②变换后的向量 $\boldsymbol{Y}_n$ 中各元素互不相关；③从变换后所得到的向量 $\boldsymbol{Y}_n$ 中删除后面的 $(n-d)$ 个元素而只保留前 $d(d<n)$ 个元素时所产生的误差满足平方误差最小的准则。

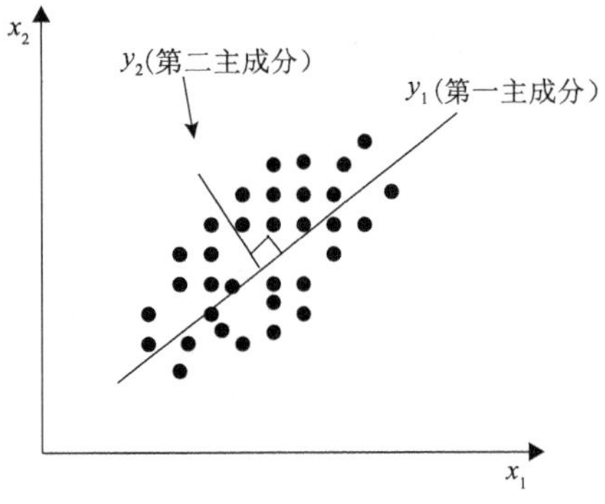

图 8.6　主成分分析的原理

K-L 变换的原理如图 8.6 所示，原始数据为二维数据，两个分量 x_1、x_2 之间存在相关性，具有如图 8.6 所示的分布，通过投影，各数据可以表示为 y_1 轴上的一维点数据。二维空间中的数据变成一维空间中的数据会产生信息损失，为了使信息损失最小，必须按照使一维数据的信息量（方差）最大的原则确定 y_1 轴的取向，新轴 y_1 称作第一主成分。为了进一步汇集剩余的信息，

可求出与第一轴 y_1 正交，且尽可能多得汇集剩余信息第二轴 y_2，新轴 y_2 称作第二主成分。

对多光谱图像作 K-L 变换以后保留多少个主分量比较适合？通常情况下采用指标 V 进行衡量：

$$V = \sum_{i=1}^{d} \lambda_i \Big/ \sum_{i=1}^{n} \lambda_i \tag{8.21}$$

在给出 V 值的情况下可确定 d 的大小。

遥感图像分类中，常常利用 K-L 变换来消除特征向量中各特征之间的相关性并进行特征选择。它还可以用来进行高光谱图像数据的压缩和信息融合。例如，对 Landsat TM 的 6 个波段的多光谱图像（热红外波段除外）进行主成分分析，然后把得到的第一、第二、第三主分量图像进行彩色合成，可以获得信息量非常丰富的彩色图像。

2. K-T 变换

K-T 变换是 Kauth 和 Thomas（1976 年）根据 MSS 数据研究多光谱信息与自然景观要素特征间的关系建立的一种特定变换，又称为“缨帽变换”。1984 年 Crist 和 Cicone 又将其移植于 TM 数据，并用于农作物的长势监测。这种变换着眼点在于农作物生长过程而区别于其他植被覆盖，力争抓住地面景物在多光谱空间中的特征。

其变换公式为

$$\boldsymbol{U} = \boldsymbol{R}_1 \cdot \boldsymbol{X} + r \tag{8.22}$$

式中，$\boldsymbol{X}$ 为像元的光谱矢量；$\boldsymbol{U}$ 为变换后新空间的像元矢量，其各分量表示变换后每一通道的像元亮度值；r 为避免出现负值而加的常数；$\boldsymbol{R}_1$ 为一变换矩阵，行与行之间相互正交。

1）K-T 变换在 MSS 数据中的应用

以 MSS2 和 MSS3 为例，选择两种不同的土壤样本，一种深色土壤，光谱特性是暗的，另一种浅色土壤是亮的。在这两种不同土壤上种植小麦，选择小麦不同生长期的图像，把图像中的像元放在二维光谱空间相应的位置上，于是形成了两条农作物小麦的生命发展线，构成一个三角形的形状，如图 8.7 所示。从暗土生长线可以看出，由于叶绿素在植物生长过程中的增加，覆盖度加大，土壤较暗，表现为第三波段亮度加大而第二波段亮度减小（即近红外反射强而红光反射低的规律）。到了 4 的位置便是绿色小麦生长的顶峰，小麦光谱占上风，土壤被覆盖。因此，4A 和 4B 交合到一点，然后一起变黄和衰老。

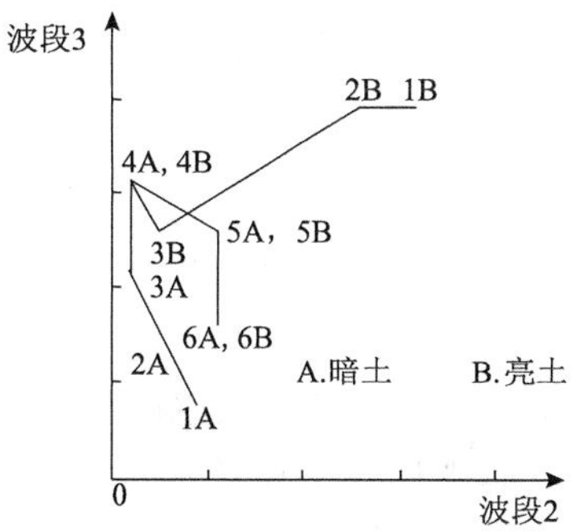

图 8.7　小麦生长线实例

1. 裸土；2. 发芽；3. 生长期；4. 成熟期；5. 变黄期；6. 衰老期

将这个例子推广，一般农作物的生长过程有如图 8.8 所示的规律。首先，在第二波段和第三波段组成的子空间中，如图 8.8（a）所示，当植物还没发芽时，各种裸露的土壤，由深色土壤逐步过渡到浅色土壤形成一条土壤线，由土壤线上各点作起始点都能勾绘出一条农作物的生长线[图 8.8（a）中只画出了从最深和最浅的两点开始的生长线]。1 处为裸土，只反映了土壤本身的光谱特性；2 处为农作物破土出露，随着农作物生长，植被覆盖面也越来越大。与此同时，太阳光从偏东方向入射时，使得植物阴影的影响增加，像元的光谱值是作物、阴影和土壤的综合反映。这时，对于深色土壤，阴影影响不大，所以随着作物覆盖的增加，波段 3 上绿色植物近红外的反射急剧增大，生长线上升；对于浅色土壤，阴影影响较大，减少了原像元中高亮度的土壤光谱的影响，所以尽管绿色作物近红外光谱反射随着覆盖的增加而增加，但综合效应并没有使这条生长线升高。直到农作物成熟期的到来[即图 8.8（a）中标号 4 处]，绿色覆盖达到高峰，几乎不能得到土壤的信息，也没有明显的阴影区，两条生长线才合为一点，不再有区别。可以推理，其他土壤类型的生长线也必定到达这里，汇合后一起继续发展。当农作物成熟变黄时，生长线向回折返，离开绿色生物量点，经过标号 5 处光谱特性后继续变化，直到农作物衰老死亡到达标号 6 处。待农作物全部收获完毕，地面状态恢复，从标号 6 处应该各自回到土壤线上的起点位置（深色土壤 1A 处或浅色土壤 1B 处）。

这种发展变化的过程如果表示在波段 1 和波段 2 所构成的子光谱空间，则形态发生变化，土壤线变成了土壤区域，而且农作物从生长到成熟前的过程也发生在同一区内，只有变黄以后才离开这个区向外发展，如图 8.8（b）所示。

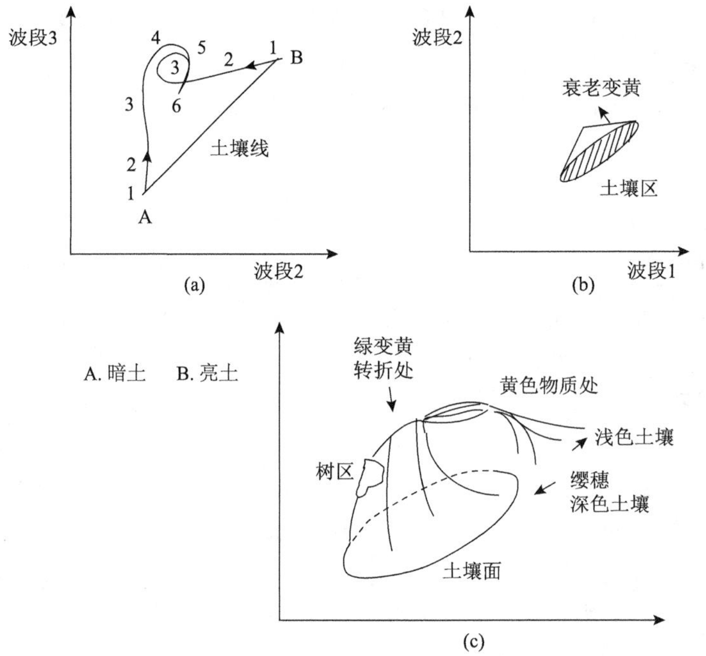

图 8.8　缨帽分析

1. 裸土；2. 发芽；3. 生长期；4. 成熟期；5. 变黄期；6. 衰老期

把土壤和农作物生长过程在 MSS2-MSS3 和 MSS1-MSS2 两个平面的投影综合并画到三维空间，便形成了图 8.8（c）所描绘的形态。这里土壤反射光谱形成土壤面，农作物则从土壤面开始生长，几乎沿着垂直于土壤面的方向及不同路线，形成绿色植物区，到交汇处开始折返，并会聚于黄色植物区，最后又回到它原来出发的土壤面起点处。这样的三维立体形态看起来很像一顶带着缨穗的帽子，衰老处像一束缨子，土壤面就像帽口，由这一外观的想象形成了另一个名字“缨帽变换”。帽子的前部有一特殊的树区，这是由树冠的光谱特性决定的。

缨帽在三维空间中的位置不是完全不变的，在生长过程中，由于作物种植的密度和叶子覆盖的多寡影响阴影的大小，从而路径有所不同。另外，大气中的雾霾、水蒸气、云层都不同程度地影响缨帽，造成土壤面的位移和旋转，以及整体形态的变化；不同地区的资料及不同的农作物也会产生差异，但无论怎样，缨帽形态的规律是相同的。

为了最大限度地观察这种规律，并用规律进行土壤和农作物的判断，必须对坐标空间做一变换使坐标系实现平移和旋转。通俗地说，变换后能够看到缨帽的最大剖面，而不是只看到某一方向或某平面上的较小投影。这一变换是线性变换，变换后新的坐标轴将代表明确的景观意义，可以与地物直接联系，将 $\boldsymbol{R}_1$ 取为

$$\boldsymbol{R}_1=\begin{bmatrix} 0.433 & 0.632 & 0.586 & 0.264 \\ -0.290 & -0.562 & 0.600 & 0.491 \\ -0.829 & 0.522 & -0.039 & 0.194 \\ 0.223 & 0.012 & -0.543 & 0.810 \end{bmatrix}$$

变换后 $\boldsymbol{U}=\begin{pmatrix} u_1 & u_2 & u_3 & u_4 \end{pmatrix}^{\mathrm{T}}$ 中的四个分量多数有明确的物理意义：u_1 为亮度分量，主要反映土壤信息，是土壤反射率变化的方向；u_2 为绿色物质分量；u_3 为黄色物质分量，它们分别反映植物的绿度和黄度，黄度说明了植物的枯萎程度；只有最后一个分量没有什么意义，在几何坐标中是一个无意义轴。K-T 变换后的几个坐标轴都相互垂直。K-T 变换在实际应用时舍掉第四个分量，只取前三个分量。在新的空间里数据结构更加清楚，分布面加大，而且数据量受到压缩，还可以从中研究大气散射等物理影响，因此 K-T 变换有很大实际意义。

2）K-T 变换在 TM 数据中的应用

1984 年，Crist 和 Cicone 提出了对 TM 数据作 K-T 变换的变换矩阵式，如下：

$$\boldsymbol{U}=\boldsymbol{R}_2\cdot\boldsymbol{X}+r \tag{8.23}$$

$$\boldsymbol{R}_2=\begin{bmatrix} 0.3037 & 0.2793 & 0.4743 & 0.5585 & 0.5082 & 0.1863 \\ -0.2848 & -0.2435 & -0.5436 & 0.7243 & 0.0840 & -0.1800 \\ 0.1509 & 0.1973 & 0.3273 & 0.3406 & -0.7112 & -0.4573 \\ -0.8242 & -0.0849 & 0.4392 & -0.0580 & 0.2012 & -0.2768 \\ -0.3280 & -0.0549 & 0.1075 & 0.1855 & -0.4357 & 0.8085 \\ 0.1084 & -0.9022 & 0.4120 & 0.0573 & -0.0251 & 0.0238 \end{bmatrix}$$

式中，$\boldsymbol{X}=(x_1,x_2,x_3,x_4,x_5,x_6)^{\mathrm{T}}$，为 TM 的第 1、2、3、4、5、7 波段图像上的灰度值组成的光谱矢量；$\boldsymbol{U}=(u_1,u_2,u_3,u_4,u_5,u_6)^{\mathrm{T}}$，为变换后的光谱矢量，在这 6 个新的分量中前 3 个分量与地面景物有明确的关系，u_1 为亮度，u_2 为绿度，而 u_3 与 MSS 不同，定义为湿度，其他 3 个分量 u_4、u_5、u_6 还没发现与景物的明确关系，没有定义。采用 K-T 变换可以将 TM 的 6 个波段（热红外波段除外）压缩成 3 个分量（或波段）。下面分析前 3 个分量的实际物理意义。

亮度，实际是 TM 6 个波段的加权和，反映了总体的反射值。由于中红外波段的影响，TM 的亮度值与 MSS 的亮度值不完全相等，但两者有很大的相关性。TM 的亮度不等于土壤变化的主要方向，这一点与 MSS 数据不同。

绿度，TM 的绿度与 MSS 的绿色物质分量很相近，甚至几乎相同。因为从变换矩阵 $\boldsymbol{R}_2$ 中

第二行系数看，较长的红外波段 5 和波段 7 有很大抵消，剩下是近红外与可见光部分的差值，反映了绿色生物量的特征。用亮度和绿度二分量组成的二维平面可叫做“植被视面”。

湿度，与 MSS 相比，这个分量定义了一个完全不同的特征，对变换矩阵中第三行数据分析可知，这个分量反映了可见光和近红外（1～4 波段）与较长的红外（第 5、7 波段）的差值。定义为湿度的根据是第 5、7 两个波段对土壤湿度和植物湿度最为敏感。湿度和亮度二分量值组成的二维平面可定义为“土壤视面”。

湿度与绿度组成的第三个面称为“过渡区视面”。这样的三维空间就是 TM 数据进行 K-T 变换后的新空间，可以在这样一个空间里，对植被、土壤等地面景物作更为细致、准确的分析。

8.3　遥感图像信息融合

遥感图像信息融合是将多源遥感数据在统一地理坐标系中，采用一定的算法生成一组新的信息或合成图像的过程。不同的遥感数据具有不同的空间分辨率、波谱分辨率和时间分辨率，图像信息融合的目的是充分利用待融合图像在空间、波谱、时间分辨率方面的优势。融合后的图像包含了它们在空间、波谱、时间分辨率方面的优势信息，弥补了单一图像上信息不足的缺点，这样不仅扩大了多源遥感数据的应用范围，还大大提高了遥感影像分析的精度。本节仅介绍融合的一般过程及常用的融合算法。

8.3.1　遥感图像信息融合的一般过程

遥感图像信息融合的一般过程如下。

1）根据融合目的选择待融合图像

不同类型遥感器的图像有不同的信息特点，例如 TM 图像有 7 个波段，光谱信息丰富，但是其空间分辨率低，只有 30m；SPOT 图像空间分辨率高，全色波段图像为 10m，但其光谱分辨率低。两者融合后可以得到空间分辨率为 10m 又可以保持丰富的光谱信息的新图像。在实际应用中，通常根据融合的目的有针对性地选择图像。例如，进行洪水监测，可以选择的遥感图像有 TM 图像、SAR 图像、气象卫星图像等。用每一种图像单独分析时都有不理想之处。实验表明，利用多时相的 NOAA 气象卫星图像与 TM 图像进行融合，得到的图像与洪涝灾害时间同步性好、几何性能好、空间分辨率高、光谱信息丰富，便于分析洪水信息。TM 图像与 SAR 图像进行融合，即可获得洪水、水田、旱地情况，也可获得大堤、水渠等线状地物情况。

2）遥感图像配准

对待融合图像进行配准的目的是统一图像的坐标系统，使同一地物影像的相应像元在几何位置上相对应。图像配准的方法有两种：相对配准和绝对配准。

（1）相对配准。相对配准是以某个待融合图像的坐标系统为基准，将其他图像的坐标系都统一到该基准上。配准的方法是在图像上选择一定数量、满足一定分布的图像特征点，利用多项式或图像的相应成像几何模型对其他图像进行几何纠正，几何纠正的算法与过程可参照图像几何校正的有关算法与步骤。

（2）绝对配准。绝对配准是以某一地理坐标系统为基准，将待融合图像的坐标系都统一在该基准上。配准的方法是利用一定数量、满足一定分布的地面控制点，采用多项式或图像的相应成像几何模型对图像进行几何纠正，几何纠正的算法与过程可参照图像几何校正的有关算法与步骤。

3）图像融合

遥感图像数据融合的算法很多，如彩色空间变换融合算法、加权融合算法、植被指数算法、缨帽变换算法、主成分变换融合算法、小波融合算法、基于模型的方法等。另外，除了遥感图像数据之间的融合以外，为便于遥感图像在各领域的应用，遥感图像数据与非遥感数据也常常进行复合。

8.3.2　基于 HIS 变换的遥感影像信息融合

计算机定量处理色彩时通常采用 RGB 表色系统，但在视觉上定性地描述色彩时，采用 HIS 显色系统更直观些。HIS 显色系统采用色调、饱和度、亮度表示颜色。为了实现两套色彩表示系统之间的转换，必须建立 RGB 空间和 HIS 空间之间的关系模型，RGB 空间和 HIS 空间相互转化的处理过程称为 HIS 变换。利用 HIS 变换，可以进行多源遥感图像之间的信息融合。

1. HIS 变换的正变换（由 RGB 到 HIS）

令 $M=\max\left(R,G,B\right)$，　$m=\min\left(R,G,B\right)$

$$r=\frac{M-R}{M-m},\quad g=\frac{M-G}{M-m},\quad b=\frac{M-B}{M-m}$$

r、g、b 中至少有一个为 0 或 1。

（1）$I=\dfrac{M+m}{2.0}$。

（2）当 $M=m$ 时，$S=0.0$；当 $M\neq m$，$I\leqslant 0.5$ 时，$S=\dfrac{M-m}{M+m}$；当 $M\neq m$，$I>0.5$ 时，$S=\dfrac{M-m}{2.0-M-m}$。

（3）当 $S=0.0$ 时，$H=0.0$；当 $S\neq 0.0$，$R=M$ 时，$H=60\cdot(2+b-g)$；当 $S\neq 0.0$，$G=M$ 时，$H=60\cdot(4+r-b)$；当 $S\neq 0.0$，$B=M$ 时，$H=60\cdot(6+g-r)$。

2. HIS 变换的逆变换（由 HIS 到 RGB）

当 $I\leqslant 0.5$ 时，令 $M=I\cdot(1.0+S)$；

当 $I>0.5$ 时，令 $M=I+S-I\cdot S$；

令 $m=2.0\cdot I-M$，① $R=f(m,M,H)\cdot 255$；② $G=f(m,M,H-120)\cdot 255$；③ $B=f(m,M,H-240)\cdot 255$。

上面三式的右端可以改写成函数 $f\left(m,M,H\right)$ 的形式，当 H 为负数时，可加上 360 使之为正，f 的具体形式为

当 $0\leqslant H<60$ 时，$f=m+\dfrac{(M-m)\cdot H}{60}$；当 $60\leqslant H<180$ 时，$f=M$；当 $180\leqslant H<240$ 时，$f=m+\dfrac{(M-m)(240-H)}{60}$；当 $240\leqslant H<360$ 时，$f=m$。

3. HIS 变换在遥感影像信息融合中的应用

利用 HIS 变换，可以实现不同空间分辨率的遥感图像之间几何信息的叠加。例如，对于 SPOT 全色波段的图像（分辨率为 10m，图像大小为 6000×6000 像元）和多光谱图像（分辨

率为 20m，图像大小为 3000×3000 像元），可先对二者进行图像的配准，再对多光谱图像进行重采样，使其在图像大小方面和全色波段的图像相一致。然后对三个波段的多光谱实施 HIS 正变换，并用 10m 分辨率的全色波段图像替换经 HIS 正变换以后得到的亮度分量 I，最后进行 HIS 逆变换可得到 10m 分辨率的多光谱图像，这个过程如图 8.9 所示。

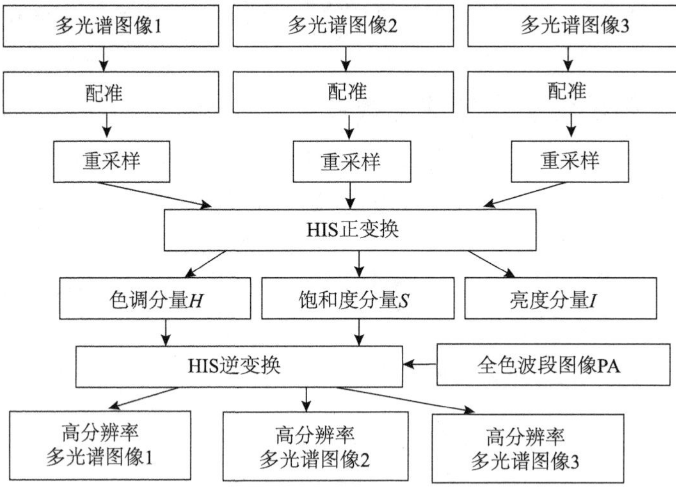

图 8.9　SPOT 全色波段和多光谱图像的信息融合

8.3.3　基于加权的遥感图像信息融合

加权融合算法实质上是对待融合图像的同名像元进行加权组合，使之变成一幅新的图像。以 TM 和 SPOT 图像融合为例：设 P_{RTM}、P_{GTM}、P_{BTM} 分别为 TM4、3、2 波段的图像亮度值，P_{SPOT} 为 SPOT 全色波段图像的亮度值，A 为权函数，在图像配准以后，生成三幅新图像亮度值为

$$P_R = A \cdot P_{\text{SPOT}} \cdot P_{\text{RTM}} / (P_{\text{RTM}} + P_{\text{GTM}} + P_{\text{BTM}})$$
$$P_G = A \cdot P_{\text{SPOT}} \cdot P_{\text{GTM}} / (P_{\text{RTM}} + P_{\text{GTM}} + P_{\text{BTM}})$$
$$P_B = A \cdot P_{\text{SPOT}} \cdot P_{\text{BTM}} / (P_{\text{RTM}} + P_{\text{GTM}} + P_{\text{BTM}})$$

将生成的图像 P_R、P_G、P_B 分别赋予红色、绿色、蓝色，再利用彩色合成的方法生成融合后的彩色图像。权函数可以根据不同的图像及应用目的按经验给定。这种方法简单易行，有时非常有效。

在全色图像与多光谱图像融合时，由于多光谱图像中的红、绿波段与全色波段的相关性很强，可以用相关系数作为权函数将全色波段的信息融合到多光谱图像中去，具体方法如下。

（1）对融合图像进行配准和重采样，使它们的像元大小和位置一致。

（2）计算多光谱图像各波段与全色波段图像的相关系数：

$$r(P, X_k) = \frac{\sum_{i=1}^{m}\sum_{j=1}^{n}\left(P(i,j)-\overline{P}\right)\cdot\left(X_k(i,j)-\overline{X}_k\right)}{\sqrt{\sum_{i=1}^{m}\sum_{j=1}^{n}\left(P(i,j)-\overline{P}\right)^2\cdot\sum_{i=1}^{m}\sum_{j=1}^{n}\left(X_k(i,j)-\overline{X}_k\right)^2}} \tag{8.24}$$

式中，$k=1,2,3$，图像的长、宽分别为 m、n；$P(i,j)$ 为全色波段图像上 (i,j) 处的像素值；$\overline{P}$ 为全色波段图像的灰度平均值；$X_k(i,j)$ 为重采样后的多光谱中第 k 波段图像上 (i,j) 处的像素值；$\overline{X}_k$ 为重采样后的多光谱中第 k 波段图像的灰度平均值。

（3）按下式将全色波段图像的信息融合到多光谱图像各波段中：

$$X_k^*(i,j)=\frac{1}{2}\Big[\big(1+\left|r(P,X_k)\right|\big)\cdot P(i,j)+\big(1-\left|r(P,X_k)\right|\big)\cdot X_k(i,j)\Big] \tag{8.25}$$

式中，$k=1,2,3$，$i=1,2,\cdots,m$，$j=1,2,\cdots,n$；$X_k^*(i,j)$ 为融合了全色波段信息后第 k 波段图像上 (i,j) 处的灰度值。

8.3.4　基于小波变换的遥感影像信息融合

1. 正交二进小波变换

假设有一个二维图像 $f(x,y)\in V_{j+1}^2$，$\left\{c_{m,n}^{j+1},m,n\in Z\right\}$ 是 $f(x,y)$ 在分辨率 $j+1$ 上的近似表示，则二维信号 $\left\{c_{m,n}^{j+1},m,n\in Z\right\}$ 的有限正交小波分解公式为

$$\begin{cases} c_{m,n}^{j}=\dfrac{1}{2}\displaystyle\sum_{k,l\in Z} c_{k,l}^{j+1}h_{k-2m}h_{l-2n} \\ d_{m,n}^{j_1}=\dfrac{1}{2}\displaystyle\sum_{k,l\in Z} c_{k,l}^{j+1}h_{k-2m}g_{l-2n} \\ d_{m,n}^{j_2}=\dfrac{1}{2}\displaystyle\sum_{k,l\in Z} c_{k,l}^{j+1}g_{k-2m}h_{l-2n} \\ d_{m,n}^{j_3}=\dfrac{1}{2}\displaystyle\sum_{k,l\in Z} c_{k,l}^{j+1}g_{k-2m}g_{l-2n} \end{cases} \tag{8.26}$$

相应的重建公式为

$$c_{m,n}^{j+1}=\frac{1}{2}\left(\sum_{k,l\in Z} c_{k,l}^{j}\tilde{h}_{2k-m}\tilde{h}_{2l-n}+\sum_{k,l\in Z} d_{k,l}^{j_1}\tilde{h}_{2k-m}\tilde{g}_{2l-n}+\sum_{k,l\in Z} d_{k,l}^{j_2}\tilde{g}_{2k-m}\tilde{h}_{2l-n}+\sum_{k,l\in z} d_{k,l}^{j_3}\tilde{g}_{2k-m}\tilde{g}_{2l-n}\right) \tag{8.27}$$

式（8.26）和（8.27）即为正交二进小波变换的正变换和反变换公式。实际计算中，通常给出滤波器系数数列 $\left\{h_k,k\in Z\right\}$，其余的滤波器系数按下面的公式求出：

$$\begin{cases} g_k=(-1)^{-1+k}\,h_{1-k} \\ \tilde{h}_n=h_{1-n} \\ \tilde{g}_n=g_{1-n} \end{cases} \tag{8.28}$$

对于一幅数字图像 c^{j+1}，按式（8.26）分解后可形成四幅子图像 c^j、d^{j_1}、d^{j_2}、d^{j_3}，并且由这四幅子图像可以按式（8.27）合成原图像 c^{j+1}，这个过程可形象地用图 8.10 来表示。

图像 c^{j+1} 分解后各分量的含义如下：c^j，集中了原始影像 c^{j+1} 中的主要低频成分；d^{j_1}，对应着 c^{j+1} 中垂直方向的高频边缘信息；d^{j_2}，对应着 c^{j+1} 中水平方向的高频边缘信息；d^{j_3}，对应着 c^{j+1} 中 45° 方向的高频边缘信息。

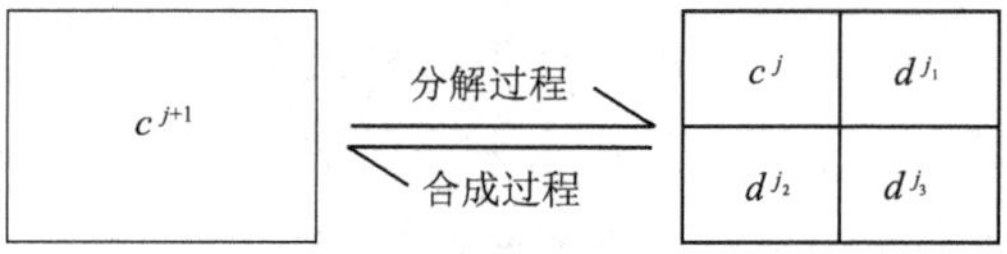

图 8.10　图像的小波分解与重构

2. 基于小波变换的遥感影像信息融合

采用小波变换的方法进行遥感图像信息融合的思想是：先将待融合的图像进行配准和重采样成尺度大小一致的图像，再将它们用小波正变换算法分解为不同分辨率的子图像。信息融合一般在分解后的高频子图像上进行，最常用的信息融合方法是：计算高频子图像上每个像素的局部平均梯度（或局部方差、局部能量），以该像素的局部平均梯度（或局部方差、局部能量）为准则，确定融合后的高频子图像上像素的值。例如，设待融合的两幅图像分别为 $A(x,y)$ 和 $B(x,y)$，不同分辨率的高频子图像分别为 $A_j^k(x,y)$ 和 $B_j^k(x,y)$（$k=1,2,3$，j 为尺度参数），由不同分辨率的高频子图像得到的梯度图像分别为 $GA_j^k(x,y)$ 和 $GB_j^k(x,y)$，则不同分辨率上的高频融合子图像 $F_j^k(x,y)$ 为：当 $GA_j^k(x,y)>GB_j^k(x,y)$ 时，$F_j^k(x,y)=A_j^k(x,y)$；当 $GA_j^k(x,y)<GB_j^k(x,y)$ 时，$F_j^k(x,y)=B_j^k(x,y)$。

以高频融合子图像 $F_j^k(x,y)$ 作为小波分解后的高频信息，利用小波逆变换就可以得到包含 $A(x,y)$ 和 $B(x,y)$ 两幅图像信息的融合图像。

8.3.5　遥感图像与非遥感信息的复合

遥感应用中，为了进一步提高遥感图像的解译效果，以地形、气象、水文等专题信息及行政区划、人口、经济发展状况等人文与经济信息作为遥感数据的补充，才能掌握客观规律，提高解译的科学性。

遥感图像数据是以栅格形式记录的，而地面采集的非遥感的地理数据则是按照一定的地学规律，以多等级、多量纲的形式根据各自的统计特征来反映下垫面自然状况的。从原理上来讲，为了使各种地理数据与遥感数据兼容，应该按照一定的数学模式和地理格网系统将其编码和量化，完成各种地理数据的定性、定量、定位，产生新的地学信息 $G(x,y)$ 形式，经过几何校正及配准，再与遥感图像 $R(x,y)$ 相复合，形成新的综合信息形式 $F(x,y)$，即

$$F(x,y)=R(x,y)+G(x,y) \tag{8.29}$$

这样，遥感数据与非遥感数据既可在空间上对应一致，又可在成因上相互说明，以达到深入分析的目的。

遥感数据与地理数据的复合步骤如下。

1）地理数据的格网化

非遥感的地理数据与遥感数据复合的前提条件是必须使地理数据可作为遥感数据的一个“波段”，这就是说通过一系列预处理，使地理数据成为：①格网化的数据；②空间分辨率与遥感数据一致；③对应地面位置与遥感图像配准。

（1）格网数据生成。原始采集的地理数据多种多样，其中以离散形式采集的数据居多，如高程点值、土壤酸碱度值、气温值等。这种数据不能以统一的数学模型生成格网，但在某一局部仍可用近似的数学函数来表达，因此常采用局部拟合法进行逐点内插得到。

（2）与遥感数据配准。地理数据生成格网时，格网所对应的空间分辨率应与遥感数据的空间分辨率一致。如果从地理数据无法得到与遥感数据一致的分辨率，用配准的方法同时调整分辨率与位置。配准采用几何校正方法，但需要特别注意控制点选取的准确性。

2）最优遥感数据的选取

复合时遥感数据常常只需一个或两个波段，或者是经过图像处理后的数据，以达到减少数据量，保持信息量的目的。因此，选取适合需要的遥感波段图像十分重要。

3）配准复合

（1）栅格数据与栅格数据复合。在完成分辨率和位置的配准后，多采用两种方法复合：①非遥感数据与遥感数据共组成三个波段（不同数据源波段的数目比例为 1∶2 或 2∶1），实行假彩色合成；②两种数据直接叠加，波段之间可做加法或其他数学运算，也可在波段之间做适当的“与”“或”等布尔运算。

（2）栅格数据与矢量数据复合。常采用不同数据格式的复合和不同层面的复合。①不同数据格式的复合：遥感图像数据采用栅格数据结构，而地理数据采用矢量数据结构，如在遥感图像上叠加行政区划界线和等高线等。②不同层面的复合：这里的层面是指计算和记录时将不同的图像记录到不同的层上，显示时可以分别显示，达到复合的效果。如果要想在遥感图像上的背景突出河流湖泊等水体部分及其他地理特征，则被突出的部分可单独记录为一层。

遥感数据和非遥感数据还可以在同一地理投影坐标系统下放到一起综合分类分析，这种分析不限波段数目。例如，分析盐渍地时可采用 TM1、2、3、4、5、7 共 6 个波段，再以非遥感的地形数据、地下水深、地下水矿化度等重要的影响盐渍土的数据所形成的格网作为参与分类分析的“波段”。综合分析由于考虑了地理因素，结果的可靠性和精确度得到提高。

总之，多源信息复合实现了遥感数据之间的优势互补，也实现了遥感数据与地理数据的有机结合。这种复合的意义绝不仅仅是提高了目视解译的效果，更重要的是在定量分析中提高了精度，扩大了遥感数据的应用面，具有很大的实际意义。

8.4　遥感图像目视判读

目视判读是通过人眼对遥感图像的观察和研究，识别或推断相应地面目标性质和意义的工作，通常也称为图像判读、像片解译或像片判译。目视判读是目前最常用的地形目标及其他目标的提取方法，主要研究四个方面的内容。

第一，地物的电磁波辐射特性。图像是地面目标电磁波辐射特性的记录，不同目标具有不同的电磁波辐射特性，在图像上具有不同的影像色调，所以电磁波不仅是获取图像的物理基础，还是根据影像区分不同目标的基础。

第二，各种遥感器及其图像的特点。遥感器是取得图像的技术基础，不同的遥感器具有不同的成像原理，其得到的图像也具有不同的几何特性和物理特性，对判读有直接的影响。

第三，判读特征。不同性质的物体必然在图像上反映出不同的影像特征，这些影像特征是判读的语言，是区分不同地物的标志。

第四，判读设备和判读方法。人眼的视力是有限的，为了充分利用图像所提供的丰富信息，增强人眼的识别能力必须利用各种判读设备，提高判读效果。同时，还要不断研究新的判读方法，研究人脑在判读中的思维方法、思维过程，不断提高判读的质量。

遥感图像是地面情况的客观反映，不但有着丰富的内容，而且直观、形象、观察方便，这使得目视判读的应用非常广泛。目视判读除了用于地形测绘外，还用于军事侦察、地球资源勘察、农林生产和环境监视等领域。根据判读的目的、任务不同，目视判读可分为地形判读、军事目标判读、地质判读、森林判读及其他专业判读。测绘制图主要研究地形要素的判读，它是其他专业判读的基础。

8.4.1 遥感图像判读特征

日常生活中，人们总是用物体表现出来的固有特征来区分不同的物体。图像是对地面物体电磁波辐射的记录，所以地面目标的各种特征必然在图像上有所反映，在进行目视判读时同样也可以用这些特征来识别目标。广义地说，地面物体在图像上反映出的所有影像特征或影像标志，都能够帮助人们解释目标性质。经过长期的判读实践，人们发现目标影像与相应地物在形状、大小、色调、阴影、纹形、位置布局和目标活动等七个方面有密切的联系，并且可以用这七个特征概括地物所有的影像标志。形状特征、大小特征、色调特征、阴影特征、纹形图案特征、位置布局特征和活动特征统称为判读特征。有些著作中，将这七个特征分为直接判读特征和间接判读特征。直接判读特征是物体特性在图像上直接反映出的影像标志，如形状、大小、色调、阴影、纹形等；间接判读特征则是目标与其他物体相互作用所形成的影像标志，如位置布局、活动等特征。

1. 形状特征

形状特征是指地物的外部轮廓在图像上所反映的影像形状。它是目视判读的主要特征之一。地物的外部轮廓不同，对应的影像形状也不相同，如公路、铁路、河渠等在图像上为带状影像，运动场则为明显的椭圆形影像，遥感图像的影像形状和地物的顶部形状保持着一定的相似关系，如图 8.11 所示。一般来说，在遥感图像上，地面物体的形状与图像上相应影像的形状保持同素性，即若地物分别为点状、面阵、线状形态时，其影像形状也为相应的点状、面阵、线状影像形状（比例尺的影响除外）。但是，由于遥感对象和遥感条件的多样性，影像形状和地物形状可能出现较大的差别，使形状特征发生变形。影响形状特征的主要因素有：平台姿态、投影误差及遥感器特性。

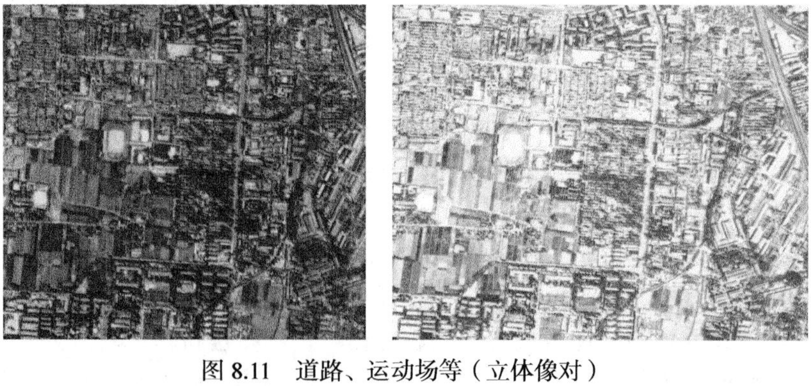

图 8.11　道路、运动场等（立体像对）

1）平台姿态对形状特征的影响

遥感成像时，由于各种原因遥感平台将不可避免地出现侧滚或俯仰现象，由此得到的图像称为倾斜图像。图像倾斜使地物影像的形状发生仿射变形，如图 8.12 所示，且变形的程度随着倾斜角的增大而增大，它破坏了影像形状和地物形状的相似性。一般情况下，航空、航天遥感图像一般是在近似垂直姿态下取得的，图像倾斜比较小，它引起的形状变形对目视判读的影响较小，在判读时可不予考虑。为了达到特种目的，也常采用大倾斜角遥感成像。例如，为了获取立体图像，CCD遥感器进行的前、后、左、右倾斜成像；为了提高分辨率，雷达则采用侧视方式对地面成像。对于这些图像，在判读时应根据其成像特点来考虑图像倾斜对形状特征的影响。

图 8.12 仿射变形

2）投影误差对形状特征的影响

投影误差是由地形起伏或地物高差引起的影像移位。移位的大小不仅与地物的高差有关，还与其在图像上的位置和成像方式有关。高于地面的目标，除侧视雷达图像外，在其他图像上都是背向底点方向移位。显然，影像移位将引起影像形状的变化。投影误差对形状特征的影响主要表现在三个方面。

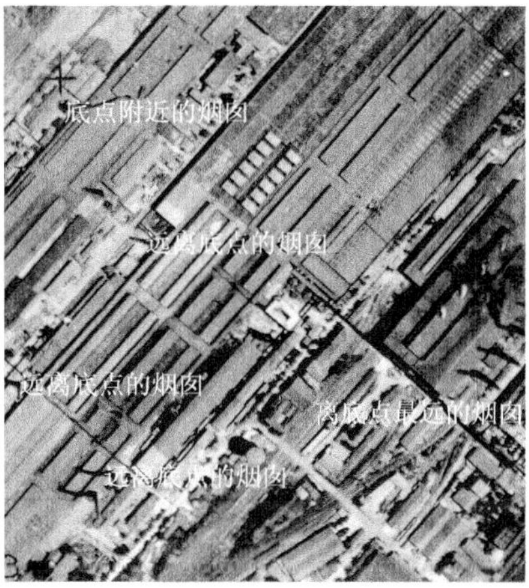

图 8.13 同类物体在不同位置时的影像变形

（1）同一类地物在图像上不同位置时，其影像形状是不同的。如在摄影图像上，当高于地面的目标位于像片底点时，图像上只有目标的顶部影像；当其离开底点时，影像形状将由目标的顶部和侧面影像联合构成。图 8.13 显示了烟囱在图像上不同位置时的形状变化。

（2）位于斜坡上的地物，由于其上边和下边的高度不同，其影像形状将产生变形，且斜面坡度越大，变形越大。可以想象，在斜面上的正方形，其影像形状将变为梯形。

（3）斜坡在图像上的影像会被压缩或拉长。在侧视雷达图像上，面向底点的坡面被压缩，背向底点的坡面被拉长；在其他图像上变形规律正好相反，如图 8.14 所示。

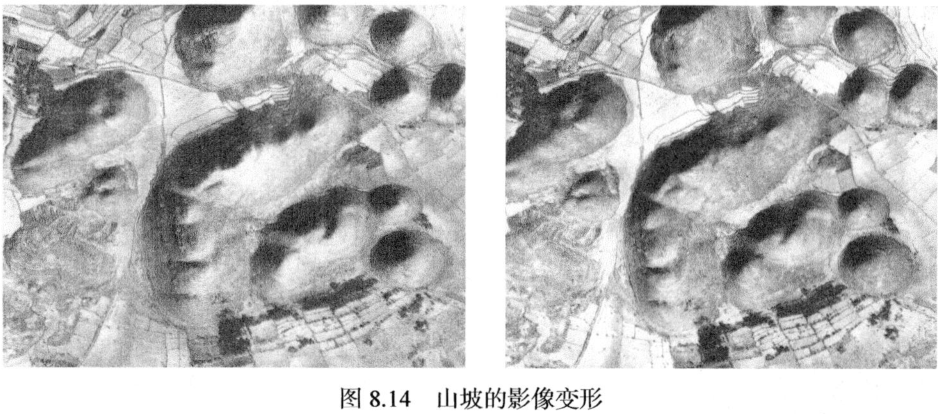

图 8.14 山坡的影像变形

高于地面物体产生的影像投影误差，使地物侧面得以成像。其侧面影像会压盖或遮挡它旁边的地物影像，使这些地物的影像形状发生变形，破坏了影像与地物的相似性，这对单幅图像的判读和量测是不利的。但是，影像投影误差的影响也有其有利的一面，而且有时利大于弊。例如，高于地面物体的影像移位构成了立体观察的基础，它的存在可以让判读人员对图像的观察有身临其境的感觉；它能反映地物的侧面形状，便于地物的识别；便于高出地面的细小地物的定位；可以根据移位的大小确定地物的高度。

3）遥感器特性对形状特征的影响

不同类型的遥感图像有不同的投影方式，同时也具有不同的影像变形规律。因投影方式引起的影像变形对地物影像的形状影响较大，相对而言，全景投影图像和SAR图像（距离投影方式）与其他图像相比，有其独特的影像变形，具体的变形情况可参看第7章。

2. 大小特征

大小特征是地物的大小反映在图像上的影像尺寸。

确定地物的实际大小不仅是目视判读的任务之一，还是判定目标性质的有效辅助手段。地物的大小特征主要取决于图像比例尺。根据图像的比例尺，就能够建立地物和影像的大小联系。但是，一般情况下判读人员被告知的比例尺是近似值或平均数值，在实际的判读中判读员应该比较准确地测定像片的比例尺，以尽可能精确地确定地物尺寸。

地形起伏使图像比例尺处处不一致，对影像的大小有较大的影响。处于高处的地物，相对航高低，影像比例尺大；处于低处的地物，相对航高高，影像比例尺小。所以，同样大小的地物当分别位于山顶和山脚时，其影像大小是不同的。

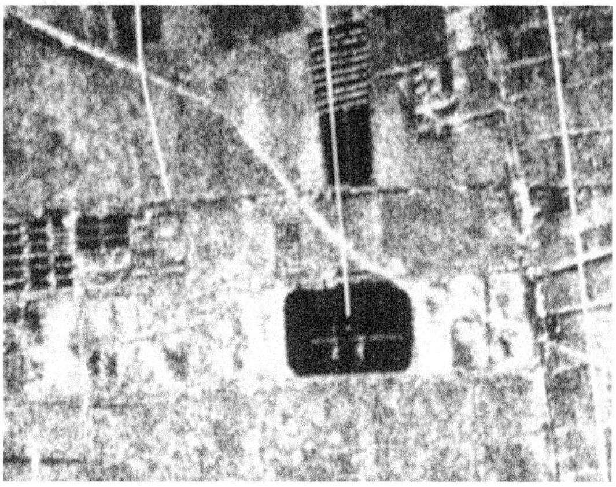

图 8.15　侧视雷达图像上的铁路

地物和背景的反差有时也影响大小特征。当景物很亮而背景较暗时，由于光晕现象，影像尺寸往往大于实际应有的尺寸。例如，在全色图像上的林间小路，由于与背景的亮度差较大，其影像宽度往往大于理论宽度。在田间同样宽度的水渠，由于修筑材料的不同，影像宽度可能是不同的。侧视雷达图像上的铁路，由于其介电常数大，影像亮度大，其影像宽度一般都大于它的理论值，使得铁路非常明显，如图8.15所示。

因为地物是三维空间物体，而影像则是二维的，所以在观察像片时，影像的大小和地物的大小有时是不对应的。例如，一个高大的水塔，当位于像片中心时，影像很小，这个影像只反映水塔顶部的大小，并没有表现水塔的真实尺寸。在进行判读时，为了全面了解地物的空间尺寸，必须进行立体观察，这样不仅能确定物体的顶部尺寸，还能用视差仪确定其高度。

3. 色调和色彩特征

遥感图像分为黑白图像和彩色图像两种，黑白图像以不同深浅的灰度层次（色调）来表示地物，彩色图像则是用颜色或色彩来描述物体。地物的形状、大小或其他特征都是通过不同的色调或色彩表现出来的，所以色调特征和色彩特征又称为基本判读特征。

1）色调特征

地物在黑白图像上表现出的不同灰度层次叫色调特征。在判读中为了描述图像色调，将图像上的色调范围概略分为亮白、白色、浅灰、灰色、深灰、浅黑和黑色七个等级。

在全色图像上，影像色调主要取决于地物的表面亮度，而地物的表面亮度与地物的表面照度、地物的亮度系数有关。如果用 B 表示地物的表面亮度，E 为地物的表面照度，ρ 为亮度系数，则 $B \propto \rho \cdot E$ 。

（1）物体表面的照度。物体表面的照度取决于太阳的照射强度及物体表面与照射方向的夹角。地物受太阳光直接照射和天空光照射，地平面上接收的照度大小和光谱成分随太阳高度角而变化，如表 8.1 所示。

表 8.1　地面照度随太阳高度角变化表

太阳高度角	地面照度/lux	太阳直射光：天空光
15°	22000	1.8：1
25°	40000	2.6：1
30°	50000	3.0：1
45°	77000	4.5：1
60°	97000	6.0：1

太阳高度角可由下式计算：

$$\sin\theta = \sin\varphi\sin\delta \pm \cos\varphi\cos\delta\cos t \qquad (8.30)$$

式中，δ 为太阳赤纬，可根据摄影日期计算或在赤纬表中查出；φ 为地理纬度；t 为时角，即太阳经度与摄区经度之差。

当摄区与太阳同在北半球或南半球时，公式取“+”号；否则取“−”号。

在太阳高度角相同的情况下，地物表面的方向也影响着地物表面的照度，如图 8.16 所示。一幢有多坡面房顶的房屋，由于各坡面的法线方向和太阳光入射方向的夹角不同，各坡面的照度是不同的，所以脊顶房屋的两个坡面在像片上反映的影像色调是有差别的，如图 8.17 所示。

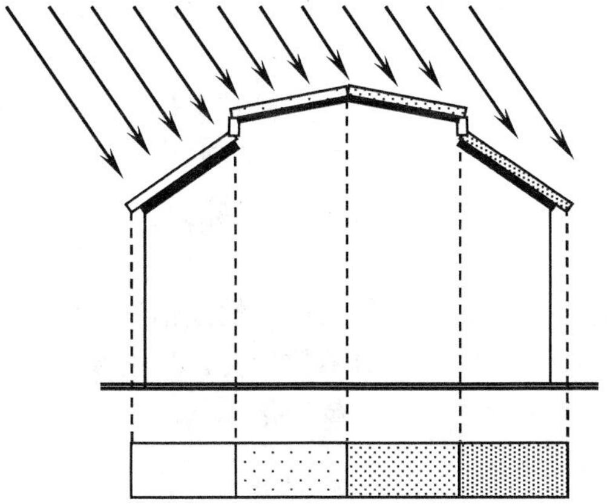

图 8.16　坡面方向对照度的影响

图 8.17　脊顶房屋坡面的色调差别

（2）地物的亮度系数。在照度相同的情况下，物体的表面亮度取决于物体的反射系数。对全色波段图像来讲，反射系数就是亮度系数，亮度系数越大的地物在图像上的色调就越浅，反之则越深。

不同性质的地物亮度系数不同；同一种地物，由于表面形状不同，含杂质和水分数量不同，其亮度系数也有较大的区别。表 8.2 显示了不同地物的亮度系数。

表 8.2　几种地物的亮度系数

地物名称	亮度系数	地物名称	亮度系数	地物名称	亮度系数
针叶树林	0.04	干燥砂土	0.13	干燥土路面	0.21
夏季阔叶树林	0.05	潮湿砂土	0.06	干黑土路面	0.08
秋季阔叶树林	0.15	干燥黏土	0.15	干砾石路面	0.20
冬季阔叶树林	0.07	潮湿黏土	0.06	湿砾石路面	0.09
绿色草地	0.06～0.07	干燥黑土	0.03	干公路路面	0.32
绿色农作物	0.05	潮湿黑土	0.02	湿公路路面	0.11
成熟农作物	0.15～0.34	干砂土路面	0.09	新降雪	1.00
红黄色屋顶	0.13	河川的冰	0.35	正溶解的积雪	0.88

地表粗糙度也直接影响着亮度系数。粗糙表面比光滑表面的亮度系数小，但由于它在各方向反射均匀，能得到色调和谐的影像效果。光滑表面虽然反射能力强，但其反射光具有明显的方向性，对全色图像的获取是不利的。对可见光来说，由于其波长较短，地面物体基本上都可以看做是漫反射体，但是也有例外。例如，平静的水面反射光线的方向性很强，可认为是镜面反射物体。一般情况下，水体的影像为黑色调。但是，如果反射光线恰好进入摄影机镜头时，其影像为亮白色，这就是水体在全色图像上有时会呈现白色调的原因。微波的波长较长，对大多数水平表面将发生镜面反射。例如，机场跑道在全色图像上为灰白色调，但在微波图像上为黑色调，如图 8.18 所示。

地面物体的亮度系数随着含水量的增加而减小，如干燥砂土的亮度系数为 0.13，潮湿砂土则为 0.06；干砾石路面的亮度系数为 0.20，湿砾石路面为 0.09。含水量多的土壤在图像上的色调深，干土的色调较浅。在土地资源调查中常用土壤的色调深浅来区分旱地或水浇地。

在不发生镜面反射的情况下，水面的色调和水的深浅、水中的杂质含量有关。光对水体有一定的穿透能力，浅水区水底物体的散射也能使胶片感光。因此，水浅其影像色调浅，水越深则影像色调也越深。水中所含的杂质，如泥沙、化学物质等越多，对可见光的散射越强，其影像色调越浅，反之越深。所以，水体的色调不但能区分水的深浅，而且能判别水中的含沙量的多少和水的污染程度。

多光谱图像的影像色调主要取决于地物表面的照度、图像波段及地物的波谱反射特性。一般情况下，地物在多光谱图像的影像色调与地物在该波段的反射系数相关，反射系数大，影像色调浅，反之亦然。同一种地物在不同波段的多光谱图像上的色调是不同的，这主要是因为地物波谱反射特性的差异，如图 8.19 所示。

(a) 全色图像　(b) 微波图像

图 8.18　机场跑道在全色和微波图像中的色调比较

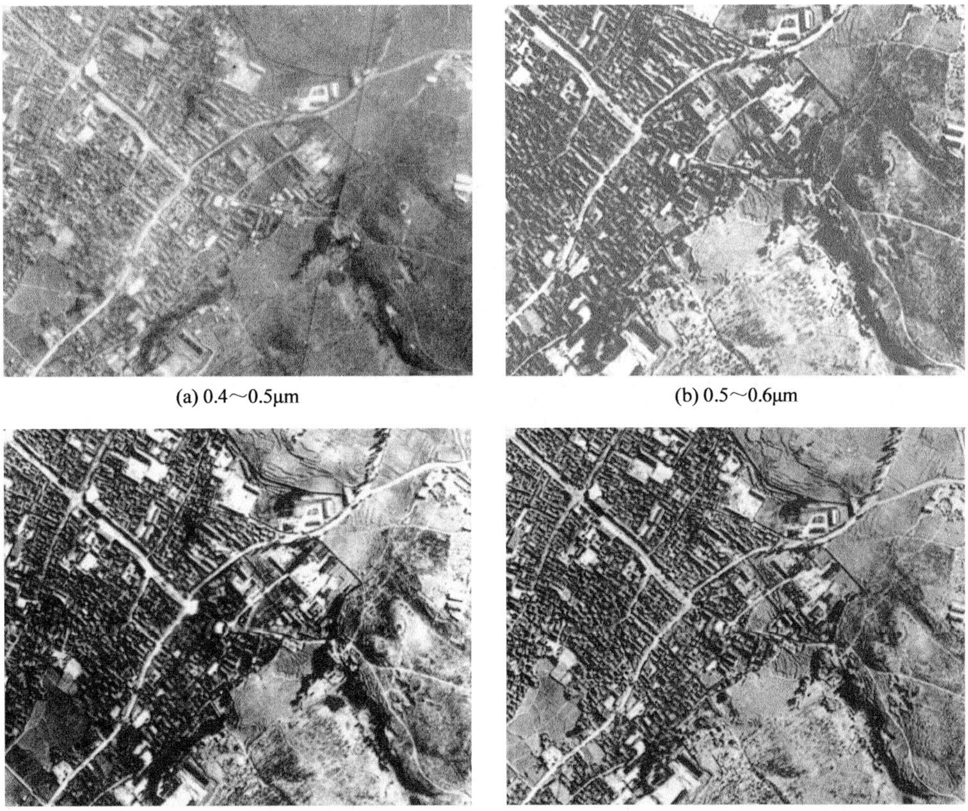

(a) 0.4～0.5μm　(b) 0.5～0.6μm

(c) 0.6～0.7μm　(d) 0.7μm 以上

图 8.19　多光谱图像的比较

热红外图像的影像色调主要取决于地物的辐射温度，由于不同地物的物质结构和性质不同，在相同环境下，它们的辐射温度不同。地物的辐射温度越高，其影像色调越浅。在不同的成像时间，由于地物的热惯性不同，地物间的温度差异很大，因此，同一地物在不同时间的热红外图像上的色调不同。例如，同一地区的热红外图像，在白天获取的图像上水体呈深色调，草地呈浅色调；而在夜间获取的图像上，水体呈浅色调，草地呈深色调，如图 8.20 所示。这是在热红外图像判读时应注意的问题。

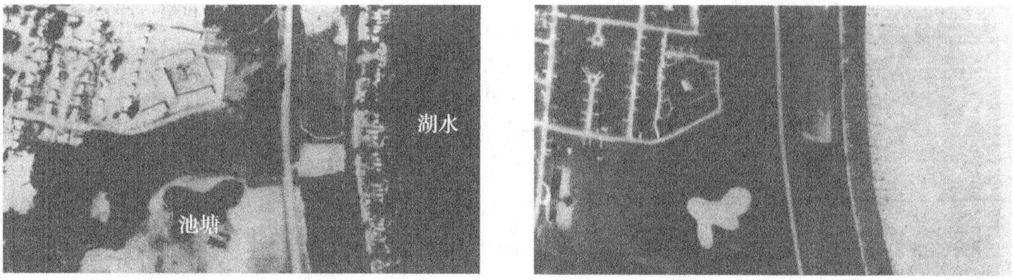

(a) 白天获取的热红外图像　　(b) 夜晚获取的热红外图像

图 8.20　白天和夜晚获取的热红外图像

微波图像的色调特性与全色图像和多光谱图像差异较大，影响色调的因素不同，具体内容请参见第 6 章的侧视雷达图像特性的有关内容。

2）色彩特征

地物在彩色图像上反映出的不同颜色称为色彩判读特征。物体在彩色像片上的颜色主要取决于地物的光谱反射特性和感光材料的种类。目前，遥感中常用的彩色图像有天然（真）彩色图像和假彩色图像两种。

天然彩色图像的影像颜色与相应地物的颜色一致，较为容易判读。但由于大气散射的影响及成像处理的影响，影像的颜色相对于地物颜色有时会出现偏色的现象，在判读时应予以注意。天然彩色图像有两种：一种是利用天然彩色胶片直接摄影得到的；另一种是利用红、绿、蓝波段的多光谱图像进行合成，合成时分别赋予相同的颜色而形成的。

假彩色图像的影像颜色与相应地物的颜色不一致。假彩色图像也有两种：标准假彩色（红外假彩色）图像和合成假彩色图像。红外假彩色图像的影像颜色与地物的影像颜色有如下对应关系：蓝色地物的影像颜色为黑色；绿色地物的影像颜色为蓝色；红色地物的影像颜色为绿色；含叶绿素的绿色植被的影像颜色为红色。其他颜色地物的影像颜色根据地物所包含三原色光谱的成分按上述对应方法可得出其相应影像的颜色。绿色植被影像的红色明暗程度取决于植被叶绿素的含量，植被生长越旺盛、叶绿素含量越高，则其影像颜色越红。例如，健康生长的植被呈鲜红色，而有病虫害的植被呈暗红色。

对于合成的假彩色图像来讲，地物的颜色与其影像的颜色没有严格的对应关系。地物在图像上的颜色取决于合成时使用的图像波段、各波段图像给定的颜色及地物在各波段的辐射特性。因此，在对合成假彩色图像判读时应充分了解图像的合成颜色组合方法及使用的图像波段。

4. 阴影特征

图像上的阴影是高出地面物体的遮挡，使电磁波不能直接照射的地段或地物热辐射不能到达遥感器的地段在图像上形成的深色调影像。全色图像、多光谱图像及微波图像上的阴影都是由第一个原因形成的，而热红外图像上的阴影则是由第二个原因形成的。虽然阴影为深色调，但有些深色调的影像不是阴影，而是地物的本影。在微波图像上，背向探测方向的山坡的色调都是深色调，但是从图 6.27 可以看出，只有当山坡的坡度大于 90° 与探测角度之差时，才产生阴影。图 8.21 为高出地面的房屋在像片上的影像。1 处照度大，色调浅；2 处照度小，色调较深，1、2 都是房屋的本影；3 处是房屋影子，色调深，是真正的阴影。

虽然不同图像产生阴影的原因不同，但在图像上的阴影都有形状、大小、色调和方向等特性，这些特性对确定物体的性质是有利的。

1）阴影的形状

物体遮挡电磁波的有效部分是其侧面，所以阴影反映了地物的侧面形状。阴影的这一特性对判读是十分有利的。根据地物的侧面形状可以确定地物的性质，特别是高出地面的细长目标，如烟囱、水塔、古塔、电线杆等，它们的顶部影像很小，区分很困难，但根据其阴影的形状就较容易识别或区分这类地物。图 8.22 是一幅古塔和其阴影的全色图像，其阴影说明了该塔顶为尖顶这一特征。

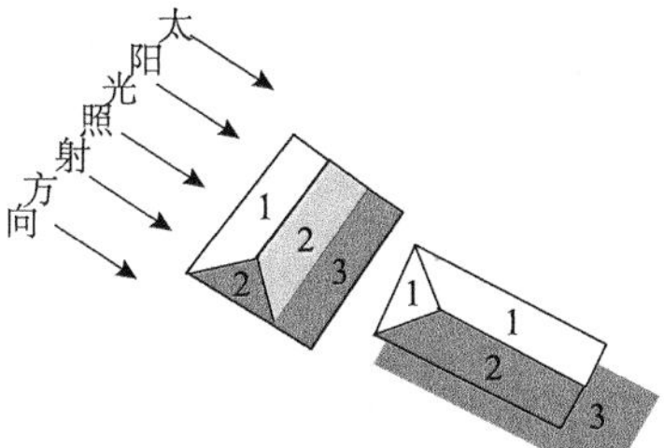

图 8.21 本影和阴影

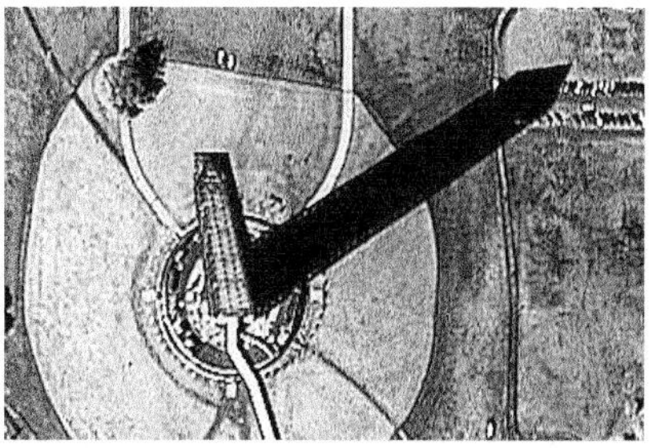
图 8.22 尖顶塔及其阴影

2）阴影的长度

太阳照射产生的阴影长度 L 与地物的高度 h、太阳高度 θ 有关，当地面平坦时，地物高度、阴影长度和太阳高度角有如下关系：

$$L = \frac{h}{\tan\theta} \tag{8.31}$$

式中，θ 可由式（8.30）求出。显然，当已知摄影时间时，可以由式（8.31）根据阴影的长度确定地物的高度。

地面起伏对阴影的长度有拉长或压缩效果。当下坡方向与光照方向相同时，阴影被拉长，反之被压缩，如图 8.23 所示。同样高度的物体在太阳高度角相同的情况下，不同坡度的地段阴影的长短是不同的。因此在山区不能用阴影的长短来判别地物的高低。

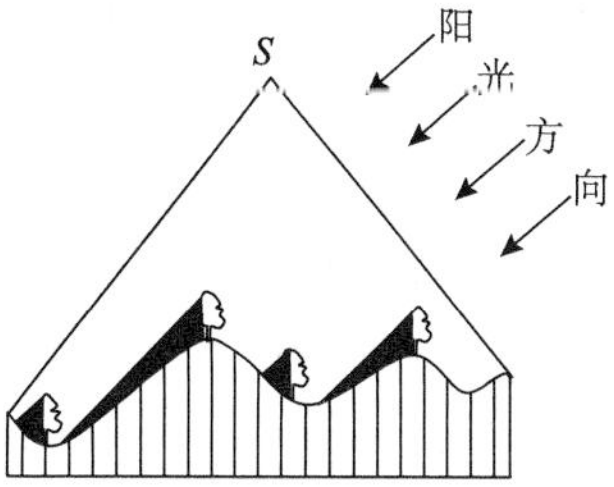

图 8.23 阴影变形

微波图像上的阴影长度由式（6.69）确定。

3）阴影的方向

在全色波段至近红外波段的图像上，阴影方向和太阳光照射方向是一致的。在同一幅图像上，由于成像时间相同，各地物的阴影方向都是相同的。我国大部分地区在北回归线以北，中午前后太阳总是在南边，各地物阴影的方向都是向北、西北或东北。因此，在不知道图像的方位时，可以根据成像时间和阴影的方向大致确定图像的方位。我国有少部分地区在北回归线以南，这些地区在每年的夏至或夏至前后，阴影的方向将偏南。

一般情况下，高于地面目标的阴影和它的影像是不会重合的，除非地物的投影误差方向恰好与阴影的方向一致。阴影和影像的交点是地物在图像上的准确位置，如图 8.24 和图 8.25 所示。另外，在地物和其背景的反差很小的情况下，地物影像难以分辨，这时可以用阴影的底部来判定物体的位置。

图 8.24　框幅式图像上树的阴影与影像

图 8.25　线阵 CCD 图像上树的阴影与影像

微波图像上阴影的方向始终平行于探测方向，且阴影方向和其影像方向正好相反。

4）阴影的色调

阴影在全色图像上的影像为深色调。但是，由于大气散射的影响，阴影的色调也会随着散射的强弱发生变化。特别是对多光谱图像，各波段上阴影的色调是不同的。

地物阴影地段虽然没有太阳光的直接照射，但受天空光的照射，而天空光主要是大气散射的蓝光，所以在蓝色波段的图像上阴影的色调与影像的反差最小，在阴影内还可以识别其他地物的影像。随着摄影波长的增大，阴影的色调将变深。近红外波段受大气散射的影响很小，在这个波段，阴影和影像的反差很大。在微波图像上，阴影总是黑色调影像。

从以上的讨论可以看出，阴影特征对确定图像方位、判读地物性质、确定地物高低及准确判定地物位置等是很有利的，如图 8.22 所示。但是，阴影也会遮挡其他较小物体，容易造成漏判。

5. 纹形图案特征

细小物体在图像上有规律地重复出现所形成的花纹图案影像称为纹形图案（纹理）特征。纹理特征无论在目视判读或计算机自动分类中都被普遍采用，特别是对区分大面积的集团目标非常有价值，所以纹形图案是重要的判读特征之一。

纹形图案是物体形状、大小、阴影、空间分布的综合表现，纹理的变化频率体现了物体的这些特征。纹形图案对目标识别是重要的，但是对它进行描述是困难的。目前，对纹形图案的描述还没有较为完美的方法。在目视判读中，一般将纹形图案分为：点状、斑状、格状、栅状、球状、绒状、鳞状、曲线状等，对纹理的细密程度用粗糙、较粗糙、细腻、平滑等词语来描述。在数字图像处理中，描述纹理的常用方法是共生矩阵法。图 8.26～图 8.29 显示了几种典型的纹形图案。

纹形图案特征受图像比例尺的影响较大。在大比例尺图像上，集团目标中的每个单元都清晰地成像，纹形特征不明显或不能形成纹形特征。在小比例尺图像上，大多数集团目标都出现了明显的纹形图案。所以，纹形图案特征在小比例尺图像的判读中更有意义。图 8.30 是居民地中的房屋、树、街道、空地等在中小比例尺图像上形成的栅格状图案；图 8.31 是大比例尺图像上的居民地，看到的是单个的房屋，而不是整体的纹形。

图 8.26　果园的点状纹形图案

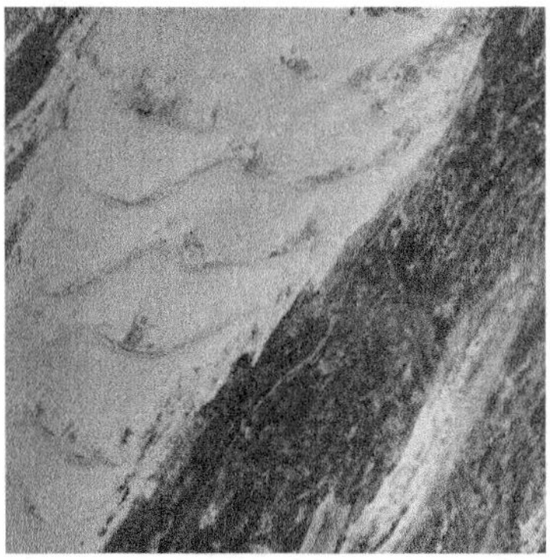

图 8.27　新月形沙丘的鱼鳞状图案

图 8.28　阔叶林的球状图案

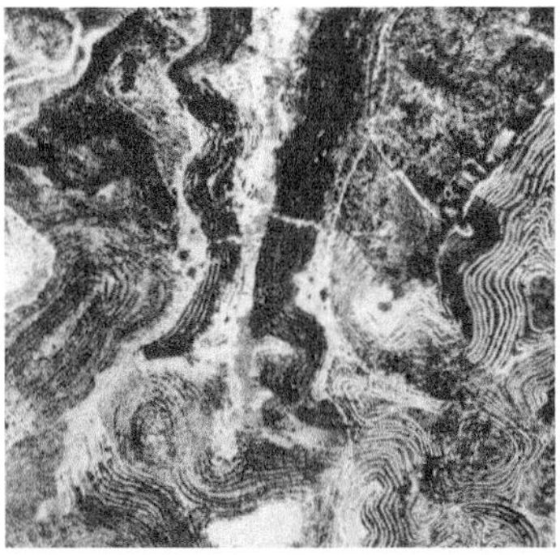

图 8.29 曲线状图案

图 8.30　居民地的纹形

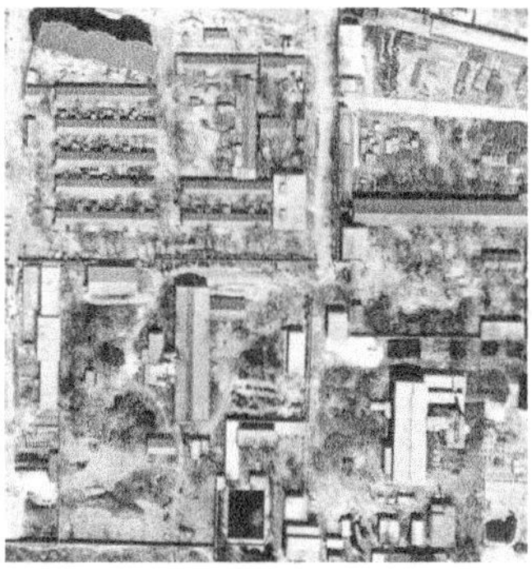

图 8.31　居民地的单个房屋

6. 位置布局特征

位置布局特征是指地物的环境位置及地物间的空间位置配置关系在图像上的反映，也称为相关特征，它是重要的间接判读特征。

地面上的各种地物都有它存在的环境位置，并且与其周围的其他地物有着某种联系。例如，造船厂要求设置在江、河、湖、海边，不会在没有水域的地方出现；公路与沟渠相交一般都有桥涵相连。特别是组合目标，它们的每一个组成单元都是按一定的关系位置配置的。例如，火力发电厂由燃料场、主厂房、变电所和散热设备等组成，如图 8.32 所示；自来水厂则是由按一定顺序建造的水池及加压设备所组成的；导弹基地则一般由发射场、储备库和组装车间、控制指挥中心等组成。因此，了解地物间的位置布局特征有利于识别集团目标的性质和作用。在军事目标判读中，用位置布局特征可以判断军事基地的类型、部队的兵种、建制等。

位置布局读特征有利于对一些影像较小的地物或地物很小而没有成像的地物的判读。例如，草原上的水井，有的影像很小或没有影像，不能直接判读，但可以根据多条小路相交于一处来识别。又如，当田间的机井房没有影像时，可以根据机井房和水渠的相关位置来判读。

图 8.32　火力发电厂（立体像对）

7. 活动特征

目标活动所形成的征候在图像上的反映称为活动特征。飞机起飞后，由于飞机的余热，在热红外图像上会留下飞机的影像；坦克在地面运动后的履带痕迹也会在图像上有所反映，这些活动特征对认识目标的状态和发展趋势有很重要的意义。

8.4.2　目视判读方法

1. 人眼的视觉能力

1）人眼的结构

人的眼睛是一个直径大约为 23mm 的近似球体，由眼球壁和眼球内容物构成，如图 8.33 所示。外部物体发出的光线，通过角膜、水晶体，聚焦在视网膜上成像。视网膜上的锥体细胞和杆体细胞，把接收的光刺激转化为神经冲动，经视神经到丘脑的外侧膝状体，再传到大脑枕叶皮层的高级视觉中枢就产生了物体的大小、形状、颜色等视觉效应。

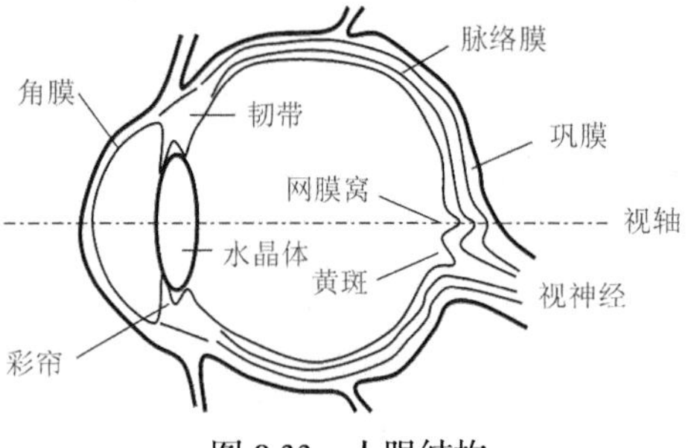

图 8.33　人眼结构

锥体细胞和杆体细胞是视网膜上的感光细胞。锥体细胞大约有 650 万个，长度为 0.028～0.058mm，直径为 0.0025～0.0075mm，大部分集中于眼球后部中央的网膜窝处，离网膜窝越远，锥体细胞就越少。锥体细胞能辨别光的颜色，但对微光不灵敏。杆体细胞长为 0.04～0.06mm，直径为 0.002mm，大约有 1 亿个，在视网膜上的分布与锥状细胞不同，离网膜窝 20° 处的杆体细胞数量最多，离网膜窝越近，杆体细胞的数量急剧下降。杆体细胞不能分辨颜色，但对光强的敏感性很高，特别是对微光的灵敏度比锥体细胞高得多。在光线比较暗的黄昏和夜晚，人的视觉主要由杆体细胞起作用，这时不易辨别物体的颜色。锥体细胞发生病变，会造成色盲；杆体细胞病变，易成为弱视。

2）单眼观察

视力是视觉器官完成视觉任务的能力。通常以在一定距离和一定的光照条件下能辨别的最小目标作为视力的指标，如眼科医生所测定的 5.0、4.5、4.0 等都是对人眼视力的定量描述。在目视判读中，单眼视力一般以辨别的最小目标对眼睛所张的角度大小来表示。

锥体细胞的平均直径为 0.005mm，它和晶状体所成的角度大约为 1′，所以人眼的平均视角分辨率为 1′。如果目标相对于晶状体的张角小于 1′，则成像落在一个视觉细胞内，人眼不能够分辨。1′的视角分辨力相当于 1.0 的视力，但有些人的视力可以达到 1.2（50″）或 1.5（40″），甚至有的人的视力能达到 4.0（15″）。因为线状目标在视网膜上构像为一线段，落在一系列的感光细胞上，所以人眼对线状目标的视力比对点状目标要高。人的单眼对点状目标的视力叫第一类单眼视力，对线状目标则为第二类单眼视力。

视力受照度的影响很大，一般随照度的增强而提高，如图 8.34 所示。目标与背景的反差对视力也有影响，反差越大，视力越高，如图 8.35 所示。

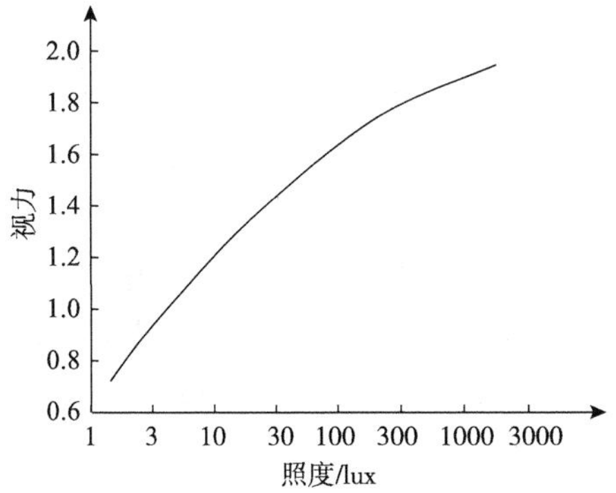

图 8.34　照度与视力

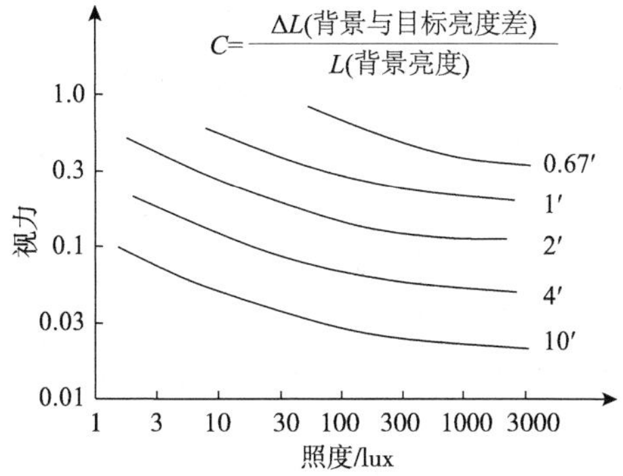

图 8.35　照度、视力、对比度

实验表明，正常照度条件下（大于 50lux），常人的平均单眼视力为：第一类（点状目标）单眼视力为 45″；第二类（线状目标）单眼视力为 20″。单眼观察不能客观地区别物体的远近和立体形象，只能依据日常生活的经验来判断物体的远近。例如，当一个物体被另一个物体遮挡时，就知道被遮挡的物体较远；根据透视原理也可以判别物体的远近。但是，这种对物体远近的判断是不可靠的，只有双眼观察才能对物体有立体感觉，才能客观判断物体的远近。

3）双眼观察

双眼观察时，同一景物在左、右眼中分别构像，经视觉神经和大脑皮层的视觉中心作用后凝合成单一印象，而感觉到被观察物体的立体形态，产生立体感。这种观察叫天然立体观察。如图 8.36 所示，双眼观察时，双眼的视轴要交会于景物区的某一点，这个点叫做凝视点，同时眼睛自动调节视网膜到晶状体的距离，使影像清晰。这与摄影时的调焦过程有点相似，凝视点相当于调焦的参考点。凝视点成像在视网膜中心，凝视点附近的物体在左右视网膜上的成像位置离网膜窝的距离不同，它们对于网膜窝弧长之差称为生理视差。在图 8.36 中，A、B 点的生理视差分别为

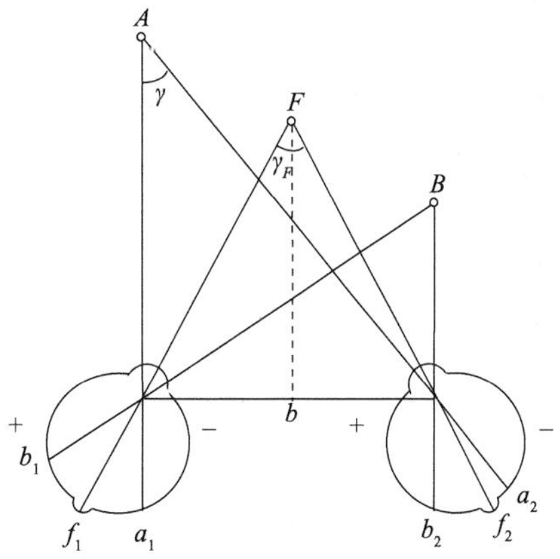

图 8.36　双眼观察

$$
\begin{aligned}
P_A &= \overline{f_1a_1} - \overline{f_2a_2} \\
P_B &= \overline{f_1b_1} - \overline{f_2b_2}
\end{aligned}
\tag{8.32}
$$

当弧长位于网膜窝左方时，生理视差为正，位于右方时为负，在网膜窝中心时为 0。不同远近的目标具有不同的生理视差，图中 A 点比 F 点远，生理视差小于 0；B 点比 F 点近，生理视差大于 0。如果 A 点、B 点与 F 点没有远近差别，则生理视差都等于 0。因此，生理视差是产生立体感觉的根本原因。

在一定的景物范围内，用物体相对于双眼交会角的大小也能确定物体的远近。用 γ 代表交会角，b 代表眼基线，D 代表观察距离，则

$$\gamma = \frac{b}{D} \tag{8.33}$$

显然，交会角大的物体离人眼近，交会角小的物体离人眼远。由于人眼调节功能的限制，一般 D 为 25cm（明视距离）时，人眼观察舒服；而 D 小于 2cm 时，观察就比较困难。由式（8.33）可知，交会角在 15° 时观察效果最好，且不能大于 32° 。

双眼观察物体时，人眼有一定的立体景深范围。在图 8.36 中，当 A 点和 F 点的纵向距离太大时，人眼对 A 点的两个像将不能凝合为立体像。经验表明，当观察目标点与凝视点的交会角之差不大于 70′时，能够产生立体感。人眼能产生立体感觉的最大纵向深度叫做立体视觉景深。对式（8.33）进行微分，并整理后得

$$\Delta D = -D^2 \frac{\Delta\gamma}{b} \tag{8.34}$$

显然，当 $\Delta\gamma$ 为 70′时，所得到的 $2\Delta D$ 就是人眼的立体视觉景深。表 8.3 是在 b=65mm 时，取不同的 D 值计算出来的。

表 8.3　人眼的立体视觉景深

D/cm	8	12	25	50
立体视觉景深/cm	0.40	0.90	3.92	15.66

人的双眼视力比单眼视力要强得多。经验证明：第一类双眼视力为 30″；第二类双眼视力为 10″～15″。如果将第一类视力（$\Delta\gamma_1 = 30''$）和第二类视力（$\Delta\gamma_1 = 15''$）分别代入式（8.34），则能计算出人眼能分辨的最小景深差，即双眼的纵向分辨率，如表 8.4 所示。

表 8.4　人眼的纵向分辨率

D/m	0.25	0.5	1.0	5.0	10.0	15.0
第一类纵向分辨率/mm	0.14	0.6	2.2	56	224	503
第二类纵向分辨率/mm	0.05	0.2	0.7	19	75	168

双眼观察时的立体视觉景深和纵向分辨率在图像判读中是两个重要的概念，对判读的实施有指导意义，但也是两个容易混淆的概念，在应用中要注意区分。

2. 像对立体观察

在不同的摄影位置对同一景物拍摄的两张图像称为立体像对。在一定条件下观察立体像对也能产生立体效果。

1）像对立体观察的条件

因为立体像对是在不同位置获取的两张图像，所以不同高度的物体在立体像对上的左右

视差是不同的。在对自然景物进行双眼观察时，产生立体感的原因是景物远近所形成的生理视差的不同。当双眼对立体像对的左、右图像分别同时观察时，立体像对的左右视差就转换成了人眼的生理视差，因此同样可以产生立体感觉。但是，为了获得较好的立体效果，在对像对进行立体观察时，必须满足以下几个条件：①两幅图像必须在不同方位对同一景物遥感获得；②两眼必须分别观看左、右图像上的同名地物影像（即分像）；③像对安置时，同名像点的连线（或像片基线）必须和眼基线平行；④两幅图像上同名像点的距离必须和眼睛基线相当；⑤两幅图像的比例尺相对误差不超过 16%，如果超过这个数值，则超出了人眼的调节范围，大脑无法将其合成立体形态。这时只能用变焦判读仪进行观察方能看到立体。

像对立体观察可以用人眼直接观察，也可以借助立体观察仪器进行。天然立体观察时，双眼视轴自然地交会于同一视点，并根据景物的远近自行调节晶体曲率使影像清晰。而在像对立体观察时，由于要求左眼看左像，右眼看右像，改变了交会与调节相协调的观察习惯，使两眼视轴平行，相当于观察无穷远目标，而眼睛则调节在明视距离的地方。所以，只有经过一定的训练才能达到直接用双眼进行像对立体观察的目的。直接用裸眼进行像对观察，由于眼肌紧张会感到不舒适，且容易疲劳。因此，像对立体观察通常是借助仪器进行的。

2）立体观察仪器

立体观察仪器有两个主要作用：第一个作用是分像与调节，立体观察设备在保证人的左眼、右眼分别观察不同图像的同时，使入射到人眼的光线近似平行，使人眼的交会与调节相协调，从而使观察舒适不易疲劳；第二个作用是增强人眼视力，加大观察基线、提高观测精度。

目前，立体观察设备可以分为两大类：第一类是模拟像片的观察设备，主要有袖珍立体镜、反光立体镜、判读仪；第二类是数字图像的屏幕立体观察设备，主要有光学立体镜、互补色立体镜、偏振立体镜和液晶立体镜。

（1）袖珍立体镜。袖珍立体镜又叫桥式立体镜，如图 8.37 所示，由两片透镜和支架组成。这种立体镜体积小，重量轻，使用方便，便于携带，在外业工作中广泛应用。但是，这种立体镜的放大倍率小（一般 1.5 倍），观察基线短，观察大像幅像片不方便。立体镜在实现分像的同时，还使射入眼睛的光线接近平行，这就解决了人眼直接观察立体像对时存在的交会和调节作用的矛盾。

（2）反光立体镜。如图 8.38 所示，反光立体镜由平面反射镜、放大镜和目镜组成。整个光学系统装在金属架上，放大倍率一般为 1.5～4 倍。观察基线一般比眼基线大 4 倍，可用于较大像幅的立体观察。光学仪器的放大倍率是光学系统的放大倍率和基线放大倍率的乘积，如果一个立体观察仪器的光学系统放大率为 n，基线放大倍数为 V，则总的放大倍数为 nV，这就使人眼的视力得到了 nV 倍的提高。在判读中，判读设备的放大倍数并不是越大越好，而要受像片分辨率和人眼分辨率的限制。最大放大倍率的经验公式是

$$K = 0.2 \cdot R \tag{8.35}$$

式中，K 为判读设备的最大放大倍数；R 为像片的影像分辨率（lp/mm）。

当判读设备的放大倍数符合式（8.35）时，人眼能看到最多的信息；如果超过这个数值，不但得不到更多的信息，而且会感到影像模糊。

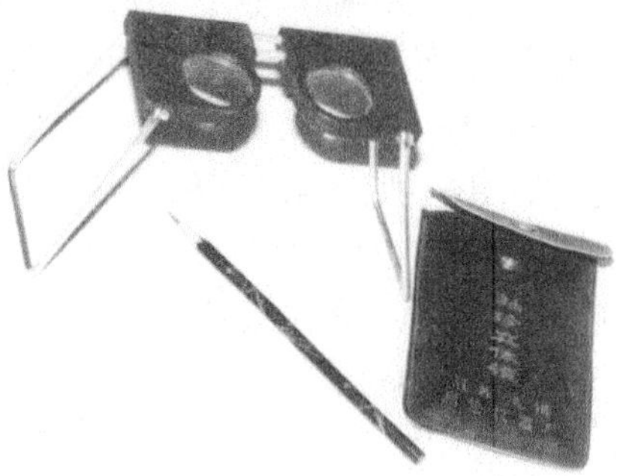

图 8.37　桥式立体镜

图 8.38　反光立体镜

（3）判读仪。判读仪是在立体镜的基础上开发的专业立体观察仪器。与立体镜相比，判读仪有两个特点：一是采用变焦镜头，观察基线的长短和光路方向可以调节；二是有观察台，像片可作 x 方向、y 方向的移动和旋转。例如，西安 1001 厂生产的 XP1 型判读仪，如图 8.39 所示，为双光路变焦观察系统，放大倍率为 3～9 倍，两光路独立变焦，可以对两张不同比例尺的图像进行立体观察，比例尺的匹配范围是 3∶1。美国 SIS-95 型判读仪和瑞士 APT-1 型判读仪的结构与 XP1 判读仪相类似，APT-1 型比较独特的是可以安置讨论镜管，两个人可同时观察一个立体模型，便于交流和培训。

图 8.39　XP1 型判读仪

（4）屏幕立体观察的光学立体镜。该设备的分光原理与模拟像片立体观察相似，它是在计算机屏幕上创建两个视窗，将立体像对中的左、右图像同时显示在左、右两个视窗中，然后借助光学立体镜实现分像，如图 8.40 所示。

（5）互补色立体镜。这种设备的原理是左、右图像分别用红、青两种互补色同时显示在计算机屏幕的同一位置上，然后用互补色眼镜进行分光，使左眼只能看到左影像、右眼只能看到右影像。

（6）液晶立体镜。用液晶立体镜进行立体观察的过程是：左、右图像交替显示在计算机屏幕的同一位置上，并在同步控制信号的作用下，使左图像显示时左边液晶镜片开启、右边的并闭，右图像显示时右边的液晶镜片开启、左边的关闭，这样当作业人员戴上液晶眼镜后，左眼只能看到左影像、右眼只能看到右影像，如图 8.41 所示。用液晶立体镜实现立体观察是目前国际上流行的一种方法，在很多领域中已经被广泛采用。

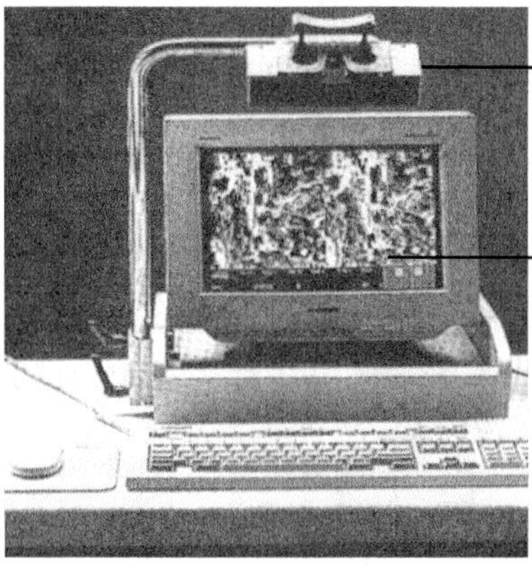

图 8.40 屏幕光学立体镜

图 8.41 用液晶眼镜实现立体观察

对于隔行扫描的显示器，左、右视图按场序交替显示在计算机屏幕的同一位置上。对于逐行扫描的显示器，左、右视图按幅交替显示在计算机屏幕的同一位置上。为了克服这种立体显示方式特有的闪烁感，帧频应尽可能提高到 120 Hz 以上（此时基本上与人眼的刷新频率一致）。

（7）偏振光立体镜。这种方法是利用液晶的旋光作用和偏振片的选光作用来实现的。左、右图像交替显示在屏幕的同一位置，于屏幕前面放置一块液晶偏振调制板，在同步控制信号的作用下，将左、右图像的光线分别调制为相互正交的偏振光。当观察者戴上特制的偏振镜时，左眼只能看到左图像，右眼只能看到右图像，从而达到分光和立体观察的目的，如图 8.42 所示。

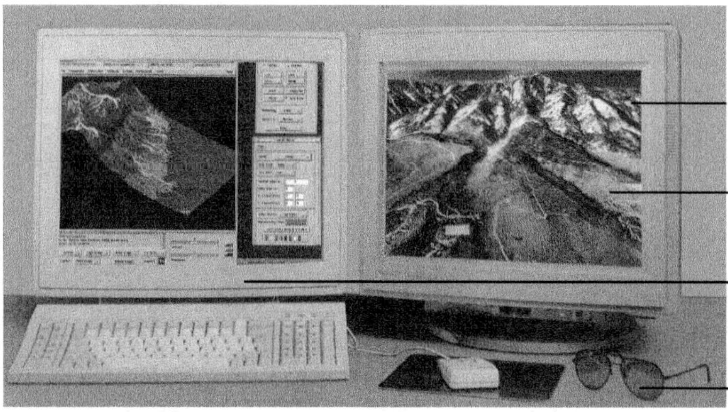

图 8.42 偏振光立体观察

在计算机屏幕上进行遥感图像判读的优势是可以针对判读的目的，灵活方便地对图像进行增强、滤波、多源遥感数据融合、彩色合成、彩色变换等处理，大大提高遥感影像解译的质量。

3）立体观察效果

当用不同的立体观察设备进行观察，或观察时两张像片的放置方式不同时，会产生不同的立体效果。

（1）正立体。把立体像对按摄影时的左右顺序平放在桌面上，并按立体观察条件进行安置，然后在立体镜下左眼看左片，右眼看右片，当两眼看到的相同地物影像重合时，就得到了与地面起伏相一致的立体模型，这种立体叫做正立体，如图 8.43（a）所示。

（2）反立体。如果把正立体效果时的左右像片互换，则得到与地面起伏相反的立体效果，这就是反立体，如图 8.43（b）所示。在判读时，是用正立体观察或用反立体观察，主要取决于判读人员的习惯。微波图像的投影误差方向与其他图像相反，所以在对微波图像进行立体观察时，如果获得正立体效果，左、右片应互换。

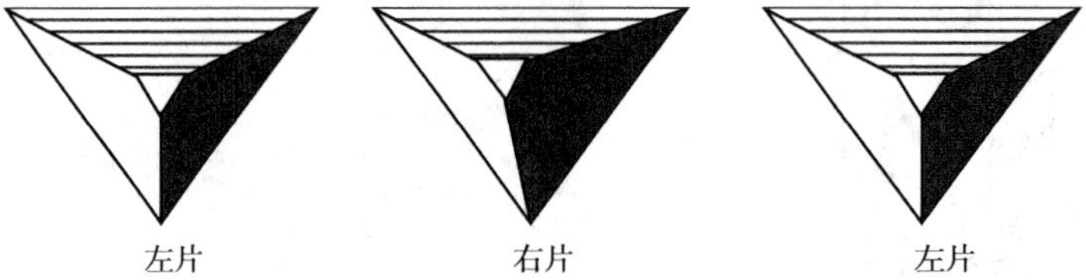

(a) 正立体（左右）　(b) 反立体（右左）

图 8.43　正反立体效应

（3）零立体。当眼基线和像片基线垂直时，或者在正立体的情况下，把两张像片分别旋转 90°，则左右视差为零，立体感消失，这种立体效果称为零立体。

（4）超高感。在像对立体观察中所看到的立体模型是视觉模型，观察者往往会感到立体模型的起伏程度与实地不一致。这种现象是立体模型的水平比例尺和垂直比例尺不一致造成的。当立体模型的垂直比例尺大于水平比例尺时，立体模型比实际地形显得陡峭，这种现象称为立体观察时的超高感。

产生超高感的原因是立体观察仪器的主距和摄影机焦距不一致。如果立体观察中放大倍率为 1，观察主距为 d，眼基线为 b，摄影基线为 B，航摄仪焦距为 f，则立体模型的垂直比例尺和水平比例尺分别为

$$\frac{1}{m_{垂}}=\frac{d}{f}\frac{b}{B} \tag{8.36}$$

$$\frac{1}{m_{水}}=\frac{b}{B} \tag{8.37}$$

垂直比例尺与水平比例尺之比为立体模型的高程变形率：

$$K=\frac{1}{m_{垂}}:\frac{1}{m_{水}} \tag{8.38}$$

航空摄影时，为了得到较大的基高比，一般采用短焦距镜头进行摄影，所以对航空摄影图像进行立体观察时，往往会产生超高感。例如，$f=70\text{mm}$，$d=250\text{mm}$，立体模型垂直比例尺比水平比例尺大 3.5 倍，模型的起伏比实地明显。当观察主距小于航摄仪焦距时，模型的起伏比实地要缓，如图 8.44 所示。

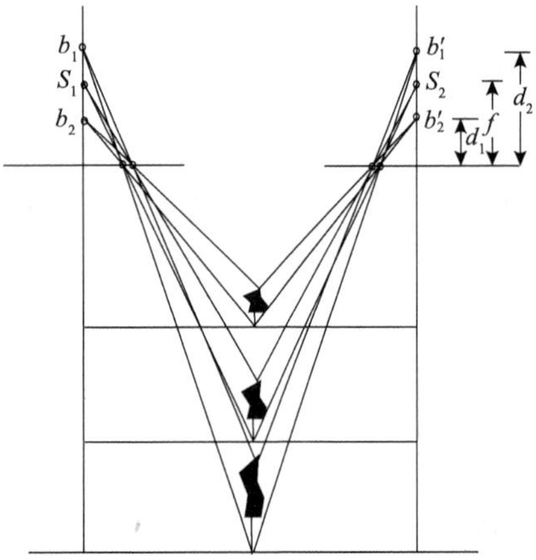

图 8.44　观察主距不同立体感不同

3. 目视判读的思维过程

目视判读是人对图像影像的视觉感知过程，它运用判读人员的经验和思维，把对影像的感性认识，通过分析、比较、推理、判断，转变为定性和定量的结论。定

性是确定目标的性质和意义，定量则是确定目标的大小、长宽、高低、位置等，只有二者的完美统一，才能真正达到判读的目的。

既然判读是一个认识过程，那么在判读时人们就应该遵守对事物的认识规律，既要抓住主要判读特征，又要综合运用其他判读特征进行分析和判断。例如，河流、道路等线状地物的判读特征主要是形状；对工厂的识别主要是位置和布局特征；森林树种的区分主要是纹形图案特征；土壤含水量的识别则主要是土壤色调。但是，只凭借单一的识别特征是不可靠的，还要运用其他特征进行综合分析和验证。例如，同为线状地物的公路和铁路，还要根据色调区别；形状、色调相同的水渠和道路，则根据位置特征及同其他地物的联系来区分。有的目标的主要特征会随时间、地点和像片比例尺而变化。例如，对海岸线的判读，如果是在大潮高潮时摄影的像片，则根据海水与陆地的色调差异进行确定，否则应根据海蚀坎部形状和海滩堆积物等进行判定；伪装的坦克不能用形状特征进行判读，而主要依其活动特征来识别；植被类型在航空图像上可根据纹理区分，但在卫星图像上则主要用色调来区分。对一些不能直接识别，或没有把握判定的目标，要采用比较、类推、排除等逻辑方法进行识别。

遥感影像的目视判读时除上述的思维过程外，在进行地物的判读之前先要对待判读图像有一定的了解。要了解图像的获取方式（即何种类型遥感器图像）、图像记录波段、成像时间与季节、图像空间分辨率（或比例尺）等情况，图像的这些性质对地物在图像上所表现的判读特征有很大影响。同时，要了解所要判读的地物的光谱特性及它们在图像上所表现出来的主要判读特征。只有充分了解图像特性和地物电磁波特性，才能正确利用判读特征，得到较好的判读成果。

8.5　遥感图像计算机分类

遥感图像计算机分类是将图像的所有像元按其性质分为若干个类别的技术过程，目的是对遥感图像上各种地物进行属性识别和分类。遥感图像分类在地物信息提取、目标判别、土地动态变化检测、专题地图制作和遥感图像库的建立等方面都有重要应用。

依据处理过程不同，分类方法可大致分为两类：①监督分类。从研究区域选取有代表性的训练区作为样本，通过选择特征参数，建立判别函数对各待分类影像所进行的图像分类。监督分类可根据应用目的和区域，有选择地决定分类类别，避免出现不必要的类别；可控制训练样本的选择，通过检查训练样本决定其是否被正确分类，避免分类中的严重错误；可避免非监督分类中对光谱集群组的重新归类。同时，分类系统的确定、训练样本的选择均存在较强的主观性，对分类结果有一定的影响。②非监督分类。以不同影像地物在特征空间中类别特征的差异为依据的一种无先验（已知）类别标准的图像分类。它以集群理论为基础，通过计算机对图像年聚类统计分析的方法实现图像分类。与监督分类的先学习后分类不同，非监督分类是边学习边分类，通过学习找到相同的类别，然后将该类与其他类别区分开。具有人为误差出现的机会大大降低，独特的、覆盖量小的类别均能够被识别的特点，但不易对产生的类别进行控制。

近年来人们又研究出了新的分类方法和理论，如神经网络、模糊分类、决策树及基于知识的图像分类等。其中，基于知识的遥感图像分类具有较高的人工智能应用，在光谱信息的基础上，将图像上的灰度、色调和纹理等特征，均以知识的形式存储在知识库中，知识库既包括地面目标本身的知识，也有遥感专家长期积累起来的有关判读经验和方法，采用一定的推理机（影像处理和分析方法、识别算法挑选和组合逻辑等），完成目标的分类识别。

8.5.1　图像分类的原理与过程

1. 基本原理

多光谱遥感图像分类是以每个像元的多光谱矢量数据为基础进行的，如图 8.45 所示，假设多光谱图像有 n 个波段，则 (i,j) 位置的像元在每个波段上的灰度值可以构成一个矢量 $\boldsymbol{X}=\left(x_1,x_2,\cdots,x_n\right)^{\mathrm{T}}$，$\boldsymbol{X}$ 称作该像元的特征值，包含 $\boldsymbol{X}$ 的 n 维空间称为特征空间，这样 n 个波段的多光谱图像便可以用 n 维特征空间中的一系列点来表示。在遥感图像分类问题中，常把图像中的某一类目标称为模式，而把属于该类中的像素称为样本，多光谱矢量 $\boldsymbol{X}=\left(x_1,x_2,\cdots,x_n\right)^{\mathrm{T}}$ 称为样本的观测值。下面以两个波段（二维）的多光谱图像为例，说明遥感图像分类所涉及的概念。

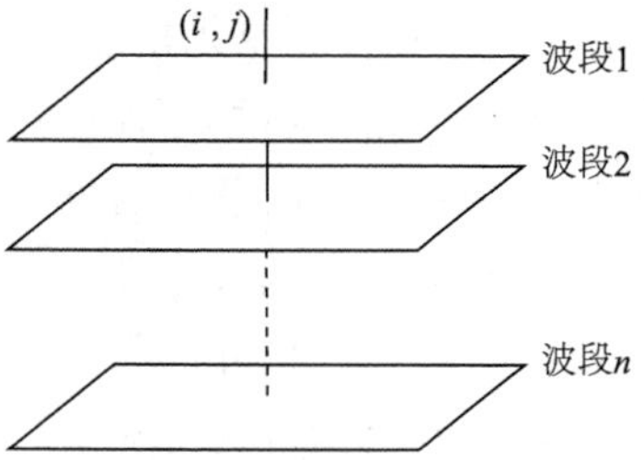

图 8.45　多光谱图像的例子

如果将多光谱图像上的每个像素用特征空间中的一个点表示出来，这样多光谱图像和特征空间中的点集具有等价关系。通常情况下，同一类地面目标的光谱特性比较接近，因此在特征空间中的点聚集在该类的中心附近，多类目标在特征空间中形成多个点族。如图 8.46 所示，假设图像上只包含三类目标，记为 ω_A、ω_B、ω_C，则在特征空间中形成 A、B、C 三个相互分开的点集，这样将图像中三类目标区分开来等价于在特征空间中找到若干条曲线（对于高光谱图像，需找到若干个曲面）将 A、B、C 三个点集分割开来。假如分割 A、B 两个点集的曲线（图中为直线）表达式为 $f_{AB}(X)$，则方程

$$f_{AB}(X)=0 \tag{8.39}$$

称为 A、B 两类之间的判别界面。

在 $f_{AB}(X)$ 已经确定以后，特征空间中的任意一点是属于 A 类还是属于 B 类？根据几何学的知识可知：

$$\begin{aligned}&\text{当 } f_{AB}(X)>0 \text{ 时，} X\in\omega_A;\\&\text{当 } f_{AB}(X)<0 \text{ 时，} X\in\omega_B。\end{aligned} \tag{8.40}$$

式（8.40）称为确定未知类别样本所属类别的判别准则，$f_{AB}(X)$ 称为判别函数。在上述分类的基础上，可以进一步确定属于 ω_C 类的像素。

遥感图像分类算法的核心就是确定判别函数 $f_{AB}(X)$ 和相应的判别准则，但在多（高）光谱遥感图像的分类中，情况要复杂得多。为了保证所确定的 $f_{AB}(X)$ 能够较好地将各类地面目标在特性空间中的点分割开来，通常是在一定的准则（如 Bayes 分类器中的错误分类的概率最小准则等）下求解判别函数 $f_{AB}(X)$ 和相应的判别准则。如果事先已经知道类别的有关信息（即类别的先验知识），在这种情况下对未知类别的样本进行分类的方法称为监督分类。通过监督分类，不仅可以知道样本的类别，还可以给出样本的一些描述。类别的先验知识可以用若干已知类别的样本通过学习的方法来获得。如果事先没有类别的先验知识，在这种情况下对未知类别的样本进行分类的方法称为非监督分类。非监督分类只能把样本区分为若干类别，

而不能给出样本的一些描述。

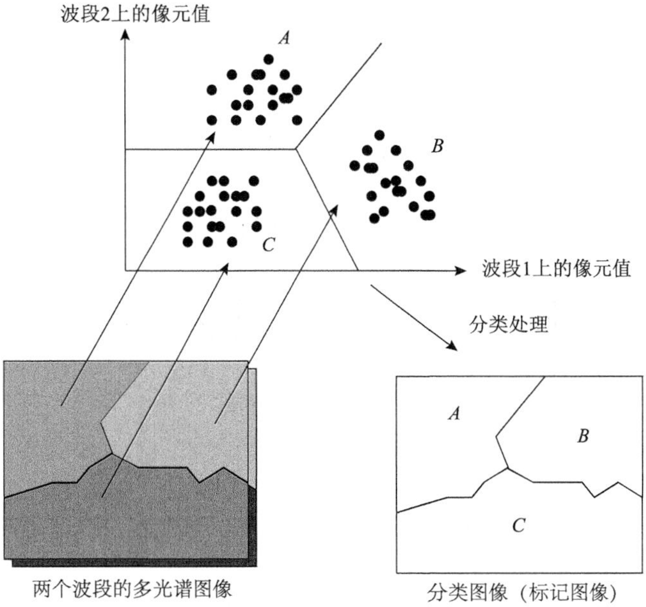

图 8.46　多光谱图像分类的原理

2. 基本过程

遥感图像计算机分类的依据是图像像元的相似度。相似度是两类模式之间的相似程度，在遥感图像分类过程中，常用距离和相关系数来表示相似度。

度量特征空间中的距离经常采用以下几种算法。

（1）绝对值距离：

$$d_{ij}=\sum_{k=1}^{n}\left|x_{ik}-x_{jk}\right| \tag{8.41}$$

式中，i, j 为特征空间中两点。

（2）欧氏距离：

$$d_{ij}^{2}=(x_i-x_j)^{\mathrm{T}}(x_i-x_j) \tag{8.42}$$

（3）马氏距离：

$$d_{ij}^{2}=(x_i-x_j)^{\mathrm{T}}\sum\nolimits_{ij}^{-1}(x_i-x_j) \tag{8.43}$$

式中，$\sum_{ij}$ 为协方差矩阵，当 $\sum_{ij}=I$（单位阵）时，马氏距离即欧几里得距离。

（4）像元 i 到 g 类均值（均值向量）的混合距离：

$$d_{ig}=\sum_{k=1}^{p}\left|x_{ki}-M_{kg}\right| \tag{8.44}$$

式中，$M_{kg}=\frac{1}{m_g}\sum_{l\in g}x_{kl}$，$m_g$ 为 g 类的像元数，M_{kg} 为 g 类 k 变量的均值。

（5）相关系数：

$$\gamma_{ij}=\frac{\sum_{k=1}^{n}(x_{ik}-\overline{x}_i)(x_{jk}-\overline{x}_j)}{\sqrt{\sum_{k=1}^{n}(x_{ik}-\overline{x}_i)^2}\sqrt{\sum_{k=1}^{n}(x_{jk}-\overline{x}_j)^2}} \tag{8.45}$$

式中，x_{ik} 和 x_{jk} 为像元 i 和像元 j 的第 k 个分量（波段 k 上对应值）；$\overline{x}_i$ 和 $\overline{x}_j$ 为均值。

遥感图像计算机分类的基本过程如下。

（1）明确遥感图像分类的目的及其需要解决的问题，在此基础上根据应用目的选取特定区域的遥感数字图像，图像选取应考虑图像的空间分辨率、光谱分辨率、成像时间、图像质量等因素。

（2）根据研究区域，收集和分析地面参考信息及有关数据。为提高分类精度，需要对数字图像进行辐射和几何校正。

（3）对图像分类方法进行比较研究，掌握各种分类方法的优缺点，然后根据分类要求和图像数据的特征，选择合适的图像分类方法和算法。根据应用目的及图像数据的特征制定分类系统，确定分类类别，也可以通过监督分类方法，从训练数据中提取图像数据特征，在分类过程中确定分类类别。

（4）找出代表这些类别的统计特征。

（5）为了测定总体特征，在监督分类中可选择具有代表性的训练场地进行采样，测定特征。在无监督分类中，可以用聚类方法对特征相似的像元进行归类，测定其特征。

（6）对遥感图像中各像元进行分类。包括对每个像元进行分类和对预先分割均匀的区域进行分类。

（7）分类精度检查。在监督分类中把已知的训练数据及分类类别与分类结果进行比较，确认分类的精度和可靠性。在非监督分类中，采用随机抽样方法，分类效果的好坏需经实际检验或利用分类区域的调查材料、专题图进行检查。

（8）对判别分析的结果统计检验。

8.5.2　监督分类

监督分类的基本思想是：首先，根据类别的先验知识确定判别函数和相应的判别准则，其中利用一定数量的已知类别样本（称为训练样本）的观测值确定判别函数中待定参数的过程称为学习或训练。然后，将未知类别的样本的观测值代入判别函数。最后，依据判别准则对该样本的所属类别做出判定。监督分类的算法很多，下面只讨论几种典型的监督分类算法。

1. 线性判别分析

在遥感图像分类时，落入模式空间中不同区域的待分模式可以通过建立决策面的方法进行分类，而决策面又可由判别函数予以确定。依据问题性质的不同，判别函数既可以是线性的，也可以是非线性的。基于充足的理由，优先考虑线性的解决方案。即使对于不能直接应用线性函数的场合，也将试图把非线性问题线性化。首先给出线性判别函数的一般形式，然后讨论最简单的最小距离分类器和著名的 Fisher 线性判别。

1）一般形式

线性判别函数的一般形式为

$$\boldsymbol{d}_k(\boldsymbol{X}) = w_{k_1}x_1 + w_{k_2}x_2 + \cdots + w_{k_n}x_n + w_{k_{n+1}}x_{n+1} \tag{8.46}$$

其矩阵形式是

$$\boldsymbol{d}_k(\boldsymbol{X}) = \boldsymbol{W}_K^{\mathrm{T}}\boldsymbol{X} \tag{8.47}$$

其中，

$$\boldsymbol{W}_k = \begin{bmatrix} w_{k_1} \\ w_{k_2} \\ \vdots \\ w_{k_{n+1}} \\ w_{k_{n+1}} \end{bmatrix} \qquad \boldsymbol{X} = \begin{bmatrix} x_1 \\ x_2 \\ \vdots \\ x_n \\ x_{n+1} \end{bmatrix}$$

可见，此处 $\boldsymbol{X}$ 为在原模式向量基础上增加了 $x_{n+1}=1$ 的增广模式向量。对于两类问题（M=2），方程

$$\boldsymbol{d}(\boldsymbol{X}) = \boldsymbol{W}_1^{\mathrm{T}}\boldsymbol{X} - \boldsymbol{W}_2^{\mathrm{T}}\boldsymbol{X} = (\boldsymbol{W}_1^{\mathrm{T}} - \boldsymbol{W}_2^{\mathrm{T}})\boldsymbol{X} = 0 \tag{8.48}$$

即为 n+1 维增广模式空间中通过原点的超平面。

2）最小距离分类器

以最小距离为标准进行分类是最直观的思路。虽然最小距离分类器属最早提出的分类方法，但在很多模式识别问题中它仍是有效的解决手段。其判别规则是

如果　$D(\boldsymbol{X},\boldsymbol{Z}_j) = \min\limits_k D(\boldsymbol{X},\boldsymbol{Z}_k)$　（k=1,2, ⋯,M）

则
$$\boldsymbol{X} \in \omega_j \tag{8.49}$$

式中，$D(\boldsymbol{X},\boldsymbol{Z}_k)$ 为未知类别模式 $\boldsymbol{X}$ 至 $\boldsymbol{Z}_k$ 的欧几里得距离，而 $\boldsymbol{Z}_k$ 为 ω_k 类的平均位置，也叫做类中心。于是有

$$D(\boldsymbol{X},\boldsymbol{Z}_k) = |\boldsymbol{X} - \boldsymbol{Z}_k| \tag{8.50}$$

下面证明式（8.49）所给出的规则等价于一个线性判别函数。首先，因 $D(\bullet)$ 是欧氏距离度量，所以 $D(\bullet)$ 与 $D^2(\bullet)$ 是等价的，即用 $D^2(\bullet)$ 代替 $D(\bullet)$ 后，式（8.49）的判别结果不变，而

$$\begin{aligned} D^2(\boldsymbol{X},\boldsymbol{Z}_k) &= |\boldsymbol{X} - \boldsymbol{Z}_k|^2 = (\boldsymbol{X} - \boldsymbol{Z}_k)^{\mathrm{T}}(\boldsymbol{X} - \boldsymbol{Z}_k) \\ &= \boldsymbol{X}^{\mathrm{T}}\boldsymbol{X} - 2\boldsymbol{X}^{\mathrm{T}}\boldsymbol{Z}_k + \boldsymbol{Z}_k^{\mathrm{T}}\boldsymbol{Z}_k = \boldsymbol{X}^{\mathrm{T}}\boldsymbol{X} - 2(\boldsymbol{X}^{\mathrm{T}}\boldsymbol{Z}_k - \frac{1}{2}\boldsymbol{Z}_k^{\mathrm{T}}\boldsymbol{Z}_k) \end{aligned} \tag{8.51}$$

经此展开后可以发现，对于任意类别 ω_k 而言，上式右侧的首项 $\boldsymbol{X}^{\mathrm{T}}\boldsymbol{X}$ 总为常数，即不影

响判决，可被略去。这样，求 $D\left(\boldsymbol{X},\boldsymbol{Z}_k\right)$ 的极小值便可转换为求 $\boldsymbol{X}^{\mathrm{T}}\boldsymbol{X}-\frac{1}{2}\boldsymbol{Z}_k^{\mathrm{T}}\boldsymbol{Z}_k$（$k$=1,2,3,…,$M$）的极大值。

若令

$$\boldsymbol{d}_k(\boldsymbol{X})=\boldsymbol{X}^{\mathrm{T}}\boldsymbol{Z}_k-\frac{1}{2}\boldsymbol{Z}_k^{\mathrm{T}}\boldsymbol{Z}_k \tag{8.52}$$

或写成矩阵形式

$$\boldsymbol{d}_k(\boldsymbol{X})=\boldsymbol{X}^{\mathrm{T}}\boldsymbol{W} \tag{8.53}$$

其中，

$$\boldsymbol{W}=\begin{bmatrix} z_k^1 \\ z_k^2 \\ \vdots \\ z_k^n \\ -\frac{1}{2}\left|Z_k\right|^2 \end{bmatrix} \qquad \boldsymbol{X}=\begin{bmatrix} x_1 \\ x_2 \\ \vdots \\ x_n \\ 1 \end{bmatrix}$$

这样，就可将判别规则写为

如果 $\boldsymbol{d}_j(\boldsymbol{X})=\max\limits_k \boldsymbol{d}_k(\boldsymbol{X})$ （k=1,2, …, M）

则

$$\boldsymbol{X}\in\omega_j \tag{8.54}$$

最小距离分类器的缺陷在于以单个点（即类中心 z_k）代表各模式类 ω_k。如果各类在不同方向上大致等方差地分布，则不会出现分类错误，如图 8.47（a）所示。反之，对于（b）和（c）所示的情形，当待分模式靠近分布范围较大的某类（图中均应分为 ω_2 类）时，就会产生误分。

作为改进，可以考虑以多个点（类中心）代表各类，而 $\boldsymbol{X}$ 到第 k 类的距离为

$$D(\boldsymbol{X},\omega_k)=\min_{m=1,\cdots,N_k}\left[D(\boldsymbol{X},\boldsymbol{Z}_k^m)\right] \tag{8.55}$$

其中，N_k 为第 k 类代表点数。相应的，决策规则写为

如果 $D(\boldsymbol{X},\omega_j)=\min\limits_k D(\boldsymbol{X},\omega_k)$ （k=1,2, …,M）

则

$$\boldsymbol{X}\in\omega_j \tag{8.56}$$

类似的，求 $D\left(X,\omega_k\right)$ 可演变为下式：

$$\boldsymbol{d}_k(\boldsymbol{X})=\max_{m=1,\cdots,N_k}\left[\boldsymbol{X}^{\mathrm{T}}\boldsymbol{Z}_k^m-\frac{1}{2}\left|\boldsymbol{Z}_k^m\right|^2\right] \tag{8.57}$$

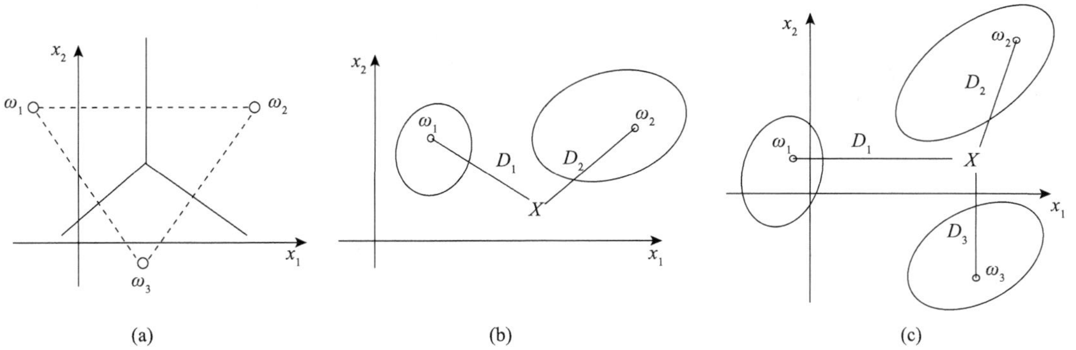

图 8.47　最小距离分类器的性能

3）Fisher 线性判别

线性判别函数虽然易于分析，但当模式向量维数较高时，同样会遇到困难。这主要表现为在低维空间里解析上或计算上行得通的方法，在高维空间里往往行不通。因此，在处理实际问题时人们常常优先考虑如何降低维数。

如果能将 n 维空间的样本投影到一维空间（即直线）上，则实现了最大限度的维数压缩。这一想法显然具有诱惑力，在数学上也不难做到，但问题是这样做通常容易破坏模式的可分性，即本来在 n 维空间中各自聚集成团且彼此分开的类别，经投影到直线后相互混淆而无法识别。为此，在作 n 维到一维的投影时，必须设法找到一个最佳的方向，以保证在该方向的直线上，样本的投影较其他方向能作最好的区分，如图 8.48 所示。

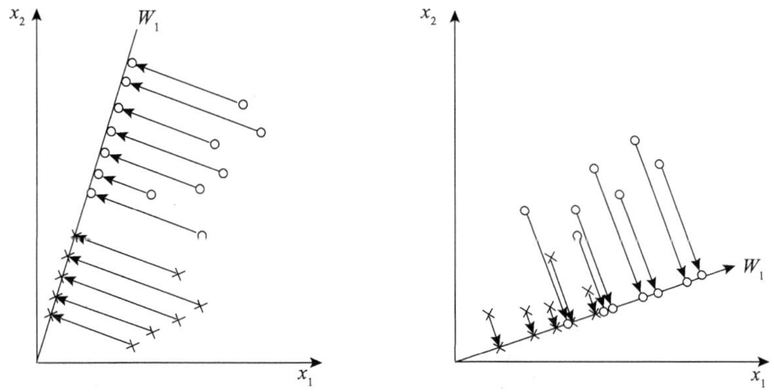

图 8.48　模式样本维数的压缩

为解决这一问题，Fisher 提出了一个准则函数，称为 Fisher 准则。它将上述问题归结为解求由下式确定的投影变换的最佳变换矩阵 $\boldsymbol{W}$：

$$\boldsymbol{y}=\boldsymbol{W}^{\mathrm{T}}\boldsymbol{X} \tag{8.58}$$

式中，$\boldsymbol{X}$，$\boldsymbol{y}$ 分别为投影前后的 n 维和一维模式向量。

分别在 n 维空间和一维空间定义了若干参量，用以描述样本投影前后的聚集或离散程度。以两类情况为例，在 n 维空间中，定义了：

（1）各类样本均值向量 $\boldsymbol{M}_i$，

$$\boldsymbol{M}_i=\frac{1}{N_i}\sum_{X\in\omega_i}\boldsymbol{X} \qquad (i=1,2) \tag{8.59}$$

式中，$\boldsymbol{M}_i$ 为第 i 类样本数。

（2）同类，样本的离散矩阵 $\boldsymbol{S}_i$ 和总离散矩阵 $\boldsymbol{S}_w$：

$$\boldsymbol{S}_i=\sum_{X\in\omega_i}\left(\boldsymbol{X}-\boldsymbol{M}_i\right)\left(\boldsymbol{X}-\boldsymbol{M}_i\right)^{\mathrm{T}}\qquad(i=1,2)\tag{8.60}$$

$$\boldsymbol{S}_W=\boldsymbol{S}_1+\boldsymbol{S}_2\tag{8.61}$$

（3）类间离散矩阵 $\boldsymbol{S}_b$：

$$\boldsymbol{S}_b=\left(\boldsymbol{M}_1-\boldsymbol{M}_2\right)\left(\boldsymbol{M}_1-\boldsymbol{M}_2\right)^{\mathrm{T}}\tag{8.62}$$

对应的，在一维空间中定义了：

（1）各类样本均值 m_i，

$$m_i=\frac{1}{N_i}\sum_{y\in\omega_i}\boldsymbol{y}\qquad(i=1,2)\tag{8.63}$$

（2）同类，样本类内离散度 $\tilde{\boldsymbol{S}}_i$ 和总离散度 $\tilde{\boldsymbol{S}}_w$：

$$\tilde{\boldsymbol{S}}_i=\sum_{y\in\omega_i}(\boldsymbol{y}-m_i)^2\qquad(i=1,2)\tag{8.64}$$

$$\tilde{\boldsymbol{S}}_w=\tilde{\boldsymbol{S}}_1^2+\tilde{\boldsymbol{S}}_2^2$$

现在可以从投影后的一维空间中定义的参量出发，提出一个寻找最佳投影矩阵 $\boldsymbol{W}$ 的量化条件。直观上，总希望投影后的不同类样本尽可能远离，即两类均值之差（m_1-m_2）尽可能大；同时还要求各类样本内部尽量聚集成团，即 $\tilde{\boldsymbol{S}}_w$ 尽可能小。为此，Fisher 定义了如下准则函数：

$$J_F(\boldsymbol{W})=\frac{(m_1-m_2)^2}{\tilde{\boldsymbol{S}}_1^2+\tilde{\boldsymbol{S}}_2^2}\tag{8.65}$$

下面讨论如何寻找满足 $J_F(\boldsymbol{W})$ 取极大值的 $\boldsymbol{W}$。首先需要将式（8.65）写成包含 $\boldsymbol{W}$ 的形式。由前述定义，可推导出 Fisher 准则函数为

$$J_F(\boldsymbol{W})=\frac{\boldsymbol{W}^{\mathrm{T}}S_b\boldsymbol{W}}{\boldsymbol{W}^{\mathrm{T}}S_W\boldsymbol{W}}\tag{8.66}$$

用 Lagrange 乘子法解求使式（8.66）取极大值的 $\boldsymbol{W}$：

$$\boldsymbol{W}=\frac{R}{\lambda}\boldsymbol{S}_W^{-1}\left(\boldsymbol{M}_1-\boldsymbol{M}_2\right)\tag{8.67}$$

由于解求 $\boldsymbol{W}$ 的目的是寻找最佳的投影方向，所以可省略式（8.67）中的常数项 $\frac{R}{\lambda}$，从而得到使 Fisher 准则函数取极大值的解：

$$\boldsymbol{W} = \boldsymbol{S}_W^{-1}\left(\boldsymbol{M}_1 - \boldsymbol{M}_2\right) \tag{8.68}$$

根据式（8.68）求得的最佳变换矩阵$\boldsymbol{W}$，便可按式（8.58）将n维空间的样本投影到由$\boldsymbol{W}$确定的直线上。这样，一个n维分类问题便转变为一维分类问题。也就是说，分类时已不必在n维空间中建立复杂的决策边界，而只需在特定直线上确定分界阈值点y_0。对应的判决规则是

$$\text{如果}\quad \begin{matrix} y > y_0 \\ y < y_0 \end{matrix}，\text{则}\quad \begin{matrix} \boldsymbol{X} \in \omega_1 \\ \boldsymbol{X} \in \omega_2 \end{matrix} \tag{8.69}$$

其中，y 由式（8.58）求出。阈值点y_0的确定方法有多种，简单情况下可由先验参数求出，如可取：

$$y_0 = \frac{m_1 + m_2}{2} \tag{8.70}$$

或

$$y_0 = \frac{N_1 m_1 + N_2 m_2}{N_1 + N_2} \tag{8.71}$$

2. 基于最小错误概率的 Bayes 分类器

假设待分类样本$\boldsymbol{X}$作为一个随机变量，设有s个类别，用ω_1、ω_2、…、ω_s来表示，每个类别发生的概率（先验概率）分别为$P(\omega_1)$、(ω_2)、…、$P(\omega_s)$，各类别发生的概率已知或者可以估算出来；已知各类别的类条件概率分别为$P(\boldsymbol{X}|\omega_1)$、$P(\boldsymbol{X}|\omega_2)$、…、$P(\boldsymbol{X}|\omega_s)$，或者可以利用训练样本数据解算出来，则根据 Bayes 定理可以得到样本$\boldsymbol{X}$出现的后验概率为

$$P(\omega_i|\boldsymbol{X}) = \frac{P(\boldsymbol{X}|\omega_i)\cdot P(\omega_i)}{P(\boldsymbol{X})} = \frac{P(\boldsymbol{X}|\omega_i)\cdot P(\omega_i)}{\sum_{i=1}^{s} P(\boldsymbol{X}|\omega_i)\cdot P(\omega_i)} \tag{8.72}$$

Bayes 分类器是以样本$\boldsymbol{X}$出现的后验概率为判别函数来确定样本$\boldsymbol{X}$的所属类别的。

如果$P(\omega_i|\boldsymbol{X}) = \max_{j=1}^{s} P(\omega_j|\boldsymbol{X})$，则

$$\boldsymbol{X} \in \omega_i \tag{8.73}$$

在式（8.72）中，分母$\sum_{i=1}^{s} P(\boldsymbol{X}|\omega_i)P(\omega_i)$是与类别无关的常数，因此可以不考虑分母对$P(\omega_i|\boldsymbol{X})$的影响，所以式（8.73）还可以写成：

如果$P(\boldsymbol{X}|\omega_i)P(\omega_i) = \max_{j=1}^{s} P(\boldsymbol{X}|\omega_j)P(\omega_j)$，则

$$\boldsymbol{X} \in \omega_i \tag{8.74}$$

Bayes 分类器是通过观测样本$\boldsymbol{X}$把它的先验概率$P(\omega_i)$转化为它的后验概率$P(\omega_i|\boldsymbol{X})$，

并以此确定样本 $\boldsymbol{X}$ 的所属类别的。按照 Bayes 分类器对样本 $\boldsymbol{X}$ 进行分类，可以使错误分类的概率 $P(e)$ 最小。以两类别问题为例（图 8.49），错误分类的概率 $P(e)$ 可表示为

$$\begin{aligned}P(e)&=P(\omega_1)P(\boldsymbol{X}\text{判入}\,\omega_2\text{类}|\boldsymbol{X}\text{应属}\,\omega_1\text{类})+P(\omega_2)P(\boldsymbol{X}\text{判入}\,\omega_1\text{类}|\boldsymbol{X}\text{应属}\,\omega_2\text{类})\\&=\int_{R_2}P(\omega_1)P(\boldsymbol{X}|\omega_1)\mathrm{d}\boldsymbol{X}+\int_{R1}P(\omega_2)P(\boldsymbol{X}|\omega_2)\mathrm{d}\boldsymbol{X}\end{aligned}\tag{8.75}$$

错误分类的概率 $P(e)$ 为图 8.49 中斜线部分的面积和纹线部分的面积之和，当区间 R_1 和区间 R_2 的分界线在 t 位置时错误分类的概率 $P(e)$ 最小时，t 位置正是判别界面（判别界面的方程为 $P(\boldsymbol{X}|\omega_1)P(\omega_1)=P(\boldsymbol{X}|\omega_2)P(\omega_2)$ 所在的位置）。

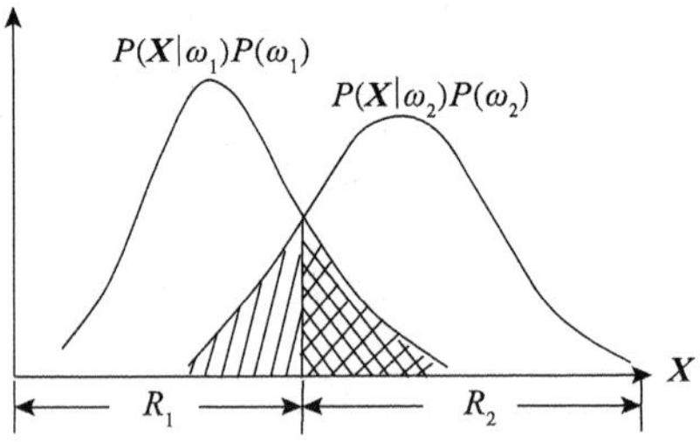

图 8.49　判别界面的选择

在 Bayes 分类器中，先验概率 $P(\omega_i)$ 通常可以根据统计资料给出，而类条件概率 $P(\boldsymbol{X}|\omega_i)$ 则需要根据问题的实际情况做出合理的假设。从实用的角度来看：如果在特征空间中某一类的特征较多地分布在这一类均值附近，远离均值的点较少，此时假设 $P(\boldsymbol{X}|\omega_i)$ 为正态分布是合理的。下面研究 $\boldsymbol{X}$ 服从高维正态分布时 Bayes 分类器的表达形式。

设 $\boldsymbol{X}=(x_1,x_2,\cdots,x_n)^{\mathrm{T}}$，且 $\boldsymbol{X}$ 服从高维正态分布，即

$$P(\boldsymbol{X}|\omega_i)=\frac{1}{(2\pi)^{\frac{n}{2}}\left|\sum_i\right|^{\frac{1}{2}}}\exp\left[\frac{1}{2}(\boldsymbol{X}-\boldsymbol{M}_i)^{\mathrm{T}}\sum\nolimits_i^{-1}(\boldsymbol{X}-\boldsymbol{M}_i)\right]\tag{8.76}$$

式中，$\boldsymbol{M}_i$ 为 ω_i 类特征向量 $\boldsymbol{X}$ 的均值；$\sum_i$ 为 ω_i 类特征向量 $\boldsymbol{X}$ 的方差。

令 $d_i^*(\boldsymbol{X})=P(\boldsymbol{X}|\omega_i)P(\omega_i)$，将式（8.76）代入 $d_i^*(\boldsymbol{X})$，两边取对数后得

$$\ln d_i^*(\boldsymbol{X})=\ln P(\omega_i)-\frac{n}{2}\ln(2\pi)-\frac{1}{2}\ln\left|\sum\nolimits_i\right|-\frac{1}{2}(\boldsymbol{X}-M_i)^{\mathrm{T}}\sum\nolimits_i^{\mathrm{T}}(\boldsymbol{X}-M_i)\tag{8.77}$$

取掉式（8.77）中与 ω_i 和 $\boldsymbol{X}$ 无关的常数项，并令 $d_i(\boldsymbol{X})=\ln d_i^*(\boldsymbol{X})$ 得

$$d_i(\boldsymbol{X})=\ln P(\omega_i)-\frac{1}{2}\ln\left|\sum\nolimits_i\right|-\frac{1}{2}(\boldsymbol{X}-\boldsymbol{M}_i)^{\mathrm{T}}\sum\nolimits_i^{\mathrm{T}}(\boldsymbol{X}-\boldsymbol{M}_i)\tag{8.78}$$

式（8.78）就是类条件概率 $P(\boldsymbol{X}|\omega_i)$ 服从正态分布时的判别函数，此时判别规则如下：

如果 $d_i(\boldsymbol{X})=\max\limits_{j=1}^{s}d_j(\boldsymbol{X})$，则

$$\boldsymbol{X}\in\omega_i\tag{8.79}$$

进一步，如果对所有类别 $i\ (i=1,2,\cdots,s)$ 存在：

$$\sum\nolimits_i=\sum\tag{8.80}$$

且 $P(\omega_i)=P(\omega)=\frac{1}{s}$，则从式（8.78）除去与 ω_i 和 $\boldsymbol{X}$ 无关的常数项得

$$d_i(\boldsymbol{X})=-\frac{1}{2}(\boldsymbol{X}-\boldsymbol{M}_i)^{\mathrm{T}}\sum\nolimits_i^{\mathrm{T}}(\boldsymbol{X}-\boldsymbol{M}_i) \tag{8.81}$$

令
$$d_i'(\boldsymbol{X})=-2\cdot d_i(\boldsymbol{X})=(\boldsymbol{X}-\boldsymbol{M}_i)^{\mathrm{T}}\sum\nolimits_i^{\mathrm{T}}(\boldsymbol{X}-\boldsymbol{M}_i) \tag{8.82}$$

$d_i'(\boldsymbol{X})$ 实际上是样本 $\boldsymbol{X}$ 到 ω_i 类中心的距离，由此得到最小距离分类器如下：

如果
$$d_i'(\boldsymbol{X})=\min_{j=1}^{s} d_j'(\boldsymbol{X})$$

则
$$\boldsymbol{X}\in\omega_i \tag{8.83}$$

采用最小距离分类器的遥感图像分类过程如下：第一步，根据待分类区域地面目标的实际情况，合理确定类别数 s，对每一类别的地面目标，在遥感影像上选择一定数量的能反映该类特性的像素作为训练样本。以训练样本为基础，求每类的 M_i、$\sum_i$ $(i=1,2,\cdots,s)$。第二步，对多光谱图像上的每一像素，将其多光谱矢量 $\boldsymbol{X}$ 代入式（8.82），求得该像素在特征空间中的点到每类中心的距离 $d_i'(\boldsymbol{X})$ $(i=1,2,\cdots,s)$。然后依据式（8.83）确定该像素的所属类别。若对每一类中所有像素赋以同一种颜色，就得到分类图像。

3. 子空间分类器

在遥感图像分类时，分类器的选择一般要考虑两个因素：一是分类的准确度；二是分类的速度。在保证分类准确性的前提下，分类速度是很重要的，因为多光谱遥感图像数据量十分庞大，如果分类器的精度很高，而速度很慢，仍然是不适用的。已证明子空间分类器（subspace classifier）是一种分类准确性高、速度快的分类算法。下面介绍子空间分类器和改进的对偶子空间分类器的原理。

设有 s 个类别用 $\omega^{(1)}$、$\omega^{(2)}$、$\cdots$、$\omega^{(s)}$ 来表示；每个样本有 n 个特征，用 $\boldsymbol{X}=(x_1,x_2,\cdots,x_n)^{\mathrm{T}}$ 来表示；$\omega^{(i)}$ 类的 $l^{(i)}$ 个样本用 $\left\{X_1^{(i)},X_2^{(i)},\cdots,X_{l^{(i)}}^{(i)}\right\}$ 来表示，则 $\omega^{(i)}$ 类的自相关矩阵可以按如下公式计算：

$$\boldsymbol{S}^{(i)}=\frac{1}{l^{(i)}}\sum_{j}^{l^{(i)}}\boldsymbol{X}_j^{(i)}\left(\boldsymbol{X}_j^{(i)}\right)^{\mathrm{T}} \tag{8.84}$$

利用 K-L 展开的原理，可以求得 $S^{(i)}$ 的 n 个特征根 $\lambda_1^{(i)},\lambda_2^{(i)},\cdots,\lambda_n^{(i)}$ 和相应的特征向量。如果把特征根按大小排列，并求其对应的前 $p^{(i)}$ 个正交归一化的特征向量 $\boldsymbol{u}_j^{(i)},j=1,2,\cdots,p^{(i)}$，则 $\omega^{(i)}$ 类的子空间 $L^{(i)}$ 可用 $\boldsymbol{u}_j^{(i)}$ $(j=1,2,\cdots,p^{(i)})$ 来表示，记为

$$L^{(i)}=\left\{\boldsymbol{u}_j^{(i)},j=1,2,\cdots,p^{(i)}\right\}$$

令
$$P^{(i)}=\sum_{j=1}^{p^{(i)}}\boldsymbol{u}_j^{(i)}\left(\boldsymbol{u}_j^{(i)}\right)^{\mathrm{T}} \tag{8.85}$$

称 $P^{(i)}$ 为 $\omega^{(i)}$ 类的投影矩阵。如果有一个样本点 $\boldsymbol{X}$，对所有的类别 $j(j \neq i)$ 满足：

$$\boldsymbol{X}^{\mathrm{T}} P^{(i)} \boldsymbol{X} > \boldsymbol{X}^{\mathrm{T}} P^{(j)} \boldsymbol{X}, \quad 则\ \boldsymbol{X} \in \omega^{(i)} \tag{8.86}$$

由式（8.85）和式（8.86）可得 $\boldsymbol{X}^{\mathrm{T}} P^{(i)} \boldsymbol{X}$ 的实际计算公式如下：

$$\boldsymbol{X}^{\mathrm{T}} P^{(i)} \boldsymbol{X} = \sum_{j=1}^{p^{(i)}} (\boldsymbol{X}^{\mathrm{T}} \cdot \boldsymbol{u}_j^{(i)})^2 \tag{8.87}$$

从式（8.87）可以看出：求 $\boldsymbol{X}^{\mathrm{T}} P^{(i)} X$ 时只用到了子空间 $L^{(i)}$ 的 $p^{(i)}$ 个向量 $\boldsymbol{u}_j^{(i)}$ $(j = 1, 2, \cdots, p^{(i)})$，在 n 较大时通常有 $p^{(i)} << n$，所以计算速度是很快的。

设 $\omega^{(i)}$ 类和 $\omega^{(j)}$ 类之间的判别界面为 $F(\boldsymbol{X})$，即

$$F(\boldsymbol{X}) = \boldsymbol{X}^{\mathrm{T}} P^{(i)} \boldsymbol{X} - \boldsymbol{X}^{\mathrm{T}} P^{(j)} \boldsymbol{X} = \boldsymbol{X}^{\mathrm{T}} \left(P^{(i)} - P^{(j)} \right) \boldsymbol{X} \tag{8.88}$$

从式（8.88）可以看出：类和类之间的判别界面 $F(\boldsymbol{X})$ 是关于 $\boldsymbol{X}$ 的二次函数，以此作为样本类别划分的依据，其精度是较高的。

在实际应用中，$\omega^{(i)}$ 类的子空间 $L^{(i)}$ 的维数 $p^{(i)}$ 可按下式来确定：

$$V = \sum_{j=1}^{p^{(i)}} \lambda_j^{(i)} \Big/ \sum_{j=1}^{n} \lambda_j^{(i)} \tag{8.89}$$

V 为给定的指标，在已知 V 的情况下可求出 $p^{(i)}$ 值。

上面讨论的子空间分类器中，一般只用到了 $\omega^{(i)}$ 类的前 $p^{(i)}$ 个主分量，而认为主分量以外的 $n - p^{(i)}$ 个镜向分量是不重要的或是噪声。实际上镜向分量和主分量是同样重要的，模式类不仅可以在由主分量基生成的子空间上来表示，还可以在由镜向分量生成的补子空间 $\overline{L}^{(i)}$ 上来表示，

$$\overline{L}^{(i)} = \left\{ \boldsymbol{u}_j^{(i)}, \quad j = p^{(i)} + 1, p^{(i)} + 2, \cdots, n \right\} \tag{8.90}$$

令

$$\overline{P}^{(i)} = \sum_{j=p^{(i)}+1}^{n} \boldsymbol{u}_j^{(i)} \left(\boldsymbol{u}_j^{(i)} \right)^{\mathrm{T}} \tag{8.91}$$

则

$$\boldsymbol{X}^{\mathrm{T}} P^{(i)} \boldsymbol{X} = \boldsymbol{X}^{\mathrm{T}} \left(\boldsymbol{I} - \overline{P}^{(i)} \right) \boldsymbol{X} \tag{8.92}$$

式中，$\boldsymbol{I}$ 为单位矩阵。式（8.92）说明 $\boldsymbol{X}$ 在子空间上的距离可用其在补子空间上的距离来表示，因此上述判别规则也可以写成：

如果有一个样本点 $\boldsymbol{X}$，对所有的类别 $j(j \neq i)$ 满足：

$$\boldsymbol{X}^{\mathrm{T}} \overline{P}^{(i)} \boldsymbol{X} < \boldsymbol{X}^{\mathrm{T}} \overline{P}^{(j)} \boldsymbol{X}$$

则
$$X \in \omega^{(i)} \tag{8.93}$$

显然，如果 $p^{(i)} > n/2$，采用补子空间进行分类计算量比较小，否则采用子空间进行分类计算量比较小。把子空间 $L^{(i)}$ 和补子空间 $\overline{L}^{(i)}$ 混合表示的模式空间称为对偶空间，建立在对偶子空间上的分类器为对偶子空间分类器。

从上面的讨论还可以看出：子空间分类器和对偶子空间分类器具有特征提取和分类决策于一体的功能。

现将对偶子空间法遥感图像分类过程归纳如下：第一步，根据待分类区域地面目标的实际情况，合理确定类别数 s，对于每一类别的地面目标，在遥感影像上选择一定数量的能反映该类特性的像素作为训练样本。以训练样本为基础，统计每类的自相关矩阵 $\boldsymbol{S}^{(i)}$，进而求得每类的 n 个特征根和 n 个特征向量。再依据式（8.89）求出每类子空间的维数 $p^{(i)}$。第二步，对多光谱图像上的每一像素，当 $p^{(i)} \leqslant n/2$ 时，将其多光谱矢量 $\boldsymbol{X}$ 代入式（8.87），求得该像素在每类子空间中的投影距离 $\boldsymbol{X}^{\mathrm{T}} P^{(i)} \boldsymbol{X}\ (i=1,2,\cdots,s)$，再依据式（8.86）确定该像素的所属类别；当 $p^{(i)} > n/2$ 时，求得该像素在每类补子空间中的投影距离 $\boldsymbol{X}^{\mathrm{T}} \overline{P}^{(i)} \boldsymbol{X}\ (i=1,2,\cdots,s)$，再依据式（8.93）确定该像素的所属类别。若对每一类中所有像素赋以同一种颜色，就得到分类图像。

4. 最大似然比分类

最大似然比分类方法是建立在Bayes准则基础上分类错误概率最小的一种非线性分类，是应用比较广泛、比较成熟的一种监督分类方法。

1）判别函数

设 $g_i(x)$ 为判别函数，用 x 出现在 ω_i 类的最大概率 $p(\omega_i/x)$ 表示，有
$$g_i(x) = p(\omega_i/x) \tag{8.94}$$

$p(\omega_i/x)$ 又称为后验概率，根据Bayes公式，有
$$g_i(x) = p(\omega_i/x) = p(x/\omega_i)p(\omega_i)p(x) \tag{8.95}$$

$p(x/\omega_i)$ 为在 ω_i 观测到x的条件概率，$p(\omega_i)$ 为类别 ω_i 的先验概率，$p(x)$ 为变量x与类别无关情况下的出现概率。当待分类图像存在m个类别时，需要计算并比较m个 $p(\omega_i/x)$，根据Bayes准则，取其中最大者所代表的类别为待判像元的归属类别。可以看出，在计算并比较m个 $p(\omega_i/x)$ 过程中，$p(x)$ 是若干计算式中都出现的公共项，为简单起见可以省略。$p(x/\omega_i)$ 可以通过选择合适的训练区来计算。

由于假定训练区地物光谱特征服从正态分布（对于非正态分布可通过变换方法使其变为正态分布），于是式（8.95）又可表示为
$$g_i(x) = p(x/\omega_i)p(\omega_i) = \frac{p(\omega_i)}{(2\pi)^{N/2}\left|\sum_i\right|^{1/2}} \exp\left[-\frac{1}{2}(x-\boldsymbol{u}_i)^{\mathrm{T}} \sum\nolimits_i^{-1} (x-\boldsymbol{u}_i)\right] \tag{8.96}$$

取对数形式，并去掉多余项，最终判别函数为

$$g_i(x)=\ln\left[p(\omega)\right]-\frac{1}{2}\ln\left|\sum_i\right|-\frac{1}{2}(x-\boldsymbol{u}_i)^{\mathrm{T}}\sum_i^{-1}(x-\boldsymbol{u}_i) \tag{8.97}$$

上两式中，$i=1,2,\cdots,m$ 为组类序号，共m组；N为参加分类波段数；$\sum_i$ 为第i 类的协方差矩阵；$\boldsymbol{u}_i$ 为第i 类的均值向量。

具体计算时用训练样本的协方差和均值代替 $\sum_i$ 和 $\boldsymbol{u}_i$ 。

2）分类过程

分类过程主要分为两个阶段：一是“训练”过程，主要通过人机对话选择典型的样本，并根据训练样本计算各类判别函数，确定相关参数；二是分类过程，这一过程一般是程序自动完成无须干涉，如果分类结果不符合要求，可根据情况返回不同起始点。

训练区选择基本与前面最小距离监督分类方法相同。需要补充的是，必须有足够的训练样本计算判别函数的系数，一般训练样本像元数应10倍于波段数N，而使用100倍于波段数N的训练样本像元数才比较合理。

另外，如果参加分类波段相关性较强，则方差、协方差的逆矩阵可能不存在或不稳定，因此，分类之前要考虑波段选择问题。

8.5.3 非监督分类

非监督分类的前提是假定遥感图像上同类物体在同样条件下具有相同的光谱特征信息。非监督分类方法不必对影像地物获取先验知识，仅靠影像上不同类地物光谱信息（或纹理信息）进行特征提取，再统计特征的差别来达到分类的目的，最后对已分出的各个类别的实际属性进行确认。

非监督分类主要采用聚类分析的方法，聚类是把一组像素按照相似性归成若干类别，即“物以类聚”。它的目的是使属于同一类别的像素之间的距离尽可能的小，而在不同类别上像素间的距离尽可能的大。聚类分析的方法有许多，下面介绍两种最基本的方法。

1. K-均值算法

K-均值算法也称 C-均值算法，属于动态聚类方法。动态聚类的特点是要求确定某个评价聚类结果质量的准则函数，并给定某个初始分类，然后用迭代算法找出使准则函数取极值的最好聚类结果。K-均值算法以距离平方和最小作为准则函数，所以又称“距离平方和极小化聚类法”。

假设图像上的目标要分为c类别，c为已知数，则 K-均值算法如下。

第一步：适当地选取c个类的初始中心 $\boldsymbol{Z}_1^{(1)}$ 、$\boldsymbol{Z}_2^{(1)}$ 、…、$\boldsymbol{Z}_c^{(1)}$ ，初始中心的选择对聚类结果有一定的影响，初始中心的选择一般有以下几种方法。

（1）根据问题的性质，用经验的方法确定类别数c，从数据中找出从直观上看来比较适合的c个类的初始中心。

（2）将全部数据随机地分为c个类别，计算每类的重心，将这些重心作为c个类的初始中心。

第二步：在第k次迭代中，对任一样本$\boldsymbol{X}$按如下的方法把它调整到c个类别中的某一类中去。

对于所有的$i\neq j\ (i=1, 2,\cdots,c)$，如果$\left\|\boldsymbol{X}-\boldsymbol{Z}_j^{(k)}\right\|<\left\|\boldsymbol{X}-\boldsymbol{Z}_i^{(k)}\right\|$，则$\boldsymbol{X}\in S_j^{(k)}$，其中$S_j^{(k)}$是

以 $\boldsymbol{Z}_j^{(k)}$ 为中心的类。

第三步：由第二步得到 $S_j^{(k)}$ 类新的中心 $\boldsymbol{Z}_j^{(k+1)}$：

$$\boldsymbol{Z}_j^{(k+1)}=\frac{1}{N_j}\sum_{X\in S_j^{(k)}}\boldsymbol{X} \tag{8.98}$$

式中，N_j 为 $S_j^{(k)}$ 类中的样本数。$\boldsymbol{Z}_j^{(k+1)}$ 是按照使 J 最小的原则确定的，J 的表达式为

$$J=\sum_{j=1}^{c}\sum_{X\in S_j^{(k)}}\left\|\boldsymbol{X}-\boldsymbol{Z}_j^{(k+1)}\right\|^2 \tag{8.99}$$

第四步：对于所有的 $j=1,2,\cdots,c$，如果 $\boldsymbol{Z}_j^{(k+1)}=\boldsymbol{Z}_j^{(k)}$，则迭代结束，否则转到第二步继续进行迭代。

K-均值算法是一个迭代算法，迭代过程中类别中心按最小二乘误差的原则进行移动，因此类别中心的移动是合理的。其缺点是要事先已知类别数 c，在实际中类别数 c 通常根据实验的方法来确定。

2. ISODATA 聚类法

ISODATA（iterative self-organizing data analysis techniques algorithm）算法又称迭代自组数据分析算法，从样本平均迭代以确定聚类中心的意义上讲，ISODATA 算法与 K-均值聚类法具有相似性。所不同的是，ISODATA 算法在迭代过程中引入某种产生和消除某些类别的方法，可以将两类合并成一类，也可以将一类分成不同的两类。每一次迭代时，首先在不改变类别数目的前提下改变分类，然后将样本的平均矢量之差小于某一预定阈值的每一类别对合并起来，或根据样本的协方差矩阵来决定其分裂与否。一次又一次的迭代，并不断地进行合并和分裂，这种算法体现出人机交互和启发式的特点。

执行ISODATA算法之前，首先需要给定如下参数：期望聚成的类别数 M；一类中被允许的最小样本数 θ_N；关于类的分散程度的参数 θ_S（如允许的最大标准差）；关于类间距离的参数 θ_L（如聚类中心间的最小距离阈值）；每次迭代允许合并的最大聚类对数 L；允许迭代的次数 I。此外，还应先指定 K 个初始聚类中心，表示为 $\boldsymbol{Z}_1,\boldsymbol{Z}_2,\cdots,\boldsymbol{Z}_K$。这里 K 不一定等于所要求的聚类中心数 M。$\boldsymbol{Z}_1,\boldsymbol{Z}_2,\cdots,\boldsymbol{Z}_K$ 可为给定模式中的任意样本。

ISODATA 算法的主要步骤如下。

（1）规定算法的参数 M、θ_N、θ_S、θ_L、L 和 I。

（2）分配全部 N 个样本到 K 个聚类中心。按如下规则：对所有 $i=1,2,\cdots,K$ 且 $i\neq j$，如果

$$\left\|\boldsymbol{X}-\boldsymbol{Z}_j\right\|<\left\|\boldsymbol{X}-\boldsymbol{Z}_i\right\|$$

则

$$\boldsymbol{X}\in S_j \tag{8.100}$$

式中，S_j 为分到 $\boldsymbol{Z}_j$ 的样本集合，其所含样本数记为 N_j。

（3）对任意类别 j，如果 $N_j<\theta_N$，则去除 S_j，并使 $K=K+1$，即将样本数比 θ_N 少的子集消去。

（4）更新各聚类中心 $\boldsymbol{Z}_j$：

$$\boldsymbol{Z}_j = \frac{1}{N_j}\sum_{X \in S_j} \boldsymbol{X} \qquad (j = 1, 2, \cdots, K) \tag{8.101}$$

（5）计算聚类域 S_j 中的各样本与它们相应的聚类中心的平均距离 $\bar{D}_j$：

$$\bar{D}_j = \frac{1}{N_j}\left\|\boldsymbol{X} - \boldsymbol{Z}_j\right\| \qquad (j = 1, 2, \cdots, C) \tag{8.102}$$

（6）计算总的平均距离 $\bar{D}$：

$$\bar{D} = \frac{1}{N}\sum_{j=1}^{K} N_j \bar{D}_j \tag{8.103}$$

（7）分三种情况处理：①如果这是最后一次迭代，置 $\theta_L = 0$，转到第（11）步；②如果 $K \leqslant M/2$，则转到第（8）步；③如果 $K \geqslant 2M$，或这是偶数次迭代，则转向第（11）步，否则继续。

（8）计算标准差 σ_{ij}：

$$\sigma_{ij} = \sqrt{\frac{1}{N_j}\sum_{X \in S_j} (\boldsymbol{X}_{il} - \boldsymbol{Z}_{ij})^2} \qquad (i = 1, 2, \cdots, n; j = 1, 2, \cdots, K) \tag{8.104}$$

式中，N为样本模式维数；$\boldsymbol{X}_{il}$ 为 S_j 中第l个样本的第i分量；$\boldsymbol{Z}_{ij}$ 为 $\boldsymbol{Z}_j$ 的第i分量；σ_j 的各分量 σ_{ij} 表示 S_j 中样本沿主要坐标轴的标准差。

（9）找 σ_j 中的最大分量，并记为 $\sigma_{j_{\max}}$。

（10）如果对任意的 $\sigma_{j_{\max}} > \theta_S$（$j = 1, 2, \cdots, K$），存在有

$$\bar{D}_j > \bar{D} \text{ 及 } N_j > 2\theta_N + 1$$

或

$$K \leqslant M/2$$

则将 $\boldsymbol{Z}_j$ 分裂成两个新的聚类中心 $\boldsymbol{Z}_j^+$ 和 $\boldsymbol{Z}_j^-$，删去 $\boldsymbol{Z}_j$ 并使 $K = K + 1$。对应 $\sigma_{j_{\max}}$ 的 $\boldsymbol{Z}_j$ 的分量加上一定量 r_j，而其他的分量不变来构成 $\boldsymbol{Z}_j^+$，对应于 $\sigma_{j_{\max}}$ 的 $\boldsymbol{Z}_j$ 的分量上减去 r_j，而其他的分量不变再构成 Z_j^-。这里 $r_j = c \cdot \sigma_{i_{\max}}$（$0 \leqslant c \leqslant 1$）。

如果发生分裂则转第（2）步，否则继续。

（11）计算所有聚类中心的两两距离 D_{ij}：

$$D_{ij} = \left\|\boldsymbol{Z}_i - \boldsymbol{Z}_j\right\| \qquad (i = 1, 2, \cdots, K-1; j = 1, 2, \cdots, K) \tag{8.105}$$

（12）比较距离 D_{ij} 与参数 θ_L，取出 L 个 $D_{ij} < \theta_L$ 的聚类中心 $D_{i_1 j_1}, D_{i_2 j_2}, \cdots, D_{i_L j_L}$，其中，

$$D_{i_1j_1} < D_{i_2j_2} < \cdots < D_{i_Lj_L}$$

（13）从 $D_{i_1j_1}$ 着手，开始逐对归并，算出新的聚类中心：

$$\boldsymbol{Z}_1^* = \frac{1}{N_{i_l} + N_{j_l}}(N_{i_l}\boldsymbol{Z}_{i_l} + N_{j_l}\boldsymbol{Z}_{j_l}) \qquad l = 1,2,\cdots,L \tag{8.106}$$

删去 $\boldsymbol{Z}_{i_l}$ 和 $\boldsymbol{Z}_{j_l}$，并使 $K = K+1$。注意，仅允许对对合并，并且一个聚类中心只能归并一次。

（14）如果是最后一次迭代，则算法结束，否则：①如果用户判断应更改算法中的参数，转第（1）步；②如果对下次迭代参数不需修改，转第（2）步。

每次返回到第（1）步或第（2）步，就计为一次迭代，$I = I+1$。

ISODATA 算法具有启发性和较少的干预。虽然从理论上讲它并不完美，却很实用，目前应用很广。在迭代过程中，算法虽然可以自行调节某些参数，但第（1）步所给的有关初值仍影响聚类结果。如果能对聚类对象有所了解，便可以利用参数有效地控制聚类。反之，当对聚类对象一无所知时，就会带来不利影响。因此，在实际应用中，常常是通过试探性地多次给出初值，逐渐得到理想的结果。

由于 ISODATA 算法所具有的优点，人们试图对其加以改进，以求获得客观上的最优解。Davies 和 Bouldin 提出了一个新的聚类参数，用于动态地评价每次迭代后聚类结果的相似程度，从而取得对数据集的最自然分割。该参数称为两类间相似程度的测度，以下式表示：

$$R_{ij} = \frac{D_{ii} + D_{jj}}{D_{ij}} \tag{8.107}$$

式中，D_{ii} 和 D_{jj} 分别为第 i、j 类的分散程度；D_{ij} 为 i、j 类的距离。

R_{ij} 具有如下性质：① $R_{ij} \geqslant 0$（当且仅当 $D_{ii} = D_{jj} = 0$ 时，$R_{ij} = 0$）；② $R_{ij} = R_{ji}$；③如果 $D_{jj} = D_{kk}$ 且 $D_{ij} < D_{ik}$，则有 $R_{ij} > R_{ik}$；④如果 $D_{ij} = D_{ik}$ 且 $D_{jj} \geqslant D_{kk}$，则有 $R_{ij} > R_{ik}$。

第①条和第②条性质分别表示 R_{ij} 的非负性和对称性。第③条性质的意义是：对于两个类别 j、K，如果它们的分散程度相同，那么其中与第 i 类较远的那一类与该类的相似性就小；第④条性质则指出，当类间距离相等时，则分散程度越大，相似性就越大。

显然，可以从 R_{ij} 出发，构造出一个度量聚类结果整体相似的参数，并以其取值最小作为控制取得最佳聚类数目的标准。首先，令

$$R_i = \max R_{ij} \tag{8.108}$$

然后，定义下式为整体相似性测度，其中 K 为类别数，

$$\overline{R} = \frac{1}{K}\sum_{i=1}^{K} R_i \tag{8.109}$$

实际应用中，仍按前述 ISODATA 算法的基本步骤执行。首先，给出一个较大的初始类别数 K，通过迭代逐次得到新的类别数、类中心及分配到各类的样本，然后按下述二式求出 D_{ii} 和 D_{ij}：

$$D_{ii}=\left[\frac{1}{N_i}\sum_{j=1}^{N_i}\left|\boldsymbol{X}_j-\boldsymbol{Z}_i\right|^2\right]^{1/2} \tag{8.110}$$

$$D_{ij}=\left[\sum_{k=1}^{n}\left|z_{ki}-z_{kj}\right|^2\right]^{1/2} \tag{8.111}$$

式中，z_{ki} 为第 i 类中心 $\boldsymbol{Z}_i$ 的第 k 个分量。最后，依次按式（8.107）～式（8.109）求出 $\overline{R}$，并比较对应于不同类别数 K 的 $\overline{R}$ 值，取 $\overline{R}$ 值最小的那次迭代结果为最终结果。

8.6　遥感图像智能化提取

遥感图像信息提取技术经历了目视解译、基于分类、人机交互提取及基于知识的信息自动提取等阶段。

人工目视判读简单、实用、效果好，是获取信息的最基本、最常用方法。但是该方法存在着一定的局限性，主要包括以下几方面：①目视解译方法要求解译人员具有各种丰富的知识和经验；②劳动强度大，效率低，使用波段数目有限，信息获取周期长；③判读结果人为差别显著，容易产生误判；④很难做出准确的定量分析，很难与数字时代定量化、模型化、系统化的现实情况适应；⑤无法实现 RS 与 GIS 的集成，不能把遥感信息提供给 GIS 实时更新、编辑。

分类方法是建立在数理统计基础之上的，只利用了地物的光谱特征，难以解决“同谱异物、同物异谱”问题，使得分类结果往往存在较多的错分、漏分现象，解译精度不高。

在完全智能解译提取无法在短期内实现的情况下，许多学者提出采用人机交互式的解译方法来提高解译效率和解译精度。人机交互式信息提取将目视判读和计算机识别相结合，充分利用已有的计算机图像处理能力和自动识别成果，在不降低提取精度的情况下最大限度地减少判读人员的工作量，解译结果为数字化成果，便于后续的处理应用。但人机交互式解译提取，大量的工作还是在人工基础上完成的，面对海量数据依然效率很低。而且，对于遥感信息的提取没有充分利用人脑在分析图像时所加入的各方面的知识，无法达到很高的精度。

把解译人员用于目视解译的知识定量化表达，并参与计算机处理，成为解决信息提取的关键。所以，人机交互的后一阶段已转入基于知识的图像信息提取，采用交互式输入某一层次的知识信息，来对目标进行有效的识别和提取。

随着地理信息系统、人工智能、模糊集理论、生理和心理认知理论等相关理论和技术的发展，遥感专题信息提取研究将向着定量化、智能化、全自动化的方向发展。越来越多的遥感信息将能被提取并进行更多方面的实际应用。但完全实现计算机从遥感图像上全自动地提取信息，还需要很长的时间。

8.6.1　图像特征

特征是遥感图像理解最基本的处理和分析对象，也是图像内容最抽象的描述。特征是一个数字图像中问题或应用“感兴趣”的部分，它是许多计算机图像分析算法的起点。遥感信息提取的实质是将图像特征相似的聚合在一起归为一类，特征选择的好坏直接影响信息提取的效率与精度。

图像特征是对图像特性或属性的描述。每一幅图像都有其自身的特征，其中有些是视觉直接感受到的自然特征，如亮度、边缘的轮廓、纹理或色彩等；有些是需要通过变换或测量才能得到的人为特征，如谱、直方图等。特征多种多样，较为常见的分类方式有如下几种。

1. 按类型分类

图像特征按类型可分为光谱特征、空间特征和时间特征。

1）光谱特征

遥感图像中每个像元的亮度值代表的是该像元中地物的平均辐射值，它随地物的成分、纹理、状态、表面特征及所使用电磁波段的不同而变化，每个像元的灰度值可认为是表现一定波段范围内像元对应地面区域地物的反射或辐射特性。光谱特征包括图像的灰度值、颜色和频谱等。直方图的形状为描述图像的特征提供了线索。相关的指标包括：图像的波段及其波段组合、RGB 颜色、HSI 颜色、K-L 变换结果、K-T 变换结果、梯度等。变换系数可以看成用于标记一个特定亮度模式和图像区域的一致性程度。傅里叶变换系数（频率域图像）也可以作为特征。

2）空间特征

空间特征是指地面目标的位置、形状和大小等几何特征及与相邻地面的拓扑关系。空间特征主要包括几何特征、结构特征和关联特征等。

几何特征是对分割对象的几何信息的描述。利用分割技术对图像进行分割后，可以对分割结果进行形态描述，这些描述即几何特征，包括大小、面积、周长、曲率、长度、圆度等。描述几何关系的拓扑参数，如岛、洞、连接数等也属于几何特征。

结构特征反映了地物对象内部的结构与组成，通过图像的纹理来描述。相关的指标包括傅里叶频谱、自相关函数、共生矩阵等及由此产生的多个指标。

关联特征是指图像中多个地物目标之间在位置、布局和关系方面复杂的关联。关联特征是多种知识和内容的综合，很难用统一的数学表达式或关系式来描述。在利用这种特征提取遥感信息时，必须引入相关专业的规律和知识，进行更多的综合、推理和判断。

3）时间特征

时间特征是指地物目标随时间变化的特征。单一时相的遥感图像是在特定时间点对特定地表空间的信息成像，表现的是一定时间点的地物信息。通过获取随着时间序列的变化，覆盖同一地理位置的遥感图像，由于气候背景差异、物化条件变化、人为作用、自然动力现象等多种原因，可表现出不同的特征，反映了不同时相遥感图像上同一地物动态变化的特点。时间特征在图像上以光谱特征及空间特征的变化为表现形式。时间特征主要用于地物的变化检测和动态监测，也可用于多时相图像特定地物目标的提取。

光谱特征、空间特征和时间特征是遥感影像信息提取的主要基础。由于地物在同一波段、同一地物在不同波段都具有不同的光谱特征，通过对某种地物在各波段的光谱曲线进行分析，根据其特点进行相应的增强处理后，可以在遥感影像上识别并提取同类目标物。早期的自动分类和图像分割主要是基于光谱特征，后来发展为结合光谱特征、几何特征（如形状特征）和结构特征（如纹理特征、位置布局特征）等综合因素的计算机信息提取。

2. 按层次分类

特征按层次分为低层特征（low-level feature）和高层特征（high-level feature）。图像的低层视觉特征仅仅代表视觉信息，如纹理、形状、轮廓等；高层特征则是通过对图像中对象（object）的视觉特征进行分析理解得到的对象语义描述，即对象实体，如道路、河流、街区等。低层特征所利用的信息量较少，容易受到背景干扰，无法有效地解决感兴趣目标部分信息缺失的问题，对于内容复杂的遥感图像的解译效果并不理想。高层特征信息的表达主要根据低层处理的结果，基于知识对产生的有关假设进行推断与证实，以形成满足场景或目标模型的复杂描述，从而完成图像的解译。

3. 按区域分类

特征按区域范围分为局部特征和全局特征。全局特征是指利用整幅或整块区域的图像信息提取的用来描述图像整体的特征，简单的如方差、颜色直方图等，复杂的包括多边形和称为结构的复杂的图像内容描述，如用局部特征之间的关系描述全局特征。局部特征，就是一些局部才会出现的特征。这个局部，就是指一些能够稳定出现并且具有良好的可区分性的点、线或面。即使图像有部分遮挡或有部分受到严重噪声干扰，通过局部特征提取仍可得到图像的部分信息，方便后续的分析。图像的局部特征在保留了图像中物体重要特征信息的同时，有效地减少了信息的数据量，因而成为当前特征研究的热点。

图像特征是图像的基本属性和测度，从不同的角度描述了图像的性质。图像特征是图像分割、遥感信息提取的依据。全面、准确的特征信息表达是完成遥感图像理解中目标检测识别、场景描述分类及语义分析计算等任务的必要前提。人们已经逐渐认识到，目标或场景数据不仅是灰度、边缘、纹理和形状等多方面信息的融合，这些特征信息中还存在着一定的空间结构性和相互关联性。即便是同一种特征，在不同尺度下描述的有效性也可能是完全不同的。

8.6.2 特征提取

图像特征提取是图像理解中从图像获取数据信息并进行相关分析的前提条件和关键环节。人类视觉系统认识客观世界是通过人眼获取有用的视觉信息，在头脑中进行加工、处理和转换，最终获得用以进行思维的抽象概念的处理过程。而该过程中最基本的一个步骤是对图像数据的加工处理，即选择最能包含图像/目标数据信息的视觉特征。利用各种不同的特征提取算法，获取图像中的点、线、面等数值或符号描述，经过加工、处理和转换，为后续的解译工作提供基础。

1. 点特征

点特征主要指图像上具有明显特征的点，如线段的终点、拐点、交叉点等。特征点在很多文献中也称兴趣点、关键点，当然最多的称作角点。虽然，到目前为止还没有明确的数学定义，但通常认为特征点就是极值点，即在某方面属性特别突出的点，如曲线曲率最大的点或水平、竖直方向上属性最大的点等。

特征点检测方法很多，基本可以划分为两大类：基于灰度的方法和基于几何形状的方法。基于灰度的方法是在灰度图像上利用模板或算子直接提取特征点，传统的有基于相关、基于模板、基于梯度等方法，较新的有基于尺度空间、基于滤波器、基于熵、基于不变矩等方法。除了空间域的特征，还有基于变换域的方法。常用的基于灰度的特征点检测算法有：Forstner 算子、Plessey 算子、Movarac 算子、SUSAN 算子、Shi-Tomasi 算子、Harris 算子和 Hessian 算子。近年来，多尺度特征提取算子 SIFT 和 SURF 得到广泛应用。基于几何形状的方法则需要先对图像进行边缘提取或图像分割，提取出区域的边界（边缘或轮廓），然后找出边界线上变化较大（如曲率极值）的点或多条线的交叉点作为特征点。

1）Forstner 算子

Forstner 算子是一个广泛使用的角点检测算子，它可以通过最佳窗口选择加权等辅助措施实现高精度的定位，因此该算子在摄像测量领域里应用比较广泛。其核心思想是：通过 Robert 梯度对图像上 $N \times N$ 大小的窗口滤波，计算出窗口中心像素的灰度协方差矩阵，将图像上具有尽可能小而接近圆的误差椭圆的点确定为特征点。

Forstner 算子的基本步骤如下。

（1）计算各个像素的 Robert 梯度：

$$\begin{aligned} f_x &= f(x+1, y+1) - f(x, y) \\ f_y &= f(x+1, y) - f(x, y+1) \end{aligned} \tag{8.112}$$

式中，f_x 和 f_y 分别为沿水平和垂直方向的偏微分（梯度）。

（2）计算窗口的灰度协方差矩阵：

$$\boldsymbol{Q} = \boldsymbol{N}^{-1} = \begin{bmatrix} \sum f_x^2 & \sum f_x f_y \\ \sum f_y f_x & \sum f_y^2 \end{bmatrix}^{-1} \tag{8.113}$$

（3）计算像素点的兴趣值：

$$\begin{aligned} w &= \frac{1}{\mathrm{tr}\boldsymbol{Q}} = \frac{\det \boldsymbol{N}}{\mathrm{tr}\boldsymbol{N}} \\ q &= \frac{4\det \boldsymbol{N}}{(\mathrm{tr}\boldsymbol{N})^2} \end{aligned} \tag{8.114}$$

式中，$\det \boldsymbol{N}$ 为协方差矩阵 $\boldsymbol{N}$ 的行列式；$\mathrm{tr}\boldsymbol{N}$ 为协方差矩阵 $\boldsymbol{N}$ 的迹。

（4）确定特征点

只有当 w 和 q 均大于给定的阈值且为局部区域内的极值时，该像素位置作为特征点输出。

2）Harris 算子

Harris 算子是 C. Harris 和 J. Stephens 在 1988 年提出的一种基于信号的点特征提取算子。这种算子受信号处理中自相关函数的启发，给出与自相关函数相联系的矩阵 $\boldsymbol{M}$ 。$\boldsymbol{M}$ 矩阵的特征值是自相关函数的一阶曲率，如果两个曲率值都高，则认为该点是特征点。

Harris 算子的表达式如下：

$$\begin{aligned} I &= \det(\boldsymbol{M}) - k(\mathrm{tr}\boldsymbol{M})^2 \\ \boldsymbol{M} &= G(s) \otimes \begin{bmatrix} f_x^2 & f_x f_y \\ f_x f_y & f_y^2 \end{bmatrix} \end{aligned} \tag{8.115}$$

式中，f_x 和 f_y 分别为沿水平和垂直方向的梯度；$G(s)$ 为高斯模板；$\otimes$ 为卷积操作，$\det(\boldsymbol{M})$ 为矩阵的行列式；$\mathrm{tr}\boldsymbol{M}$ 为矩阵的迹；k 为常数（通常取 0.04～0.06）。

Harris 算子中只用到灰度的一阶差分及滤波，计算简单。同时，由于 Harris 算子特征点的检测不需设置阈值，因此还可以满足自动化的要求。

2. 线特征

线特征是图像中明显的线段特征，主要来自两类地物：一类是线状地物，如河流、小路等；一类是面状地物，如湖泊、水库、森林等。地物的边缘和轮廓特征反映了图像的结构信息和纹理信息，在成像条件变化或成像模式变化时都能保持一定的稳定性。与点特征相比，线特征在异源图像中表现得更为稳定，使用的也更加广泛。

边缘是图像上灰度变化最剧烈的地方，传统的边缘检测就是利用这个特点，对图像各个像素点进行微分或求二阶微分来确定边缘像素点。一阶微分图像的峰值处对应着图像的边缘点；二阶微分图像的过零点处对应着图像的边缘点。利用一阶微分的线特征提取算子包括梯度算子、差分算子、方向差分算子、Robert 算子、Sobel 算子、Prewitt 算子；利用二阶微分的算子有方向二阶差分算子、Laplace 算子、高斯-拉普拉斯算子（Laplace of Gaussian，LOG），还有 Canny 算子和小波算子等。在遥感图像中，不仅灰度变化显著的地方存在边缘，颜色与纹理变化显著的地方同样存在边缘。因此，也有基于颜色区域、纹理区域及融合灰度、颜色和纹理的边缘检测算法。线特征提取在传统的边缘检测算子基础上，还经常结合曲线特征模型（如活动轮廓模型、水平集等），以提高提取的精度和效率。

1）Sobel 算子

Sobel 算子以像素点为中心的 3 × 3 区域做灰度加权运算，根据该点是否处于极值状态进行边缘检测，其实质仍是一种梯度幅度。

Sobel 算子定义为

$$s(i, j) = \sqrt{f_x^2 + f_y^2} \tag{8.116}$$

式中，f_x 和 f_y 分别为沿水平和垂直方向的梯度，其模板定义如下：

$$f_x: \begin{bmatrix} -1 & 0 & 1 \\ -2 & 0 & 2 \\ -1 & 0 & 1 \end{bmatrix} \qquad f_y: \begin{bmatrix} 1 & 2 & 1 \\ 0 & 0 & 0 \\ -1 & -2 & -1 \end{bmatrix} \tag{8.117}$$

Sobel 算子是滤波算子的形式，提取边缘可以利用快速卷积函数， 简单有效，因此应用广泛。但是，因为 Sobel 算子没有严格地模拟人的视觉生理特征，所以提取的图像轮廓有时并不能令人满意。

2）Canny 算子

Canny 算子是将边缘检测问题转换为寻找函数响应极大值问题。其基本原理是：采用二维高斯函数的任一方向上的一阶方向导数为噪声滤波器，通过与图像卷积进行滤波；然后对滤波后的图像寻找图像梯度的局部极大值，以确定图像边缘。

Canny 边缘检测的步骤：①用高斯滤波器来对影像进行滤波，以去除影像中的噪声；②用一阶偏导数的有限差分来计算梯度的幅值和方向；③对梯度幅值进行非极大值抑制，当有两个响应对应于单个边缘时，其中一个应该被认为是虚假的；④用双阈值算法检测和连接边缘，即以较低阈值所得到的影像为基础，以较高阈值所得到的影像为补充来连接影像的边缘。

传统的边缘检测算子如 Roberts、Sobel、Prewitt 和 Laplacian 等都是局域窗口梯度算子，由于它们对噪声敏感，所以在处理实际影像中效果并不理想。Canny 算子因其在边缘检测方面获得了良好的效果，因此，自从被提出来以后，就成为边缘检测中广泛应用的算法之一，并且很快成为评价其他边缘检测方法的标准。

3. 面特征

面特征是将图像中明显的区域信息作为特征。区域型的特征是具有高对比度的闭合区域的投影，如水域、农田、建筑物、森林和阴影等。面特征反映在遥感图像上就是颜色或者纹理较为一致的区域。

图像纹理是反映数字图像光谱亮度值空间变化的一种特征，一般理解为图像灰度在空间上的变化和重复，或图像中反复出现的局部模式（纹理单元）和它们的排列规则。纹理特征是不依赖于颜色的反映图像中同质现象的视觉特征，其本质是刻画像素的邻域灰度空间分布规律。纹理特征也是一种全局特征，与颜色特征不同，纹理特征不是基于像素点的特征，它需要在包含多个像素点的区域中进行统计计算。

1）局部二值模式

局部二值模式（local binary pattern，LBP）是一种用来描述图像局部纹理特征的算子，它具有旋转不变性和灰度不变性等显著的优点。

从纹理分析的角度来看，图像上某个像素点的纹理特征，大多数情况下是指这个点和周围像素点的关系，即这个点和它的邻域内点的关系。从哪个角度对这种关系提取特征，就形成了不同种类的特征。有了特征，就能根据纹理进行分类。LBP 构造了一种衡量一个像素点和它周围像素点的关系。

原始的 LBP 算子定义为在 3×3 的窗口内，以窗口中心像素为阈值，将相邻的 8 个像素的灰度值与其进行比较，若周围像素值大于中心像素值，则该像素点的位置被标记为 1，否则为 0。这样，3×3 邻域内的 8 个点可产生 8bit 的无符号数，即得到该窗口的 LBP 值，并用这个值来反映该区域的纹理信息（图 8.50）。

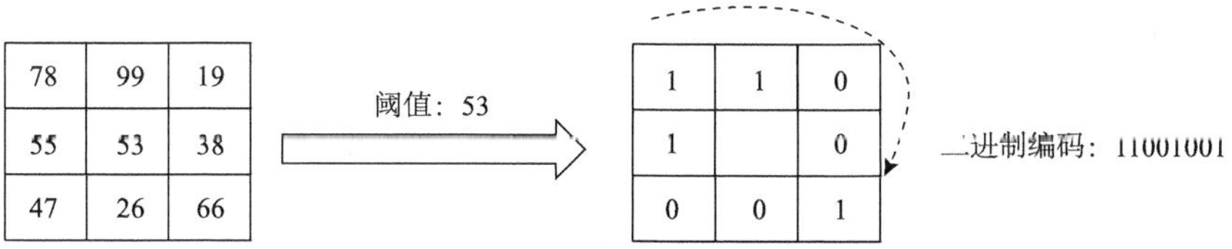

图 8.50　LBP 值编码示意图

为了突破 LBP 不可以提取大尺寸的纹理特征的难点，并且提高其鲁棒性，提出了半径可变的 LBP 算子，计算公式如下：

$$\mathrm{LBP}_{P,R}(x_c,y_c)=\sum_{P=0}^{P-1}s(g_p-g_c)2^P,\qquad s(x)=\begin{cases}1 & x\geqslant 0\\0 & x<0\end{cases}\tag{8.118}$$

式中，R 为半径；P 为邻域点；g_c 为中心点灰度值；g_p 为邻域点灰度值。

LBP 纹理特征向量，一般以图像的分块 LBP 直方图表示，具体计算步骤如下：①将图像划分为 $N\cdot N$ 的图像子块，计算每个子块中每个像素的 LBP 值；②对每个子块进行直方图统计，得到 $N\cdot N$ 图像子块的直方图；③利用 $N\cdot N$ 个子块的直方图，描述该图像的纹理特征。

2）灰度共生矩阵

灰度共生矩阵（gray level co-occurrence matrix，GLCM）反映不同像素相对位置的空间信息，在一定程度上反映了纹理图像中各灰度级在空间上的分布特性，是纹理分析领域中经常采用的特征之一。灰度共生矩阵是图像灰度变化的二阶统计度量，也是描述纹理结构性质特征的基本函数，它统计了两个像素点位置的联合概率分布。

设 $f(x,y)$ 为二维数字图象，其大小为 $M\cdot N$，灰度共生矩阵各元素 $p(i,j|d,\theta)$ 表示在 θ 方向上、相隔 d 像素距离的一对像素，分别具有灰度值 i 和 j 的出现概率，其公式如下：

$$p(i,j|d,\theta)=\#\{(x_1,y_1),(x_2,y_2)\in M\cdot N \mid f(x_1,y_1)=i, f(x_2,y_2)=j\} \tag{8.119}$$

式中，$\#\{\}$ 为集合的元素个数。灰度共生矩阵是一个对称矩阵，其阶数由图像中的灰度级个数决定，如果图像灰度级别为 Ng，则共生矩阵的大小为 $Ng\cdot Ng$。

灰度共生矩阵中，可以提取 14 种特征来表征图像的纹理。实际中应用较多的是角二阶矩（能量）、惯性矩（对比度）、熵、相关等特征。

角二阶矩（能量）：

$$\mathrm{ASM}=\sum_i\sum_j p(i,j|d,\theta)^2 \tag{8.120}$$

惯性矩（对比度）：

$$\mathrm{CON}=\sum_i\sum_j (i-j)^2 p(i,j|d,\theta) \tag{8.121}$$

熵：

$$\mathrm{ENT}=-\sum_i\sum_j p(i,j|d,\theta)\lg(p(i,j|d,\theta)) \tag{8.122}$$

相关：

$$\mathrm{COR}=\frac{\sum_i\sum_j ijp(i,j|d,\theta)-\mu_x\mu_y}{\sigma_x\sigma_y} \tag{8.123}$$

式中，$\mu_x=\sum_i\sum_j i\cdot p(i,j|d,\theta)$；$\mu_y=\sum_i\sum_j j\cdot p(i,j|d,\theta)$；$\sigma_x=\sum_i\sum_j (i-\mu_x)^2 p(i,j|d,\theta)$；$\sigma_y=\sum_i\sum_j (j-\mu_y)^2 p(i,j|d,\theta)$。

8.6.3　智能化信息提取

遥感图像信息提取的方法主要有模式识别法、人工智能法、小波分析法、应用模糊理论提取法、分形技术提取法、数学形态法等。模式识别方法运用在遥感图像主要有统计模式识别法、结构模式识别法。统计模式识别法适用于地物光谱特征分类；结构模式识别法适用于地物形状和空间关系特征。人工智能主要研究用人工的方法和技术，模仿、延伸和扩展人的智能，实现机器智能。目前在遥感图像信息提取中，面向对象技术、专家系统和人工神经网络应用较多。其实质是将机器学习、数据挖掘和知识发现等智能信息处理的思想、方法和技术引入遥感领域，以增强遥感图像处理、分析的自动化和智能化能力，最终实现遥感信息的自动提取。

1. 面向对象技术

传统的遥感图像处理分析主要建立在基于像素级别的光谱信息分析基础上，尽管已经取得了较好的应用效果，但是依然还存在着相当的缺陷，主要体现在以下几个方面。

（1）传统的方法从其处理对象的本质上看，都属于以图像像素为分析对象的分析方法。遥感图像中的单个像素只能反映自身的光谱特征，而只从图像的光谱特征出发进行遥感图像的分析理解所能获得的信息是十分有限的。

（2）虽然在基于像素的遥感图像分析和处理上引入了很多的新的方法，如模糊集、神经网络分类器、分层聚类、空间逐步寻优模型等，在信息提取精度等方面有不少的改进，但是由于这些方法从本质上来说还是基于像素的，因而无法从根本上摆脱基于像素分析方法的局限性。

（3）从认识论角度看，人类认识和把握事物所进行的思维和推理都是基于概念层次的，基于像素级别的处理分析技术过于着眼于局部而忽略了附近整片区域的几何结构情况。因而，仅从像素出发是不可能进行相关的思维和推理活动的，也无法有效地实现较高层次的遥感图像理解和分析。在很多分析任务中经常见到的空间关系（距离、拓扑连接、方向特征）、空间模式、多尺度或区域结构等特征和方法，很难直接应用于遥感图像分析。不难看出，基于像素（像素层次）的遥感图像分析和处理的局限是十分明显的。

随着图像处理技术的发展，图像内容从传统的仅由视觉特征集合组成延伸至三层结构：特征、对象和场景。特征就是指低层特征，对象就是指高层特征，而场景是对多个对象和整幅图像的语义描述。传统的图像分析处理主要集中在特征层次上，如点、边缘、轮廓、纹理、颜色等，实质上是计算机对图像底层内容的理解，忽略了图像内容所包含的语义信息，与人对图像的理解存在一定的差异。人对图像的理解并非仅仅建立在图像底层视觉特征上，而是建立在图像所描述的对象及场景上，而对象和场景则真正利用了图像的语义，属于图像的高层特征。面向对象的方法最初在计算机视觉和模式识别领域开始应用，如基于内容的图像检索（content-based image retrieval，CBIR）。后来引入遥感领域，在图像分割、图像分类及变化检测等方面受到越来越多的重视。

面向对象方法的基本原理是根据像元的形状、颜色、纹理等特征，把具有相同特征的像素组成一个对象，然后根据每一个对象的特征进行类别判定。它不同于传统遥感图像基于像元光谱值的分析方法，而采用决策支持的模糊判别算法，建立不同尺度的判别层次，在每一层次上分别定义对象的光谱特征、形状特征、纹理特征、上下文关系特征和相邻关系特征。其中，光谱特征包括均值、方差、灰度比值等；形状特征包括面积、长度、宽度、边界长度、长宽比、形状因子、密度、主方向、对称性、位置等，对于线状地物包括线长、线宽、线长宽比、曲率、曲率与长度之比等，对于面状地物包括面积、周长、紧凑度、多边形边数、各边长度的方差、各边的平均长度、最长边的长度；纹理特征包括对象方差、密度、对称性、灰度共生矩阵特征等。通过对影像对象定义多种特征并指定不同权重，给出每个对象隶属于某一类别的概率，建立判别标准，最终按照最大概率产生确定判别结果。

与传统的图像分析方法相比，面向对象分析技术能更好地模拟人眼对地物的认知过程。面向对象分析技术主要有两个特点：①分析单元为“对象”。在对局部进行分析时，人眼一般是将目标分解成多个在视觉特征上具有内部同质性的单元；面向对象技术通过分割技术来提取同质性区域——“对象”，并将“对象”作为分析单元。②多尺度分析。根据人类视觉认知过程，识别感兴趣目标时，通常需要从目标局部细节到目标总体特征（形状、大小等）对这个目标进行不同尺度层次的分析；面向对象技术利用多尺度分割参数的缩放控制“对象”的大小，来建立感兴趣目标的多尺度模型，为分析目标从细节到总体不同尺度上的特征提供了实现手段。

面向对象技术是针对高分辨率图像应用而兴起的一种新的图像处理及分析技术，突破了传统方法以像素为处理单元的局限性，从较高层次（对象层次）对遥感图像进行分析，使提取结果含有更丰富的语义信息。面向对象的方法考虑了更多的判别特征，接近人的目视解译思维习惯，为信息提取提供了一种新的思维方法。但其最终结果的精度受初期分割结果的影响很大，在很大程度上依赖于分割结果的质量。分割参数的选择和信息提取中类别特征的选择及分类体系的建立大部分依靠人的经验来设置，具有较大的人为主观性。

2. 专家系统

专家系统是一个具有大量专门知识与经验的程序系统，它应用人工智能技术，根据一个或多个专家提供的特殊领域的专门知识、经验进行推理和判断，模拟专家做决定的过程来提取信息。计算机视觉研究发现，人的视觉系统对图形和图案的检测与人们的知识与经验密切相关，这促使人们利用知识工程和专家系统来解决遥感图像的自动解译问题。这种基于知识和专家系统的解译方法，在一定程度上可提高计算机解译精度。

遥感成像是从多到少的映射，是个确定过程，而影像解译是从少到多的映射，是个不确定过程，无法从数学上直接求得确定解，因此需要依赖于人的知识，给出假设和约束，以求最优解。从信息论的角度来说，遥感成像过程丢失了信息，或由于加入噪声而减少了信息量，使得遥感影像所携带的信息量不足以表达人们所希望解求的诸多地理对象内在的不确定度。因而在遥感影像解译时，有一个重要的信息处理过程，包括两个方面：一是把遥感未带回的信息再补上去，即补充其他相关的信息；二是根据影像信息进行处理和分析，推断影像上未反映的信息，这些都需要专业知识的支持。计算机领域中人工智能的出现，使得基于知识的遥感信息提取成为可能。把用于目视解译的专家知识定量化表达，并参与计算机处理，可以从根本上解决信息提取的问题。所以，人机交互的后一阶段已转入基于知识和专家系统的图像信息提取。采用交互式输入某一层次的知识信息，来对目标进行有效地识别和提取。

基于知识发现的信息提取是遥感信息提取的发展趋势，基本内容包括知识的发现、应用知识建立提取模型，利用遥感数据和模型提取遥感信息。在知识发现方面，包括从单期遥感图像上发现有关地物的光谱特征知识、空间结构与形态知识、地物之间的空间关系知识，其中，空间结构与形态知识包括地物的空间纹理知识、形状知识，以及地物边缘形状特征知识；从多期遥感图像中，除了可以发现以上知识外，还可以进一步发现地物的动态变化过程知识；从 GIS 数据库中可以发现各种相关知识。在利用知识建立模型方面，主要是利用所发现的知识或其他专业知识建立相应的遥感信息提取模型。

在信息提取中，除了利用遥感图像数据外，一般还要利用大量的相关数据和知识。这些数据多为来自于 GIS 的图形数据和非图形数据。图形数据包括点、线、面地形数据；非图形数据一般是指人口、社会、经济等统计数据。对图形数据的利用，有两个步骤：第一步，挖掘知识；第二步，将这些知识用来把图形数据与遥感图像联系起来，以支持信息的提取。而其他相关知识主要指专家的经验和常识、地物光谱特性、地物时相分布特征和发展规律。

但基于知识和专家系统的信息提取还远未达到实用阶段的水平。原因在于这些专家的解译知识多是基于特定地区、特定图像的解译知识，其针对性较强，而且随着地域、时域的变化，一些知识往往随之失去效用，不能在运行过程中自我学习，实现解译知识的更新。在解译过程中引入专家系统，这是一个进步，从现有的情况看，专家系统工具是针对于某一类问题而开发的，然后提炼为工具。这种工具往往不能满足遥感图像自动解译的要求，存在知识不全面、推理过程简单、控制策略不灵活、缺乏常识推理等弱点。这些都说明了基于知识的遥感图像信息提取仍处于发展过程中，需要进一步完善。

3. 人工神经网络

人工神经网络（artificial neural network，ANN）是以模拟人脑神经系统的结构和功能为基础而建立的一种数据分析处理系统，具有学习、联想、记忆和模式识别等人工智能手段。神经网络技术的应用领域十分广泛，在遥感图像处理领域，可以应用于图像滤波、影像分类、目标识别等方面。

神经网络主要包括 Hopfield 神经网络、自组织神经网络、反向传输神经网络等方法，因其具有非线性及并行和分布式存储与处理能力而特别适合于解决聚类和分类等问题。神经网络方法的出发点是将图像分割问题转化为诸如能量最小化、分类等问题，即先利用训练样本集对 ANN 进行训练，再用训练好的 ANN 去分割新的图像。另外，由于神经网络中存在大量的连接，因此容易引入空间信息。

人工神经网络的特点和优越性，主要表现在三个方面。

第一，具有自学习功能。例如，实现图像识别时，只要先把许多不同的图像样板和对应的应识别的结果输入人工神经网络，网络就会通过自学习功能，慢慢学会识别类似的图像。自学习功能对于预测有特别重要的意义。预期未来的人工神经网络计算机将为人类提供经济预测、市场预测、效益预测，其应用前途是很远大的。

第二，具有联想存储功能。用人工神经网络的反馈网络就可以实现这种联想。

第三，具有高速寻找优化解的能力。寻找一个复杂问题的优化解，往往需要很大的计算量，利用一个针对某问题而设计的反馈型人工神经网络，发挥计算机的高速运算能力，可能很快找到优化解。

与基于统计模型的影像分类方法相比，神经网络算法不要求数据呈正态分布，自适应性强，具有模拟特定拓扑结构复杂模型的能力，其对不规则分布的复杂数据具有很强的处理能力，从而得到了广泛的应用。但神经网络提供的是一种隐式知识表达的方式，学习到的分类规则和解译规则都藏在隐含层的神经元的权重里，对用户来讲难以理解和进行调整，因此是个黑盒模型；初始化有可能影响分割结果；随着问题复杂度的增加，方法需要大量的训练样本集且学习时间过长；相对于高分影像而言，难以达到大数据量处理及非监督分类的要求。

4. 深度学习

大脑是一个深度架构，认知过程也是深度的。大脑的工作过程，或许是一个不断迭代、不断抽象概念化的过程。深度学习（deep learning）就是通过组合低层特征形成更加抽象的高层特征（或属性类别）。例如，深度学习算法从原始图像去学习得到一个低层次表达，如边缘检测器、小波滤波器等，然后在这些低层次表达的基础上，通过线性或者非线性组合，来获得一个高层次的表达。

机器学习是人工智能的一个分支，而在很多时候，几乎成为人工智能的代名词。简单来说，机器学习就是通过算法，使得机器能从大量历史数据中学习规律，从而对新的样本做智能识别或对未来做预测。深度学习是机器学习研究中的一个新的领域，其动机在于建立可以模拟人脑进行分析学习的神经网络，它模仿人脑的机制来解释数据，如图像、声音和文本。深度学习之所以被称为“深度”，是因为之前的机器学习方法都是浅层学习。深度学习可以简单理解为传统神经网络的发展。

神经网络曾经是机器学习领域特别热门的一个方向，这种基于统计的机器学习方法比起过去基于人工规则的专家系统，在很多方面显示出优越性。深度学习与传统的神经网络之间有相同的地方，采用了与神经网络相似的分层结构，比较接近人类大脑的结构。但是，神经网络[如采用误差反向传播（back propagation，BP）算法，通过梯度下降方法在训练过程中修正权重使得网络误差最小]在层次深的情况下，求解容易陷入局部最优，且这种情况随着网络层数的增加而更加严重，所以只能转而处理浅层结构（小于等于 3），从而限制了性能。浅层结构算法有很多局限性：在有限样本和计算单元情况下对复杂函数的表示能力有限，针对复杂分类问题其泛化能力受到一定的制约。更重要的是，浅层模型需要依靠人工来抽取样本的特征。然而，手工地选取特征是一件非常费力的事情，能不能选取好很大程度上靠经验和运气。

深度学习通过学习一种深层非线性网络结构，只需简单的网络结构即可实现复杂函数的逼近，并展现了强大的从大量无标注样本集中学习数据集本质特征的能力。深度学习能够获得可更好地表示数据的特征，同时由于模型的层次深（通常有 5 层、6 层，甚至 10 多层的隐层节点）、表达能力强，因此有能力表示大规模数据。对于图像、语音这种特征不明显（需要手工设计且很多没有直观的物理含义）的问题，深度模型能够在大规模训练数据上取得更好的效果。相比于传统的神经网络，深度神经网络做出了重大的改进，在训练上的难度可以通过“逐层预训练”来有效降低。当然，深度学习像很多其他方法一样，需要结合特定领域的先验知识，同时需要与其他模型结合才能得到最好的结果。此外，类似于神经网络，深度学习的另一局限性是可解释性不强，像个“黑箱子”一样不知为什么能取得好的效果，以及不知如何有针对性地去具体改进，而这有可能成为研究过程中的阻碍。

8.7　遥感图像处理软件

由于不同用户的应用目的不同，对图像辐射量测精度和几何量测精度的要求也不尽相同，为了满足应用要求，经常使用一些图像处理软件对遥感图像做进一步的处理并制作相应产品。目前，国际上通用的遥感图像处理软件主要有美国 Intergraph 公司的 Erdas Imagine、美国 Research System INC 公司的 ENVI、加拿大 PCI 公司的 PCI Geomatica、澳大利亚 Earth Resource Mapping 公司的 ER Mapper 及德国 Definiens Imaging 公司的 eCognition 等。这些软件通常可以提供三级打包方法，即基础级（essentials）、高级（advantage）和专业级（professional）。基础级遥感图像处理软件包提供最低成本的影像制图和可视化工具，如几何纠正、影像分析、可视化和自动专题地图输出等功能。高级遥感图像处理软件包除了具有基础级软件包的全部功能外，还增加了更高级且精确的遥感制图、影像处理和地理信息分析等功能。专业级遥感图像处理软件包是在高级软件包的基础上，增加用于遥感与地理分析专业的综合工具，如混合分类技术、雷达分析、可视化空间建模工具等。

国产遥感图像处理软件主要有：中国测绘科学研究院的 CASM ImageInfo、中国科学院遥感与数字地球研究所的 IRSA 系统、武汉吉奥公司的 GeoImager、北京东方泰坦科技有限公司的 Titan Image、北京吉威时代软件股份有限公司的 Geoway ImageStation 等。相比之下，国产软件起步较晚，功能设计上与国外软件尚有一定差距，但具有价格便宜、界面适合国人习惯、支持国内通用坐标系等优势，主要针对行业应用。

此外，还有另外一类遥感图像处理软件，它们更侧重于目标的精确定位和三维量测，被称为数字摄影测量系统，如美国 Intergraph 公司的 Image Station 和 LPS（leica photogrammetry suite）、瑞士 Helave 公司的 DPW（digital photogrammetric workstation）、法国地球信息（InfoTerra）公司的像素工厂等。这些系统的软件功能主要包括：数字空中三角测量、数字地面模型 DTM 的自动生成和编辑、正射影像图制作、地物要素采集、三维景观图生成、栅格数据与矢量数据的综合成图等。我国具有自主知识产权的数字摄影测量系统主要有 VirtuoZo、JX4 DPW 和 DPGrid。

1. Erdas Imagine

Erdas Imagine 是美国 Erdas 公司开发的遥感图像处理系统。它以先进的图像处理技术，友好、灵活的用户界面和操作方式，面向广阔应用领域的产品模块，服务于不同层次用户的模型开发工具及高度的遥感图像处理和地理信息系统集成功能，为遥感及相关应用领域的用户提供了内容丰富而功能强大的图像处理工具，代表了遥感图像处理系统的发展趋势。Erdas 的全线产品已经广泛应用于基础测绘、城市规划、国土资源、军事和安全、遥感、交通、电力、能源、环保、农业、林业、海洋、电信等众多领域。

Erdas Imagine 面向不同需求的用户，对于系统的扩展功能采用开放的体系结构以 Imagine Essentials、Imagine Advantage、Imagine Professional 等形式为用户提供了基本、高级、专业三档产品架构，并有丰富的功能扩展模块供用户选择，使产品模块的组合具有极大的灵活性。

（1）Imagine Essentials 级：包括制图和可视化核心功能的图像工具，可以完成二维/三维显示、数据输入、排序与管理、地图配准、专题制图及简单的分析，可以将不同类型的地理数据与影像结合，快速组织项目。

（2）Imagine Advantage 级：在 Essentials 级基础之上增加了更丰富的栅格图像 GIS 分析和单张航片正射校正等功能。Imagine Advantage 为用户提供了灵活可靠的用于栅格分析、正射校正、地形编辑及图像拼接的工具。

（3）Imagine Professional 级：面向从事复杂分析、需要最新和最全面处理工具，经验丰富的专业用户。在 Advantage 基础上包括了更全面的影像分析、雷达分析和高级的分类工具，其提供的地理空间数据模型是分析地理数据的特有功能。Imagine Professional 用户拥有一个构建和执行影像分类的专家系统、密度分割、空间建模工具、高光谱分析工具、子像元分类器等，构成了一个完整的遥感影像分析处理系统。

Erdas Imagine 还提供了丰富的功能扩展模块，产品模块的组合具有灵活性，用户可根据应用要求、资金情况合理地选择不同功能模块及其不同组合，充分利用软硬件资源，满足不同的专业应用要求。Erdas Imagine 扩展模块主要有：Imagine AutoSync，影像自动配准模块；Imagine EasyTrace，智能矢量化模块；Imagine DeltaCue，智能变化检测模块；Imagine Vector，矢量数据处理模块；Imagine Virtual GIS，三维可视化与分析模块；Imagine Stereo Analyst，立体分析模块；Imagine Objective，面向对象信息提取模块；ATCOR，大气纠正和雾曦去除模块；Imagine Radar Interpreter，基本雷达模块；Imagine OrthoRadar，雷达正射纠正模块；Imagine StereoSAR DEM，雷达立体像对 DEM 提取模块；Imagine Lidar Analyst，激光雷达信息提取模块；Imagine Enterprise Loader，企业级数据加载模块；Imagine Developer's Toolkit，开发工具包；Imagine NITF2.0/2.1 NITF，影像转换工具；Imagine Feature Interoperability，矢量互操作模块；Imagine Imagizer，影像数据分发模块；Imagine MrSID Desktop Encoder，桌面版 MrSID 压缩模块；Imagine MrSID Workstation Encoder，工作站版 MrSID 压缩模块；LPS，数字摄影测量系统相关模块。

Erdas Imagine 侧重于遥感图像处理，同时与地理信息系统紧密结合，并且具有与全球定位系统集成的功能。与 GIS 结合体现在：与 ArcGIS 软件系列直接集成主要表现在数据格式的无缝兼容，Erdas Imagine 可以直接读取、查询、检索 ArcGIS 的 Coverage、GRID、Shaplefile、SDE 矢量数据，并可以直接编辑 Coverage、Shaplefile 数据；全面支持 ArcGIS 9.2 及以前版本的 GeodataBase；Erdas Imagine 可以作为 ArcSDE 客户端，读取关系数据库里面的矢量与影像数据；通过 ArcIMS 可发布 Img 格式的影像；实现矢/栅数据间的转换。同时，Erdas Imagine 可以从 GPS 设备中直接获取实时信息。

Erdas Imagine 通过将遥感、遥感应用、图像处理、摄影测量、雷达数据处理、地理信息系统和三维可视化等技术结合在一个系统中，实现地学工程一体化结合，为用户提供计算速度更快，精度更高，数据处理量更大，面向工程化的新一代遥感图像处理与摄影测量解决方案。

特别是 LPS 数字摄影测量模块，增加了对航天航空数字摄影测量传感器（如 SPOT、QuickBird、DMC、Leica RC30、ADS、A3 系列等）的全面支持，提供影像自动匹配、空中三角测量、地面模型的自动提取、亚像素级点定位等功能，在提高数据精度的同时，也大大地提高了数据生产的效率。LPS 采用模块化的软件设计，支持丰富多样的扩展模块，为用户提供了多种方便实用的功能选择，可根据用户需求灵活配置，具有功能强大、使用方便的优点。LPS 的正射生产、数字高程模型自动提取等关键数据生产流程支持分布式集群计算，配置方式灵活多样：拥有多核处理器的高性能计算机可选择多核批处理运算；或配置 Condor 系统在高速网络环境中将多处理任务分配给多台计算机进行分布式运算。

由于 Erdas LPS 系统和 Erdas Imagine 遥感影像处理系统高度集成的架构设计，LPS 不是传统意义上的单一数字摄影测量系统，而是一个集数字摄影测量和遥感影像处理为一体的空间数据生产、处理、分析平台系统。LPS 的核心模块包括了 Imagine Advantage 高级版的全部功能：LPS 输出的高精度空间数据（正射影像图、数字地形图、三维矢量线划图、三维城市景观模型等）可在 Imagine 系统中完成更多影像处理，如影像分类、解译、专题图的绘制和输出、空间分析，或建立复杂的空间预测模型等，为用户提供了遥感、摄影测量一体化解决方案。

2. ENVI

ENVI 是美国 ITT（现为 Exelis）Visual Information Solutions 公司的旗舰产品，是一套功能强大的遥感图像处理软件。ENVI 已经广泛应用于科研、环境保护、气象、石油矿产勘探、农业、林业、医学、国防安全、地球科学、公用设施管理、遥感工程、水利、海洋、测绘勘察和城市与区域规划等领域。

ENVI 包含齐全的遥感影像处理功能：常规处理、几何校正、定标、多光谱分析、高光谱分析、雷达分析、地形地貌分析、矢量应用、神经网络分析、区域分析、GPS 联结、正射影像图生成、三维图像生成、丰富的可供二次开发调用的函数库、制图、数据输入/输出等。

ENVI 对于要处理的图像波段数没有限制，可以处理最先进的卫星格式，如 Landsat7、

IKONOS、SPOT、Radarsat、NASA、NOAA、EROS 和 Terra，并准备接受未来所有传感器的信息。ENVI 支持各种操作系统，包括 Windows、UNIX、Linux、Macintosh 及 OpenVMS。

ENVI 能够充分提取图像信息，具备全套完整的遥感影像处理工具，能够进行文件处理、图像增强、掩膜、预处理、图像计算和统计，完整的分类及后处理工具，图像变换和滤波工具、图像镶嵌、融合等。ENVI 遥感影像处理软件具有丰富完备的投影软件包，可支持各种投影类型。同时，ENVI 还将一些高光谱数据处理方法用于多光谱影像处理，可更有效地进行知识分类、土地利用动态监测。

ENVI 拥有先进的高光谱和多光谱分析工具。用户可以识别出图像中纯度最高的像元，通过与已知波谱库的比较确定未知波谱的组分。用户不仅可以使用 ENVI 自带的波谱库，还可以自定义波谱库，甚至可以组合使用线性波谱分离和匹配滤波技术进行亚像元分解，以消除匹配误差，得到更精确的结果。

ENVI 同样采用模块化设计，它齐全的遥感影像处理功能连同丰富的二次开发函数库，组成了非常全面的影像处理系统。ENVI RT 环境和 ENVI/IDL 环境为不同层次的用户提供了完整的影像处理工具，能满足大多数用户的专业应用需求。ENVI 还包含 Flaash、DEM、异常地物提取、SARscape 等扩展功能模块，可满足更高级用户需求。ENVI 扩展模块主要有：大气校正模块（Atmospheric Correction），立体像对高程提取模块（DEM Extraction），面向对象空间特征提取模块（ENVI EX），正射纠正扩展模块（Orthorectification），高级雷达处理扩展模块（SARscape），NITF 图像处理扩展模块（Certified NITF）。

ENVI 具有强大的底层二次开发工具：交互式数据语言开发（interactive data language，IDL）。IDL 是集科学数据分析、可视化表达和跨平台应用开发等功能为一体的第四代可视化计算机语言。它是面向矩阵的，完全支持对数组的直接操作，具有快速分析超大规模数据的能力，速度比传统语言如 C、C++等有很大的提升。它包括了高级图像处理能力、交互式二维和三维图形技术、面向对象的编程、OpenGL 硬件图形加速功能、集成的数学分析与统计软件包、完善的信号分析和图像处理功能、灵活的数据输入输出方式、跨平台的图形用户界面工具包、连接 ODBC 兼容数据库、支持远程服务器访问数据及具有多种外部程序连接方式，成为数据分析和可视化的首选工具。

思　考　题

1. 为什么要对遥感图像进行彩色合成处理？

2. 说明直方图均衡化的基本原理。

3. 直方图匹配的目的是什么？

4. 为什么要进行多光谱变换？变换的本质是什么？

5. 什么是遥感图像信息融合？它有什么优势？

6. 在基于 HIS 变换的遥感图像融合过程中，用全色波段图像替换经 HIS 正变换得到的亮度分量 I，其物理机理是什么？

7. 采用小波变换的方法进行遥感图像信息融合的思想是什么？

8. 遥感图像判读特征主要有哪些？

9. 运用判读特征进行遥感影像目视判读时应注意哪些问题？

10. 遥感影像立体观察必须满足的条件是什么？

11. 说明计算机图像分类的主要方法及其区别和特点。
12. 说明计算机分类的基本过程。
13. 遥感图像信息提取主要有哪些方法？各有什么优缺点？
14. 图像特征按类型可分为哪些特征？
15. 特征提取中常用的底层特征有哪些？
16. 为什么需要专家系统？专家系统又存在哪些问题？
17. 与传统的图像分析方法相比，面向对象分析技术具有哪些优势？
18. 计算机解译的主要技术发展趋势是什么？

第 9 章　遥感技术的应用

9.1　遥感技术在测绘中的应用

遥感图像在测绘中主要被用来测制和修测地形图、制作正射影像图、测制各类专题图。目前所测制的地形图与各类专题图已是数字形式，通过规定格式的转换和编码处理可以直接存入相应的 GIS 数据库，修测的内容可以更新 GIS 数据库。利用不断获取的遥感图像提取基础信息和目标信息，及时地为 GIS 提供空间数据和背景数据，是使 GIS 保持其数据库现势性的基本途径。反过来，GIS 的数据库已有的数据也是支持和辅助遥感图像分析的重要内容，它有助于提高遥感信息提取的智能化和自动化程度。

9.1.1　利用遥感图像进行地形图测绘

使用航空像片测绘地形图的技术已相当成熟，它的进一步发展是与计算机和自动控制技术结合起来，实现测图自动化。但航空像片覆盖面积小，对于全球区域不可能在短时间内实现全部陆地影像的拍摄，并且价格昂贵。而卫星影像覆盖面积大，能在短时间内获取全球影像数据，并可进行影像的重复获取。随着分辨率的提高，测图比例尺也在不断提高，如利用 IKONOS 获取 lm 分辨率的图像能测绘 1∶1 万比例尺的地形图；利用 SPOT-5 获取的 2.5m 分辨率的图像可以测制 1∶2.5 万比例尺的地形图；美国使用像幅为 23cm×46cm 的大幅面相机，在低高度轨道的航天飞机上对地面进行立体摄影，基线高度比达 1.2，纵向重叠达 80%，在立体测图仪上也能测绘 1∶5 万比例尺的地形图。一般情况下，遥感图像的空间分辨率与测图比例尺之间的关系如表 9.1 所示。

表 9.1　遥感图像空间分辨率与测图比例尺之间的关系

遥感图像名称	空间分辨率/m	最大测图比例尺	用于一般判读的测图比例尺
MSS	79	1∶50 万	1∶25 万
TM	30	1∶25 万	1∶10 万
SPOT1～4	10	1∶5 万	1∶2.5 万
SPOT-5	2.5	1∶2.5 万	1∶1 万
IKONOS	1	1∶1 万	1∶5000
QuickBird	0.61	1∶5000	1∶2000

为利用卫星图像测绘地形图，各国设计了不同的方案，下面作简单介绍。

1. SPOT 图像的高程信息提取方法

SPOT 卫星上的 HRV 推扫式扫描仪，通过控制仪器内的一个平面反射镜旋转角度的方法，实现轨道间的立体摄影。其基高比为 0.5～1.0，赤道处在 26d 内能建立 7 个立体对，在纬度 45° 处能获取 11 个立体像对。平面反射镜偏离底点的最大旋转角为±27° 。

SPOT 卫星图像提取高程的方法，可以利用一级产品（经辐射校正、地球自转、地球曲率、卫星高度和速度变化、反射镜定位误差等项改正后的产品），在光学机械式立体测图仪或解析测图仪上提取高程信息，也可使用数字测图系统获取高程信息。

数字化测图方法应用前方交会原理，即由左右两张像片上同名像点的图像坐标，来解求地面点的三维坐标。所使用的数学模型仍是共线方程。但需要相应于左右图像的两套方程联合求解。现用“′ ”表示右图像的有关变量，列出共线方程：

$$\begin{aligned} X_p &= X_s + (Z_p - Z_s)R_x \\ Y_p &= Y_s + (Z_p - Z_s)R_y \end{aligned} \tag{9.1}$$

$$\begin{aligned} X'_p &= X'_s + (Z'_p - Z'_s)R'_x \\ Y'_p &= Y'_s + (Z'_p - Z'_s)R'_y \end{aligned} \tag{9.2}$$

其中，$R_x = \dfrac{a_{11}(x) + a_{12}(y) - a_{13}(f)}{a_{31}(x) + a_{32}(y) - a_{33}(f)}$，$R_y = \dfrac{a_{21}(x) + a_{22}(y) - a_{23}(f)}{a_{31}(x) + a_{32}(y) - a_{33}(f)}$。

式中，(x)、(y)、(f) 为常规框幅像片的坐标。HRV 是线阵列图像，其坐标为 $(0, y, -f)$。由于要建立立体像对，平面反射镜绕 x 轴旋 Ω 角，因此，

$$\begin{bmatrix} (x) \\ (y) \\ (f) \end{bmatrix} = \begin{bmatrix} 1 & 0 & 0 \\ 0 & \cos\Omega & \sin\Omega \\ 0 & -\sin\Omega & \cos\Omega \end{bmatrix} \begin{bmatrix} 0 \\ y \\ -f \end{bmatrix}$$

所以，R_x 可写为

$$R_x = \frac{a_{12}(y\cos\Omega + f\sin\Omega) - a_{13}(f\cos\Omega - y\sin\Omega)}{a_{32}(y\cos\Omega + f\sin\Omega) - a_{33}(f\cos\Omega - y\sin\Omega)} \tag{9.3}$$

若令

$$\begin{bmatrix} A & B \\ C & D \\ E & F \end{bmatrix} = \begin{bmatrix} a_{12} & a_{13} \\ a_{22} & a_{23} \\ a_{32} & a_{33} \end{bmatrix} \begin{bmatrix} \cos\Omega & \sin\Omega \\ \sin\Omega & -\cos\Omega \end{bmatrix} \tag{9.4}$$

则可得出

$$\begin{aligned} R_x &= \frac{Ay + Bf}{Ey + Ff} \\ R_y &= \frac{Cy + Df}{Ey + Ff} \end{aligned} \tag{9.5}$$

同理，可得出右图像的 R'_x、R'_y：

$$\begin{aligned} R'_x &= \frac{A'y' + B'f}{E'y' + F'f} \\ R'_y &= \frac{C'y' + D'f}{E'y' + F'f} \end{aligned} \tag{9.6}$$

由上述几式的 y 可求解高程值为

$$Z_p = \frac{(Y_s' - Y_s) - (Z_s' R_y' - Z_s R_y)}{R_y - R_y'} \tag{9.7}$$

量测高程的条件是已知外方位元素和寻找到同名点。

2. 三线阵 CCD 推扫式卫星图像的高程信息提取

三线阵 CCD 获取同一轨道上向前、垂直、向后推扫的三幅图像，图像之间相互都可以建立立体模型。以 3-Camera 立体测图卫星为例，这种遥感器用 4096 个 CCD 元件作为线阵列探测器组，其空间分辨率为 15m。它的三个遥感器同时以推扫方式分别获取三条同一地区的图像，其前视、后视遥感器的主光轴与正视遥感器的主光轴之间的夹角均为 26.57° 。卫星的轨道高度为 705km，正视遥感器的设计焦距为 705mm；前视和后视遥感器的设计焦距为 775mm，到地面的距离为 775km。因此，三个遥感器获取的图像比例尺均为 1∶100 万。它在利用向前、向后指向的扫描仪图像之间建立体模型时，其左右视差为

$$\Delta P = x_1 - x_2 \tag{9.8}$$

根据成像几何关系：

$$\frac{1}{2}\Delta P = \frac{\Delta h}{M}\tan\alpha \tag{9.9}$$

所以，

$$\Delta h = \frac{\Delta P}{2\tan\alpha} M \tag{9.10}$$

由于 $\alpha = 26.57°$ ， $\tan\alpha = 0.5$ ，则

$$\Delta h = \Delta P \cdot M \tag{9.11}$$

当然以上是理想情况，具体量测立体模型时应考虑姿态角的影响。尤其是卫星从向前指向运行到向后指向同一地物点时，需要有 92s 的时间间隔，在这段时间里，卫星姿态的变化，将使高差的求解变得十分复杂。

例如 IKONOS 卫星，它也是推扫方式，在同一轨道上用向前、向后和垂直三组 CCD 线阵列探测器获取立体图像。它的特点是分辨率高达 1m，因此可以测绘 1∶2.5 万比例尺的地形图，用于修测和更新 1∶1 万比例尺的地形图。

9.1.2　利用遥感图像制作正射影像图

利用 SPOT、TM、MSS、IKONOS、QuickBird 等图像制作正射影像图，首先需要在制作影像图的区域内，均匀选取一些控制点，控制点的数量与区域的大小和选择的纠正模型要求有关，区域面积大适当多选一些。控制点的坐标可在地形图（其比例尺应大于制作的影像图的比例尺）上选取，或用 GPS 及其他测量仪器在实地测定。为了保证正射影像图的几何精度，还需要该区域的 DEM，纠正方法可采用第 7 章中介绍的多项式拟合法或共线方程法。根据卫星影像的分辨力和粗加工处理后的残存变形误差的特点，一般遥感图像经精加工处理后的残余误差在 1～1.5 个像元。因此，遥感图像如果要按规范精度要求制作影像图，其成图比例尺如表 9.1 所示。

在制作正射影像图时，如果使用的遥感影像是多谱段影像，可根据地区景观特点和需要去选择合适的波段。必要时可根据制图区域的主要地物，选择有利于该地区主要地物判读的影像波段；在制作正射影像图时，也可以利用多谱段的合成或融合影像制作正射影像图，由于不同地物在不同波段的影像上会表现出不同的影像特征，合成时应采用影像融合技术处理，这样制作的影像图，色调达到最佳表示，空间特征表达丰富，增大了影像图所载的信息量。

跨景制作影像图时，尽量选择同一季节的影像。要对纠正后的影像进行色调和反差一致性的调整处理，镶嵌时对镶嵌边界要做平滑处理。

影像图上有时需要描绘一些地物要素及文字、数字注记。有些地物可以直接从图像上判读提取，如公路、铁路、城镇、机场等，有些地物及注记也可从相应的地图数据库中读取。必要时可以采用各种增强方法，如公路和铁路用不同的专题色填绘，城镇和水系等用分类融合的方法增强。对于影像上很难判读的一些地物要素，如境界、等高线中的计曲线、独立地物等，需采用地图数字化方式或直接利用 GIS 中的地图数据库中的地物要素的矢量数据，经矢量-栅格变换后与影像配准并复合。

9.1.3　利用遥感图像进行地形图修测

利用遥感图像进行地图修测，一般仅能修测一些地物要素，如道路、机场、水系、城镇等的变化。由于图像判读的困难，修测地图的比例尺一般比影像图的比例尺小 1 倍。例如，SPOT（多光谱）图像修测比例尺 1∶10 万以上的地图，TM 图像只能修测比例尺 1∶20 万以上的地图。利用遥感图像进行地形图修测的一般步骤如下：①选择满足修测要求的图像（如图像的波段、空间分辨率、图像类型及成像时间等）；②将原地形图数字化或从 GIS 地图数据库中调出原图数据；③将遥感图像纠正为正射影像；④将待修测的地形图数据与图像复合（即栅格-矢量数据叠合）；⑤在计算机屏幕上检测变化地物，提取变化信息，检测的方法可以是人机交互方式也可以是人工方式；⑥将变化的地物信息按规定的编码和格式追加到 GIS 地图数据库，其中新增地物数据追加、变化地物数据修改、消失地物删除。图 9.1 和图 9.2 分别表示了地形图修测的一般流程和修测的示例。

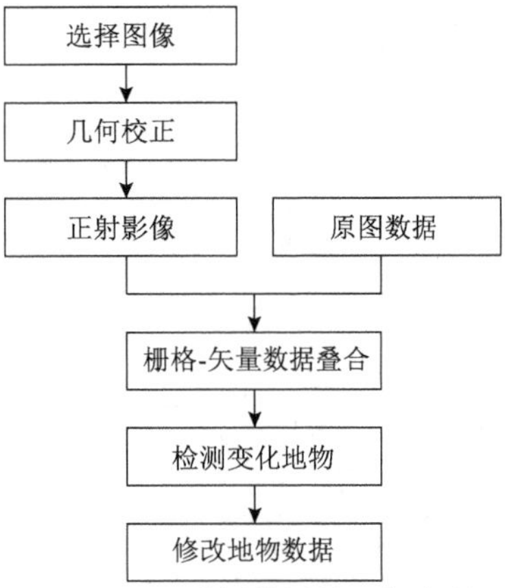

图 9.1　地形图修测的一般流程

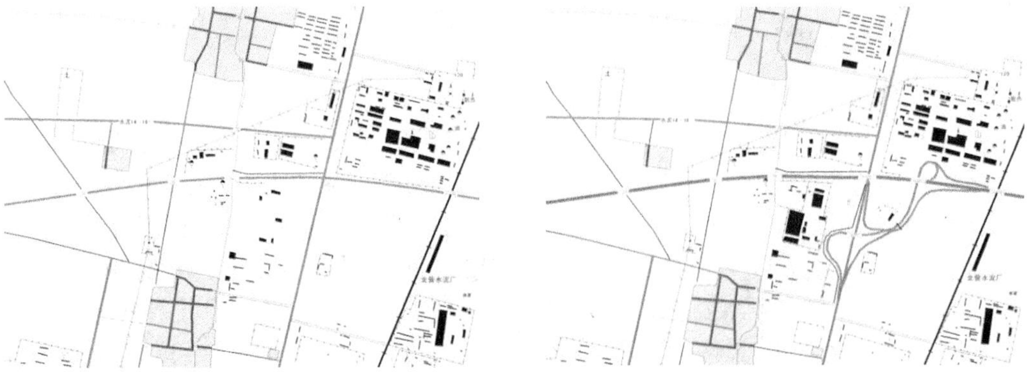
(a) 原始地形图　(b) 修测后的地形图

图 9.2　地形图修测示例

9.1.4　利用遥感图像进行专题图制作

1. 遥感专题制图概述

基础地理信息的及时更新是 GIS 发挥应用功能的基本保证。遥感专题图是基础地理信息的重要组成部分。遥感专题图制作是采用综合制图的原理与方法，以遥感资料为基础信息源，依据制图目的，按要求的比例尺和分类原则，反映与主题紧密相关的一种或几种要素的内容。其主要功能是：用图形符号，客观、系统而完整地反映一定区域内环境与资源的空间分布及时间变化规律。

20 世纪 70 年代，航天遥感技术传入我国。卫星从高空观测地球，并传送回来丰富的地面信息。这就使得专题制图的资料范围和处理手段产生了很大变化。

（1）丰富了编图资料。因为遥感平台从地面到宇宙空间，形成了一个立体观测系统，多颗地球资源卫星同时运行，几天就能覆盖全球一次，因而遥感信息具有如下特点：从瞬时静态观测发展到连续动态观测；从空间的区域平面观测发展到空间的全球立体观测；从地物运动的阶段性发展到地物运动的全过程；从资料品种的单一性发展到品种的多样性。作为专题地图的基础信息源具有多、快、深、全的优点。

（2）编图次序的变化。传统的编图次序是先编大比例尺图，再缩编中比例尺图，最后缩编小比例尺图。遥感信息制图，航空像片用作编制大、中比例尺图，卫星图像用作编制中、小比例尺地图。

传统制图次序是先编地形图，以地形图为底图，才能编制专题地图。遥感信息的出现，使上述次序也发生变化。实际上，在无立体图像的情况下，遥感信息主要用来编制专题地图、专题系列图。至于底图，已经由遥感图像地图所代替。

（3）便于专题地图的编制。遥感图像从高空一览地面，实际上是地面自然综合体的记录，地物碎部已经筛选，自动地进行了地图综合。1972 年编制江苏省地图集时曾遇到这样的情况，在太湖东侧吴江县境内，大大小小的湖荡似满天星斗，从 1∶5 万比例尺地形图综合缩编到 1∶20 万比例尺普通图时，工作很难进行。1978 年在获得太湖卫星影像后，经假彩色合成和目视判读，原来十分杂乱的河湖被看成一个整体。河是线，湖是串联在线上的点状面，而陆地地块犹如孤舟点布在河湖之间。根据影像进行水系的描绘，保留了上述地理特征，大大提高了该区 1∶20 万比例尺普通地图的质量。又如，编制西藏湖泊分布图时，参照卫星图像编制而成的 1∶100 万比例尺影像图，其上山脉、河流、湖泊等地理位置、形状、大小和分布走向都比较正确。但 1972 年前，由于没有卫星影像，只能根据文献资料和野外考察的不完全资料编制 1∶150 万比例尺青藏地图，该图在申扎县就漏了 3 个面积都大于 15km^2 的湖泊。

（4）促进了专题制图技术的应用。遥感技术在地图制图学领域应用得最广泛、最持久的，首推专题地图。进入 20 世纪以后，由于生产的发展，地图制图学的研究领域和成图范围越来越大，许多国家在完成基本比例尺地形图任务的同时，还致力于研究和发展专题地图。遥感技术出现以前，专题地图的编图方法停留于从图到图、从统计资料到图的传统作业过程。遥感技术的产生和发展，使专题地图从内容、形式到成图方法都有所突破，利用遥感资料编制专题地图已成为编制专题地图的主要方法。

遥感专题制图涉及以下几个领域。

第一个是遥感技术。它的任务是一方面对遥感器收集到的发生了畸变的图像数据进行辐射与几何纠正，使其成为适用于专题制图的数据；另一方面研究遥感图像数据和制图要素数据之间的对应问题，并借此从图像上获取编制专题地图所需要的图形数据和属性数据。

第二个是图像处理。主要解决的问题是图像质量的度量、图像的表示和图像的变换处理，并在此基础上实现图像的增强、复原与编码，为专题制图提供精确、可靠及适合分析的数据。

第三个是图像判读和模式识别。主要对已经处理的图像、景物、文字等信息进行特征提取、模式识别和图像分析等，以获取类似于地图数据的“初始简图”。

第四个是地学专题分析。主要研究与地图有关的专题要素的特征，它们之间的联系及发展。地学专题分析与专题表示的主要区别在于，前者着重于专题要素所涉及的地学规律的分析；后者着重于用形象符号反映专题要素的空间分布和相互联系。

第五个是专题地图编制。它包括图像与其他制图资料收集，地图内容与表示方法选择，图例设计和制图综合，以及地图编绘、复制等与地图的实际生产有关的各个技术环节。遥感专题制图与普通专题制图的不同在于，它不仅针对地图数据进行设计、编绘等，还针对图像数据进行地图设计、编绘。此外，遥感专题制图还包括从图像数据到地图数据转换过程的设计。例如，把“初始简图”上的数据转换成与地图专题要素的特征相一致的专题地图数据的设计。

第六个是图形处理技术。图形处理主要是伴随地图制图自动化而被引入地图制图领域的，它在制图工作者与计算机之间建立起形象直观和高效率的对话手段。随着计算机的发展，图形处理技术对地图制图领域的影响将会日益加强。

2. 遥感专题地图的编制

地图是环境的图形再现。按其内容可分为普通地图和专题地图。

普通地图表示的是制图区域内自然要素和人文要素的一般特征，它不偏重于某些要素，因此具有详细而完备的内容，能为了解该区域提供全面的资料。

专题地图简明、突出而完善地显示一种或几种要素，从而使地图内容专题化。

运用遥感专题制图方法，以遥感图像为专题制图的基本资料，所编制的专题地图称为遥感专题地图。就其内容而言，与一般专题地图无本质区别。

遥感专题地图的编制过程是综合运用遥感、制图及地学等学科能力的一种体现。遥感资料是专题地图的信息源，地图是地面信息的表达形式，地学规律是地面信息经过综合、概括和分类的结果，三者互相联系，缺一不可。因此，科学地、合理地制定遥感专题地图制图工艺，是实现专题地图生产多快好省的技术保证。

在遥感专题地图的编制过程中，资料的收集和分析及地图设计是其中两个重要方面。

1）资料的收集和分析

编制遥感专题地图所需的资料范围较广，一般需要收集如下资料。

a. 遥感资料

遥感资料包括航空像片、卫星影像。在航空像片中，彩色红外像片对水、土、植被的判读具有优异的功能，其判读性能较全色影像为佳。在卫星影像中，TM 图像及 SPOT 图像的出现，使图像的空间分辨率和光谱分辨率都有所提高，因而提高了卫星遥感专题制图的质量。以下就遥感图像的选择做一些介绍。

最佳时相的选择。遥感图像是某一瞬间地面实况的记录，而地理现象是变化、发展的。因此，在一系列按时间序列成像的多时相遥感图像中，必然存在最能揭示地理现象本质的“最佳时相”图像。“最佳时相”图像的含义包括两个方面：第一，为了使目标不仅能被“检出”

还能被“识别”，应要求信息具有足够大的强度，还应是地理现象呈节律性变化中最具有本质特性的信息；第二，探测目标与环境的信息差异最大、最明显。由于研究的目标及对象的不同，其对“最佳时相”的选择标准是不一样的。主要有如下几方面的考虑：第一，地物或现象本身的光谱特性。第二，太阳高度角的变化。太阳高度角的变化改变了地物反射辐射亮度从而产生不同的遥感器的响应，并且，不同的太阳高度角有不同的阴影效应。对于地貌及构造的研究，宜用太阳高度角稍低的图像，因为此时适度的图像阴影能指示地质构造的走向、地形的切割深度和切割密度。对于大多数研究对象来说，阴影太大是不利图像判读的因素，因为它不仅遮蔽了一些地物的信息，还使向阳坡及背阳坡产生“同物异谱”效应。第三，气象条件的影响。大气混浊度是影响遥感成像的重要因子。当大气混浊时则产生大气蒙雾，而蒙雾亮度会使图像的对比度下降。第四，对于人文现象的遥感时相的选择，主要应考虑政治和经济的变革时期。

由此可见，不同的研究目的和对象，其“最佳时相”的概念是不一样的。例如，对植物分类研究来说，华中地区最佳时相应选在 4 月、5 月及 11 月，因为这两个时期植物的物候现象最丰富，种间反射率差异最大（前者是展叶期、开花期，后者是果熟期、叶变色期）。农业土地利用的判读与农业物候历有关。

最佳波段的选择。多波段遥感是遥感信息获取的重要方式，也是遥感应用的重要方式。对于不同的研究对象来说，最佳波段的选择具有特殊的重要性。不论应用何种遥感方法，其基本目的是要将特定的目标从背景中探测出来。在电磁波谱的反射（或发射）谱段中，能否将目标从背景中探测出来，主要取决于目标与背景的光谱反射（或发射）率是否有显著的差异。目标与背景反射（或发射）率差异最显著的波长区间，即为最佳的遥感波段。下面介绍一种求最佳遥感波段的均方差判别法，按下式可以计算目标光谱反射（或发射）率均方差：

$$\sigma_\lambda - \sqrt{\frac{\sum_{i=1}^{n}(\rho_{i\lambda}-\bar{\rho}_\lambda)^2}{n-1}} \tag{9.12}$$

式中，σ_λ 为目标光谱反射（或发射）率均方差；$\rho_{i\lambda}$ 为第 i 种目标在波长 λ 处的平均反射（或发射）率；$\bar{\rho}_\lambda$ 为景物中所有目标在波长 λ 处的平均反射（或发射）率；n 为目标的总数。

最佳波段的选择一般是用均方差方法选出那些要素之间光谱反射（或发射）率均方差比较大的波段作为遥感通道。均方差较大的通道说明地物反射（或发射）率差异大，宜于区分各类地物。

图像空间分辨率的选择。使用图像直接作为地图产品的底图时，图像分辨率和地图比例尺存在着线性关系。在明视距离处，人眼大约分辨每毫米 7 个线对。因此，可以分辨的最小尺寸应为 1/7mm。对于某一成像系统，设其空间分辨率为 R_g（m/线对），则其与图像比例尺分母 M 间的关系为

$$R_g = \frac{1(\text{mm})}{7(\text{线对})} \cdot \frac{1(\text{m})}{1000(\text{mm})} \cdot M$$

即

$$M = 7000R_g \tag{9.13}$$

b. 编图地区的普通地图

编图地区的普通地图的比例尺最好与成图比例尺一致，或稍大于成图比例尺，用作编绘专题地图的基础底图或编绘专题图的参考图件。选用普通地图时要注意地图的现势性和投影性质。因为通常都要在成图后量取各类专题要素的面积，所以宜用面积变形较小的地图投影。

c. 其他资料

编制一种专题图，往往需要收集大量的有关编图地区的自然要素及人文要素的资料。例如，编制土地资源评价图就要广泛收集诸如地形、土壤、植被、土地利用、地下水、气象等要素的资料，进而分析其土地的适宜性和限制因素并按土地质量划分土地等级。因此，有关编图地区及编图内容的地图资料、统计资料、研究报告、政府文件、地方志等都要注意收集。

所收集的资料，要经过分析、整理，在做出质量鉴定后决定其适用性。鉴定时，应注意其科学性、精确性和现势性。

2）遥感专题地图设计

遥感专题地图的设计，就是根据专题图的性质，选择合适的编图技术和方法，以达到地图数学基础的精确性，地理规律的严密性和图面清晰易读性的要求。专题图的设计并没有一成不变的内容和程序，主要视专题图的性质及制图的技术条件而定，大致要顾及如下诸方面。

a. 确定专题要素的分类系统

地图的功能不仅在于表示要素分布和空间关系，还要反映要素的内容实质，因此，要根据要素的质量特征和数量指标进行分类和分级。这种分类和分级，可能与所表示专题的学科分类是一致的，也可能是不一致的。例如，按学科的分类，遵循发生学或形态学的分类原则，可以多级连续分为一定的等级系列。但在地图上，受到地图负载量及表示方法上的限制，一般只能分二、三级。又如，学科的分类可以不受图斑大小的限制，地面上有多少类型就划分为多少类型，但形状细碎而又类型互嵌的图斑在地图上只能用一复合类型——复合区表示。因此，要根据制图对象学科的特点及制图学的特点制定分类的原则、依据和指标，然后进行分类分级。

专题要素的地域分布，受自然要素及人文要素的综合影响，分类时要综合考虑各种因素的影响。在这些综合因素中，往往又有一种（或两种）主导的因素制约着其地域分布规律。因此，分类时要做到综合因素和主导因素相结合，以主导因素（主要依据）确定类型的骨架，按地理相关的规律及其他因素调整类型的区界。至此，完成制图对象的“质”的分类。例如，作为自然综合体的土地类型的划分，一般来说，主要依据是地貌，它制约地表的水热状况，因而也制约了土壤、植被的分布。反过来，一定性质的土壤植被的分布，也决定了土地类型的分布和特点，所以土地类型的“地貌—植被—土壤”三命名法便体现了分类时主导因素与综合因素的关系。

分类除了要求具有“质”的依据外，还要有“量”的指标，以避免分类的任意性。例如，疏林与林地、灌丛与草地、沼泽与浅水湖岸带等都要有一定数量的指标作为分类的依据。类型间的过渡很多情况下是渐变的，并没有明显的视觉上的界线。这个界线必须运用地学规律及数学模型予以确定才能显示在图上。

b. 专题要素的匹配系数计算

地理数据中名称和顺序数据都是定性数据，它们不能直接参与数值运算，需要进行数据转化。例如，海拔高度、地形坡度是定量数据，土地利用类型是定性数据。为了利用匹配系数进行分析，将土地利用分为林地、灌木、草地、荒地、耕地等，并将前两种定量数据，降等为顺序数据，海拔高度按垂直带分为若干等级，地形坡度划分为若干等级。

c. 专题要素的聚类分析

若假定已有 n 个实体 $p_1, p_2, \cdots, p_n$，可以按雅卡达匹配系数的方法，计算出各实体间两两匹配系数，并得到它们的相似矩阵，再使用最大支撑树进行聚类。

d. 成图比例尺的选择

成图比例尺的选择受多种因素制约，主要取决于制图区域的面积及地图的用途。从地域面积考虑，大致可分为相当于乡镇、县、地区、省、地带、全国等级别的面积系列。从地图用途考虑，用于详细规划者，宜选用较大比例尺；用于总体规划者，宜选用较小比例尺。就目前广为研制的土地利用现状图来说，大致有如下比例尺可供选择：乡镇级，1∶1 万左右；县级，1∶5 万左右；地区级，1∶25 万左右；省级，1∶50 万左右。

e. 地理底图的选择

专题要素是在环境背景上产生和演化的，因此，专题要素与环境背景处在互相联系、互相制约的紧密接触中，专题地图质量的优劣，不仅取决于专题科学内容的研究深度，还取决于反映环境背景的地理底图质量。关于底图，下面几点是值得关注的。

层面与底图：层面，是指按地图要素的重要性不同，把各种要素安排在不同的视水平面上，以便使用图者更易于观察到相对重要的要素。例如，在工业现状分布图上一般按下面的顺序逐渐由浅到深（亮度递增、饱和度递增等）突出地图要素：①用网纹线表示行政区划；②用浅颜色表示地形、水文要素及其他地理基础；③用线划和较深颜色表示工业用地范围；④用符号表示企业性质与产值。

在此，由网纹线表示的行政区划和由浅颜色表示的地形、水文要素及其他地理基础，通常被放在视水平面的最底层，因而被称为地理底图。底图对专题要素的作用有以下几个方面。

（1）提供合适的投影和比例尺，以保持专题要素空间分布的准确性和严密性，并提供明显而足够的地理位置指标（包括经纬网络、水文要素、居民点、道路及其他要素）。因此，底图具有确定方位的骨架作用，是转绘专题内容的控制系统。

（2）提供专题要素与底图要素的相互联系，便于理解专题要素的分布规律。例如，底图上选用河流和海岸，可说明专题要素发育在航运和灌溉便利的背景环境下。

（3）对专题系列图和图集而言，底图的投影选择、底图要素的取舍、比例尺的确定、最小图斑的选择及图面整饰诸方面的相互协调，能使用户作对比分析研究，以寻找专题要素与背景环境互相联系、互相制约的关系。

f. 地理底图数学基础的设计

数学基础的精确性是衡量地图质量的重要指标。但是，将不可展的地球球面展开成地图平面，必然产生图形变形，也就是说存在投影误差。因此，要根据制图对象选择合适的地图投影，使用图者能用适当的方法在地图上获得较精确的数量指标（如面积、长度、角度）。地图投影的选择主要考虑如下因素：①要求面积正确或面积变形较小，如土地类型图、植被类型图等，应选用等积投影；②要求长度正确或长度变形较小，如货运流向图、交通图、旅游图等，应采用等距投影；③要求角度正确或角度变形较小，如大地构造图、地震构造图、台风路径图等，应采用等角投影。

g. 地图要素表示方法的选择

专题制图的表示方法分为下面几种：质底法、等值线法、符号法、运动线法、分级统计图法、点值法、区域法、定位图表法及剖面法等。主要应从制图对象的特点及地图的用途来选择表示方法。表示方法选择得当，可使地图严密的科学性、明显的易读性与精美的艺术性取得完美的统一。

质底法用以显示连续覆盖制图区域的对象的质的差异，常用于土地类型图、土地利用图和土壤图等。等值线法宜于表示地面上连续分布且逐渐变化的现象，如等温线、等深线等分别可以表示温度、深度的分布特性。符号法形象、直观、易读，专题图中一切呈点状分布的要素都可用符号表示。运动线法善于表达运动现象的方向和路线，常用于表示自然现象中的洋流、风向、地质构造线，社会经济现象中的人口迁移路线、货物运输、行军路线等。定位图表法所表示的内容较直观，但图表较臃肿，主要用于水文气象要素制图，如风向图、径流系数图等。根据现象的密度、强度或发展水平以不同等级的统计值进行分级称为分级统计图法，常用于表示现象的相对数量指标，如人口密度、作物平均亩产等。分区统计图表法与分级统计图法相似，但它可以表示制图对象的绝对指标。用点子的疏密表示现象的数量特征和分布的方法称为点值法，适用于表示人口分布、农作物分布等。区域法又叫范围法，是用轮廓线、颜色、注记和图形等表示制图区域内某种并不是连续分布的现象的方法，如用于表示制图区域的耕地分布、森林分布等。

h. 专题地图的图面配置

地图的图面配置是指地区的主题区域、图例、图名、附图、附表及图廓内外各种说明资料在图面上的位置和大小的配置问题。图面配置得当，则图面主题突出、结构严谨、美观易读。图面配置应考虑下列几个问题：①主图区域与周围地区的联系。主图地区与其周围地区不但在空间位置上是相邻的，而且在自然要素间及人文要素间也存在某种联系。所以，要以一定的方式绘出主图周围地区的情况。②图廓。多数都表示内外图廓，外图廓用粗黑线，内图廓用细黑线。在中小比例尺图廓上内图廓应划分经纬度格。为美观起见，外图廓也可以用花边。③图名。以配置在图廓上方中央位置最佳，图名文字宜简练、明确。图名也可配置在图廓内的适当位置上。④比例尺。多数放在下图廓外中央，与图名对称，也有放在图例框内的图名下者，且绝大多数用线段比例尺与数字比率结合表示。⑤图例。图例（加框线）一般放在图内左下方或右下方图廓之外。⑥文字说明，如地图编绘、出版机关、编绘出版年月等文字说明等，一般放在右下方外图廓下。⑦附图、附表。附图、附表的配置无一定的格式，主要利用图幅内主图区域轮廓图形以外的空白位置或邻区不关紧要的位置。附图、附表是对主图的补充说明。

i. 最小图斑的确定

专题图上有各种不同的图斑，图斑大小选取正确与否，直接影响成图的使用价值。图斑面积选取过大，则舍去的地物多，地图不能客观地反映要素的面积及其空间结构，也就降低了它的科学性和应用价值。反之，若图斑面积选取过小，则加重了地图的负载量，降低了它的清晰易读性，由于细碎的图斑难以定位，实际上它的使用价值也有限。

图斑大小的选取标准，主要取决于专题图的使用目的和成图比例尺。编图过程中，图斑的选取应遵循下面几项原则：第一，最小图斑内，应能清晰地注上图斑符号或注记；第二，未达到上图标准的图斑，一般情况下应舍弃，或归入另一类型图斑用复合类型表示；第三，不能上图而又相当重要的图斑，按比例尺缩小后无法在图上被表示时，可适当放大表示。

除了上述内容，专题地图的符号和表示方法，也是专题图制作的重要内容。通常认为制图符号类型有三种：点、线、面，另外，可加上描述立体分布的三维图形。地图符号设计必须注意它们的视觉特征。符号的视觉变量包括形状、尺寸、色调、亮度、饱和度及图案的方向、排列和纹理。地图设计者需根据视觉变量来选择符号。

9.2　遥感技术在军事上的应用

遥感技术本身就起源于军事应用，长期以来，遥感技术在军事上应用的先进性和广泛性远远超过民用。军事上使用的某些信息获取、数据处理和图像识别技术，由于保密的原因而被限制在军事领域中应用，只有在军事上快被淘汰时才转向民用。遥感图像在军事上主要用于军事情报侦察、目标定位和识别、地形分析、军事制图、作战任务规划和指挥控制、军事目标打击效果评估、重要目标动态监测、精确打击武器的末端景像匹配等。

遥感图像用于军事目标的侦察与监测已有 70 多年的历史，早期的航空摄影及高空无人侦察机照相侦察是最初的尝试。20 世纪 60 年代初，世界军事强国出于军事和政治的需要，大力发展空间遥感技术，侦察与监视卫星是军事航天的一个发展重点。据统计，截至目前全世界发射的遥感成像卫星中，约 70%的卫星用于军事侦察和监视。目前军用卫星最高的空间分辨率可达到 0.05m。除了军用卫星外，美国私营公司还相继发射了军用级的商业遥感卫星，如 0.41m 空间分辨率的 GeoEye-1 卫星、0.31m 空间分辨率的 WorldView-3 卫星。在遥感军事应用中，其最大的特点是将遥感图像、GPS 导航定位技术与军事地理信息系统（military GIS，MGIS）结合起来，使其在作战中发挥更大的效能。例如，英国国家遥感中心应用 SPOT 图像与军事地理信息系统结合，模拟三维地形，对飞行员进行模拟训练，取得了较好的训练效果。又如，海湾战争和伊拉克战争中美军利用最新遥感图像与 MGIS 技术结合，提高了战场空间环境的分析能力与敌方目标的识别和定位能力，取得了较好的作战效果。

9.2.1　遥感图像军事目标情报侦察

1. 军事目标情报侦察对遥感图像的要求

从遥感图像上判读军事目标，是获取军事情报十分重要的手段。军事情报则是对获取与军事斗争有关信息分析判断的结果。20 世纪 60 年代的古巴导弹危机和 70 年代的第四次中东战争就是军事情报成功运用的范例。军事情报的内涵非常广泛，利用航空、航天遥感侦察手段可能获得的军事情报大致有以下几种：①海、陆、空军的战场准备；②敌方的战略目标；③敌方兵力、兵器部署及动向；④发现敌方目标及确定攻击目标；⑤敌方固定的军事工事；⑥选择作战方案及突击路线；⑦检查与评估敌方目标被摧毁情况；⑧获取战场变化信息；⑨测绘和修改作战地图等。

航天遥感图像可能发现和识别的军事目标大致包括：武器、装备、军事基地、军事工程设施、交通线、军事工业、地形及海况等。当然，在战争时期，某些民用设施也可成为重要的军事目标，如通信设施、广播电视设施等。

基于遥感图像对军事目标进行发现和识别的能力主要取决于图像的空间分辨率或像元的地面瞬时视场。一般情况下，将图像上判读目标的能力分为三个等级：①发现存在——有某种目标存在但不知为何物，如机场跑道上的一个点。②大致识别——可识别目标的所属类别，如目标是一架飞机。③确切识别——可识别目标的细类，如飞机的类型。

表 9.2 列出了各种目标不同解译任务对图像空间分辨率的要求（源自美国 NASA 文件，这里作了简化）。大部分人认为该表的要求基本符合实际情况，但某些目标的解译所需的分辨率过高。表 9.3 列出了美国在卡内奇基金资助下将 SPOT、Landsat 图像用于目标识别。两者在大部分目标识别方面所要求的分辨率差别不大，但有些目标对分辨率的要求差异较大，具体哪一个数据准确还需进一步研究。

国际上公认的对军事遥感侦察卫星空间分辨率的要求可简明地描述为：①战略普查要求米级分辨率，3～5m；②战略战术详查要求分米级分辨率，0.3～0.5m。但也有人认为优于 10m 的分辨率就可满足普查要求，优于 1m 的分辨率也可以满足详查的要求。

表 9.2　不同解译任务所要求的空间分辨率　　（单位：m）

目标	发现	大致识别	确切识别
火箭与火炮	1	0.6	0.15
车辆	1.5	0.6	0.15
核武器部件	2.4	1.5	0.3
雷达	3	0.9	0.3
通信站	3	0.9	0.15
油料、弹药仓库	3	0.6	0.15
指挥控制司令部	3	0.9	0.3
地地/地空导弹阵地	3	1.5	0.15
地雷区	3	1.5	0.3
飞机	4.5	1.5	0.15
部队营地	6	2	0.6
桥梁	6	4.6	1.5
机场设施	6	4.6	3
公路	6	4.6	3
浮出水面潜艇	7.5	4.6	0.15
水面舰船	15	4.6	0.15
海岸和登陆滩头	15	4.6	0.6
铁路枢纽	15	4.6	1.5
港口	30.5	6	1.5
市区	60	15	3
地形	—	90	3

表 9.3　不同分辨率的图像可识别的目标

目标	发现	大致识别	确切识别
雷达	P	P	—
飞机	P	P	P
车辆	P	—	—

续表

目标	发现	大致识别	确切识别
浮在海面潜艇	ETM	XS/P	P
水面舰艇	XS	XS	XS/P
火箭与火炮	MSS/TM	XS	XS/P
桥梁	MSS/TM	TM/XS	XS/P
地空导弹阵地	MSS	MSS/XS	P
后勤仓库	MSS	P	P
铁路	MSS	P	—
公路	MSS	MSS	TM/XS
主要司令部	MSS	TM/P	P
机场	MSS	TM	P

注：MSS 代表 80m 分辨率的 Landsat-MSS 图像；TM 代表 30m 分辨率的 Landsat-TM 图像；ETM 代表 30m 分辨率的 Landsat-ETM 图像；XS 代表 20m 分辨率的 SPOT 多光谱图像；P 代表 10m 分辨率的 SPOT 全色图像。

2. 遥感图像用于军事目标侦察的特点

侦察卫星与高空无人侦察飞机和其他侦察手段相比，具有信息获取速度快，更新周期短，覆盖面积大，运行稳定，不受国界与地理环境的限制，不易受到攻击等优点。但是，遥感对地观测获取图像使其在目标侦察方面具有自身的特点。

1）高空间分辨率可以详细侦察敌方的各种军事目标

遥感图像的空间分辨率越来越高，如商用遥感卫星 QuickBird 图像的空间分辨率为 0.61m，美国军事侦察卫星 KH-11 图像的空间分辨率达到了 0.11m，不但可以较为容易地获取战略目标的遥感信息，如工业目标、交通目标、军用机场、海军基地（军港）、通信/电力设施、导弹基地（阵地）、战略预警系统、物资仓库等，还可以准确识别战术目标，包括地面军队、野战筑城、永备筑城、武器类型、岛屿防御工事和防御阵地等。

图 9.3 为 IKONOS 图像，在图像上可清楚地识别飞机类型；图 9.4 为阿富汗 Darunta 镇附近的恐怖分子训练营图像，图像上较为清楚地显示了坑道工事的入口。

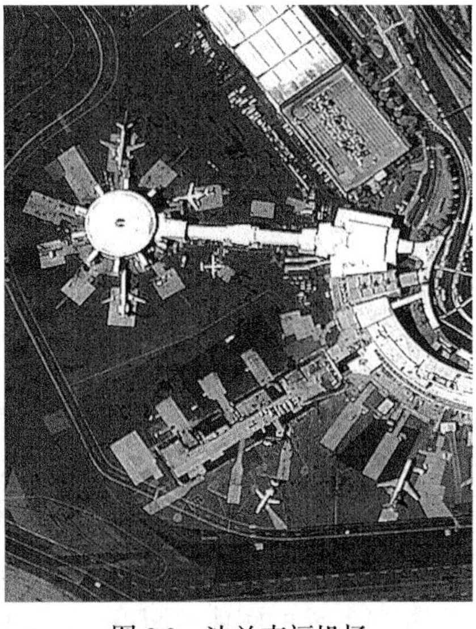

图 9.3　法兰克福机场

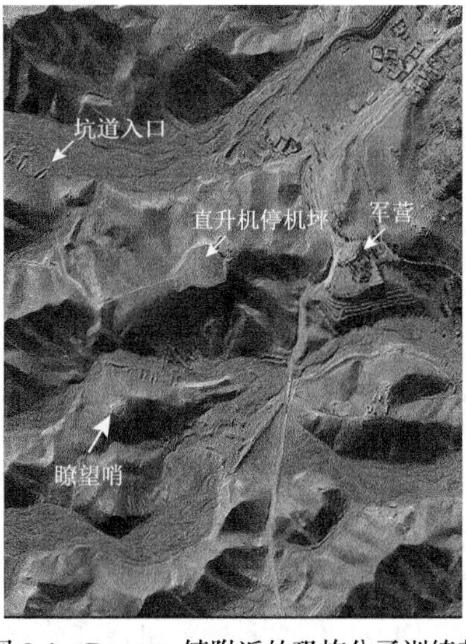

图 9.4　Darunta 镇附近的恐怖分子训练营

2）利用红外及微波遥感图像可以揭露伪装的军事目标

军事行动中，为了隐蔽自己，不让敌方发现自己的行踪和战斗企图，往往对军事要地、军事设施、车辆和战斗人员进行伪装。第二次世界大战期间，为了侦察将表面涂漆伪装成植被的各种目标，研制了彩色红外胶片。因为生长良好的植物对红外电磁波的反射远甚于对绿色电磁波的反射，生长良好的植物一般在彩色红外胶片上呈色调不等的红色，而绿色伪装的物体通常红外反射率低，它们在胶片上呈蓝色，所以能很快地与生长良好的绿色植物区分开来。当初研制彩色红外胶片的这种目的很明确，后来便称这种胶片为“伪装探测胶片”。

图 9.5（a）为普通航空全色像片，（b）是近红外航空像片。在全色图像上草地、树叶和足球场人工草皮的色调一致，而在近红外黑白图像上，足球场铺的是人工草皮的反射率低，绿色植被的反射率高，所以人工草皮呈深色调，绿色植被呈亮色调。同理，可以揭露用油漆涂抹、插树枝、披人造伪装网等方法伪装的军事目标。

(a) 真彩色相片　　(b) 彩色红外相片

图 9.5　全色黑白图像与近红外黑白图像

微波穿透目标介质表面的能力较强，可以获得地下几米的信息，对于舰船跟踪、发现藏在地下数米深处的设施具有独到的能力；金属目标是特别好的雷达能量反射体，金属桥梁、电杆、装甲车辆、舰船等军事目标在雷达图像上以很亮的形式出现；在树林中隐藏的坦克等金属武器、车辆等在一般光学图像上很难被发现，由于微波的穿透能力，在雷达图像上就较为容易发现。因此，用雷达对这些目标进行侦察可取得良好的效果。

3）全天候、全天时的军事目标侦察能力

热红外图像的波段响应范围在 8～14μm，能量源是常温地物而不是太阳，因此，利用热红外成像遥感器能够不分昼夜，全天时地取得图像。只是热红外图像的色调主要与目标的温度有关，在不同时间段取得的图像上同一类目标具有不同的色调特征，需要引起足够重视。

雷达图像的波段响应为 1mm～1m。微波遥感不易受大气影响，具有全天候的特性；主动式微波遥感不依靠太阳辐射，可以昼夜工作，具有全天时的特性。因此，任何气候条件下和任何时间获取的同一目标的雷达图像基本一致。所以，雷达图像具有全天时和全天候的侦察能力。图 9.6（a）是国外机载高分辨率雷达获取的某军事基地的图像，图像上部靠中间的亮点是停放的 M-47 坦克所形成的影像，（b）～（f）是经过局部 4 倍逐级放大后所得到的图像。（f）的分辨率已达到 10cm 左右，坦克的炮筒清晰可见。

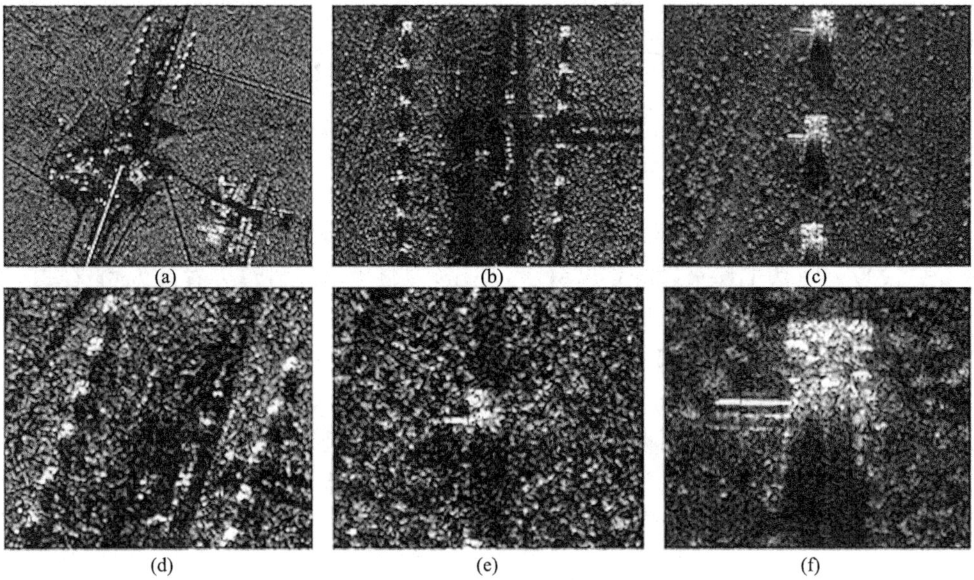

图 9.6　雷达图像上的坦克

4）航天遥感成像基本具备实时侦察能力

无论哪种侦察手段，情报的实时获取是极其重要的。航天遥感成像的覆盖周期短，加之多颗侦察卫星在时间上可以相互配合，使得遥感图像的时间分辨率越来越高。对同一目标可以在较短的时间内重复进行成像侦察。另外，中继通信卫星在遥感数据传输中的应用，为传输式成像卫星数据的实时传输提供了保障。目前，部队的机械化、现代化步伐不断加快，部队的机动能力、打击能力大大提高，使战场形势变得更加难以琢磨、瞬息万变。同时，三军协同作战、全攻全防的战争模式已在最近的几场战争中显现出来，航天遥感成像侦察的实时能力在战争中起到非常重要的作用。图 9.7 为伊拉克战争中被轰炸前后的萨达姆总统府。

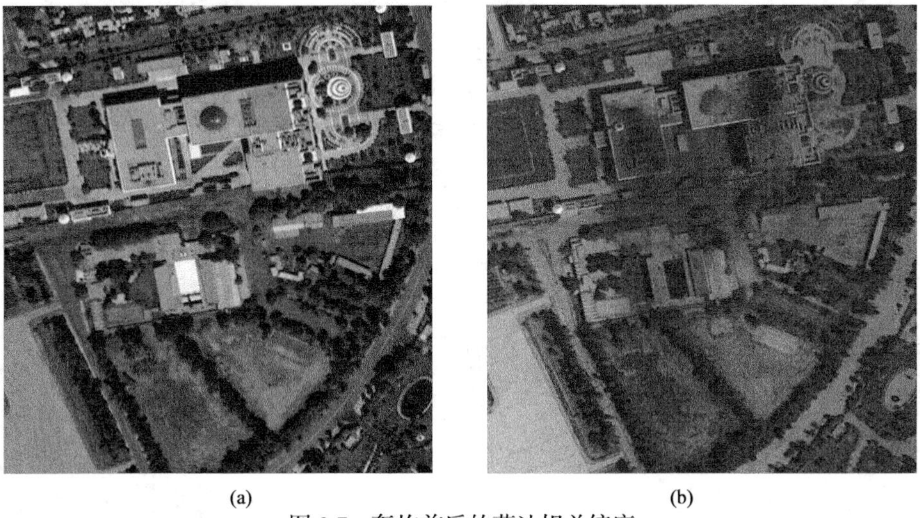

图 9.7　轰炸前后的萨达姆总统府

5）遥感图像具有对目标精确的定位能力

对军事目标的情报侦察不仅要求准确确定目标的性质，还要准确确定目标的具体位置。目前，利用遥感卫星的星历与轨道参数，加之遥感图像的数学模型，可以比较准确地确定目标的地理位置。例如，QuickBird 全色图像无控制点的目标定位精度在 14～20m，利用控制点进行目标定位的精度可达到 3m 左右；SPOT-5 全色图像无控制点的目标定位精度在 30m 之内，利用控制点进行目标定位的精度可达到 3～5m。高精度的目标定位为军事打击提供了坐标基础。

9.2.2　遥感图像军事目标打击效果评估

打击效果评估，是在敌方目标受到导弹、轰炸机等武器打击后，利用收集的毁伤信息（如毁伤中心点位置、毁伤半径、破坏程度等），对火力打击效果进行综合的分析评定。它是指挥人员准确判断战场形势、决定后续作战行动的主要依据。打击效果评估主要是利用卫星侦察、航空侦察和无人机等手段拍摄被袭目标毁伤前后的实况图像，通过比较、分析处理判断目标毁伤效果，而后决定后一波打击的组织与实施。图 9.8 为遥感图像军事目标打击效果评估的基本流程。利用遥感图像可以对打击前后的目标影像进行图像的变化检测、进行目标的识别、确定目标的受损部位和面积、评价目标的受损及功能损失情况，为进一步打击提供建议。图 9.9 为机场被打击前后变化检测的示例。

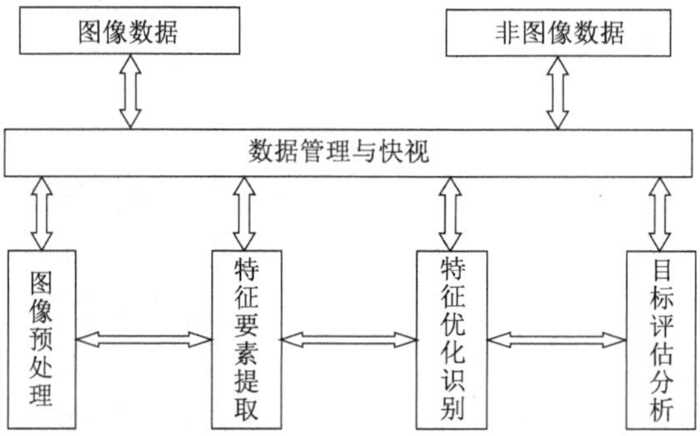

图 9.8　遥感图像军事目标打击效果评估的基本流程

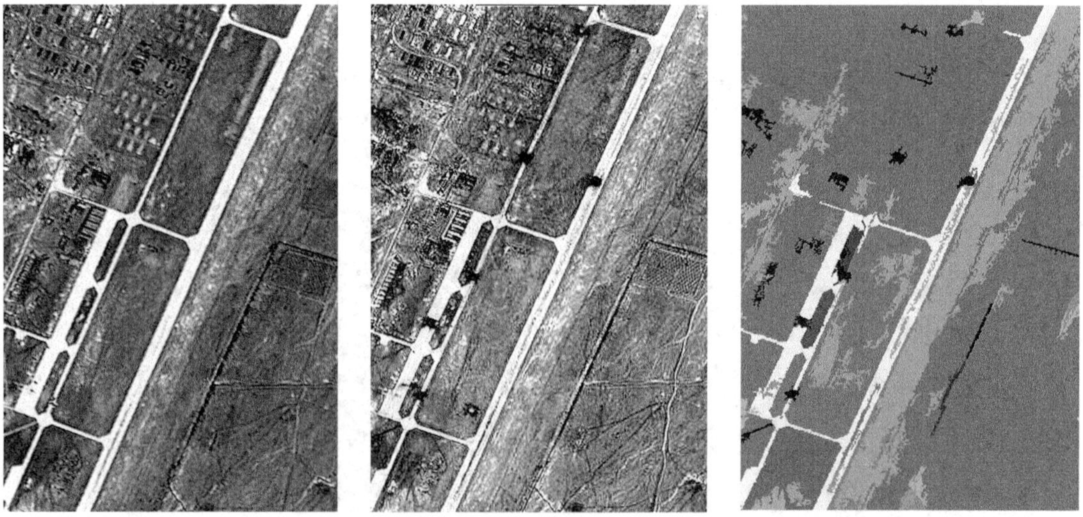

(a) 打击前影像　　(b) 打击后影像　　(c) 打击前后变化检测

图 9.9　打击效果变化检测示例

9.2.3　遥感图像军事目标动态监测

动态监测是利用多平台、多时相、多波段、多遥感器等多源遥感数据对地球资源与环境各要素时空变化进行的监视与探测。遥感技术的多维、多平台、多时相、多波段的数据获取能力及快速处理、多源数据信息复合、多学科的综合和系统分析，为动态监测提供了现代化技术保证，并为全球变化动态研究创造了条件。被监测对象在特征、规模和时间尺度上的差异，使得动态监测在时空尺度上也有不同的层次。在空间规模上有全球的、全国的、区域的、单个目标的等；在时间尺度上有超短期的、短期的、中期的、长期的和超长期的等；在内容上有综合的、专题的等。动态监测是一个复杂的系统工程，它适应环境科学多维结构，能够满足研究不同空间规模和不同时间尺度环境问题的要求，可为各个层次的资源调查、开发、环境保护部门及规划、管理部门服务。

军事目标动态监测，是国防首脑机关了解国际环境、周边环境的重要手段，为预测国际形势发展方向、制定对外政策和军事发展战略提供了基础。它对于国家安全的重大意义不言而喻。成像卫星以其信息获取速度快、更新周期短、不受国界与地理环境的限制的特点理所当然地成为军事目标动态监测的主要工具。

1）例 1：“9·11”事件前后美国国防部五角大楼的变化

图 9.10 是由 IKONOS 卫星取得的“9·11”前后美国国防部五角大楼的图像，它们反映了五角大楼由完好、到受损、再到被修复的全过程，充分展示了遥感动态监测军事目标的魅力。（a）为 2001 年 9 月 7 日取得的图像；（b）为 2001 年 9 月 12 日上午 11：46 取得的图像；（c）为 2001 年 11 月 20 日取得的图像，五角大楼受损部位的废墟基本被清理完毕，在图像右上角可以清楚地看到起重机的长臂（白色的一条线）及其阴影（黑色的一条线）；（d）为 2002 年 2 月 5 日取得的图像，五角大楼的重建工作刚刚开始；（e）为 2002 年 8 月 5 日取得的图像，五角大楼重建工作的主体工程已经完工，五角形状基本恢复，较早图像上能够看到的起重机已经移走；（f）为 2002 年 9 月 7 日取得的图像，重建工作已经结束，五角大楼完好如初。

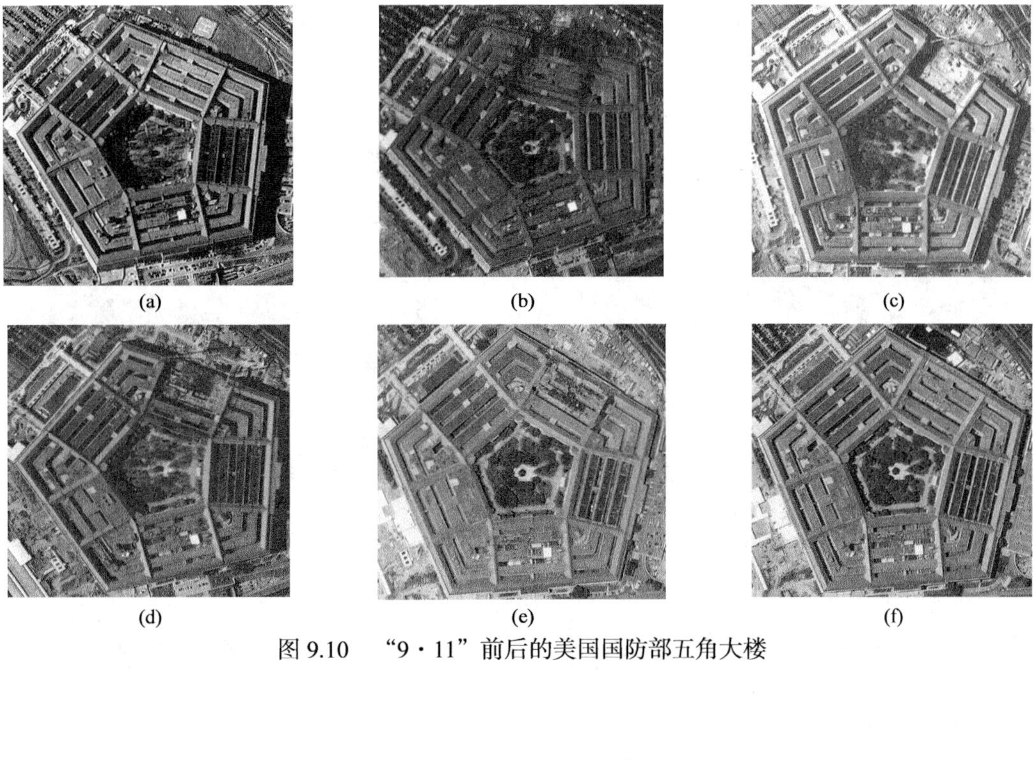

(a)　(b)　(c)　(d)　(e)　(f)

图 9.10　“9·11”前后的美国国防部五角大楼

2）例 2：对伊朗核设施的监测

伊朗核问题由来已久，美国一直指责伊朗从 20 世纪 80 年代中期就开始实施秘密的核武器发展计划，而伊朗始终否认有核武器发展计划，并坚称它的核计划是为了和平利用核能，建立完整的核燃料循环体系，是为了自力更生确保核电站的核燃料供应。这次核风波以 2002 年 8 月 15 日，伊朗反对派组织全国抵抗委员会（National Council of Resistance of Iran，NCRI）向《纽约时报》揭露，伊朗正在纳坦兹和阿拉克秘密建造两座核设施为导火索，12 月 12 日，美国科学与国际安全研究所（Institute for Science and International Security，ISIS）向国际社会公布了伊朗正在秘密建造纳坦兹铀浓缩设施的商用卫星图像，拉开了整个事件的序幕。美国政府发言人 Richard Boucher 称，卫星图像显示，伊朗中部城镇纳坦兹（图 9.11）及阿拉克（图 9.12）附近有两个大型的核设施。非赢利性组织科学与国际安全研究院主席、核专家奥尔布莱特就此图像分析说，这个设施的规模及它的秘密程度说明，伊朗正在试图制造核武器。“看起来，伊朗正在修建非常大型的核设施，用以生产制造核武器所需的材料”。该组织的另外一名专家欣德斯泰因也说，阿拉克附近的是一个“Z”形设施，这可能是一个重水生产厂，而纳坦兹地区的设施似乎是一个浓缩铀加工厂。

(a) 2002 年 8 月 9 日取得

(b) 2004 年 7 月 21 日取得

图 9.11　QuickBird 取得的伊朗纳坦兹附近的核设施图

(a) 2002 年 9 月 26 日取得

(b) 2004 年 6 月 12 日取得

图 9.12　QuickBird 取得的伊朗阿拉克附近的核设施图

3）例 3：对朝鲜核设施的监测

朝鲜核问题起源于 20 世纪 90 年代初，美国以其卫星图像为据，怀疑朝鲜有用于研制核武器的设施，扬言要对朝鲜的核设施实行检查。朝鲜反复声明它没有制造核武器的打算和能力。由于朝鲜同韩国签订了《朝鲜半岛无核化共同宣言》，与国际原子能机构签订核安全协定并同意接受检查，朝鲜半岛的紧张气氛才有所缓和。1994 年 10 月 21 日，朝鲜谈判代表团团长姜锡柱和美国首席谈判代表加卢奇在经过 3 个多星期的紧张谈判后，在日内瓦签署了《美朝核框架协议》（以下简称《框架协议》）。根据协议，朝鲜同意冻结现有的核计划，即同意不再对一座 5MW 的核反应堆重新添加核燃料，停止两座石墨减速反应堆的建设，封闭其核燃料后处理厂，并最终拆除这些核设施。此外，朝鲜还同意将来接受对其所有核设施的检查。按协议规定，美国将负责在 2003 年年底前，为朝鲜建造一座 2000MW 或两座 1000MW 的轻水反应堆。反应堆建成前，美国将同其他国家向朝鲜提供重油，作为能源补偿。近年来，朝美间在履行《框架协议》问题上争论日渐激烈，朝鲜指责美国没有按协议规定在 2003 年前提供轻水反应堆，美国则一再要求对朝鲜的核设施进行“核查”。美国总统特使、助理国务卿凯利 2002 年 10 月初访问平壤期间，朝鲜指责美方违反了《框架协议》，使这一协议成为一纸空文。同年 12 月 12 日，朝鲜政府宣布，由于美国当月起停止向朝鲜提供重油，朝鲜决定解除对核计划的冻结，重新启动用于电力生产的核设施。2003 年 1 月 10 日，朝鲜宣布再次退出该条约，并于 11 日正式生效。在此期间，美国一刻也没有放松对朝鲜核设施的监测，取得了大量的卫星图像。图 9.13 是 QuickBird 卫星在不同时间取得的朝鲜核设施的一组图像。在（d）中，右上角的房屋是核反应堆，房顶上的烟囱和阴影清晰可见；左下角的圆柱体是散热塔，右下角可看到呈直线排列的三个双杆式电线杆。

(a) 2002 年 3 月 2 日取得

(b) 2003 年 3 月 5 日取得

(c) 2004 年 9 月 29 日取得

(d) 局部高分辨率显示

图 9.13　朝鲜核设施图像

遥感技术在军事上还可用于战场环境信息的获取、精导武器的影像匹配及军事地形图、影像图、各类军用专题图的测制等，这里不再一一叙述。

9.3 遥感技术在农林牧方面的应用

植被在地表占有很大的比例，陆地表面的植被常是遥感观测和记录的第一表层，是遥感图像反映的最直接的信息，也是人们研究的主要对象。作为地理环境重要组成部分的植被，与一定的气候、地貌、土壤条件相适应，受多种因素控制，对地理环境的依赖性最大，对其他因素的变化反应也最敏感。因此，人们往往通过遥感所获得的植被信息的差异来分析那些图像上并非直接记录的隐含在植被冠层以下的其他信息，如水土资源、蚀变带与矿藏、地质构造、自然历史环境演变遗留的痕迹等。

植物内部所含的色素、水分及它的结构等控制着植物特殊的光谱响应。植被在生长发育的不同阶段（发芽—生长—衰老），从其内部成分结构到外部形态特征均会发生一系列周期性的变化。这变化是以季节为循环周期的，称为植物季相节律。植物季相节律从植物细胞的微观结构到植物群体的宏观结构上均会有反映，致使植物单体或群体的物理光学特征也发生周期性变化，因此有可能通过多光谱遥感信息获得植物及其变化的信息，直接监测植被长势、病虫害，以及进行森林、草场制图、生物量估算等多方面研究。

植物遥感研究由来已久。早期的研究主要集中在植物及土地覆盖类型的识别、分类与专题制图等。随后，则致力于植物专题信息的提取与表达方式上，提出了多种植被指数，并利用植被指数进行植被宏观监测及生物量估算，包括作物估产、森林蓄积量估算、草场蓄草量估算等。随着定量遥感的逐步深入，植被遥感研究已向更加实用化、定量化方向发展，提出了几十种植被指数模型，研究植被指数与生物物理参数（叶面积指数、叶绿素含量、植被盖度、生物量等）、植被指数与地表生态环境参数（气温、降水、蒸发量、土壤水分等）的关系，以提高植物遥感的精度，并深入探讨植被在地表物质能量交换中的作用。

9.3.1 植物遥感原理

1. 叶片和植被

植物遥感依赖于对植物叶片和植被冠层光谱特性的认识，因而需要先了解植物叶片和植被的结构。叶片的最上层为上表皮，由较密集的细胞组成，并被半透明的薄膜（阻止水分丢失）覆盖；最下层为下表皮，含气孔可与外界进行气体、水分交换，这是植物光合作用和植物生长的根本保证；上下表皮之间为栅栏组织和海绵组织，其中，栅栏组织由长透镜状细胞平行排列而成，它又称叶绿粒，是由叶绿素和其他色素组成的；海绵叶肉组织由相互分离的不规则状细胞组成。叶面积保证光合作用中 O_2 与 CO_2 的充分交换。

植株是由叶、叶柄、茎、枝、花等不同组分组成的。从植物遥感——植物与光（辐射）的相互作用出发，植被结构主要指植物叶子的形状、大小[用叶面积指数（leaf area index，LAI）表示]，植被冠层的形状、大小及几何与外部结构、覆盖度（涉及孔隙率、阴影）等。

植物的光合作用是指植物叶片的叶绿素吸收光能和转换光能的过程。它所利用的仅是太阳光的可见光部分（0.4～0.76μm），即称为光合有效辐射，占太阳辐射的47%～50%，其强度随着时间、地点、大气条件等变化。植物叶片所吸收的光合有效辐射的大小及变化取决于太阳辐射的强度和植物叶片的光合面积。光合面积与叶绿素浓度结合可以反映作物群体参与光合作用的叶绿素数量。

2. 植物的光谱特征

近红外波段在植物遥感中有重要作用，这是近红外区的反射是受叶内复杂的叶腔结构和腔内对近红外辐射的多次散射控制，以及近红外光对叶片有近50%的透射和重复反射的缘故。随着植物的生长、发育或受病虫害胁迫状态或水分亏缺状态等的不同，植物叶片的叶绿素含量、叶腔的组织结构、水分含量均会发生变化，致使叶片的光谱特性变化。虽然这种变化在可见光和近红外区同步出现，但近红外的反射变化更为明显。这对于植物/非植物的区分、不同植被类型的识别、植物长势监测等是很有价值的。

植物的发射特征主要表现在热红外和微波谱段。植物在热红外谱段的发射特征，遵循普朗克黑体辐射定律，与植物温度直接相关。植物非黑体而是灰体，因而研究它的热辐射特征必须考虑植物的发射率。植物的发射率是随植物类别、水分含量等的变化而变化的。健康绿色植物的发射率一般在0.96～0.99，常取0.97～0.98；干植物的发射率变幅较大，一般为0.88～0.94。

植物的微波辐射特征能量较低，受大气干扰较小，也可用黑体辐射定律来描述。植物的微波辐射能量（即微波亮度温度）与植物及土壤的水分含量有关。而植物的雷达后向散射强度（即主动微波辐射）与其介电常数和表面粗糙度有关，它反映了植物水分含量和植物群体的几何结构，同样传达了大量植物的信息。研究表明：JERS-1的SJU（L波段）图像可以穿透植被，而得到植物生长环境的信息；ERS-1的SAR（C波段）图像可以直接监测植被，并含有土壤和地形信息；Palosm于1998年研究了多波段（L、C、P）、多极化的SAR数据与农田观测的叶面积之间的关系，指出可以用多波段雷达数据估算作物叶面积指数（LAI）。可见，植物的发射特征（热红外和微波）和微波散射特征信息是光学反射遥感数据的补充，也是植物遥感的理论基础。

9.3.2 植被指数与地表参数的关系

植被指数是遥感监测地面植物生长和分布的一种方法，它用一种简单有效的形式来实现对植物状态信息的表达，以定性和定量地评价植被覆盖、生长活力及生物量等。在植被指数中，通常选用对绿色植物（叶绿素引起的）强吸收的可见光红波段和对绿色植物（叶内组织引起的）高反射的近红外波段。这两个波段不但是植物光谱中的最典型的波段，而且它们对同一生物物理现象的光谱响应截然相反，所以它们的多种组合对增强或揭示隐含信息将是有利的。植被光谱常受到植被本身、土壤背景、环境条件、大气状况、仪器定标等内外因素的影响，因此植被指数往往具有明显的地域性和时效性。

1. 植被指数与叶面积指数的关系

叶面积指数（LAI）是指每单位土壤表面积的叶面面积比例。它对植物光合作用和能量传输是十分有意义的。

绿色植物的叶子是它进行光合作用的基本器官，叶片的叶绿素在光照条件下发生光合作用，产生植物干物质积累，并使叶面积增大。叶面积越大则光合作用越强，而光合作用越强，又使植物群体的叶面积越大，植物干物质积累越多，生物量越大。同时，植物群体的叶面积越大，植物群体的反射辐射越强。

实验证明：当作物群体LAI大于3时，其反射率可达太阳总辐射的20%；正常稻田LAI为4时的能量透过率为太阳总辐射的23%或低于20%；对草本植物而言，叶片倾角较大，光很容易透过植被冠层直达底部直至土壤；当 LAI 高达 7.5 时，有 5%的入射光可到达土壤表面。

可见，叶面积指数 LAI 是利用遥感技术监测植被长势和估算产量的关键参数。然而，叶面积指数 LAI 往往是难以直接从遥感仪器获得的，但是它与遥感参数——植被指数间有密切的关系，它是联系植被指数与植物光合作用的一个主要的直观形态参数。叶面积指数一般大于 1，小于 10，在光谱曲线中，近红外波段的反射率随叶面积指数增加而增加。

根据高塔遥感实验场的大量观测资料，植被指数 NDVI 或 RVI 与叶面积指数 LAI 的相关系数很高，且与 LAI 呈非线性函数关系。它们之间的关系可表示为

$$
\begin{aligned}
\mathrm{DNVI} &= A\left[1 - B\exp(-C \cdot \mathrm{LAI})\right] \\
\mathrm{RVI} &= A'\left[1 - B'\exp(-C' \cdot \mathrm{LAI})\right]
\end{aligned}
\quad (9.14)
$$

式中，A、B、C 及 A'、B'、C' 均为经验系数，可通过模拟试验获得。其中，A、A' 是由植物本身的光谱反射率确定的，不同叶形、叶倾角及散射系数造成不同的 A 值及 A' 值。B、B' 值与叶倾角、观测角有关，当叶呈水平状时，则线性关系明显；当叶呈非水平状时，随着 LAI 的增大，植被指数增大速率较慢，两者呈余弦关系，基本是线性的。C、C' 值取决于叶子对辐射的衰减，这种衰减是呈非线性指数函数变化的。

2. 植被指数与叶绿素含量的关系

叶子生长初期，叶绿素含量与辐射能吸收几乎呈直线相关，即叶绿素含量增加，蓝、红波段吸收增强，绿波段反射率降低，近红外反射率增强，植被指数增加。但当叶绿素含量增加到一定程度后，吸收率近于饱和，反射率变化小，植被指数的差异不明显，因而植物在生长旺季较难区分。

3. 植被指数与植被盖度的关系

植被盖度指植被冠层的垂直投影面积与土壤总面积之比，即植土比。遥感器所测得辐射亮度 R 可表示为

$$
R = \mathrm{RV} \cdot C + \mathrm{RS}(1 - C) \quad (9.15)
$$

式中，RV 为植被的总反射辐射；RS 为土壤的总反射辐射；C 为植被盖度，则

$$
C_1 = (R - \mathrm{RS}) / (\mathrm{RV} - \mathrm{RS})
$$

$$
C_2 = (\rho - \rho_{\mathrm{s}}) / (\rho_{\mathrm{v}} - \rho_{\mathrm{s}})
$$

式中，ρ 为植被与土壤混合光谱反射率；ρ_{v}、ρ_{s} 分别为纯植被、纯土壤的反射率。

据理论推导，RVI、NDVI 与植土比（KW）分别呈指数和幂函数关系，当 LAI 较小时，它们与植土比的变化反应不敏感。PVI 与植土比呈直线相关，其对植土比的感应能力也随 LAI 减小而降低。就估测作物而言，PVI 较为优越，但应选 LAI 较大的时期。

实际上，植土比和叶面积指数同时随空间而变化，因此，需综合考虑植被指数与两者的关系。

对同一地区来说，作物品种特性差异越小，作物长势越好，叶面积指数越大，作物产量就越高。也就是说，作物（主要指冬小麦）的理论产量与抽穗期叶面积指数呈很好的直线相

关关系。因此，可以将一个地区的平均叶面积指数（LAI）与该地区植土比（KW）的乘积作为该地区作物总产的线性相关因子。

4. 植被指数与生物量的关系

生物量指的是植物组织的重量，由植物光合作用的干物质积累。显然，叶面积指数 LAI 与植被盖度均是生物量的重要指标，它们都与植被指数相关。

由 NOAA/AVHRR 数据获得的植被条件指数 VCI 被定义为

$$VCI = (NDVI - NDVI_{med}) / (NDVI_{max} - NDVI_{min}) \tag{9.16}$$

式中，NDVI 及 $NDVI_{max}$、$NDVI_{med}$、$NDVI_{min}$ 分别为平滑化后每周（7d）的 NDVI 及它的多年最大值、中值、最小值（以像元为计算单元）。

Anatoly 等于 1990 年对干、湿两种气候条件和不同生态区（高程与 NDVI 值不同），运用 NOAA/AVHRR 数据获得的植被条件指数 VCI 来估算植被盖度及草场与作物生产力，并通过大量地面实测数据来验证遥感估算的结果。研究结果表明，用植被条件指数 VCI 对植被盖度的估算误差小于 16%，低覆盖区误差更小，且 VCI 与实测的植被盖度相关性较高（相关系数约 0.76）。因此，用遥感卫星数据所获得的植被条件指数 VCI 方法，来定量估算大面积植被盖度和生物量是非常有效的。

9.3.3　植被遥感应用

1. 农业估产的应用

大面积农作物的遥感估产主要包括三方面内容：农作物的识别与种植面积估算，长势监测和估产模式的建立。

（1）可以根据作物的色调、图形结构等差异最大的物候期（时相）的遥感影像和特定的地理位置等特征，将其与其他植被区分开来。大面积的农作物除了具备与一般植被相似的光谱特征外，大多分布在地面较为平坦的平原、盆地、河谷内，少量分布在山坡、丘陵的顶部。由于耕作的需要，田块通常具有规则的几何形状（山区零星小块耕地除外）。农作物估产时，除了使用空间分辨率较低的卫星遥感影像，如 NOAA 的 AVHRR、我国的 FY-1 影像外，还结合使用 Landsat、CBERS 等中等分辨率的影像，做出农作物的分布图。还必须应用较高分辨率的 SPOT 影像及高分辨率的遥感影像（如 IKONOS 和航空遥感影像等）对农作物分布图进行抽样检验，修正农作物分布图，从而求出农作物的播种面积。

（2）利用高时相分辨率的卫星影像（如 NOAA、FY-1、FY-2 等）对作物生长的全过程进行动态观测。对作物的播种、返青、拔节、封行、抽穗、灌浆等不同阶段的苗情、长势制出分片分级图，并与往年同样苗情的产量进行比较、拟合，并对可能的单产做出预估。在这些阶段中，如发生病虫害或其他灾害，使作物受到损伤，也能及时地从卫星影像上发现，及时地对预估的产量做出修正。

监测作物长势水平的有效方法是利用卫星多光谱通道影像的反射值得到植被指数。到底选择哪一个植被指数作为监测农作物长势的估产指标，必须经 2～3a 的数据拟合、试估产后加以确定。

（3）建立农作物估产模式。用选定的植物灌浆期植被指数与某一作物的单产进行回归分析，得到回归方程。如果农作物在返黄成熟期没有发生灾害或天气突变等影响作物产量的事件，那么，估产方程作为模型被确定。该方程为

$$y = a + b\text{VI} \tag{9.17}$$

式中，y 为某一农作物的单产（kg/km^2）；a 为系数，回归方式的截距；b 为系数，直线的斜率；VI 为选定的植被指数。

$$\text{最后求得总产：} \bar{y} = yA \tag{9.18}$$

式中，$\bar{y}$ 为该地区某农作物的总产量（t）；A 为某作物的播种面积（km^2）。

例：山西省运城地区的小麦遥感估产试验研究中，在应用遥感影像求得小麦播种面积的基础上，应用 NOAA 卫星的 AVHRR 数据求取小麦抽穗期归一化植被指数：$\text{NVI} = (\text{ch}_2 - \text{ch}_1)/(\text{ch}_2 + \text{ch}_1)$，经与多年小麦产量数据拟合，得到小麦成熟期单产模型：

$$y = 232.009 + 49.3045\,\text{NVI} - 6.6878T \tag{9.19}$$

式中，T 为利用 NOAA 卫星热红外通道求得的植冠温度值。此处取负值是由于 4 月中旬至 5 月上旬是小麦最干旱的时期，土壤水分与小麦产量的关系很大，植冠温度反映了作物的水分状况。供水正常时，蒸腾增强，叶温降低；供水不足时，蒸腾减弱，叶温升高。因此，植冠温度与产量成反比。该方程的相关系数为 0.935。在 $1700km^2$ 麦田所划的 17 个亚区中，通过卫星影像求得的小麦播种面积与典型村实测比较，精度为 81.1%～99.5%；与各县平均单产比较，精度达到 90.8%～96.9%。

2. 植被动态变化制图

应用遥感影像进行植被的分类制图，尤其是大范围的植被制图，是一种非常有效且节约大量人力物力的工作，已被广泛采用。在我国内蒙古草场资源遥感调查、“三北”防护林遥感调查和水土流失遥感调查、洪湖水生植被调查、洞庭湖芦苇资源调查、天山博斯腾湖水生植物调查、新疆塔里木河流域胡杨林调查、华东地区植被类型制图、南方山地综合调查等许多研究中，都充分利用了遥感影像，其制图精度超过了传统方法。此外，在湖北的神农架地区及湖北、四川部分地区的大熊猫栖息地的调查中，利用遥感影像把大熊猫的主要食用植物箭竹与其他植物区别开来，从而为圈定大熊猫的栖息地起到了重要的作用。

随着全球生态环境的恶化，植物遥感从主要了解局地植物状况和类型，发展到了围绕全球生态环境而进行大尺度（洲际或全球）植被的动态监测及植被与气候环境的关系研究。在全球土地覆盖类型研究中，考虑南北半球的差异，即南半球的 1 月相当于北半球的 7 月，因而在数据采集上，将南半球数据移动 6 个月。经数据预处理后，对全球的 NDVI 作集群分类，分出 13 种土地覆盖类型——热带雨林、热带大草原、落叶林、常绿阔叶林、季雨林、热带草原和草原、草原、地中海灌木、常绿针叶林、阔叶林地、灌木和仅有旱生植被的干草原（半干旱）、苔原冻土冰区、沙漠，做全球土地覆盖类型图，并作 13 种类别 NDVI 的季节变化曲线，以进行全球土地覆盖类型的动态监测。

我国不少学者也用 NOAA/FY-l 的 NDVI，做全国植被或土地覆盖类型图，进行全国植被生态环境动态监测，以反映植被或土地覆盖的年、季、月动态变化及地域气候界线。由于用 3 条轨道的 NOAA/AVHRR 数据方可覆盖全国，而气象卫星轨道每天东移 6°，3 条轨道的时间约 6h，因此多轨拼接存在着一系列的技术问题，如太阳高度角的纠正、目标反射辐射值的归一化处理、投影变换等。

一般先计算每天的 NDVI 值，将每个像元 10d 中 NDVI 最大值作为该像元的“旬”NDVI

值，再由一个月中的上、中、下旬 NDVI 生成每月的全国植被指数图，反映植被及生态环境的动态变化。

3. 城市绿化调查与生态环境评价

改善城市的生态环境，提高城市绿化水平是我国城市生态建设的重要问题。近 20 年来，我国应用高分辨率遥感影像进行城市绿化调查已取得了显著的成效。我国的几个主要特大城市都进行过这方面的工作，北京 8301 工程，上海的三轮遥感综合调查，广州、天津、桂林都应用航空遥感影像，做出了城市绿地分布、绿地类型等图件，进行定量研究。上海在第二轮航空遥感综合调查中，通过遥感影像解译与野外实测相结合找出遥感影像特征与植株高度、胸径的关系，提出“三维绿化指数”或“绿量”指标，以代替原先的“绿化覆盖率”指标来评价城市绿化水平。研究指出，相同面积的草地、灌木和乔木具有相同的“绿化覆盖率”，但具有不同的“绿量”。其中，乔木具有最高的“绿量”，而草地的绿量最小，同样面积的乔木制氧和净化空气的效率为草地的 4～5 倍。提高城市绿化水平，不仅要提高绿化覆盖率，更重要的是要提高“三维绿化指数”，也就是说要提高绿化的质量，这对于改善城市生态建设和管理的理论和实践都具有重要指导意义。

4. 草场资源调查

草场上牧草的长势好坏与牧草的产量直接相关，而产草量是载畜量（单位面积草场可养牲畜的头数）的决定因素。我国在内蒙古草场综合调查、天山北坡草场调查、湖北西南山区草场调查、西藏北部草场调查中，在应用遥感技术确定草场类型、进行草场质量评价的基础上，将内蒙古草场资源遥感与地面样点光谱测量数据结合，指出比值植被指数 RVI 与产草量 W 有良好的关系：

$$W = -86.9 + 162.65\,\mathrm{RVI} \tag{9.20}$$

根据这一公式计算出全自治区草场的总产草量。为保证草场的更新和持续利用，可供牲畜食用的草量仅为总产草量的 50%左右，按此比例得出全自治区可食产草量为 91286657.02t。以每头绵羊平均日食鲜草 3.5kg 计算，求出全自治区的适宜载畜量为 7066.3 万头绵羊单位（其他大牲畜 1 头相当 15 头绵羊单位）。将这一指标与实际载畜量进行比较，可以确定哪些草场还有潜力，哪些草场属于超载，从而为畜牧业的发展提供科学的依据。

5. 林业资源调查

林业部门是我国采用遥感技术进行资源调查最早的部门之一，我国的各大林区都应用过遥感影像制作森林分布图、宜林地分布图等，并对林地的面积变化进行动态监测。尤其是 1987～1990 年全面开展的“三北”防护林遥感综合调查的重点科技攻关项目，对横贯我国的东北、华北和西北已建的防护林网的分布、面积、保存率和有效性进行了评估。调查研究中对陆地卫星 TM 影像、国土卫星影像和试点区的航空遥感影像进行解译，制作了林地分布、立地条件、土地利用、土地类型等多种专题图，典型地区建立了资源与环境信息系统。结果表明，我国“三北”防护林建设取得了重大成就，“三北”地区森林覆盖率由 1977 年的 5.05%增加到 2007 年的 10.51%，使农田生态环境得到部分改善。通过调查还对防护树种结构等问题提出了改进的建议。这项调查的成果，为我国“三北”防护林建设的科学决策提供了依据，有效地促进了遥感的实用化。

9.4　遥感技术在水体信息提取中的应用

遥感水体信息提取的任务是通过对遥感影像的分析，获得水体的分布、泥沙、有机物质等状况和水深、水温等要素的信息，从而对一个地区的水资源和水环境等做出评价，为水利、交通、航运及资源环境等部门提供决策服务。

9.4.1　水体的光谱特征

太阳光照射到水面，少部分（约占 3.5%）被水面反射回空中，大部分入射到水体。入射到水体的光，又大部分被水体吸收，部分被水中悬浮物（泥沙、有机质等）反射，少部分透射到水底，被水底吸收和反射。被悬浮物反射和被水底反射的辐射，部分返回水面，折回到空中。因此，遥感器所接收到的辐射就包括水面反射光、悬浮物反射光、水底反射光和天空散射光。由于不同水体的水面性质、水体中悬浮物的性质和含量、水深和水底特性等不同，遥感器上接收到的反射光谱特征存在差异，为遥感探测水体提供了基础。

9.4.2　水体界线的确定

在可见光范围内，水体的反射率总体上比较低，不超过 10%，一般为 4%～5%，并随着波长的增大逐渐降低，在波长为 0.6μm 处为 2%～3%，当波长超过 0.75μm 时，水体几乎成为全吸收体。因此，在全色波段的遥感图像上，水体呈黑色；在近红外波段的遥感图像上，清澈的水体呈深黑色。为区分水陆界线，确定地面上有无水体覆盖，应选择近红外波段的影像。必须指出，水体在微波 1～300mm 的发射率较低，约为 0.4%。平坦的水面，后向散射很弱，因此侧视雷达影像上，水体呈黑色。所以，用雷达影像来确定洪水淹没的范围也是有效的手段。

9.4.3　水体悬浮物质的确定

遥感能够探测的水中悬浮物主要有两种：一种是无机的泥沙，一种是有机的叶绿素。

1. 泥沙的确定

含有泥沙的浑浊水体与清水比较，光谱反射特征存在以下差异：①浑浊水体的反射波谱曲线整体高于清水，随着悬浮泥沙浓度的增加，差别增大，表现在遥感图像上，其影像的色调较之清澈的水体要浅。②波谱反射峰值向长波方向移动（红移）。清水在 0.75μm 处反射率接近于零，而含有泥沙的浑浊水至 0.93μm 处反射率才接近于零。③随着悬浮泥沙浓度的加大，可见光对水体的透射能力减弱，反射能力加强。有时，近岸的浅水区，水体浑浊度与水深呈一定的对应关系，浅水区的波浪和水流对水底泥沙的扰动作用比较强烈，使水体浑浊，所以遥感影像上色调较浅。而深水处扰动作用较弱，水体较清，遥感影像上色调较深。这种情况下，遥感影像的色调间接地反映了水体的相对深度。

波长较短的可见光，如蓝光和绿光对水体穿透能力较强，可反映出水面下一定深度的泥沙分布状况。在洪泽湖的试验表明，0.5～0.6μm 的影像可反映 2.5m 水深的泥沙；0.6～0.7μm 的影像可反映 1.5m 水深的泥沙；0.7～0.8μm 影像反映 0.5m 泥沙；0.8～1.1μm 仅能反映水面 0.02mm 厚水层的泥沙分布状况。因此，以不同波段探测泥沙可构成水中泥沙分布的立体模式。

2. 叶绿素的确定

水中叶绿素的浓度与水体反射光谱特征存在以下关系：①水体叶绿素浓度增加，蓝光波段的反射率下降，绿光波段的反射率增高；②水面叶绿素和浮游生物浓度高时，近红外波段仍存在一定的反射率，该波段影像中水体不呈黑色，而是呈灰色，甚至是浅灰色。

叶绿素在水中的浓度含量是衡量水体初级生产力和营养作用的指标。海洋中叶绿素含量的多少是海洋生物产量最基本的因素，大范围地探测海洋叶绿素的含量及其分布对海洋遥感来说是十分重要的。通过对叶绿素光谱特性的研究，美国国家航空航天局在一系列航空实验和“雨云 7 号”、海岸带水色扫描仪（coastal zone color scanner，CZCS）实验的基础上，1981 年通过航天飞机进行了海洋叶绿素的遥感实验，即海洋水色实验（ocean color experiment，OCE），对可见光、近红外的 8 个对叶绿素敏感窄波段进行了水体的遥感特性研究，从而定量地计算了海洋中藻类的叶绿素含量。尽管较深层的藻类生长难以用遥感方法进行探测，但是如果能找到深层与浅层之间的藻类生长的定量关系，遥感方法就可以获得更深层叶绿素含量的信息。同样，湖泊的富营养化研究也必须测定湖水中叶绿素及浮游生物的含量，利用蓝、绿、近红外波段图像之间的对比方法可以进行湖泊的渔业资源调查。

9.4.4　水温的探测

水体的热惯量大，在热红外波段有明显特征。白天，水体将太阳辐射能大量地吸收储存，增温比陆地慢，在遥感影像上表现为热红外波段辐射低，呈暗色调。夜间，水温比周围地物温度高，发射辐射强，在热红外影像上呈高辐射区，为浅色调。因此，夜间热红外影像可用于寻找泉水，特别是温泉。根据热红外遥感器的温度定标，可在热红外影像上反演出水体的温度。

9.4.5　水体污染的探测

目前，遥感应用于探测水体污染还不是十分有效。但是，当出现下列情况时，采用遥感的方法有可能探测到水体的污染。

（1）水体污染物浓度较大且使水色显著地变黑、变红或变黄，并与背景水色有较大的差异。例如，上海的苏州河在污染最严重时，黑色的河水注入黄浦江，与黄色的黄浦江水形成明显的差异色调，可以在可见光波段的影像上被识别出来。

（2）水体高度富营养化，受到严重的有机污染，浮游生物浓度高时，与背景水体的差异也可以在近红外波段影像上被识别。

（3）水体受到热污染，与周围水体有明显温差，可以在热红外波段影像上被识别。

（4）其他情况，如水上油溢污染可使紫外波段和近红外波段的反射率增高，有可能被探测出来。

9.4.6　水深的探测

在水资源估算中，水深是个重要的水文要素。而最早对水深的探测，是基于海洋渔业的应用要求。美国对陆地卫星和天空实验室的光谱扫描和光谱摄影图像的分析，认为现行的陆地卫星光谱波段对探测水深并不理想，提出水深的探测波长最好应向短波方向延伸到 0.45μm，这与不少人对海洋水吸收和透射特性研究是一致的。美国柯达公司在此基础上研制了一种水穿透型的彩色胶片 SO-224，在海洋鱼群探测试验中效果较好。我国的“风云一号”卫星也是在对水深的成功探测实验的基础上，增加了一个探测水深的通道而成功地进行气象探测的。这些遥感器的成功研制，为水深的遥感探测提供了条件。国外已研究出很多的探测方法，如摄影三角测量法、波折射测深法、多谱段测深技术激光雷达和侧视声呐等。其中，可见光波段的单波段比值法已相当成熟。国内，在 20 世纪 80 年代初就有人根据大海子水库、长春地区水库及东海三大王海湾的航空多光谱遥感实验，进行过水深遥感探测的理论研究和可能性分析，之后就转入水深的具体探测实施和浅海水域制图领域。

蓝光波段对平静、清澈的水体有较大的透射能力，并且水底反射波也较强，这时蓝光波段影像上的灰度可反映水深。例如，云南腾冲地区的侍郎坝水库，利用 0.4～0.5μm 遥感影像的灰度值与少量实测水深资料建立了灰度-水深关系模型，做出了该水库的等深线图。当水体含沙量较低时，可以利用蓝光波段与绿光波段的比值，求出相对水深。

水深的探测受泥沙、污染及气候条件等因素的影响较大，应用时应综合考虑，根据不同条件，建立分析模型。

9.4.7 TM 图像上水体的遥感信息分析与识别

卫星遥感图像记载了地物对电磁波的反射信息，以及地物自身的热辐射信息。各地物结构、组成及理化性质的差异，导致不同的地物对电磁波的反射存在着差异，其热辐射也不完全相同。对于水体来说，水体几乎全部吸收了近红外和中红外波段内的入射能量，所以水体在近红外和中红外波段的反射能量很少，而植物、土壤在这两个波段内的吸收能量较小，而且有较高的反射特性，这就使得水体在这两个波段上与植被、土壤有明显的区别。水体在这两个波段上呈现出暗色调，而土壤、植被则呈现出相对较亮的色调。但是，在山区，由于山体阴影的影响，使得近红外、中红外在阴坡面的反射能量特别低，从而同样造成它们在图像上呈现出明显的暗色调。水体与阴影的混淆使得难以在这两个波段上通过阈值法来提取水体。在可见光波段内，图像上记载的反射信息主要来自水面、水中悬浮物质和水体底部物质的反射。水体的吸收和辐射特性，不仅与其本身的性质有关，还与其所含物质的类型和大小有关。

因此，水体在 TM 图像上也具有独特的光谱与空间关系特征，即水体影像的灰度值在 TM2 波段加 TM3 波段大于 TM3 波段加 TM5 波段。利用此方法提取的水库、池塘、河流的轮廓较为准确，漏提的水体也较少，且水体与地物的阴影也不易混淆。

9.5 遥感技术在灾害监测方面的应用

21 世纪以来，人类正面临着人口迅速增长，生态环境日趋恶化，资源严重破坏的压力。环境变化频繁，人们开始越来越多地求助于卫星遥感这一先进的技术手段来监测环境变化。近年来我国重大生态灾害和环境污染事故不断发生，这些灾害和事故波及面广、影响大，而且一旦发生往往情况紧急，有可能造成极大的破坏和严重的后果。需要利用遥感技术对包括沙尘及沙尘暴、赤潮、洪涝与旱灾、地质灾害、秸秆焚烧、林火、化学品泄漏和爆炸及各类环境污染事故等信息进行处理、提取和分析，逐步形成生态灾害遥感监测、重大工程和项目引起的生态环境破坏遥感监测、重大环境污染事故遥感监测的业务运行能力。

9.5.1 洪灾监测

我国是世界上暴雨洪水最频繁的地区之一，防洪减灾仍然是人们面临的一项艰巨而持久的任务。遥感技术是防洪减灾工作中的重要技术手段，它可以对洪涝灾害进行实时监测、预测和评估，为制定防洪减灾对策提供可靠的依据。

遥感技术以其独具的优势和潜力，在洪灾发生前，可以不断提供关于洪水灾害发生背景和条件的大量信息，有助于圈定洪水灾害可能发生的地区、时段及危险程度，采取必要的防灾措施，减轻灾害造成的损失。在洪灾发生过程中，可以不断监测洪水灾害的进程和态势，及时把信息传输到各级防洪抗灾指挥部门，帮助他们有效地组织防洪抗灾活动。在成灾以后，可以迅速准确地查明受灾情况，以便及时组织救灾，恢复生产，重建家园。

1. 不同遥感信息在洪灾监测中的作用

许多研究已经证明，使用卫星图像研究水体变化是一种较好的手段，由于每张图像显示的水体都是成像瞬时的记录，这就弥补了常规测量方法慢、水位变化大、不能适时地测定整体水位变化的缺点，而且卫星图像是定期地重复成像，这就能及时地反映水体的动态变化，如监测泛滥区域的变化。在洪水灾害研究中应用较多的遥感信息有 Landsat TM/ETM+、NOAA/AVHRR、SPOT、Radarsat、ERS 和机载 SAR 等数据。

对于洪水监测而言，高时相分辨率的 NOAA 信息，虽然地面分辨率较粗，但具有昼夜获取信息的能力，能够记录洪水发生、发展的过程，是洪水动态监测的理想资料。TM 图像或 SPOT 图像具有多波段多时相特性，分辨率适中，可有效地获取地面覆盖信息和洪水信息，是洪水淹没损失估算、模拟分析的有效资料。机载侧视雷达可全天候获取洪水动态信息，这些信息是洪峰跟踪、实时监测的最佳信息。航空像片几何性能好，分辨率高，可提供最详尽的地面信息。同时，TM 和 SPOT 图像几何与光谱特性均佳，可提供仅次于航空像片的地面信息，而其多时相、多光谱、低费用，又具有航空像片所没有的特长，在洪水监测中必然扮演极为重要的角色。如果对不同来源（遥感的和非遥感的）信息进行复合分析，使复合信息具备各单一信息之优点，则可以大大提高洪水监测精度。

气象卫星是超短期航天遥感资料，用于洪水监测有很大潜力。暴雨洪水时，天空多为云层覆盖，用遥感飞机监测有一定困难，用陆地卫星监测也因周期过长，云层覆盖而不可能。但是，应用气象卫星加雷达网是完全可以监测的。然而，气象卫星的空间分辨率很低，星底点地面分辨率为 1.1km，因而像元所反映的信息具有较大的地类混合和邻域效应（即混合像元问题），不能提供洪水灾情的定量数据，仅能定性区分水体、高滩、中滩。神经网络技术的兴起，分形理论的应用，可望为混合像元问题的解决开辟一个新的途径。TM 资料的观测周期为 16d，可得到某时刻的洪水信息，尽管这样的周期不足以反映洪水动态，但较气象卫星而言，TM 图像的地面分辨率较高，达 30m，一幅图像覆盖 185km × 185km 的范围，可以获得较大范围的同步信息，提供一定精度的洪水灾情监测预报数据。如果能对 TM 和 NOAA 图像进行信息复合，分别利用 TM 的空间分辨率和 NOAA 图像的时间分辨率，则可以提高 NOAA 图像作为动态信息的使用价值。

国内外许多研究证明，近红外波段的遥感信息是确定水体的一种可信的和有效的技术。近红外波段的波长不同，对水体的反映效果也不同。例如，大气窗口为 2.0～2.6μm 的波段，由于太阳辐射量的减少，并非最佳。值得考虑的是，大部分地物相对水体来说都是强漫射反射体，随着足够的太阳照度，将与黑色水面形成强烈反差。根据国外学者的测试，理想的识别水体的波段应在 1.5～1.8μm。在该波段，足够的太阳照度既能照亮背景物体，也能对水生植物所封闭的水体增加许多识别条件。

2. 洪灾遥感实时监测评估系统

洪水监测本身是一个技术问题，其应用却超出了技术范畴。通过研究，人们可以掌握洪灾的性质、规模及后果，从而为采取有效的经济措施提供决策依据。大量的洪水灾害遥感试验研究成果，充分地显示了遥感技术在减灾活动中的重要作用和独特优势。然而由于洪水灾害时间上的突发性、空间上的随机性、条件上的恶劣性及后果上的严重性等，在快速、机动、准确和集成等方面提出了新的更高的要求。

洪水灾害的发生往往是急剧的，而现在可利用的遥感技术中，受其观测频度的限制，对异常自然现象的长期监视，一般来说是相当困难的。再者由于洪涝灾害与降雨云系有关系，而严重的灾情往往又在云层下，且多在夜间发生和发展，所以云层阻挡了可见光和红外的辐射，使卫星上的光学遥感器探测不到云层以下的灾害信息，洪水灾害发生时有效的数据难以得到。我国已经利用中国科学院等一些单位研制的机载合成孔径雷达监测过水情，并取得了良好的效果。今后机载遥感仍将在灾害监测方面继续发挥作用。但当受灾面积较大，需要监测周期比较长时（如要做周期超过 10d 的循环监测），航空遥感的费用就显得过高。因此，它在这方面的应用也就有局限性。

在改善现有技术条件和试验研究的基础上，建立实用的洪灾遥感实时监测评估系统的条件已趋于成熟。这是一个能综合利用国内外对地观测卫星（气象卫星、陆地卫星等）、通信卫星、全球定位系统及地理信息系统，把航天、航空和地面平台及遥感监测、数据处理、信息系统、卫星通信、对地定位、常规调查及专业研究等多种科学技术结合起来，形成具有实时性和机动性并能适应洪水灾情监测评估需要等特点的多层次、立体交叉作业的应用技术系统。

洪灾监测及灾情评估系统可分为三个部分，即洪水灾情监测、洪水灾情信息处理、洪水灾情预报与洪灾评估。

1）洪水灾情监测

洪水灾情监测分为地面站网观测和宏观遥感监测。地面站网观测包括雨情监测、水情监测和防洪工程设施安全状况监测。由于地面台站并不是专门为洪水灾害采集数据，它们是地球表面资源与环境信息采集的一部分，因而还不能满足洪灾监测的要求。虽然在布设观测站点时考虑了其代表性，但这只是点观测数据，难以了解洪灾全貌，同时在紧急状态下，许多观测站将遭到破坏，信息传输也可能中断。遥感技术的应用将从时间上和空间上弥补地面台站的不足。

洪水灾害遥感监测克服了常规站网监测在空间视野上和时相（天候）方面的限制。多平台的遥感技术形成洪水灾害的全方位立体监测系统。气象卫星周期短，有助于洪灾的宏观和动态监测；陆地卫星资料有助于区域灾前本底值调查和灾后灾害状况调查；航空遥感飞机具有快速、灵活、方便和应急能力强的特点。尤其是航空微波遥感可以全天候地监测洪水，是洪水灾害遥感监测的重要途径。需要指出，人工地面实际调查也是洪灾监测的一种应急措施，同时它为洪灾遥感监测提供必要的地面实况信息，辅助遥感信息处理。

1987 年以来，我国先后在永定河、黄河、长江和淮河等地区开展了大规模的综合洪水遥感试验，使用了气象卫星、陆地卫星、通信卫星、遥感飞机和地面自动观测台站，初步实现了机-星-地洪水实时监测。

2）洪水灾情信息处理

地面观测站网所采集的雨情、水情等信息通过微波干线或电报密码传输到信息处理中心，建立雨、水情数据库或文本文件，并经数据编码，以年鉴方式刊印分发。洪灾遥感信息处理主要包括快视、数字处理和影像分析三部分，由洪灾遥感信息分析系统实现。快视主要是针对航空遥感监测，通过卫星传输到数据处理中心的航空遥感信息需要快速地进行数据压缩、空间定位，在屏幕上显示洪水场景。数字处理主要包括遥感信息增强、变换、提取、复合及分类等，以提取可用的洪灾专题信息，如洪水淹没范围、受淹居民地等。

3）洪水灾情预报与洪灾评估

洪水灾情预报根据所接受到的雨情和水情信息，应用流域作业预报方案，预测未来一段时间内的洪水灾情状况。就目前来看，洪水灾情预报更多是基于流域洪水预报，还属于水情预报的范畴。但从防洪抗灾等方面看，还需要及时了解洪水灾害损失信息、区域洪水风险等。从全局观点出发，充分考虑洪灾的自然和社会、经济、生态环境诸方面的性质，制定出合理的防洪救灾方案，这就需要洪水灾害分析与灾情评估信息系统的支持。

洪灾评估以洪水灾害为分析对象，研究洪水灾害发生的时序规律与空间分布，评估区域洪水灾害损失，辅助决策部门制定防洪抗灾、救灾方案等。

3. 洪灾遥感信息处理

为充分利用遥感技术视野广阔、获取资料快、资料信息丰富、可动态观测等优点，使其在抗洪救灾中发挥快速响应作用，通常要建立一个洪灾遥感信息处理系统。系统功能包括：遥感数据的输入与格式转换、预处理、图像通道的合并与删除、信息增强处理，专题信息提取、信息复合、视频显示、专题信息输出等。系统提取洪灾信息流程如图 9.14 所示。

下面仅就信息复合技术及其应用做一介绍。

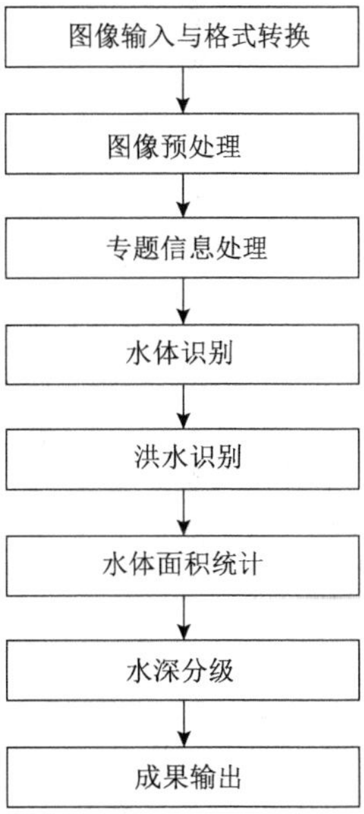

图 9.14　系统提取洪灾信息流程

信息复合，是指同一区域内遥感信息之间或遥感信息与非遥感信息之间的匹配复合。它包括空间配准和内容复合两个方面，从而在统一地理坐标系下构成一组新的空间信息。信息复合的目的是突出有用的专题信息，以改善目标识别的图像环境。因而，信息复合的关键在于：充分认识研究对象的地学规律；充分了解每种复合数据的特点和适用性；同时考虑不同遥感数据之间的波谱信息的相关性引起的有用信息增加与噪声误差的同步增加，以便对多种遥感数据做出合理的选择，准确地进行几何配准，以解决遥感图像的几何畸变及其以几何纠正为基础的空间配准问题。

信息复合的信息源可以是遥感的，也可以是其他手段获得的信息。它们的复合往往可以得到原来几种单一信息所不能提供的新信息。因此，信息复合方法具有广泛的实用意义，也是目前遥感应用的前沿。根据信息源的不同，可将信息复合分为遥感信息之间的复合和遥感信息与非遥感信息之间的复合两大类。而前者又包括遥感信息波段之间的复合、多时相遥感信息间的复合和多平台遥感信息间的复合。

不同来源（气象卫星、陆地卫星、飞机等）的遥感信息各具有一定的空间分辨率、波谱分辨率和时间分辨率，也各有其主要的应用对象和特色，同时又有其应用中的局限性。如果将多种遥感数据进行复合与综合分析，便可弥补单一信息的不足，以达到多种信息源的相互补充、相互印证。

1）多波段遥感信息的复合

波段间的复合是针对同一种遥感器所获得的多波段遥感信息而言的，它是图像处理中最常用的方法。为了得到某一专题要素，利用物体在不同波段中反映的差异性来选择最适合反映这种要素的波段进行复合，以突出这一要素，获得最佳效果。例如，为了突出高泥沙主河道洪水信息，可选择对水体反射率强的陆地卫星 MSS4 与 MSS5 波段进行复合，即用同时相的 MSS4 与 MSS5 波段图像，根据它们的反射特征，选择同一地物在两个波段上的公共区域，作为复合分类的样区，输入计算机，提取与该样区特征相近的像元作为该类别的信息。同样，可以用任意 Landsat/TM 的 7 个波段、NOAA/AVHRR 5 个波段、SPOT 4 个波段等进行不同的复合分类。

2）多时相遥感信息的复合

多时相信息复合是洪水灾害损失评估研究中的重要方法。基于地物光谱特征的时间效应，进行多时相遥感信息匹配复合，一般有两个目的：一个是考虑要识别的地面目标在不同时间的光谱与空间特征的变化规律来选择必要的遥感信息，进行复合处理，提高识别能力和分类的精度；另一个是利用不同时相的遥感信息匹配复合，获得地面目标（灾害与环境）变化的影像信息，以进行动态分析。

遥感图像多时相分析一般有两种方法：一种是将不同时间获得的图像都集中到一起，将它们看做是多特征的图像，利用各种分析方法进行分析；另一种是先对不同时间的遥感图像单独进行分类，再将各个时间的遥感图像分类结果进行比较，从中导出有意义的地物动态信息。通常，如果要从光谱特性的动态情况来识别地物或是进行一些定量分析，可采用第一种多时间分析方法，将不同时间图像集中起来，经过有目的的特征处理来突出需要了解的信息；如果要从不同时间的图像上了解各类地物的动态变迁，则较多采用后一种多时相分析方法。

多时相信息数据的复合一般要解决以下几个问题：比例尺统一、投影转换、同名地物点配准、相同图斑界线的制图综合等。

3）多平台遥感信息的复合

无论是航天还是航空遥感，也无论是航天遥感中的气象卫星、陆地卫星、海洋卫星或航天飞机等，由于它们位于不同的高度，携带着不同类型的遥感器，因而所获得的遥感信息的时间分辨率、光谱分辨率和几何分辨率都有较大差异，这些便决定了它们在洪灾监测中的不同作用。

时间分辨率可以提供洪灾动态变化的信息，可用来对洪灾的变化进行监测和预报。遥感信息中，气象卫星图像每天可两次获得同一地区的观测资料，有用信息量极为丰富。Landsat/TM 和 SPOT 卫星影像观测周期分别为 18d 和 26d，可以得到某时刻的洪水信息，它们得到的“平水期”图像，可为灾情估算提供数据；侧视雷达是一种机载主动遥感工具，其工作时间完全根据需要来决定，几小时之内可从北京飞往全国任何洪水发生地区对洪水进行监测，只要配备微波传输、信息转换等设备，就可实时（准实时）将图像传至图像处理中心，通过建立地面控制网，对图像进行实时配准、分类和信息提取，从而实现对洪水的实时（准实时）监测。尽管这些信息单独观测的频率有限，但它们的复合信息，则可大大缩短观测周期，提高观测频率。

空间分辨率可以影响洪灾区域信息的准确程度。TM 影像可以获得较大范围的同步信息，提供一定精度的洪水灾情估算信息，如土地利用、作物长势等；SPOT 卫星图像可提供更精确的洪水界线、植被、居民地和水系等信息。至于侧视雷达图像的地面分辨率，国内目前有两种：一种是 3m，一种是 15m，能清晰地反映大堤、水渠、道路、决口和洪水；气象卫星星下点的分辨率力为 1.1km，是分辨率最低的信息，因而像元所反映的信息具有较大的地类混合和邻域效应，不能提供洪水灾情的定量数据，只能定性地区分水体、滩地。

光谱分辨率对确定洪灾区域信息有较大帮助。TM 影像包含了丰富的地面水分状况和植被长势信息，其 1、2 波段对水体有一定的穿透性，有助于探测水层深浅和划分混浊的洪水与清澈的自然水体；而位于中红外的第 5、7 波段，反映水体和水陆边界特别敏锐。SPOT 卫星的 CCD 阵列遥感器既有单色波段，又有全色波段，且波段范围较窄，使得在信息获取中，更能突出某些要素；侧视雷达的微波波段，是洪水动态监测和线性地物获取的理想工具；气象卫星的波段跨度大，是这种粗分辨率信息监测洪水动态的基础。

在洪灾专题研究中，综合考虑多种遥感平台所获取信息的特点，进行不同平台遥感信息的复合处理将是有益的。通常空间分辨率差异较大的遥感信息的复合，主要用于局部区域，在宏观性研究的基础上，选择重点区域利用空间分辨率较高的遥感信息的特点，进行复合处理，以进行细节性研究。多平台遥感信息复合的目的就是充分利用不同平台遥感信息的优势，快速准确地提取信息。

多平台遥感信息的复合还包括陆地卫星 ETM/TM 图像与航空侧视雷达图像的复合、TM 与雷达图像的复合等。研究结果证明复合图像可以综合各图像的特性，得到更丰富的信息。

关于遥感信息与非遥感信息之间的复合，在第 8 章有详细介绍，此处不再赘述。

为了进行洪灾分析与评估，在地理信息系统支持下，首先要建立洪灾信息数据库，它通常包括数字地形高程模型、土地利用、居民地、交通网络、水系、水文统计数据、防洪工程设计数据、行政区划、区域社会经济统计数据等若干专题要素数据库。其次，专业应用分析模型与专家系统的开发，是发挥地理信息系统功能的重要途径。体现现代专题性地理信息系统的水患-洪灾分析与评估专业模型的种类很多，内容也很广泛，主要有洪水预报、洪水灾情分析与数值模拟、区域防洪经济效益评估、区域防洪减灾辅助决策分析等。

9.5.2　气象灾害监测和预报

气象灾害是种类最多、危害范围最广、影响深度最大的自然灾害。在各类自然灾害中它所包括的种类最多，主要有旱灾、雨涝、热带气旋、大风、冰雹、寒潮和冷空气、低温、霜冻、雪灾、雾灾、干热风、龙卷风、沙尘暴、雷暴、连阴雨等。气象灾害通常用气象卫星来监测。

气象卫星诞生以来，气象卫星资料广泛地运用于天气分析和日常天气预报，显著地增强了对全球各种尺度天气现象的监测能力，提高了天气预报的准确率和灾害防御能力。其中，极轨气象卫星资料帮助人们增进了对天气尺度现象的了解，而静止气象卫星连续地观测从天气尺度直到云尺度的大气结构和云覆盖状况，从而改进了大气四维结构的中尺度分析。中国的卫星气象事业始于 1970 年，开始是接收和使用国外低分辨率极轨气象卫星云图，以后又相继使用高分辨率极轨气象卫星和静止气象卫星云图，并进行增强分层显示等处理，1989 年开始接收 GMS 数字展宽云图。现在，经过计算机处理的各种气象卫星资料和图像，已经成为气象工作人员分析、预报天气不可缺少的工具，并在重大灾害性天气预报和防御决策中，发挥了重大作用。

1. 干旱遥感监测

干旱是目前世界普遍关心的重大问题，“第三世界”大多数国家都受到干旱的严重威胁。由于环境进一步恶化，科学家们预测近 50 年世界某些地方将进一步干旱。我国每年都有干旱发生。据不完全统计，我国各种受灾面积中，旱灾占 61%，水灾占 24%，冰雹灾占 9%，霜冻灾占 6%。国家每年用于救济干旱灾害的费用达 6.7 亿元人民币。为了合理使用水资源，有效地抗旱救灾，必须迅速知道何处受旱、程度如何，而卫星遥感监测是一种有效方法。

干旱没有唯一的标准，可以从各个方面去定义，但都离不开水和植被。遥感监测干旱也基于土壤水分和植被状况。对于裸地，卫星遥感的重点是土壤含水量，对于有植被覆盖的区域，卫星遥感的重点是植被指数的变化及植被冠层蒸腾状况的变化。监测的方法主要有：热惯量法、植被指数法、植被供水指数法、距平植被指数法。

2. 台风监测和预报

气象卫星最重要的贡献之一，是它对热带气旋及其他海洋天气的有效监视，为防御和减轻台风灾害发挥着重要作用。

热带气旋造成的人员伤亡和财产损失，居世界 10 种主要自然灾害的首位。过去由于缺乏观测资料，在毫无准备的情况下热带气旋突然袭击沿海地区而造成巨大灾难。1922 年 8 月 2 日强台风在广东省汕头市登陆，伤亡惨重。而与前者强度、范围、登陆地点相当的 1986 年的 8607 号强台风，尽管这一地区人口密度已经大大增加，却只有少量人员伤亡。原因就在于从该台风形成初期，气象部门就通过气象卫星资料对其进行连续监视和追踪，并在其登陆前 72 小时就发布了警报，沿海地区采取了严密的防御措施，从而大大地减少了人员伤亡和财产损失，预计减少损失 10 亿余元。

卫星云图对近海热带气旋的监视和预报尤为重要。这类热带气旋范围小，发展迅速，移动快，从生成到登陆一般仅十几个小时，因而容易形成突然袭击，在短时间内酿成巨灾。例如，1990 年 9 月 2 日，在我国台湾岛东南大约 250km 的洋面上有一热带低压形成，并稳定向北移动，3 日夜间它突然折向西北方向，并于 4 日凌晨在台北市以北约 80km 的海面上迅速加强成热带风暴，17 小时后，在福建省霞浦至福鼎沿海一带登陆。浙江苍南马站 12 小时雨量达 514.8mm，为历史上少见；闽北、浙南沿海地区出现 9～10 级大风，阵风达 11～12 级。这个风暴范围很小，生命史又短，台北市的常规气象台在距它的中心仅 80km 时，由于它的风力和气压无明显变化，所以尚未发现。然而，该强热带风暴从它的低气压阶段起，就一直处于气象卫星监测之中，1 小时一次的静止卫星云图非常清楚地展现了它的中心位置、云系范围、演变及它的连续移动路径。气象人员据此成功地预报出这次强热带风暴的强度、移动路径、登陆时间、地点及狂风暴雨天气，并提前发布了紧急警报，大大减少了人员伤亡和财产损失。

确定台风的中心位置和强度，是台风分析和预报中的一个重要问题。从 1989 年飞机探测被取消后，这项工作主要依赖于气象卫星。通过多年的实践，根据卫星云图上台风螺旋云带的旋转汇合点、螺旋云带的曲率中心及环境场中高低层云系特征，研究出了运用卫星云图确定台风中心位置的流程图，其准确率与过去飞机探测相近，并且在台风处于发展和减弱阶段时，还常常超过了飞机探测的准确率。在台风强度确定中，根据卫星云图上台风云系主输入螺旋云带的长度和云顶最低温度、台风眼区的大小、清晰程度和温度等要素特征，总结出了估计台风中心强度的半定量方法和强度演变模型图，进一步形成了估计台风强度的业务流程，使用表明，其预报台风中心风力误差在 5m/s 以内。

台风移动路径的分析和预报是台风业务中又一个重要问题。由气象卫星观测资料反演出的海表温度场、射出长波辐射场及位势高度场等，为台风移动路径的分析和预报提供了背景环境场。用多次连续时次的高时间分辨率静止卫星云图制作成的动画和叠画，十分清晰地展示出台风的移动路径、速度和演变过程。同时，还展示了台风所在环境中其他天气系统的移动和演变，为分析台风和其他天气系统的关系，预报台风的移动提供了进一步的依据。

3. 暴雨监测和预报

直接产生暴雨的天气系统并不是季风本身，也不是在季风背景条件下活动的高空槽和锋面等大尺度天气系统，而是季风和大尺度天气系统相互作用产生的中尺度系统。这些中尺度系统的空间范围仅为几十千米至几百千米，生命史约几小时至一天。而目前的常规气象观测站网，尤其高空站网的水平格距为 400～500km，其主要任务是监测大尺度天气系统，用这样的观测资料难以抓住中尺度天气系统，更不用说研究它们的活动规律及分析和预报。而气象卫星的图像观测资料，尤其是静止卫星图像资料，它的空间分辨率和时间分辨率都比较高，是监测、研究、分析和预报造成暴雨的中尺度系统的有效工具。通过大量资料的分析研究，气象工作者已经总结出一些暴雨天气系统的卫星云图特征及其活动演变规律，用于天气分析和预报实践。同时，结合极轨气象卫星，如美国 NOAA 卫星的 TOVS（泰罗斯业务垂直探测）数据反演的水汽资料、红外通道观测到的地气系统辐射出长波辐射（OLR）资料等，大大提高了监测和预报暴雨的能力。

4. 强对流天气监测和预报

强对流天气包括飑线、龙卷风、冰雹、强雷暴和雷雨大风。这些强烈发展的中小尺度天气系统的空间尺度从几百米到上百千米，寿命只有几十分钟到十几小时，靠常规的观测站网监测它们的发生发展是困难的，而气象卫星的观测资料具有较高的分辨率，尤其是静止卫星的可见光和红外资料，分别相当于有着 1km 和 8km 间隔的“报告站”，从卫星云图的动画中能够观测到中尺度系统的移动、排列和发展演变等重要特征，从而拓宽了推断强对流过程的新视野。因而，气象卫星资料成为分析和预报强对流天气系统的有力工具。

9.5.3　地质灾害调查

1. 地质灾害遥感调查的必要性和可行性

在各种自然灾害中，地质灾害占有较大的比重。据不完全统计，全球发展中国家每年由地质灾害造成的经济损失，达到了国民生产总值的 5%以上。在我国灾害及其所导致的环境问题中，据估计由地质灾害造成的损失约占整个灾害损失的 35%。其中，崩塌、滑坡、泥石流及人类工程活动诱发的浅表生地质灾害所造成的损失约占 55%。这些灾害的一次性规模虽小于地震、洪涝灾害等，但其发生频度和涉及范围远远高于和广于这两种灾害，一年的总损失约 200 亿元。我国从青藏高原向云贵高原和从云贵高原向长江中下游平原过渡的两个大陆坡度带范围内，仅 20 世纪 80 年代以来所发生的一次性伤亡人数在数十人以上或直接经济损失在数千万元以上的灾难性崩滑事件就达十余起，仅这些灾害所造成的人民生命损失已超过千人，直接经济损失上亿元，事后善后处理及整治费用则高达近十亿元，而灾害对社会所带来的影响产生的间接损失则更是无法估量。地质灾害严重地威胁着人民的生命财产安全，阻碍了社会经济的可持续发展。利用当代高新技术加大对地质灾害调查、监测和防治，已成为刻不容缓的任务。

暴雨是诱发地质灾害的催化剂。暴雨的冲刷、淋漓和渗透，一方面降低了岩土体的抗剪强度，特别是降低地质体结构面的抗滑强度，使其发展成为滑动面和崩塌界面；另一方面增加了岩土体的自重，并增大了地下水的动压力和静压力，进一步降低了斜坡的稳定性，进而诱发滑坡。另外，崩塌体和滑坡体在高强度水流作用下形成泥石流。由此可以看出，地质灾害多发生于暴雨天气，常具有突发性特点。一般，暴雨多呈面型分布。因此，由暴雨引发的地质灾害也相应地大多表现为区域性，且多形成地质灾害链。这种在暴雨恶劣天气下突发的地质灾害，若用传统的调查方法，不仅因为大面积调查难以做到实时性，也难以保证真实性和准确性。但是，卫星遥感中的“星载雷达技术”具有穿透云雨的特点，不受天气条件影响，可以实时而准确地开展突发性地质灾害调查。

遥感对地观测技术是当代高新技术的重要组成部分，是 20 世纪末开始执行的“对地观测系统（EOS）”计划的主体。它具有时效性好、宏观性强、信息量丰富等特点。利用全球导航定位系统（GNSS）可以准确地监测地质灾害体的形变与蠕动情况，从卫星遥感图像上实时或准实时地反映灾时的具体情况，监测重点灾害点的发展演化趋势，增强地质灾害发生的预见性。因此，为了能及时地调查地质灾害状况，为抢灾与救灾工作提供准确资料，根据国民经济建设与可持续发展的需要，在地质灾害调查中采用遥感技术这一先进手段，是尤为必要的，这也是现代高新技术应用发展的必然趋势。

遥感技术为有效地进行地质灾害调查提供了可能。地质灾害的发生主要受制于地层岩性、构造展布、植被覆盖、地形地貌及大气降水强度等要素。一般情况下，岩性脆弱、构造发育、植被稀疏、地形陡峻的地段，在强降水过程中容易发生地质灾害。遥感技术有宏观性强、时效性好、信息量丰富等特点，不仅能有效地监测预报天气状况进行地质灾害预警，研究查明不同地质地貌背景下地质灾害隐患区段，还能对突发性地质灾害进行实时或准实时的灾情调查、动态监测和损失评估。因此，遥感技术在地质灾害调查中必将发挥重要的作用。

2. 地质灾害遥感调查

1）孕灾背景调查与研究

研究表明，地质灾害的孕灾背景主要有如下八种因子：①时日降水量；②多年平均降水量；③地面坡度；④松散堆积物的厚度及分布；⑤构造发育程度（控制岩石破碎程度和稳定性）；⑥植被发育状况；⑦岩土体结构（反映岩土体抗侵蚀、破碎的能力）；⑧人类工程活动程度。

由于气象卫星可以实时监测降水强度与降水量，陆地资源卫星不仅具有全面系统的调查地表地物的能力，其红外波段及微波波段还具有调查分析地下浅部地物特征的作用。因此，在上述八种因子的孕灾背景中，第一种与第二种因子可通过气象卫星与地面水文观测站予以调查统计，其他因子可通过陆地资源卫星并结合适当的实地踏勘资料得以查明。利用遥感技术有效地调查研究地质灾害孕灾背景是地质灾害调查中最基础而又最重要的工作内容。

2）地质灾害现状调查与区划

地质灾害作为一种特殊的不良地质现象，无论是滑坡、崩塌、泥石流等灾害个体，还是由它们组合形成的灾害群体，在遥感图像上呈现的形态、色调、影纹结构等均与周围背景存在一定的区别。因此，崩、滑、泥等地质灾害的规模、形态特征及孕育特征，均能从遥感影像上直接判读圈定。由此，通过地质灾害遥感解译，可以对目标区域内已经发生的地质灾害点和地质灾害隐患点进行系统全面的调查，查明其分布、规模、形成原因、发育特点、发展趋势，以及危害性和影响因素。在此基础上进行地质灾害区划，划分地质灾害易发区域，评价易发程度，为防治地质灾害隐患，建立地质灾害监测网络提供基础资料。

3）地质灾害动态监测与预警

地质灾害的发生是缓慢蠕动的地质体（如滑坡体等）从量变到质变的过程。一般情况下，地质灾害体的蠕动速率是很小而且稳定的，当突然增大时预示着灾害的即将到来。由于全球导航定位系统（GNSS）的差分精度达毫米级，可以满足对蠕动灾体监测的精度要求。因此，利用卫星定位系统可以全过程地进行地质灾害动态监测，在此基础上有效地进行地质灾害的预测、预报甚至临报和警报。

4）灾情实时（准实时）调查与损失评估

地质灾害的破坏包括人员与牲畜伤亡，村庄、工矿、交通干线、桥梁、水工建筑等财产损失及土地、森林、水域等自然资源的毁坏。利用遥感技术进行地质灾害调查，除人员与牲畜伤亡难以统计外，对工程设施和自然资源的毁坏情况均可进行实时或准实时的调查与评估，为抢灾救灾工作提供准确依据。

9.5.4　森林草场火灾监测

1. 概述

火对生物圈有着极其重要的影响。火是许多陆地生态过程中的一个重要过程。同时，生物燃烧时释放出的气体和颗粒物对发生在大气中的物理和化学过程有重要影响。火对于热带大草原、北部森林和苔原环境区有着深远的影响，并且是热带和亚热带森林毁坏的主要方式之一。此外，一些零星的很强的火也出现在许多森林、草场和荒原等生态群落。随着社会的发展，人们日益关注森林、草场火灾及季节性燃烧对气候和经济的影响，迫切需要对其进行监测。1998 年，全球火灾监测中心（Global Fire Monitoring Center，GFMC）成立，其主要目的是让世界各国通过 Internet 分享其火灾监测的成果，发展和规范全球火灾监测的方法，并为其他科学组织提供各种火灾监测产品。利用遥感技术监测火灾在国外始于 20 世纪 60 年代初期的航空热红外探测。采用航空监测火灾的手段是不经济的，而且也难以覆盖所有地区。目前大多是利用对地观测卫星对火灾进行监测。星载扫描幅宽、每天覆盖全球的高温遥感器，是提供大面积火情监测高效、经济的主要手段。通常用于林火监测的主要有热红外数据、TM 数据和 NOAA/AVHRR 气象卫星数据。

热红外受大气窗口的局限，目前主要应用 3～5μm 波段和 8～14μm 波段这两个大气窗口，这与一般认为林火温度在 600～900K，其峰值波在 3.22～4.83μm 相吻合。因此，3～5μm 波段是监测林火的最佳波段。3～5μm 波段的扫描图像，能清楚地显示火点，火线的形状、大小和位置，对于特别小的隐火、残火有较强的识别能力。当林火火焰温度达到 1300K 左右时，其辐射峰值 2.233～5μm 正处在 TM7（2.08～2.35μm）的光谱响应范围，所以 TM 影像能监测林火温度很高的特大林火灾害，TM6（9.8～12.6μm）在夜间能提供热图像，对暗火、残火有一定的探测作用。另外，TM 资料有丰富的植物长势信息和其他地物信息，对林火灾害后评估有很好的作用。气象卫星用于林火监测覆盖面积大，发现火灾及时，而且能积累火灾发生、发展的整个过程，具有敏感度高、时效好、快速、成本低的优点。其中可见光通道（CH1，0.58～0.65μm）图像清晰反映林火烟尘信息；近红外通道（CH2，0.725～1.1μm）反映过火林地信息，也能反映烟尘信息；CH1 和 CH2 图像组合可用于火区和周边林地，以及林火前后比较分析；中红外通道（CH3，3.55～3.95μm）图像反映林火高温区的分布，热红外通道（CH4，9.3～11.3μm；CH5，11.5～12.5μm）图像反映地表常温范围的温度，因此能反映林火燃烧区和过火区。

自对地观测卫星业务化运行以来，许多国家在火灾监测中都取得了许多成果，为全球环境和灾害监测做出了重要贡献。美国是利用卫星进行火灾监测的最早国家，目前用多种卫星资料开展火灾监测，如 NOAA/AVHRR、GOES、EOS/MODIS、国防气象卫星等。目前对全球公开的产品主要是由 EOS/MODE 生成的火灾监测产品，包括日产品、8d 合成产品，10km 和 50km 月格点统计产品等，后者适用于全球气候模式应用。MODIS 对 10km × l0km 及 0.5° × 0.5°两种火灾产品进行火灾分级，其主要参考标准是 4μm 通道的亮温。过火面积的估算是根据 1km 分辨率的 8d 和月平均产品计算来得到的。

加拿大科研人员利用卫星遥感数据，结合常规火灾观测资料，对其国内 30 年森林草场火灾发生频率和过火面积进行了统计，发现由人类活动引起的火灾比诸如闪电等引起的自燃火灾次数稍多一些。但由自燃引起的火灾，其燃烧面积相比之下要大得多。

中国气象局国家卫星气象中心于 1985 年开始利用 NOAA/AVHRR 资料开展森林草场火灾监测业务研究工作，并于 1986 年 4 月 13 日首次监测到内蒙古草原火灾。同年，开始向有关部门进行监测服务。经过有关科技人员的不懈努力，边服务边研究，火灾监测水平不断提高，先后开发了多通道火情监测彩色合成图、火点精确定位、火点自动识别、子像元火点面积估算、过火面积计算等技术，并结合地理信息系统，对火点性质（林区火、草原火或农田火）和所处行政区划进行自动判识。目前，对火灾监测专题图像和报告的制作在卫星资料接受后半小时内即可完成，并及时发往有关部门，为扑灭大火赢得时间。自开展森林草场火灾监测业务以来，每年向森林、草场防火部门提供 2000 多个火点信息，每次重大火情都得到实时监测。让人们记忆犹新的是 1987 年 5 月发生在东北大兴安岭的特大森林大火，在大火燃烧的 26d 中，卫星监测的火灾信息为扑灭大火起到了极其重要的作用。

2. 原理和方法

火灾监测实际上是对卫星观测到的下垫面高温目标的识别。地面高温目标通常由卫星携带的扫描辐射仪观测的资料经过一定的加工处理得到。美国 NOAA 极轨卫星和我国“风云一号”极轨气象卫星，都装载着这种先进的扫描辐射计，即 AVHRR。一般，该仪器有 5～10 个探测通道。

通常情况下，并非所有的热点都是火点，如一些工厂的烟囱、地面异常热源、噪声点等。为排除这些异常热点和固定热源的信息，在综合利用各通道卫星资料的同时，往往需要加入一些其他辅助信息，如地理信息数据，以确定下垫面的类型，提高火灾监测和评估的正确性和可靠性。

不同的对地观测卫星，由于选择的光谱通道不一样，火灾监测的方法也不一样，即使是同一卫星，科学家们也研究出多种有效的监测方法。何建邦等于 1994 年以 NOAA/AVHRR 为主要信息源，运用人工神经网络方法和智能化的专家系统相结合，建立林火信息提取的方法，在西南重点林区成功地解决了林火的识别问题，报准率和定位精度都有大幅度提高。另外，以航空遥感彩色红外影像为主要信息源，形成计算机图像处理、林火热点特征提取的技术方法，能准确地区分工业用火、生活用火和林火，识别最小的林火面积在 $1m^2$ 左右，并可输出林火区的面积和强度。高世忠等于 1996 年选择多时相的 TM 影像数据为主要信息源，以 SPOT、MSS 数据和彩色红外航空像片为辅助资料，在横断山中段的攀西林区云南松林一系列旧火烧迹地，进行了更新恢复和生态变化的遥感调查，对各生态因子的空间分布特征及生态变化的影响规律进行分析，利用遥感信息，以及地形、土壤、林分和林火受害程度等要素建立了森林火灾后生态变化遥感监测评价模型。在吕梁地区山区，1999 年 4 月 9 日的 TM 图像上可清楚看到暗红色斑块状景象，利用归一化植被指数（TM4−TM3）/（TM4+TM3），与火烧前的 TM 图像相比，即可证明暗红色斑块状物为火烧过的迹地。因而利用 TM 数据，对研究区域进行归一化植被指数的求算，即可探测林火的位置及范围。

9.5.5　病虫害调查

病虫害是农业生产的大敌，它不但能造成减产，而且大大降低了农作物的质量。病虫害对林业发展影响也很大。例如，松林等针叶林约占我国森林总面积的 1/2，由于几乎年年都不同程度地遭受松毛虫害的侵扰，损失巨大。一个国家或地区，如果发生了病虫害，都希望在最短的时间内了解受灾的情况，而遥感技术可以很快地提供情报，以便及时采取措施治理或合理安排计划。遥感病虫害调查主要用于农作物病虫害、果树病虫害调查、树木病虫害调查等方面，目前已有一些成功的例子。

在农作物病虫害遥感调查方面，印度于 1972 年就进行了红外遥感探测水稻白叶枯病的试验。科威尔对小麦、燕麦、大麦和黑麦的病害进行过研究，认为能够用航空摄影的办法探测病害，并发现小麦锈病可提前两个星期用遥感技术发现。美国国家航空航天局和农业部合作进行了玉米枯萎病监测试验，结果发现利用红外遥感技术不但可以探测玉米枯萎病及其发展趋势，而且可以揭示从玉米枯萎病早期到中期不同程度的三级感染。日本曾于 20 世纪 70 年代使用热探测器拍摄热图像，研究健康和受蜘蛛危害的小豆。研究发现，受害叶子在热红外波段的短射量增加，约有 2°C 的辐射温度差。另外，在可见光波段的反射增加，在近红外波段的反射下降。病菌从根部侵入维管束，沿木质部生长，分泌毒素，从而导致木质部变为褐色，最后植株叶片黄化、枯萎。北京农业大学对患黄萎病与枯萎病的棉花做过光谱测定，查明棉花患病后，红外波段的反射能力下降 30%还多。美国加利福尼亚州农业部利用陆地卫星图像对红铃虫进行了监测，大大提高了监测效率。沙漠飞蝗猖獗区域包括整个非洲到巴基斯坦、印度等广大地区，其危害程度历来认为与降水的多少有关。沙特阿拉伯利用卫星遥感，根据植被特征，在红海沿岸平原 500km^2 面积内发现小股蝗虫。加纳利用卫星像片在沙漠地区根据土壤湿度来确定蝗虫繁殖区，作为一种灭蝗措施。英国皇家昆虫研究中心，根据蝗虫滋生和水分条件的相关规律，用遥感像片确定蝗虫群体的滋生时间和地点，成功地显示了蝗虫群体移动的情况，及时预报，并监测虫害的威胁，指导蝗虫防治工作。

在果树病虫害调查方面，早在 1965 年，美国在佛罗里达州柑橘园就使用航空红外像片监视线虫病和其他病害，有基腐病的柑橘树在红外像片上显然颜色不同。用这种方法探测柑橘基腐病的主要问题在于区分新生的叶和病树的叶，因为成熟和健康的叶有更多的海绵组织，有更多的空气存在，所以比新生的叶和病叶反射率高。解决这个问题的办法就是探测时间避开发芽长叶期。如果有基腐病的树的像片眼睛判读不出，可通过计算机，根据彩红外像片上的光密度计读数鉴别。1970 年美国得克萨斯州做过柑橘病害和病势减退期的红外摄影研究。另外，有研究表明，山核桃、山楂、葡萄、苹果、鳄梨、山楂等果树病虫害都可以用遥感手段进行监测。

在树木病虫害调查方面，中国科学院遥感卫星地面站和中国科学院动物研究所联合研制的“森林虫害的卫星遥感监测”系统，结合卫星遥感技术和地理信息系统，在深入研究松毛虫的生态习性和遥感信息特征的基础上，依据卫星遥感信息机理，建立了虫情监测、虫灾评估的遥感信息模型，设计并实现了可执行软件包。经在南北两个试验区 5 年的检验、修订，达到实用化精度要求，并建立了运行系统。在遥感信息源能及时获得的条件下，可在越冬代松毛虫产生危害之前的 2～3 周，按 1/100000 图件预报轻重二级危害程度和危害面积分布。

经验表明，用近红外光谱段的彩红外片或热探测，调查病虫害的危害效果较好。其道理，一种可能的解释是：健康叶片海绵状的叶肉组织，在其全部空间都充满了水分而膨胀时，对任何辐射能都是一种良好的反射体，对近红外波段的辐射能力也是如此，间插在其间的栅状柔软细胞组织吸收可见光中的蓝光和红光，反射绿光；当水分代谢受到妨碍，植物开始衰蔽时，叶内组织就逐渐毁坏，接着植物逐渐枯死，从而导致叶片对近红外辐射的反射能力减小。因此，近红外波段的像片上，可以早于人的肉眼观测到病虫的危害，这对于病虫害调查和测报极其重要。另外，树和人一样，有病的树温度升高，有时比正常温度高 2.2°C；病越重的树，红外辐射越多。美国林业局的林场试验站，在直升机上用红外探测装置根据树温探测病树，还研究利用这种技术在人造卫星上进行探测的可能性。试验表明：在凌晨，用 8～14μm 波段的红外探测装置能发现病树和健康树之间的显著温度差别。红外探测器把红外辐射送入数字计数器，后者与电视摄像机及录像带连在一起，可在电视屏幕上显示树顶的图像和树的温度。录像带可用于研究。此外，作物长势差的区域也可从遥感图像上识别出来。果园中，绝大部分果树都有大小一致的冠幅，如果其中一片的冠幅从周围向中心逐渐变小肯定就有某种病害发生了。造成近红外波段反射减少的因子很多，有病虫害、日灼、冻害、矿物质营养缺乏、毒害、旱涝等，在判读像片时，要结合地面情况校核。

思 考 题

1. 遥感图像在测绘中主要有哪些应用？
2. 说明数字测图系统获取高程信息的基本原理。
3. 说明利用遥感图像进行地形图修测的一般流程。
4. 遥感专题制图涉及哪些领域？
5. 简述遥感在军事上的主要应用。
6. 说明遥感图像用于军事目标侦察的特点。
7. 说明植物遥感的原理。
8. 在植被指数中，通常选择哪些波段？
9. 灾害监测时主要采用哪些信息进行复合？
10. 病虫害遥感调查的基本原理是什么？

主要参考文献

边肇祺，张学工，等. 2002. 模式识别. 北京：清华大学出版社

常庆瑞，蒋平安，周勇，等. 2004. 遥感技术导论. 北京：科学出版社

陈向宁. 2010. 军用光学遥感. 北京：国防工业出版社

戴勇书. 1998. 摄影与航空摄影. 北京：解放军出版社

冯伍法. 2014. 遥感图像判绘. 北京：科学出版社

郭德芳. 1987. 遥感图像的计算机处理和模式识别. 北京：电子工业出版社

郭华东. 1991. 雷达图像分析及地质应用. 北京：科学出版社

蒋继望. 2002. 应用色彩学. 北京：解放军出版社

李德仁，周月琴，金为铣. 2001. 摄影测量与遥感概论. 北京：测绘出版社

李绍新. 1994. 遥感物理. 武汉：武汉测绘科技大学出版社

李小文，刘素红. 2008. 遥感原理与应用. 北京：科学出版社

马蔼乃. 1984. 遥感概论. 北京：科学出版社

梅安新，彭望琭，秦其明，等. 2001. 遥感导论. 北京：高等教育出版社

潘时祥. 1990. 像片判绘. 北京：解放军出版社

彭望琭，白振平，刘湘南，等. 2002. 遥感概论. 北京：高等教育出版社

蒲瑞良，宫鹏. 2000. 高光谱遥感及其应用. 北京：高等教育出版社

钱曾波，刘静宇，肖国超. 1990. 航天摄影测量. 北京：解放军出版社

任留成. 2003. 空间投影理论及其在遥感技术中的应用. 北京：科学出版社

日本遥感研究会. 2011. 遥感精解（修订版）. 北京：测绘出版社

沈邦乐. 1995. 计算机图像处理. 北京：解放军出版社

舒宁. 2003. 微波遥感原理. 武汉：武汉大学出版社

孙家抦. 2003. 遥感原理与应用. 武汉：武汉大学出版社

孙显，付琨，王宏琦. 2011. 高分辨率遥感图像理解. 北京：科学出版社

王大平，江延川，蔡旺森. 1991. 数字摄影测量学. 北京：解放军出版社

王桥，杨一鹏，黄家柱，等. 2005. 环境遥感. 北京：科学出版社

王润生. 1995. 图像理解. 长沙：国防科技大学出版社

徐青. 2000. 近代摄影测量. 北京：解放军出版社

阎守邕，刘亚岚，余涛，等. 2013. 现代遥感科学技术体系及其理论方法. 北京：电子工业出版社

杨凯. 1998. 遥感图像处理原理和方法. 北京：测绘出版社

余旭初. 2000. 模式识别. 北京：解放军出版社

余旭初，冯伍法，杨国鹏，等. 2013. 高光谱影像分析与应用. 北京：科学出版社

张永生. 2000. 遥感图像信息系统. 北京：科学出版社

张永生，王仁礼. 1999. 遥感动态监测. 北京：解放军出版社

张祖勋，张剑清. 1996. 数字摄影测量学. 武汉：武汉测绘科技大学出版社

赵英时，等. 2003. 遥感应用分析原理与方法. 北京：科学出版社

郑威，陈述彭. 1995. 资源遥感概要. 北京：中国科学技术出版社

朱述龙，张占睦. 2000. 遥感图象获取与分析. 北京：科学出版社

朱述龙，朱宝山，王红卫. 2006. 遥感图像处理与应用. 北京：科学出版社

Lillesand T M, Kiefer R W, Chipman J W. 2016. 遥感与图像解译（第 7 版）. 彭望琭，余先川，贺辉，等译. 北京：电子工业出版社